微信小程序开发系列教材

微信小程序开发

郭 伟 芦娅云 刘 珍 主 编
王明超 韩冬艳 胡兴铭 李新萍 副主编
腾讯云计算（北京）有限责任公司 组 编

電子工業出版社
Publishing House of Electronics Industry
北京 · BEIJING

内 容 简 介

本书是一本以微信小程序开发平台为基础的从入门到精通的项目化任务教程。第 1 章介绍微信小程序的基本概念；第 2 章介绍小程序的逻辑层，包括小程序的全局配置文件、小程序的 tabBar 属性、小程序的逻辑文件、小程序的生命周期执行顺序、setData 视图渲染、变量和函数的作用域及模块化；第 3 章介绍小程序的视图层，设计了 20 个实战案例，用于详细讲解小程序视图层的相关知识；第 4 章介绍 flex 布局的相关知识，包括 flex 布局的基本概念、容器属性和项目属性，并且通过实战案例巩固相关知识；第 5 章介绍小程序组件的相关知识，包括视图容器组件、基础内容组件、表单组件、导航组件、媒体组件、地图组件和画布组件；第 6 章介绍 API 的相关知识，包括文件传输、媒体 API、文件操作、数据缓存、地图和位置、设备 API、界面 API 和绘画 API；第 7 章介绍一个实战案例——中国国旅微信小程序。

本书不仅可以作为技工学院和高职院校计算机应用技术、移动互联应用技术、计算机网络技术、云计算技术与应用等专业的教材，还可以作为微信小程序开发爱好者的参考用书。

图书在版编目（CIP）数据

微信小程序开发 / 郭伟，芦娅云，刘珍主编. —北京：电子工业出版社，2022.4

ISBN 978-7-121-43273-6

Ⅰ. ①微… Ⅱ. ①郭… ②芦… ③刘… Ⅲ. ①移动终端－应用程序－程序设计 Ⅳ. ①TN929.53

中国版本图书馆 CIP 数据核字（2022）第 056969 号

责任编辑：李　静　　　　特约编辑：田学清
印　　刷：北京盛通数码印刷有限公司
装　　订：北京盛通数码印刷有限公司
出版发行：电子工业出版社
　　　　　北京市海淀区万寿路 173 信箱　　　邮编：100036
开　　本：787×1092　1/16　印张：22.25　字数：641 千字
版　　次：2022 年 4 月第 1 版
印　　次：2025 年 1 月第 3 次印刷
定　　价：65.80 元

凡所购买电子工业出版社图书有缺损问题，请向购买书店调换。若书店售缺，请与本社发行部联系，联系及邮购电话：（010）88254888，88258888。

质量投诉请发邮件至 zlts@phei.com.cn，盗版侵权举报请发邮件至 dbqq@phei.com.cn。

本书咨询联系方式：（010）88254604，lijing@phei.com.cn。

前　言

微信小程序（WeChat Mini Program）是一种轻量级的应用程序，微信创始人张小龙是这样定义小程序的：小程序是一种不需要下载安装就可以使用的应用程序，它实现了应用程序“触手可及”的梦想，用户扫一扫或搜一下就能打开应用程序，也体现了“用完即走”的理念，用户不用安装太多应用程序。应用程序随时可用，又无须安装卸载。微信小程序是基于 Web 前端技术实现的，但它具有独特的语法和框架，提供了微信功能接口，大幅度提高了开发者的程序开发效率，并且可以让零基础的开发者迅速上手，开发出美观且流畅的应用程序。

本书是一本微信小程序案例入门教程，本着简单、易学、有用、有趣的教学理念，遵循人的认知规律，采用由浅入深、循序渐进的任务驱动方式进行内容安排与介绍。

每个实战案例都包含任务描述、导入知识点、实现效果、任务实现 4 部分，其中任务描述主要讲解该案例需要完成的任务，以及对任务的要求；导入知识点主要讲解完成任务用到的知识点；实现效果主要讲解任务完成后的运行效果，让读者对任务有一个明确的认识；任务实现主要讲解如何通过编写代码完成任务。本书打破了官方文档介绍微信小程序开发的顺序，站在读者的角度进行设计，让初学者能够循序渐进地学习和掌握微信小程序开发的方法和技巧。

本书分为 7 章，设计了多个实战案例，具体情况如下。

第 1 章：微信小程序入门。首先介绍小程序的诞生、小程序的优点、小程序的发展前景，然后介绍注册小程序账号、小程序信息的完善、小程序 AppID、小程序的开发工具和开发者工具界面，最后通过一个简单的实战案例演示小程序开发的过程和方法。

第 2 章：小程序的逻辑层。主要讲解小程序的全局配置文件、小程序的 tabBar 属性、小程序的逻辑文件、小程序的生命周期执行顺序、setData 视图渲染、变量和函数的作用域及模块化等内容，为小程序开发奠定了基础。

第 3 章：小程序的视图层。主要讲解小程序的数据绑定和事件绑定、成绩等级计算器、列表渲染、九九乘法表、条件渲染、选择先行示范区、实现分段函数、成绩计算器、递归求和计算器、随机数求和、简单模板的定义及应用、复杂模板的定义及应用、事件绑定、小猫叫、温度转换计、事件冒泡与事件捕获、小程序 include 引用文件、旅游攻略、WXSS、字体样式设置等实战案例。

第 4 章：flex 布局。首先介绍 flex 布局的基本概念；然后讲解 flex 布局中的容器属性，包括 flex-direction 属性、flex-wrap 属性、justify-content 属性、align-items 属性和 align-content 属性；接着讲解 flex 布局中的项目属性，包括 order 属性、flex-shrink 属性、flex-grow 属性、

flex-basis 属性和 align-self 属性；最后通过综合实战案例猜画小歌和微付宝九宫格导航页面设计介绍 flex 布局的容器属性和项目属性的应用。

第 5 章：小程序组件。主要讲解视图容器组件（<view>组件、<scroll-view>组件、<swiper>组件、<movable-view>组件、<cover-view>组件）、基础内容组件（<icon>组件、<text>组件、<rich-text>组件、<progress>组件）、表单组件（<button>组件、<radio>组件、<checkbox>组件、<input>组件、<label>组件、<form>组件、<picker>组件、<picker-view>组件、<slider>组件、<switch>组件、<textarea>组件）、导航组件（<navigator>组件）、媒体组件（<audio>组件、<image>组件、<video>组件、<camera>组件）、地图组件（<map>组件）、画布组件（<canvas>组件），并且通过实战案例介绍上述组件的应用。

第 6 章：API。主要讲解微信小程序中的文件传输、媒体 API、文件操作、数据缓存、地图和位置、设备 API、界面 API 和绘画 API 等内容，并且通过实战案例介绍上述内容的应用。

第 7 章：综合应用案例——中国国旅微信小程序。主要讲解中国国旅微信小程序的完整开发过程，包括界面布局、样式设计、逻辑处理、相关 API 的调用等。

本书采用任务驱动的一体化教学模式，非常荣幸与腾讯云计算（北京）有限责任公司进行校企合作，所有实战案例都已经在腾讯公司平台上线运行。本书由郭伟、芦娅云、刘珍担任主编，其中第 1～3 章由郭伟编写，第 4 章和第 6 章由芦娅云编写，第 5 章和第 7 章由刘珍编写。此外，王明超、韩冬艳、胡兴铭、李新萍也参与了本书的编写工作及资料的整理工作。在编写过程中，我们还得到了谢秋桦同学、黄贵洲同学、刘婷婷同学、李沁轩同学的支持和帮助，在此表示衷心的感谢。最后，感谢腾讯云计算（北京）有限责任公司提供的企业真实项目素材。

本书提供多种数字化教学资源，包括电子课件、电子教案、源代码、微课等，请有需求的读者到华信教育资源网（https://www.hxedu.com.cn/）下载。

由于编者水平有限，书中难免存在疏漏和不足之处，真诚地欢迎各位专家、老师、学者和广大读者批评指正，希望能与读者朋友们共同成长。

编　者

2022 年 1 月

目　录

第 1 章　微信小程序入门

扫一扫，看微课

1.1　微信小程序概述

一、小程序简介

微信小程序的应用非常广泛。打开不同的微信小程序，如图 1.1 所示，单击右上角的“⋯”按钮，可以进行转发、添加到我的小程序、取消等操作。单击右上角的“⊙”按钮，可以关闭微信小程序。

图 1.1　不同的微信小程序效果图

通过“扫一扫”、“搜一搜”或“附近的小程序”功能，可以看到 5 公里内的所有小程序。小程序不需要下载、安装，也不需要卸载，更不会占用手机内存。

微信小程序简称小程序，其英文名称是 Mini Program，它是一种存在于微信内部的轻量级应用程序。微信研发团队在其官方网站上有一段关于微信小程序的介绍：“小程序是一种新的开放能力，开发者可以快速地开发一个小程序。小程序可以在微信内被便捷地获取和传播，同时具有出色的使用体验。”

二、小程序的诞生

微信创始人张小龙在 2017 年 1 月 9 日发布了小程序。2017 年 1 月 9 日是 iPhone 诞生 10 周年，为了向乔布斯致敬，张小龙选择在这天发布小程序，自发布伊始，小程序就备受瞩目。

微信一开始对小程序的解释：小程序是一种不需要下载和安装即可使用的应用程序，它实现了应用程序触手可及的梦想，用户扫一扫或搜一搜就可以打开应用程序，也体现了用完即走的理念，用户不用关心是否安装太多应用程序的问题。应用程序将无处不在、随时可用，但无须安装、卸载。

在 2018 年的微信公开课上，张小龙为小程序做了更精准的定义：小程序作为一个信息载体，是万事万物的表达方式和访问方式，最终用户在应用场景中通过小程序立即触达。简单地说，微信小程序就是把你的店开到微信上，不管是饭店、KTV、酒店，还是网店、装修等服务，都可以搬到小程序上。微信小程序入口如图 1.2 所示。

图 1.2　微信小程序入口

小程序适合开发轻量级的应用程序，比 H5 能承载得更多，但比 App 承载的更少，举例如下。

- 工具类：滴滴打车、美团、小打卡等。
- 资讯类：网易新闻、微博、豆瓣等。
- 电商：京东、网易严选、拼多多等。
- 游戏：跳一跳、头脑风暴、欢乐斗地主等。

但有些程序是不适合做成小程序的，如王者荣耀、绝地求生等游戏 App。

三、小程序的优点

在互联网迅速发展的时代，App 早已应泛应用于人们的日常生活，而小程序的诞生为人们提供了更多便利。小程序发展迅猛，下面介绍它的优点。

- 因为小程序是集合在微信上的功能，所以不需要下载和安装。此外，小程序不占用手机内存，并且不受手机系统的限制，使用起来非常便捷。
- 小程序的开发成本较低，周期较短，并且小程序的使用效果与 App 的使用效果类似。
- 实现公众号与小程序的“嫁接”。

四、小程序的发展前景

在未来的发展中，小程序的开发和注册申请会更加方便、快捷。此外，小程序会进一步加强与第三方平台的合作，如果能够开放第三方开发平台，则会为小程序的开发提供更强大的后方支援。随着小程序技术和开发平台的日臻完善，小程序的开发者将获得更强的权限支持。由此可见，小程序在未来的发展空间是相当巨大的，企业开发和应用小程序的优势也会进一步凸显出来。应用小程序的传统产业代表如图 1.3 所示。

小程序可以使企业和用户更好地交流，也可以更好地实现用户转化，所以对企业来说，小程序可以带来可观的利润和流量。随着微信开放的功能不断增多，小程序也在不断地完善自己，开放一些功能且不断得到匹配，从而提供更强大的接口能力，方便开发者进行深度挖掘。相信小程序未来会具备更多的功能，企业所能实现的功能也会随之增加，这对其未来发展有至关重要的作用。应用小程序的互联网公司代表如图 1.4 所示。

图 1.3　应用小程序的传统产业代表

图 1.4　应用小程序的互联网公司代表

小程序是在微信的基础上开发和发展起来的，可以与微信更好地结合，从而实现更多功能；同时，小程序将与不同行业实现更友好的链接。因此，小程序不仅可以方便企业与用户之间的交流，以后还可以方便企业与企业之间、用户与用户之间的交流。

1.2　注册小程序账号

一、登录微信公众平台官方网站

微信公众平台官方网站首页如图 1.5 所示。

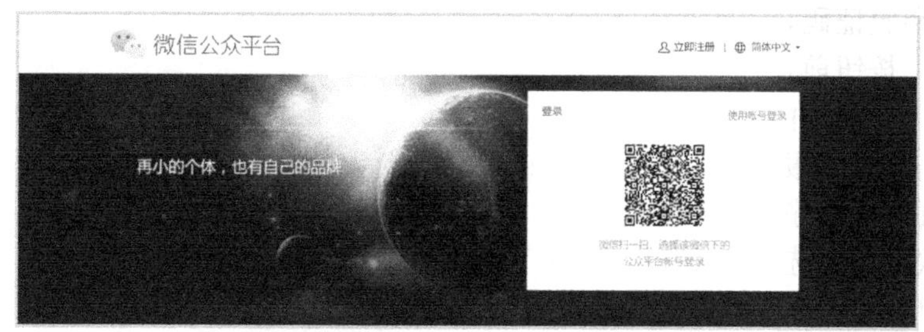

图 1.5　微信公众平台官方网站首页

如果第一次开发微信小程序，则需要注册小程序账号。单击“立即注册”超链接，进入微信公众平台的“注册”页面，如图 1.6 所示，单击“小程序”超链接，进入“小程序注册”页面，然后按照注册向导的引导即可完成小程序账号的注册工作。在注册小程序账号前，应先准备好个人邮箱。

公众号

注册

请选择注册的帐号类型

订阅号

具有信息发布与传播的能力
适合个人及媒体注册

服务号

具有用户管理与提供业务服务的能力
适合企业及组织注册

小程序

具有出色的体验，可以被便捷地获取与传播
适合有服务内容的企业和组织注册

企业微信
原企业号

对内让工作协同高效，对外连接12亿微信用户
适合企业及组织注册

若无法选择类型请查阅帐号类型区别

关于腾讯 | 服务协议 | 客服中心 | 腾讯客服 | 侵权投诉

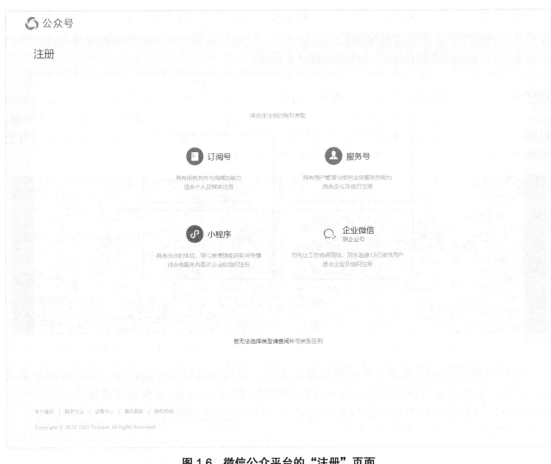

图 1.6　微信公众平台的“注册”页面

二、填写账号信息

“小程序注册”页面中包含 4 个需要填写的信息，分别为邮箱、密码、确认密码和验证码，在单击“注册”按钮前，需要勾选“你已阅读并同意《微信公众平台服务协议》及《微信小程序平台服务条款》”复选框，如图 1.7 所示。

三、邮箱激活

在提交注册信息后，进入激活小程序账号页面，可以看到邮箱激活提

图 1.7　“小程序注册”页面

示，如图 1.8[①]所示。

图 1.8　激活小程序账号页面

登录对应的注册邮箱，查看激活邮件，如图 1.9 所示。

图 1.9　激活邮件

四、信息登记

在激活小程序账号后，即可进入用户信息登记页面，完善用户信息，如图 1.10 所示。在

① 图中“帐号”的正确写法应为“账号”。

注册小程序账号时，选择个人用户即可。如果是已经申办了工商营业执照的企业，那么可以创建企业账号。企业账号拥有的功能更多，如支付功能。在小程序账号注册完成后，相应页面中会出现一个二维码，用微信扫描这个二维码，即可绑定相应的微信账号。一个微信账号可以绑定 5 个小程序账号。

图 1.10　用户信息登记页面

“注册国家/地区”采用默认的“中国大陆”，然后根据实际情况设置“主体类型”。目前，小程序账号允许注册的主体类型有 5 种，分别为个人、企业、政府、媒体及其他组织，如表 1.1 所示。

表 1.1　小程序账号的主体类型说明

账号主体类型	说　明
个人	必须是年满 18 周岁的微信实名用户，并且具有国内身份信息
企业	企业、分支机构、个体工商户或企业相关品牌
政府	国内各级、各类政府机构和事业单位，以及具有行政职能的社会组织，主要覆盖公安机构、党团机构、司法机构和交通机构、旅游机构、工商税务机构、市政机构等
媒体	报纸、杂志、电视、电台、通讯社等
其他组织	不属于政府、媒体、企业、个人的其他类型

在将“主体类型”设置为“个人”后，页面下方会自动出现主体信息登记表单，如图 1.11 所示。开发者需要填写真实姓名、身份证号和管理员手机号码（一个手机号码只能注册 5 个小程序账号），然后单击“获取验证码”按钮，用户会自动收到一条短信，短信中会提供一个 6 位验证码，如图 1.12 所示。需要注意的是，验证码必须在 10 分钟之内填写完成，否则会失效，在失效后需要重新获取。

图 1.11　主体信息登记表单

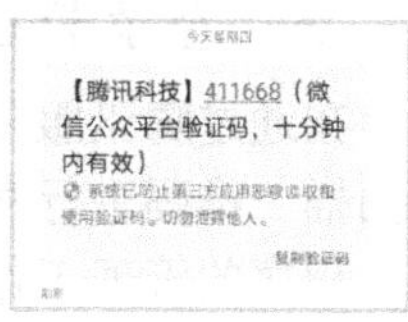

图 1.12　验证码信息

在输入短信验证码后，系统会自动验证，在验证通过后会给出相应的提示，并且在“管理员身份验证”一栏中出现一个二维码，如图 1.13 所示。用手机微信扫描该二维码进行身份验证，验证成功后的二维码如图 1.14 所示。

图 1.13　“管理员身份验证”二维码

图 1.14　管理员身份验证成功

单击“继续”按钮，系统会弹出一个提示框，让开发者进行最后的信息确认，如图 1.15 所示。单击“确认”按钮，系统会弹出另一个提示框，表示完成主体信息的确认，如图 1.16 所示。

图 1.15　主体信息确认提示框

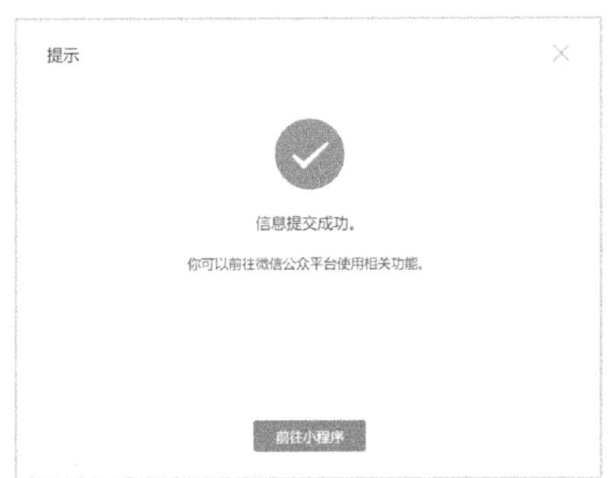

图 1.16　信息提交成功提示框

五、登录管理页面

在通过腾讯服务器验证后，重新进入微信公众平台官方网站并登录，在登录时需要使用微信扫描二维码进行身份验证，在登录后进入小程序管理页面，如图 1.17 所示，之后就可以进行小程序的管理工作了。

图 1.17　小程序管理页面

1.3　小程序信息的完善

一、完善小程序信息

在小程序账号注册完成后，还需要按照小程序发布流程完善小程序的基本信息，如图 1.18 所示。

图 1.18　小程序发布流程

单击“填写”按钮，打开“填写小程序信息”页面，如图 1.19 所示。

图 1.19　“填写小程序信息”页面

填写“小程序名称”“小程序头像”“小程序介绍”“小程序服务类目”4个基本信息，如表1.2所示。

表1.2　小程序的基本信息

填写信息	填写要求	修改次数
小程序名称	小程序名称的字数为4～30个字符，并且不能与平台内已经存在的其他小程序名称重复	发布前有两次改名机会，在两次改名机会用完后，必须先发布，再通过微信认证进行改名
小程序头像	小程序头像的图片格式只能是PNG、BMP、JPEG、JPG和GIF，图片不得大于2MB，图片不允许涉及政治敏感与色情内容，图片最后的展示效果为圆形头像	每个月可以修改5次
小程序介绍	小程序介绍的字数为4～120个字符，介绍内容不得含有国家相关法律或法规禁止的内容	每个月可以申请修改5次
小程序服务类目	小程序服务类目分为两级，每一级都必须填写，不可以为空；服务类目不得少于1个，不得多于5个	每个月可以修改1次

在小程序的基本信息填写完成后，单击最下方的“提交”按钮，提交小程序的基本信息，提交完成后的页面如图1.20所示。

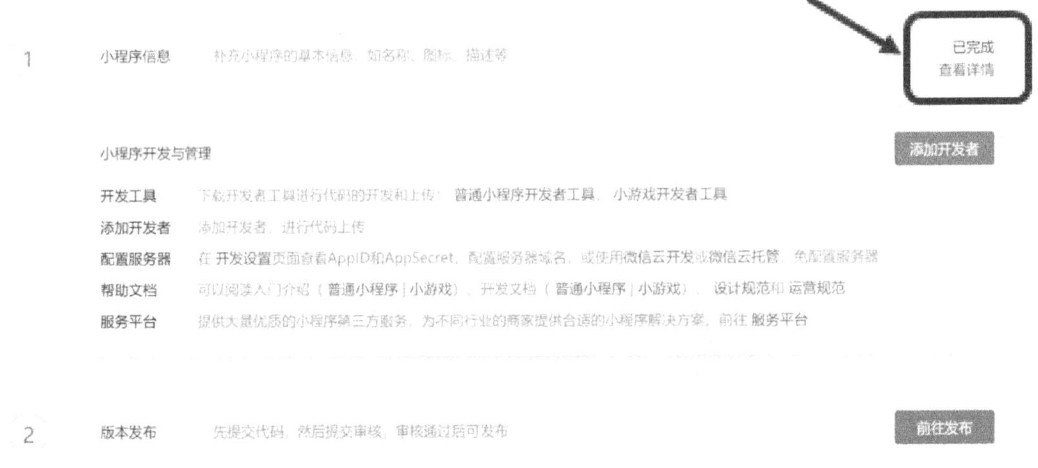

图1.20　小程序基本信息提交完成后的页面

二、管理成员

在提交小程序的基本信息后，单击图1.20中的“添加开发者”按钮，打开“成员管理”页面，如图1.21所示。

图 1.21　“成员管理”页面（一）

小程序成员管理包括对小程序项目成员及体验成员的管理。

- 项目成员：表示参与小程序开发、运营的成员，可登录小程序管理后台。项目成员包括运营者、开发者及数据分析者。管理员可在“成员管理”页面中添加、删除项目成员，并且设置项目成员的角色。
- 体验成员：表示参与小程序内测体验的成员，可使用体验版小程序，但不属于项目成员。管理员及项目成员均可添加、删除体验成员。

在小程序管理后台进入“成员管理”页面后，即可对管理员和项目成员进行管理，如图 1.22 所示。

图 1.22　“成员管理”页面（二）

1.4　小程序 AppID

一、查看小程序 AppID

在小程序账号注册完成后，就可以查看 AppID 了。在后期发布小程序时，必须使用 AppID。在页面左侧单击“开发管理”超链接，打开“开发管理”页面，选择“开发设置”选项卡，就可以查看 AppID 了，如图 1.23 所示。

图 1.23　“开发管理”页面

二、设置小程序信息

即使有了 AppID，也不能立即发布小程序，还需要对小程序的基本信息进行设置。在“设置”页面中对小程序名称、小程序头像等进行设置，设置完成后的页面如图 1.24 所示。

图 1.24　“设置”页面

1.5　小程序的开发工具

一、下载开发工具

在完成准备工作后，就可以进行小程序的开发了。小程序具有官方提供的专属开发工具——微信开发者工具，简称开发者工具。

打开微信公众平台官方网站，在首页中选择“小程序”—“开发”—“下载”—“工具”选项卡，进入微信开发者工具下载页面，如图 1.25 所示。

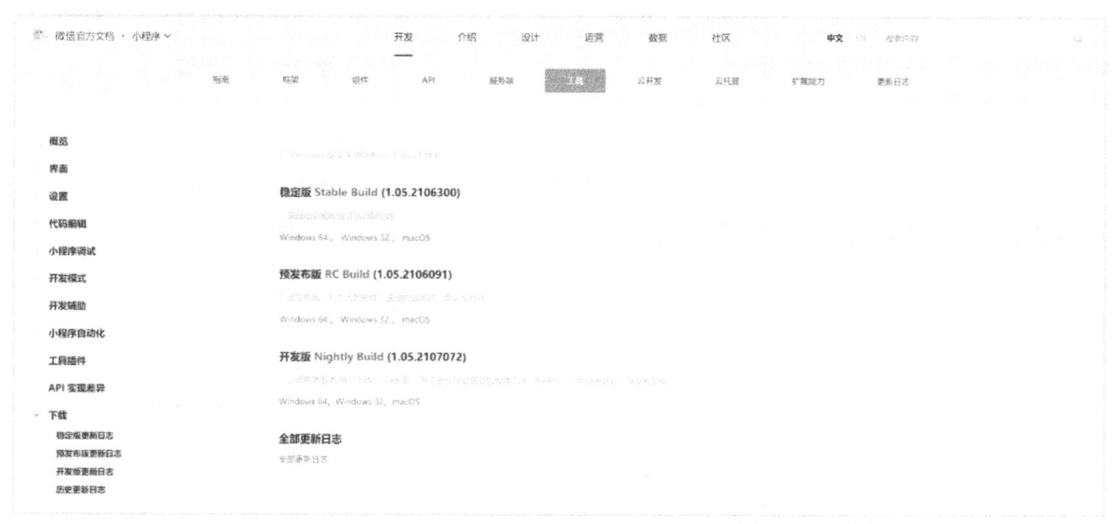

图 1.25　微信开发者工具下载页面

用户根据实际情况下载所需版本的微信开发者工具，该工具目前有 3 种版本，分别是稳定版 Stable Build(1.03.2101150)、预发布版 RC Build(1.05.2101181)和开发版 Nightly Build (1.05.2101192)。这里以 Windows 64 操作系统为例进行下载，在下载完成后，用户会获得一个 EXE 格式的应用程序文件，如图 1.26 所示。

图 1.26　下载微信开发者工具的安装文件

图 1.26 中的“1.05.2106300”为软件版本号，“_x64”表示 Windows 64 操作系统。用户可以根据文件名再次确认是否下载了正确的版本。

二、安装开发工具

在确认下载版本无误后，双击下载的 EXE 格式的应用程序文件，安装开发者工具，安装过程如图 1.27 所示。

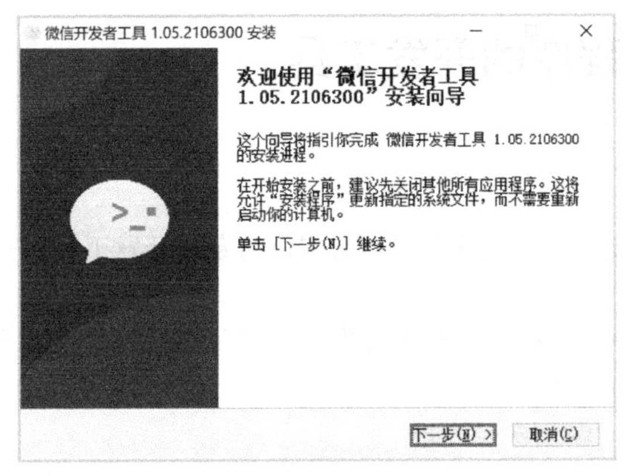

（a）进入安装向导

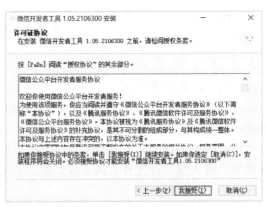

（b）授权许可证协议

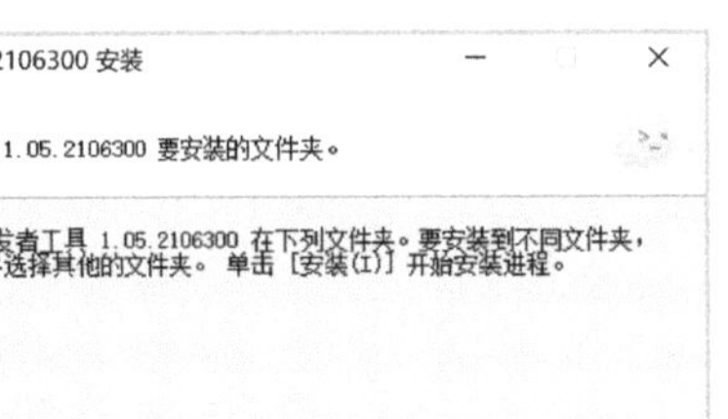

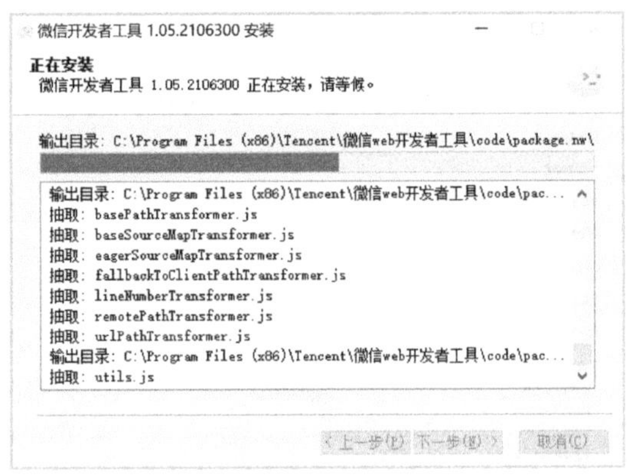

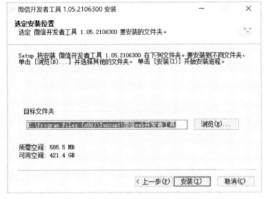

（c）选择安装位置

（d）安装过程

图 1.27　开发者工具的安装过程

三、开发者工具的登录

在微信开发者工具安装完毕后，会在桌面上出现一个“微信开发者工具”图标。

只有在使用开发者微信账号登录后，才可以使用小程序的微信开发者工具进行开发。双击“微信开发者工具”图标，打开二维码扫描页面，如图 1.28 所示。

图 1.28　二维码扫描页面

开发者用手机微信扫描 PC 端二维码进行身份确认，单击手机微信右上角的加号，在弹出的下拉列表中选择“扫一扫”选项，然后扫描二维码。在扫码成功后，跳转到“微信登录”提示页面，单击“确认登录”按钮，如图 1.29 所示。在扫码成功后，跳转到“扫描成功”提示页面，如图 1.30 所示。

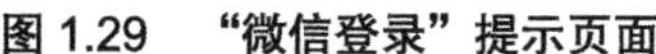

图 1.29　“微信登录”提示页面

图 1.30　“扫描成功”提示页面

登录后的界面如图 1.31 所示。如果要直接打开一个最新建立或打开过的项目，那么直接单击“编辑、调试小程序”超链接即可。

如果要新建一个项目，那么单击“+”图标，即可打开“创建小程序”界面，如图 1.32 所示。

图 1.31　登录后的界面

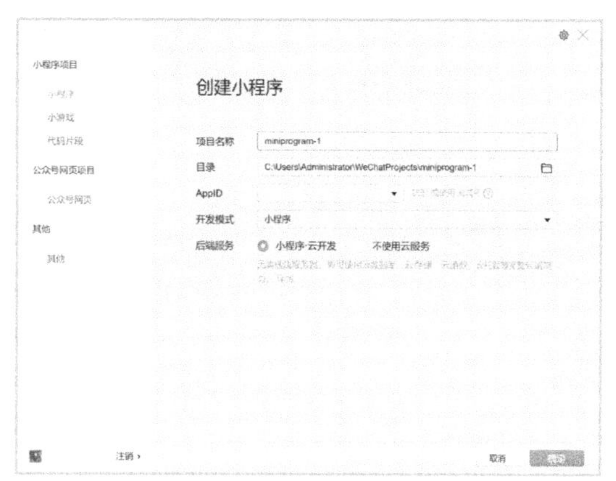

图 1.32　“创建小程序”界面

如果要创建小程序，那么在“项目名称”文本框中输入项目名称，然后设置“目录”，再单击 AppID 后的“注册 或使用 测试号”超链接，最后单击“确定”按钮，打开微信开发者工具界面，如图 1.33 所示。

如果要打开某个项目，那么单击图 1.31 中的“导入”超链接，打开导入项目界面，如图 1.34 所示，单击“导入项目”按钮，然后单击“目录”右侧的下拉箭头，选择要打开项目所在的文件夹，最后单击“导入”按钮。

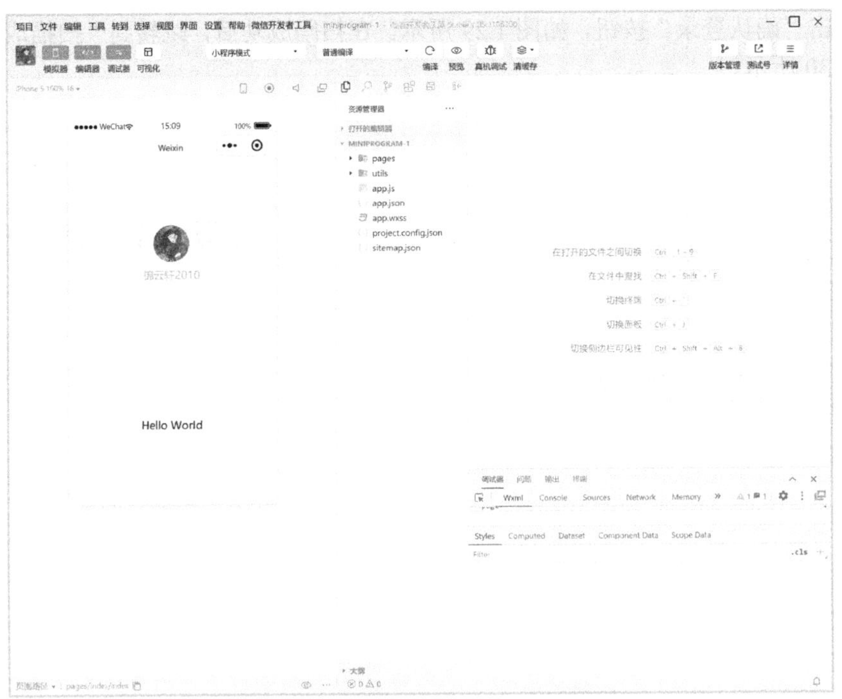

图 1.33 微信开发者工具的开发界面

图 1.34 导入项目界面

1.6 开发者工具界面

开发者工具界面主要由 5 部分组成，分别为菜单栏、工具栏、模拟器、编辑器和调试器，如图 1.35 所示。

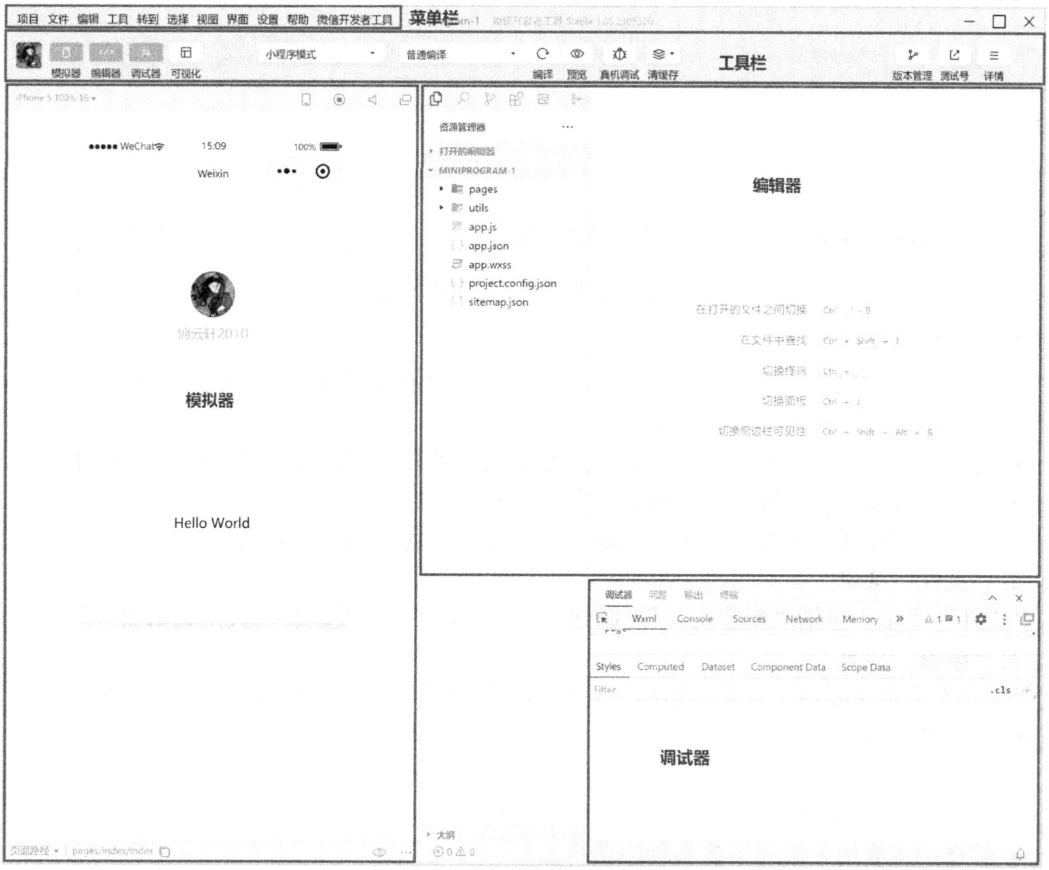

图 1.35　开发者工具界面

一、菜单栏

菜单栏中主要包括“项目”“文件”“编辑”“工具”“界面”“设置”“微信开发者工具”等菜单，它们的下拉菜单如图 1.36 所示。

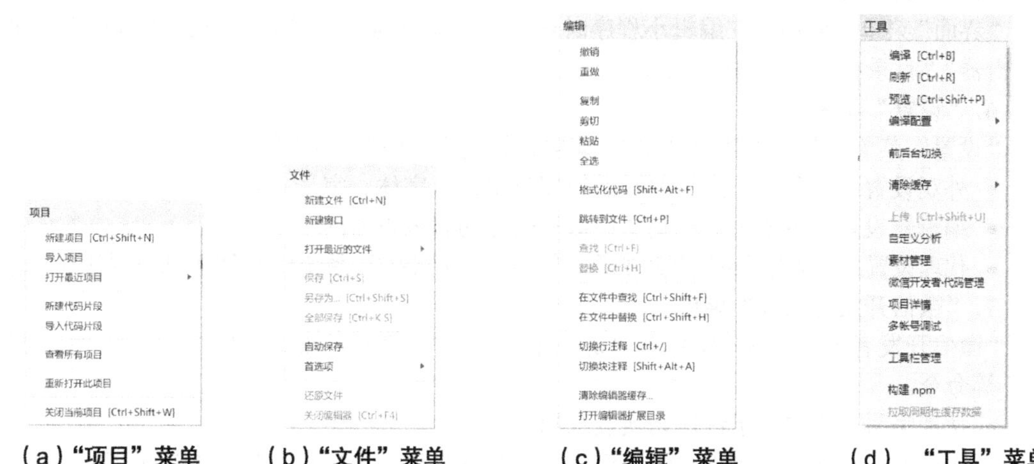

（a）“项目”菜单　（b）“文件”菜单　（c）“编辑”菜单　（d）“工具”菜单

图 1.36　各菜单的下拉菜单

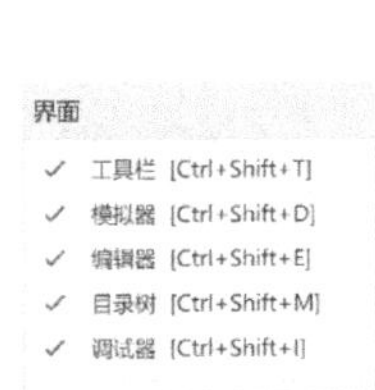

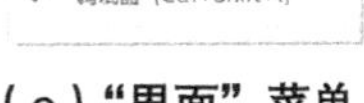

（e）“界面”菜单

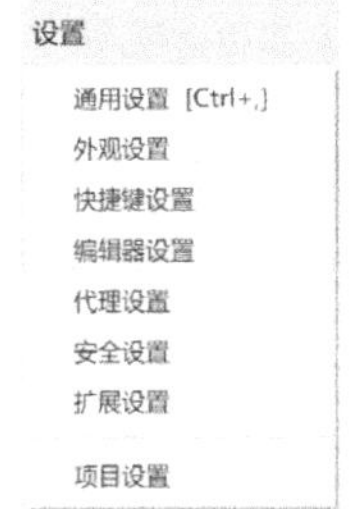
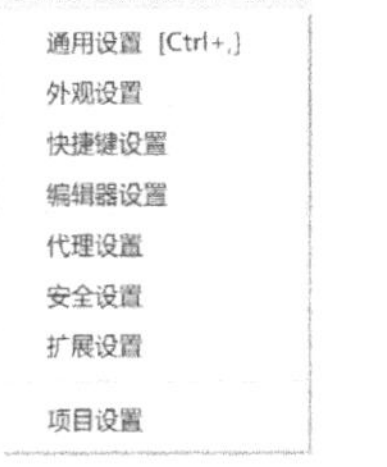

（f）“设置”菜单

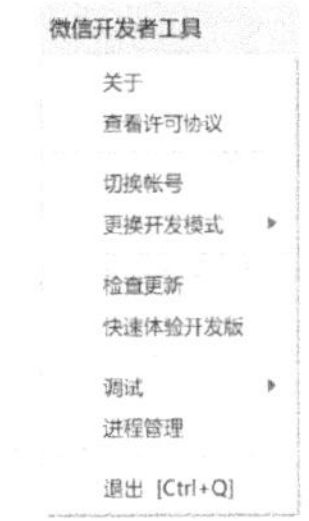

（g）“微信开发者工具”菜单

图 1.36　各菜单的下拉菜单（续）

1. “项目”菜单

“项目”菜单中包括“新建项目”“打开最近项目”“查看所有项目”“关闭当前项目”等命令。

- 新建项目：主要用于快速新建项目。
- 打开最近项目：主要用于查看最近打开的项目列表，并且选择是否进入对应项目。
- 查看所有项目：主要用于在新窗口中打开启动页的项目列表。
- 关闭当前项目：主要用于关闭当前项目，返回启动页的项目列表。

2. “文件”菜单

“文件”菜单中包括“新建文件”“新建窗口”“保存”“首选项”“关闭编辑器”等命令。

3. “编辑”菜单

“编辑”菜单主要用于查看编辑相关的操作和快捷键，包括“格式化代码”“跳转到文件”“查找”“替换”等命令。

4. “工具”菜单

“工具”菜单中包括“编译”“刷新”“编译配置”“前后台切换”“清除缓存”等命令。

- 编译：主要用于编译当前小程序项目。
- 刷新：与“编译”命令的功能一致，对应的快捷键为【Ctrl + R】。
- 编译配置：主要用于选择普通编译或自定义编译条件。
- 前后台切换：主要用于模拟客户端小程序进入后台运行和返回前台的操作。
- 清除缓存：主要用于清除文件缓存、数据缓存及授权数据。

5. “界面”菜单

“界面”菜单主要用于在编辑小程序时对工具界面布局进行调整，包括“工具栏”“模拟器”“编辑器”“目录树”“调试器”命令。

6. “设置”菜单

“设置”菜单中包括“外观设置”“编辑器设置”“代理设置”等命令。

- 外观设置：主要用于控制编辑器的配色主题、字体、字号、行距。
- 编辑器设置：主要用于控制文件保存的行为和编辑器的表现。
- 代理设置：主要用于设置代理类型，包括“直连网络”“系统代理”“手动设置代理”选项。

7. “微信开发者工具”菜单

“微信开发者工具”菜单中包括“切换帐号”①“更换开发模式”“检查更新”“调试”“退出”等命令。

- 切换帐号：主要用于快速切换登录用户。
- 更换开发模式：主要用于快速切换公众号网页调试模式和小程序调试模式。

① “帐号”的正确写法应为“账号”。

- 检查更新：主要用于检查版本更新。
- 调试：主要用于调试开发者工具、调试编辑器；如果遇到疑似开发者工具或编辑器的 BUG，则可以打开调试工具查看是否有出错日志，欢迎在论坛上反馈相关问题。
- 退出：主要用于退出开发者工具。

二、工具栏

工具栏分为左侧区域、中间区域和右侧区域。

1. 左侧区域

工具栏的左侧区域主要包含“个人中心”“模拟器”“编辑器”“调试器”“云开发”按钮，如图 1.37 所示。

图 1.37 工具栏的左侧区域

- 个人中心：主要用于进行账户切换和消息提醒。
- 模拟器：单击该按钮，可以切换显示/隐藏模拟器面板。
- 编辑器：单击该按钮，可以切换显示/隐藏编辑器面板。
- 调试器：单击该按钮，可以切换显示/隐藏调试器面板。
- 云开发：单击该按钮，可以打开云开发控制台。

2. 中间区域

工具栏的中间区域主要包含“小程序模式”和“编译模式”下拉列表，以及“编译”“预览”“真机调试”“切后台”“清缓存”按钮，如图 1.38 所示。

图 1.38 工具栏的中间区域

- 小程序模式：包括小程序模式和搜索动态页模式。
- 编译模式：包括普通模式、自定义编译模式和二维码编译模式。
- 编译：主要用于重新编译小程序项目。
- 预览：主要用于生成二维码，从而进行真机预览。
- 真机调试：主要用于生成二维码，从而进行真机远程调试。
- 切后台：主要用于切换场景值。
- 清缓存：主要用于单独或同时清除数据缓存、文件缓存、授权数据、网络缓存、登录状态。

3. 右侧区域

工具栏的右侧区域主要包含“上传”“版本管理”“测试号”“详情”按钮，如图 1.39 所示。

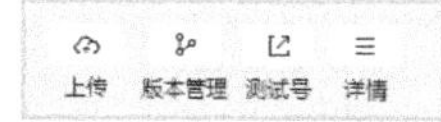

图 1.39 工具栏的右侧区域

- 上传：将代码上传为开发代码。
- 版本管理：开通和管理 Git 仓库。
- 测试号：在开发者工具上使用此账号创建项目、进行开发测试及体验真机预览。

- 详情：显示小程序的 AppID、本地目录、项目设置、域名信息等。

三、模拟器

在模拟器中可以切换虚拟手机型号、显示比例、模拟网络连接状态、模拟手机 Home 和返回键操作、音量开关、独立显示及改变模拟器位置，如图 1.40 所示。

（a）模拟器菜单

（b）“机型”列表

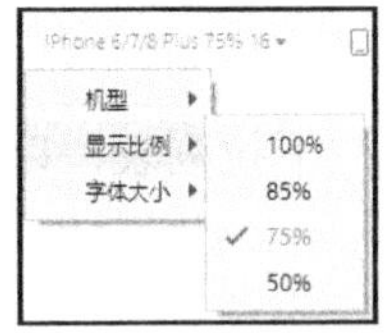

（c）“显示比例”列表

（d）网络连接状态列表

图 1.40　模拟器面板选项

四、编辑器

编辑器中包含项目的目录结构区和代码区，如图 1.41 所示。

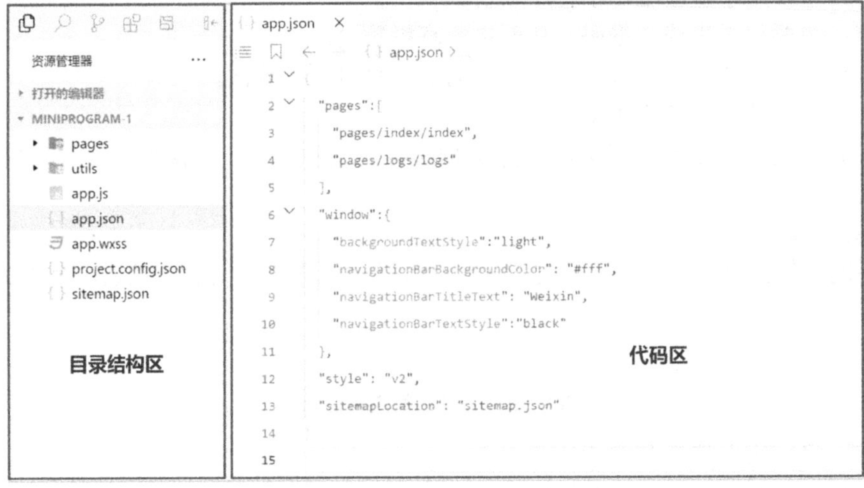

图 1.41　编辑器

1．目录结构区

在目录结构区中单击左上角的图标，可以添加新文件，文件目录包括 pages 文件夹、utils 文件夹、JS 文件、JSON 文件、WXML 文件和 WXSS 文件。其中，pages 文件夹可以帮助开发者快速创建页面所需的全套文件，即在同一个路径下批量生成同名的 JS 文件、JSON 文件、WXML 文件和 WXSS 文件。

2．代码区

在代码区中允许打开多个文件，可以切换查看代码文件，单击文件右上角的“×”号可以关闭当前文件。在代码区中输入前面几个字母，编辑器会自动给出相关组件的代码提示。下面以 <view>组件为例，在代码区中输入“v”，编辑器会给出相应提示，如图 1.42 所示，选择所需组件即可。

图 1.42　编辑代码自动提示功能

五、调试器

调试器通常在 PC 端预览小程序或在手机端调试小程序时使用，主要用于实时查看小程序运行时的后台输出、网络状况、数据存储等，如图 1.43 所示。

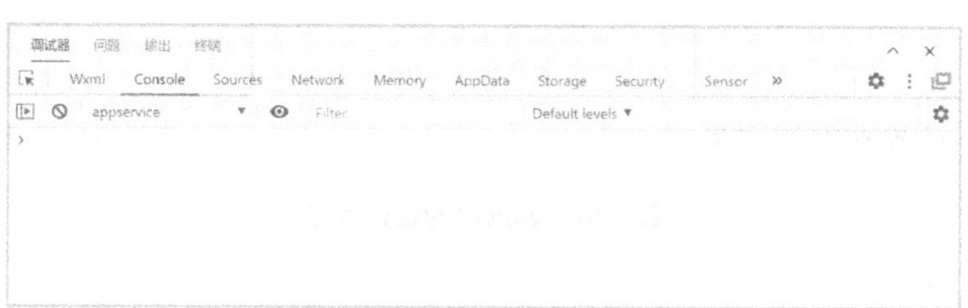

图 1.43　调试器

- Wxml：小程序的 WXML 代码预览面板，主要用于查看当前页面文件中的代码和对应的渲染样式。
- Console：后台控制台，在编译或运行有误时，会在此处给出 warning 或 error 的信息提示。
- Sources：小程序的资源面板，主要用于显示本地和云端的相关资源文件。
- Network：在小程序调用网络 API 时，主要用于记录网络抓包数据。
- Security：小程序的安全面板，当发生网络请求时，主要用于判断域名来源是否安全。
- Storage：主要用于查看当前小程序的缓存数据。
- AppData：主要用于实时查看 JS 文件中 data 对象中的数据变化。
- Sensor：主要用于模拟手机传感器，在 PC 端测试时，需要手动录入传感器数据，如地理位置的经纬度、加速器坐标等。

- Trace：小程序的调试追踪面板，暂时只支持 Android 手机。

1.7　第一个微信小程序

一、任务描述

设计一个小程序，在运行该小程序后，在页面中显示“Hello Wechat !”　。

二、导入知识点

本任务涉及<view>组件，该组件是微信小程序的基本组件，也是一个容器组件，主要用于进行页面布局及显示相关信息。

三、实现效果

根据任务描述，调试后的运行效果如图 1.44 所示。在模拟器上运行的效果如图 1.44（a）所示，在真机上运行的效果如图 1.44（b）所示。

（a）模拟器运行效果

（b）真机运行效果

图 1.44　调试后的运行效果

四、任务实现

（1）新建项目 HelloWorld，如图 1.45 所示。

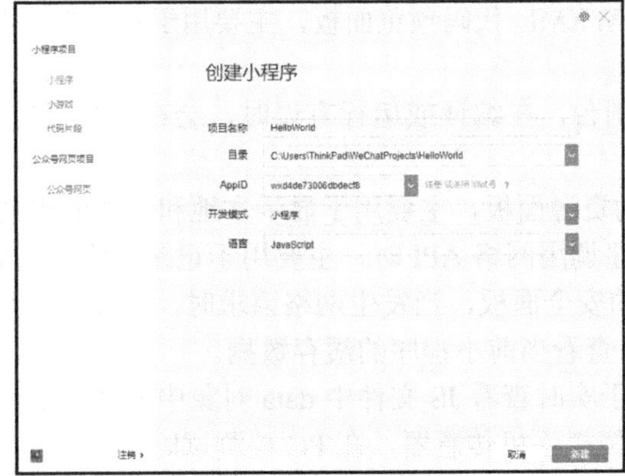

图 1.45　新建项目界面

（2）编写 index.wxml 文件中的代码。删除该文件中原有的代码，添加如下代码。

```
<!--index.wxml-->
<view class="container">
 Hello World !
</view>
```

（3）编写 app.wxss 文件中的代码。设置样式为.container、字体颜色为红色、字体大小为 42px、居中。

```
/**app.wxss**/
.container {
  display: flex;
  flex-direction: column;
  align-items: center;
  justify-content: space-between;
  font-size: 42px;
  color: red;
  padding: 200px 0;
}
```

五、案例运行

（1）在代码编写完成后，单击“编译”按钮或按【Ctrl+S】快捷键，即可在模拟器上查看运行效果，如图 1.46 所示。

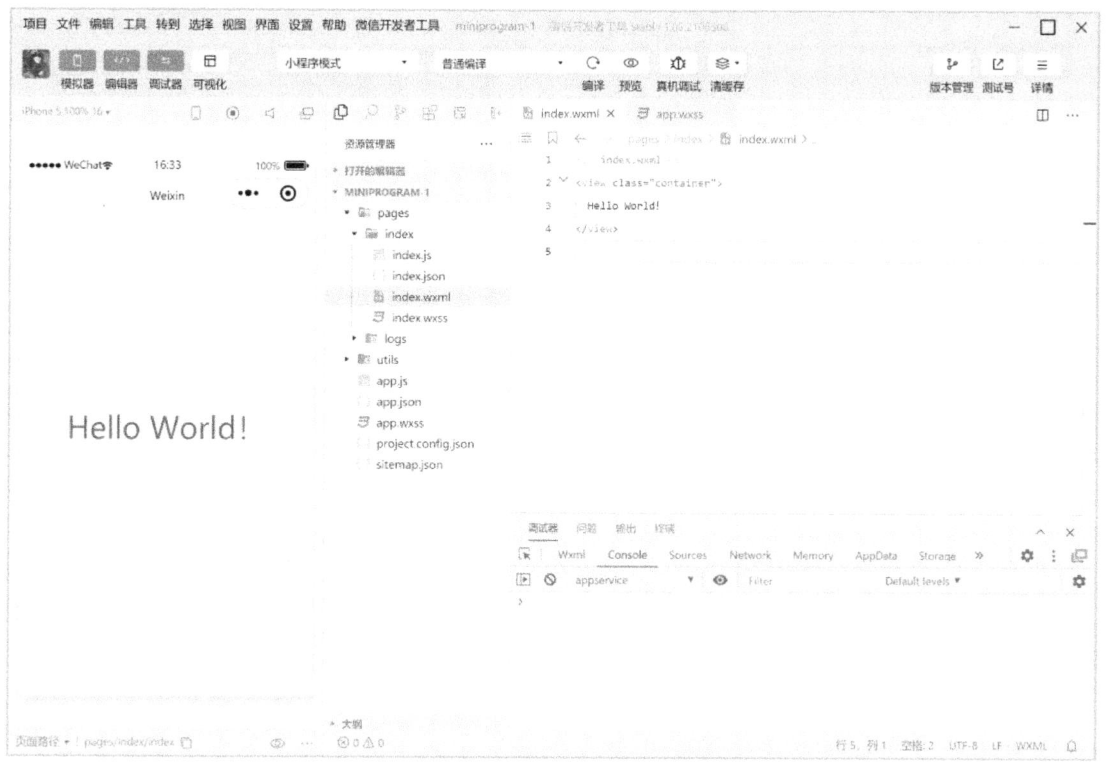

图 1.46　在模拟器上查看运行效果

（2）如果想在真机上查看运行效果，那么单击右上角的“预览”按钮，弹出一个二维码，利用手机微信扫码即可直接在手机上查看运行效果，如图 1.47 所示。

图 1.47　在真机上查看运行效果

第 2 章　小程序的逻辑层

扫一扫，看微课

2.1　小程序的全局配置文件

一、任务描述

开发者根据实际需要，修改全局配置文件 app.json 中的 window 属性，从而实现所需效果。

二、导入知识点

pages 数组主要用于指定小程序由哪些页面组成，每项都对应一个页面的路径（含文件名）信息。在输入文件名时，不需要写文件后缀，框架会自动寻找对应位置的 JSON 文件、JS 文件、WXML 文件、WXSS 文件。在小程序中增加或减少文件，需要对 pages 数组进行修改。

小程序的目录结构中主要包含项目配置文件、主体文件、页面文件和其他文件。本任务基于 1.7 节的任务创建第一个微信小程序项目，并且对文件的构成进行分析。小程序的开发目录如图 2.1 所示。

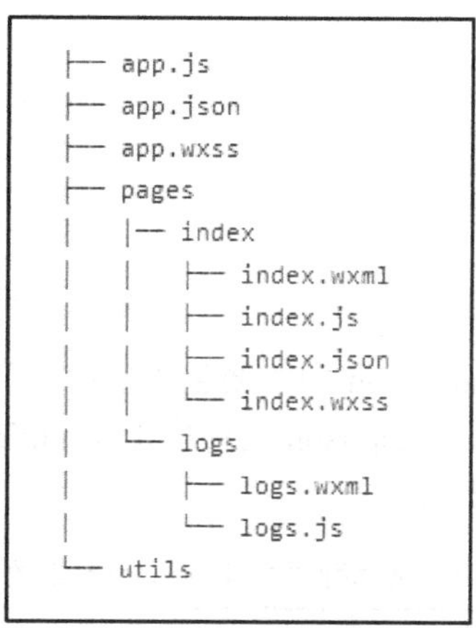

图 2.1　小程序的开发目录

1．项目配置文件

小程序的项目配置文件是 project.config.json。每个小程序在新建时都会自动生成一个 project.config.json 文件，该文件位于项目根目录下，如图 2.2 所示。其内部代码主要用于定义小程序的项目名称、AppID 等，它的初始代码如图 2.3 所示。

图 2.2　项目配置文件的位置

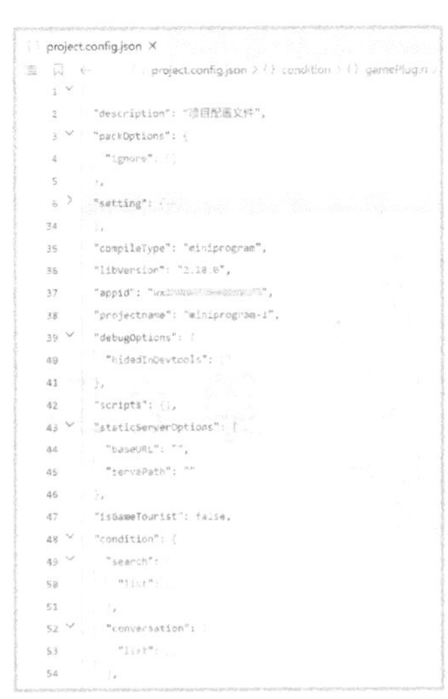

图 2.3　项目配置文件中的初始代码

2．主体文件

小程序主体文件名称均为 app，同样位于项目根目录下，如图 2.4 所示。

主体文件 app 根据不同的后缀名，分为 3 种类型的文件，分别是 app.js 文件、app.json 文件和 app.wxss 文件。

app.json 文件是小程序的全局配置文件，主要包含小程序中所有页面文件的路径、导航栏样式等，是必选文件，如图 2.5 所示。

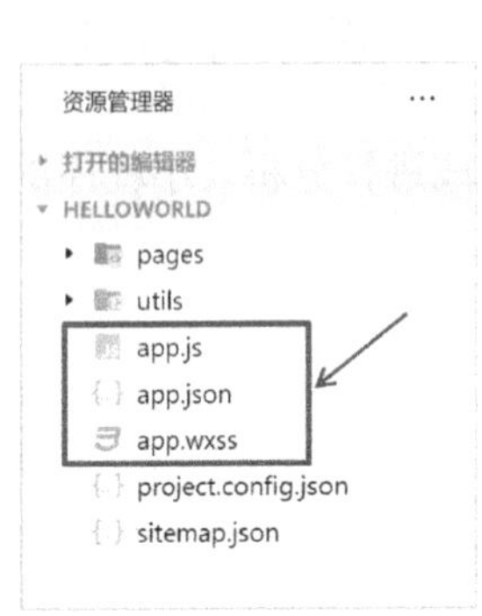

图 2.4　主体文件的位置

图 2.5　全局配置文件 app.json 中的代码

在图 2.5 中，全局配置文件 app.json 中主要包含 pages 和 window 两个属性。事实上，除了 pages 和 window 属性，还可以在 app.json 文件中配置 tabBar、networkTimeout、debug 等属性，这些属性的具体说明如表 2.1 所示。

表 2.1　全局配置文件 app.json 中的属性

属　性	类　型	说　明
pages	String Array	必选属性，主要用于记录小程序中所有页面文件的路径。如果 pages 文件夹中包含多个页面文件，那么 pages/index/index 默认为小程序的初始页面
window	Object	可选属性，主要用于设置页面的窗口表现效果，如导航栏的背景颜色、标题文字、文字颜色等

续表

属　　性	类　　型	说　　明
tabBar	Object	可选属性，主要用于设置页面底部 tab 栏的表现效果
networkTimeout	Object	可选属性，主要用于设置各种网络请求的超时时间
debug	Boolean	可选属性，主要用于设置是否开启调试模式

1）pages 属性：该属性是一个数组，数组中的每项都是以字符串形式记录的小程序页面文件的路径。其默认的相关代码如下：

```
"pages":[
  "pages/index/index",
  "pages/logs/logs"
],
```

上述代码表示当前小程序共有两个页面，分别是 index 页面和 log 页面，并且 index 页面默认为小程序的初始页面。

2）window 属性：对应的值是对象，其中包括小程序页面顶端导航栏的背景颜色、标题文字、文字颜色等属性，如表 2.2 所示。

表 2.2　app.json 文件中的 window 属性值

属　　性	类　　型	默　认　值	说　　明
navigationBarBackgroundColor	HexColor	#000000	导航栏的背景颜色，默认值表示黑色，可以简写为#000
navigationBarTextStyle	String	white	导航栏的标题颜色，该属性值只能是white或black
navigationBarTitleText	String		导航栏的标题文字，默认为无文字
navigationStyle	String	default	导航栏样式，该属性值只能是default或custom，其中custom表示自定义导航栏，只保留右上角的小图标
backgroundColor	HexColor	#ffffff	窗口的背景颜色，默认值表示白色，可以简写为#fff
backgroundTextStyle	String	dark	下拉加载的样式，该属性值只能是dark或light
backgroundColorTop	String	#ffffff	顶部窗口的背景颜色，只对iOS操作系统有效
backgroundColorBottom	String	#ffffff	底部窗口的背景颜色，只对iOS操作系统有效
enablePullDownRefresh	Boolean	false	表示是否开启下拉刷新功能
onReachBottomDistance	Number	50	页面上拉触底事件在触发时距页面底部的距离，单位为像素（px）

注意：十六进制颜色的表示方式为#加 6 位十六进制数。例如，#ff0000 表示红色，可以简写为#f00，大小写不限。

三、实现效果

通过修改 app.json 文件，将顶部窗口的背景颜色设置为红色，将导航栏标题文字设置为“微信小程序开发教程”，将导航栏标题颜色设置为白色，预览效果如图 2.6 所示。

图 2.6　修改 app.json 文件后的预览效果

四、任务实现

设置 app.json 文件中的 window 属性，将顶部窗口的背景颜色设置为红色（将 navigationBarBackgroundColor 的值设置为#f00），将导航栏标题文字设置为“微信小程序开发教程”（将 navigationBarTitleText 的值设置为“微信小程序开发教程”），将导航栏标题颜色设置为白色（将 navigationBarTextStyle 的值设置为 white），实现代码如图 2.7 所示。

```
app.json
1  {
2    "pages":[
3      "pages/index/index",
4      "pages/logs/logs"
5    ],
6    "window":{
7      "backgroundTextStyle":"light",
8      "navigationBarBackgroundColor": "#f00",
9      "navigationBarTitleText": "微信小程序开发教程",
10     "navigationBarTextStyle":"white"
11   },
12   "style": "v2",
13   "sitemapLocation": "sitemap.json"
14 }
```

图 2.7　设置 app.json 文件中 window 属性后的代码

对比原来的代码，对修改内容的说明如下。

- 第 8 行：将导航栏背景颜色从白色（值为#ffffff）改为红色（值为#f00）。
- 第 9 行：将导航栏文字内容从“WeChat”改为“微信小程序开发教程”。
- 第 10 行：将导航栏文字颜色从黑色（值为 black）改为白色（值为 white）。

2.2　小程序的 tabBar 属性

一、任务描述

开发者根据实际需要，设置全局配置文件 app.json 中的 tabBar 属性，实现所需的多页面效果。

二、导入知识点

app.json 文件是小程序的全局配置文件，该文件中主要包含小程序中所有页面文件的路径、导航栏样式等内容，页面文件的路径、导航栏样式为必填信息。全局配置文件 app.json 的位置如图 2.8 所示，该文件中的代码如图 2.9 所示。

图 2.8　全局配置文件 app.json 的位置　　　　图 2.9　全局配置文件 app.json 中的代码

如果小程序是一个多 tab 应用，即客户端窗口的底部有一个 tab 栏，用于切换页面，那么可以通过设置 tabBar 属性，控制 tab 栏的表现效果，并且在切换 tab 时显示对应的页面。app.json 文件中的 tabBar 属性如表 2.3 所示。

表 2.3　app.json 文件中的 tabBar 属性

属　性	类　型	必　填	默 认 值	说　明
color	HexColor	是	—	tab栏中文字的默认颜色
selectedColor	HexColor	是	—	tab栏中文字被选中时的颜色
backgroundColor	HexColor	是	—	tab栏的背景颜色
borderStyle	String	否	black	tab栏的边框颜色，其值只能是black或white
list	Array	是	—	tab栏中的tab列表
position	String	否	bottom	tab栏的位置，其值只能是bottom或top

其中，list 是一个数组，只能配置最少 2 个、最多 5 个 tab，tab 按数组的顺序排序，list 数组中的每项都是一个对象。list 属性如表 2.4 所示。

表 2.4　list 属性

属　性	类　型	必　填	说　明
pagePath	String	是	页面路径，必须在pages中先定义
text	String	是	tab上按钮的文字
iconPath	String	否	图标路径，icon大小限制为40KB，建议尺寸为81px×81px，不支持网络图片
selectedIconPath	String	否	选中的图标路径，icon大小限制为40KB，建议尺寸为81px×81px，不支持网络图片

注意：当 position 属性值为 top 时，iconPath 和 selectedIconPath 属性无效，不显示图标。同时，iconPath 和 selectedIconPath 属性不是必填信息，代码如下：

```
"tabBar": {
  "list": [
    {
     "pagePath": "pages/index/index",
     "text": "首页"
    },
    {
     "pagePath": "pages/phonebook/phonebook",
     "text": "通讯录"
    }
      ]
}
}
```

下面用图例的方式将 tabBar 属性的 list 属性值的对应关系展示出来，如图 2.10 所示。

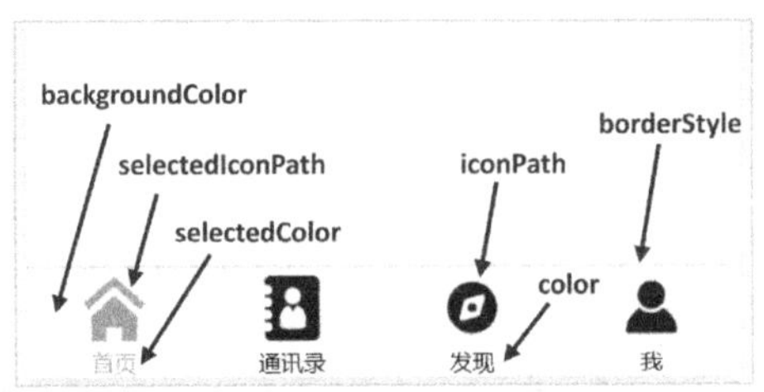

图 2.10　tabBar 属性的 list 属性值的对应关系

三、实现效果

通过设置 app.json 文件中 tabBar 属性的 list 属性值，设置 tab 栏中有 4 个 tab，并且可以切换，被选中的 tab 的 icon 图标颜色和文字颜色会变成绿色（值为#1AAD16），如图 2.11 所示。

图 2.11　修改 app.json 文件后的预览效果

四、任务实现

进入阿里巴巴矢量图库网站，在“搜索图标”栏中查找所需图标。例如，在“搜索图标”栏中输入“首页”并按回车键，即可出现很多名称中有“首页”的 icon 图标，如图 2.12 所示。选中所需的 icon 图标，单击“下载”按钮，弹出一个对话框，分别设置灰色（值为#515151）和绿色（值为#1AAD16）进行 PNG 格式的图标下载，以下载绿色（值为#1AAD16）图标为例，具体操作如图 2.13 所示。

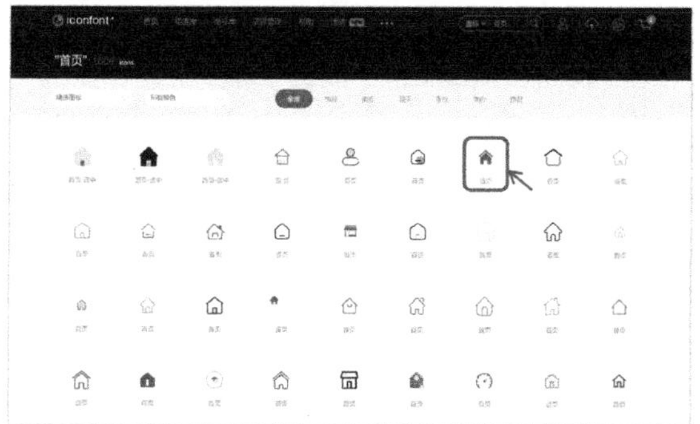

图 2.12　在阿里巴巴矢量图库网站中搜索图标

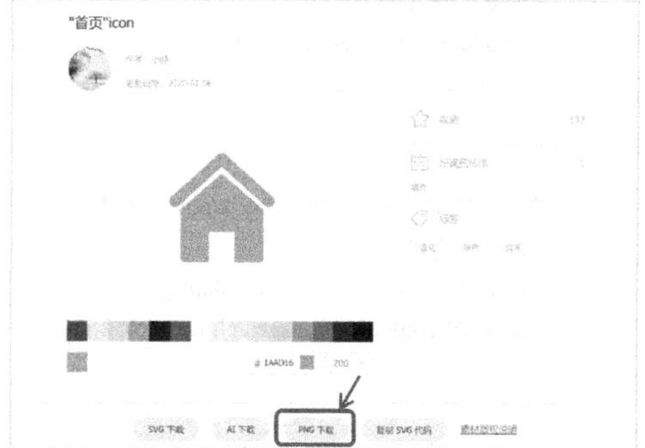

图 2.13　下载 icon 图标

除了 pages 目录下的 index 和 logs 页面外，还需要创建 2 个页面，分别为 phonebook（通讯录）页面和 find（发现）页面。创建 phonebook 页面文件的过程如图 2.14 所示。

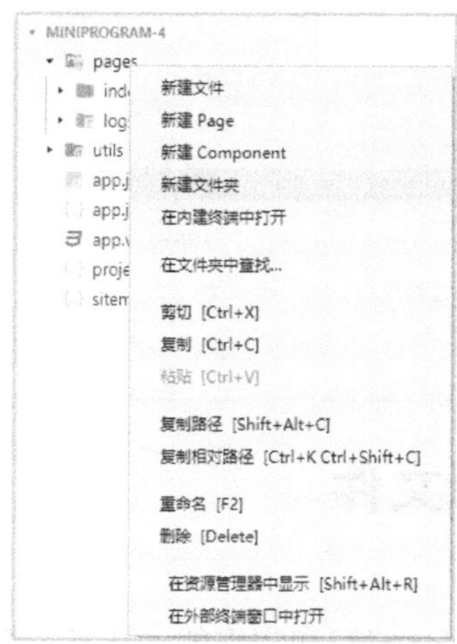

（a）新建文件夹

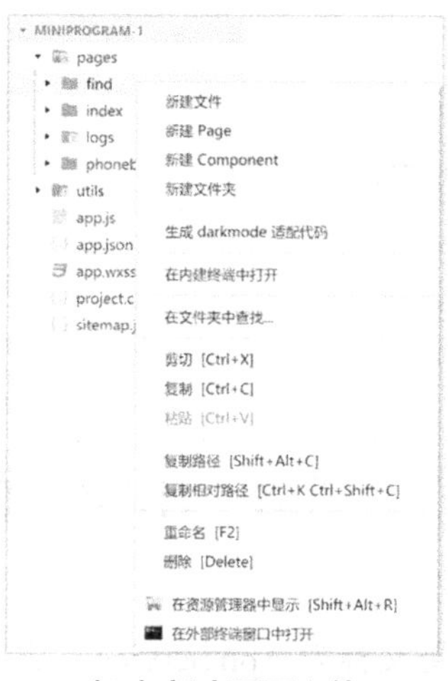

（b）新建页面文件

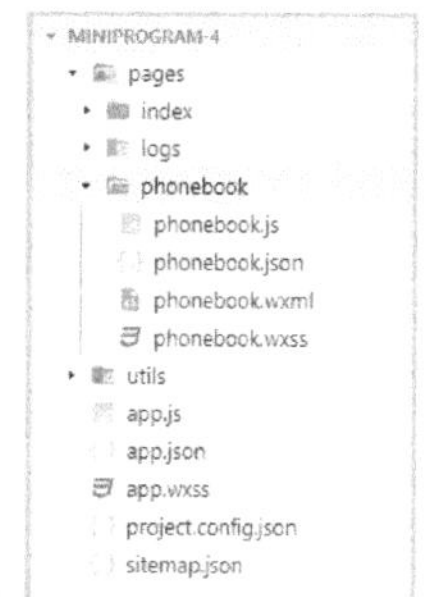

（c）页面文件创建完成

图 2.14　创建 phonebook 页面文件的过程

在页面文件创建完成后，在 app.json 文件中的 pages 属性列表中会自动出现"pages/phonebook/phonebook"和"pages/find/find"，如图 2.15 所示。

```
{ } app.json ×
{ } app.json > { } tabBar > [ ] list > { } 0 >
{
  "pages":[
    "pages/index/index",
    "pages/logs/logs",
    "pages/phonebook/phonebook",
    "pages/find/find"
  ],
```

图 2.15　app.json 文件自动更新

在 app.json 文件中设置 tabBar 属性的 list 属性值，代码如下：

```
{
  "tabBar": {
    "list": [
      {
        "pagePath": "pages/index/index",
```

```
          "text": "首页",
          "iconPath": "images/home.png",
          "selectedIconPath": "images/home-2.png"
        },
        {
          "pagePath": "pages/phonebook/phonebook",
          "text": "通讯录",
          "iconPath": "images/phonebook.png",
          "selectedIconPath": "images/phonebook-2.png"
        },
        {
          "pagePath": "pages/find/find",
          "text": "发现",
          "iconPath": "images/find.png",
          "selectedIconPath": "images/find-2.png"
        },
        {
          "pagePath": "pages/logs/logs",
          "text": "我",
          "iconPath": "images/me.png",
          "selectedIconPath": "images/me-2.png"
        }
      ]
    }
  }
```

2.3 小程序的逻辑文件

小程序开发框架的逻辑层又称为 App Service，是用 JavaScript 编写和实现的。开发者编写的所有代码最后都会被打包成一份 JavaScript 程序，并且在小程序启动时运行，直到小程序被销毁。

逻辑层的主要作用是处理数据，并且将处理后的数据发送给视图层渲染，以及接收视图层的事件反馈。为了更方便地进行项目开发，小程序在 JavaScript 的基础上进行了一些优化，它针对不同的文件，提出了不同的函数和接口。

- App()函数主要用于进行应用程序的注册。
- Page()函数主要用于进行单独页面的注册。
- getApp()函数主要用于获取整个应用实例。
- getCurrentPages()函数主要用于获取当前页面实例。
- 提供丰富的微信原生 API，可以方便地获取微信用户信息，实现本地存储、扫一扫、微信支付、微信运动等特殊功能。

下面对 App()函数和 Page()函数进行详细讲解。

一、App()函数

app.js 文件是小程序的全局逻辑文件，是小程序的入口文件，也是控制小程序生命周期的文件。

1. app.js 文件中的默认代码

当新建一个项目时，app.js 文件中的默认代码如图 2.16 所示。

```
// app.js
App({
  onLaunch() {
    // 展示本地存储能力
    const logs = wx.getStorageSync('logs') || []
    logs.unshift(Date.now())
    wx.setStorageSync('logs', logs)

    // 登录
    wx.login({
      success: res => {
        // 发送 res.code 到后台换取 openId, sessionKey, unionId
      }
    })
  },
  globalData: {
    userInfo: null
  }
})
```

图 2.16　app.js 文件中的默认代码

在省略 app.js 文件中函数内的具体代码后，会得到如下代码框架。

```
// app.js
App({
  onLaunch() { ... },
  globalData: { ... }
})
```

由此可见，app.js 文件中的所有内容都在 App()函数中，并且各项内容之间用英文逗号隔开。

2. 自动生成 App()函数

用户可以使用微信开发者工具在空白 app.js 文件中输入关键词“app”，会自动出现提示列表，如图 2.17 所示。

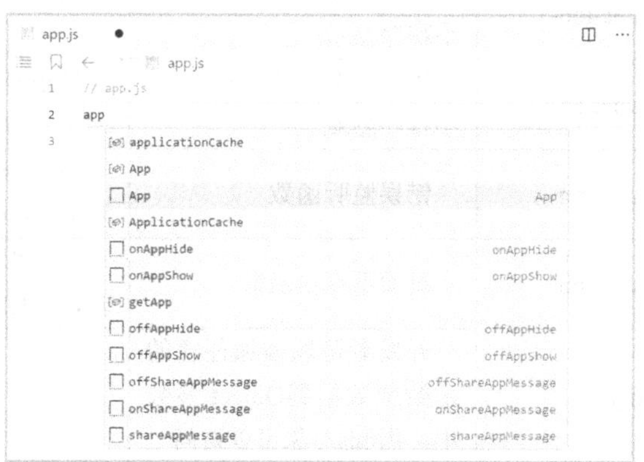

图 2.17　app.js 文件中的代码提示列表

注意：App()函数只能写在小程序根目录下的 app.js 文件中，并且只能有一个 App()函数。

选择提示列表中的第 3 项，直接按回车键，就可以自动生成带有生命周期全套函数的代码结构，如图 2.18 所示。事实上，App()函数中的这些函数均为可选函数，开发者可以根据实际需要删除其中的部分函数；或者保留这些函数，但不填充内容。

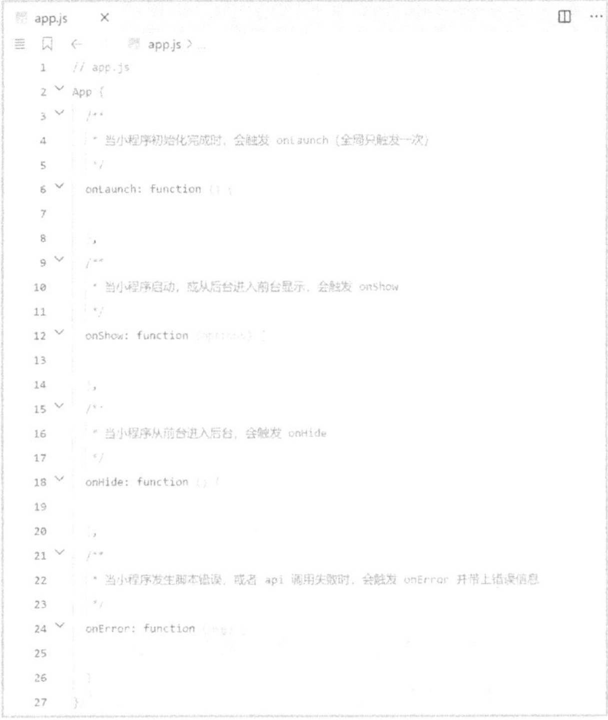

```
// app.js
App({
  /**
   * 当小程序初始化完成时，会触发 onLaunch（全局只触发一次）
   */
  onLaunch: function () {

  },
  /**
   * 当小程序启动，或从后台进入前台显示，会触发 onShow
   */
  onShow: function (options) {

  },
  /**
   * 当小程序从前台进入后台，会触发 onHide
   */
  onHide: function () {

  },
  /**
   * 当小程序发生脚本错误，或者 api 调用失败时，会触发 onError 并带上错误信息
   */
  onError: function (msg) {

  }
})
```

图 2.18　app.js 文件中自动生成的 App()函数

在 App.js 文件中，使用 App()函数对小程序进行注册。App()函数中包含对小程序生命周期的监控函数（onLaunch()、onShow()、onHide()）。App()函数中的参数说明如表 2.5 所示。

表 2.5　App()函数中的参数说明

参　　数	类　　型	说　　明	触 发 时 机
onLaunch()	Function	生命周期函数——监听小程序初始化	当小程序初始化完成时，会触发onLaunch()函数（全局只触发一次）
onShow()	Function	生命周期函数——监听小程序显示	当小程序启动或从后台进入前台显示时，会触发 onShow()函数
onHide()	Function	生命周期函数——监听小程序隐藏	当小程序从前台进入后台时，会触发 onHide()函数
onError()	Function	错误监听函数	当小程序发送脚本错误时，会触发onError()函数
onPageNotFound()	Function	页面不存在函数	当小程序需要打开的页面不存在时，会触发onPageNotFound()函数
其他自定义函数	Any	开发者可以添加任意的函数或数据到Object 参数中，用this对象可以访问	—

二、Page()函数

小程序在每个页面的 JS 文件中，都会使用 Page(OBJECT)函数进行页面注册，该函数主要用于指定小程序页面的生命周期。

小程序中的每个页面可以放在一个文件夹中，这个文件夹中一般包含 4 个文件，分别是 JS 文件、JSON 文件、WXML 文件和 WXSS 文件。

注意：这 4 个文件的名字最好和文件夹的名字一致，便于在代码框架中自动查找。例如，用户在微信开发者工具的 index.js 文件中输入关键词“page”，会自动出现提示列表，如图 2.19 所示。

图 2.19　index.js 文件中的代码提示列表

选择提示列表中的第 5 项，直接按回车键，即可自动生成带有生命周期全套函数的代码结构，如图 2.20 所示。

在 index.js 文件中，使用 Page()函数注册页面，它接受一个 object 参数，用这个参数指定页面的初始数据、生命周期函数、事件处理函数。Page()函数中的参数说明如表 2.6 所示。

表 2.6　Page()函数中的参数说明

参　数	类　型	说　明
data	Object	页面的初始数据
onLoad()	Function	生命周期函数——监听页面加载
onReady()	Function	生命周期函数——监听页面初次渲染完成
onShow()	Function	生命周期函数——监听页面显示
onHide()	Function	生命周期函数——监听页面隐藏
onUnload()	Function	生命周期函数——监听页面卸载
onPullDownRefresh()	Function	页面相关事件处理函数——监听用户下拉动作

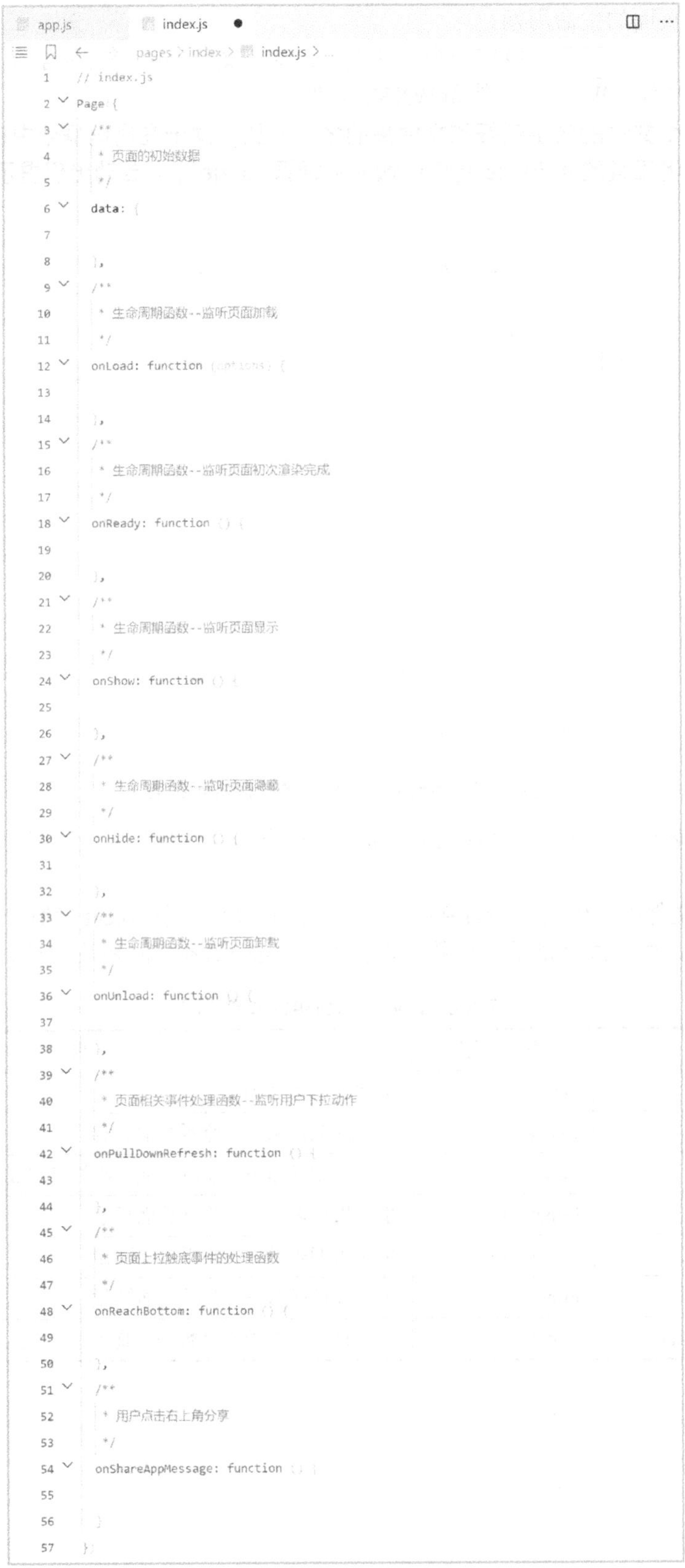
app.js
index.js
pages > index > index.js > ...
// index.js
Page({
/**
* 页面的初始数据
*/
data: {
},
/**
* 生命周期函数--监听页面加载
*/
onLoad: function (options) {
},
/**
* 生命周期函数--监听页面初次渲染完成
*/
onReady: function () {
},
/**
* 生命周期函数--监听页面显示
*/
onShow: function () {
},
/**
* 生命周期函数--监听页面隐藏
*/
onHide: function () {
},
/**
* 生命周期函数--监听页面卸载
*/
onUnload: function () {
},
/**
* 页面相关事件处理函数--监听用户下拉动作
*/
onPullDownRefresh: function () {
},
/**
* 页面上拉触底事件的处理函数
*/
onReachBottom: function () {
},
/**
* 用户点击右上角分享
*/
onShareAppMessage: function () {
}
})

图 2.20　index.js 文件中自动生成的 Page()函数

2.4 小程序的生命周期执行顺序

一、任务描述

设计一个小程序，测试小程序各个页面和函数的执行顺序。

二、导入知识点

小程序开发框架的逻辑层使用 JavaScript 引擎为小程序提供开发者 JavaScript 代码的运行环境及微信小程序的特有功能。逻辑层在对数据进行处理后，将其发送给视图层，同时接收视图层的事件反馈。开发者编写的所有代码最终都会被打包成一个 JS 文件，并且在小程序启动时运行，直到小程序销毁。

1. 小程序应用的生命周期

每个小程序都需要在 app.js 文件中调用 App()函数注册小程序实例，并且绑定生命周期函数、错误监听函数和页面不存在监听函数等。App(Object object)函数主要用于注册小程序实例，该函数必须在 app.js 文件中调用，必须调用且只能调用一次，如图 2.21 所示。

```
app.js
// app.js
App({
  /**
   * 当小程序初始化完成时，会触发 onLaunch（全局只触发一次）
   */
  onLaunch: function () {

  },
  /**
   * 当小程序启动，或从后台进入前台显示，会触发 onShow
   */
  onShow: function (options) {

  },
  /**
   * 当小程序从前台进入后台，会触发 onHide
   */
  onHide: function () {

  },
  /**
   * 当小程序发生脚本错误，或者 api 调用失败时，会触发 onError 并带上错误信息
   */
  onError: function (msg) {

  }
})
```

图 2.21 app.js 自动生成 App()函数

App(Object object)函数中的参数说明如表 2.7 所示。

表 2.7　App(Object object)函数中的参数说明

属　　性	类　　型	必　　填	说　　明
onLaunch()	Function	否	生命周期函数——监听小程序初始化
onShow()	Function	否	生命周期函数——监听小程序显示
onHide()	Function	否	生命周期函数——监听小程序隐藏
onError()	Function	否	错误监听函数
onPageNotFound()	Function	否	页面不存在函数
其他自定义函数	Any	否	开发者可以添加任意的函数或数据到Object 参数中，用 this对象可以访问

小程序应用与页面有各自的生命周期函数，它们在使用过程中会互相影响。小程序应用的生命周期如图 2.22 所示。

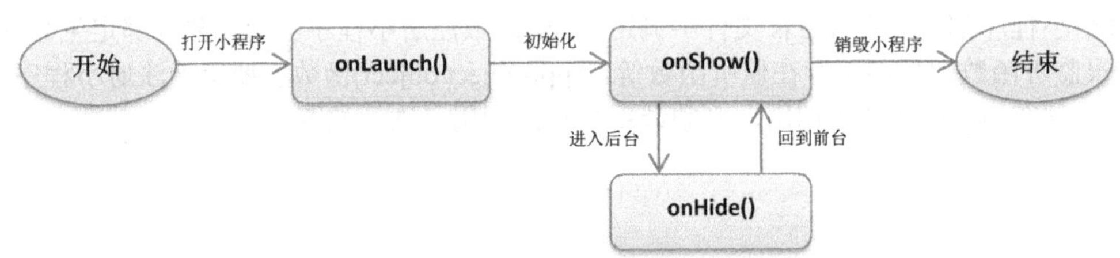

图 2.22　小程序应用的生命周期

2. 小程序页面的生命周期

对于小程序中的每个页面，都需要在页面对应的 JS 文件中调用 Page()函数注册页面，并且指定页面的初始数据、生命周期函数、事件处理函数等。Page(Object object)函数主要用于注册小程序中的一个页面。Page(Object object)函数中的参数主要用于指定页面的初始数据、生命周期函数、事件处理函数等，相关说明如表 2.8 所示。

表 2.8　Page(Object object)函数中的参数说明

属　　性	类　　型	说　　明
data	Object	页面的初始数据
onLoad()	Function	生命周期函数——监听页面加载
onShow()	Function	生命周期函数——监听页面显示
onReady()	Function	生命周期函数——监听页面初次渲染完成
onHide()	Function	生命周期函数——监听页面隐藏
onUnload()	Function	生命周期函数——监听页面卸载
其他	Any	开发者可以添加任意的函数或数据到 object 参数中，用 this对象可以访问

小程序在被打开时会首先触发 onLaunch()函数启动程序，然后调用 onShow()函数展示页面，如果被切换进入后台，则会调用 onHide()函数；如果小程序在销毁前重新被唤醒，则会再次调用 onShow()函数。小程序页面的生命周期如图 2.23 所示。

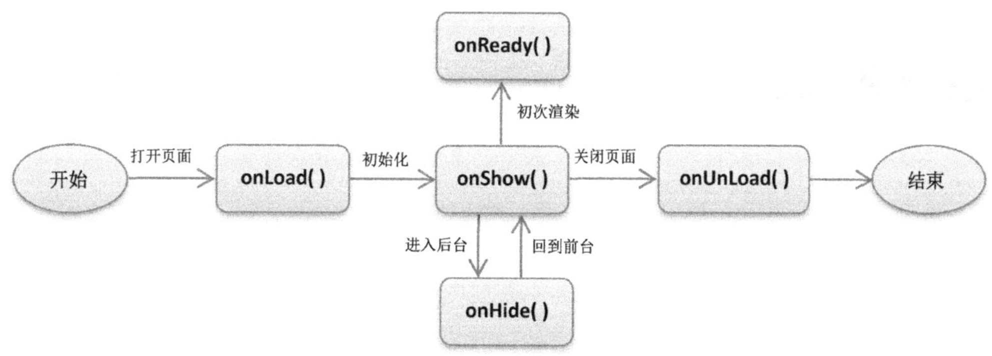

图 2.23　小程序页面的生命周期

3. 小程序的整个生命周期

在小程序应用生命周期调用完 onShow()函数后，就可以触发小程序页面的生命周期了。初次打开页面会依次触发 onLoad()函数、onShow()函数和 onReady()函数。如果切换到后台，则会调用 onHide()函数；如果从后台被唤醒，则会调用 onShow()函数；如果页面被关闭，则会调用 onUnload()函数。在下次打开页面，仍然会依次触发 onLoad()函数、onShow()函数和 onReady()函数。小程序的整个生命周期如图 2.24 所示。

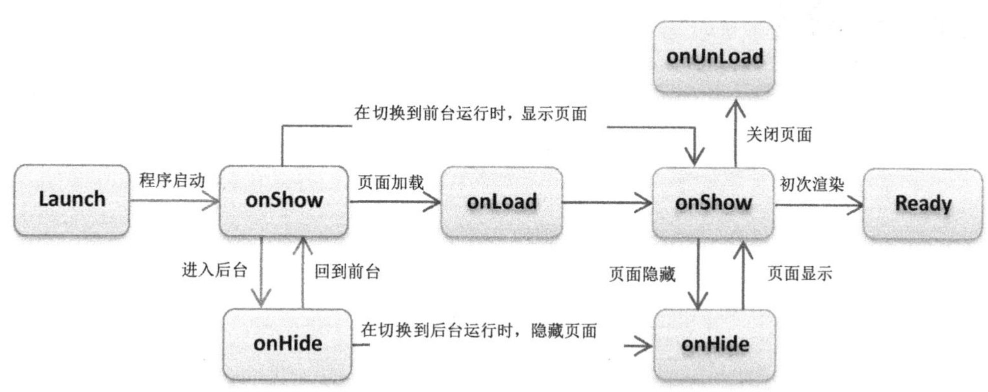

图 2.24　小程序的整个生命周期

三、实现效果

根据任务描述可以实现如下运行效果。

（1）在小程序运行后，在调试器的 Console 控制台中显示的小程序运行顺序如图 2.25 所示。根据图 2.25 可知，小程序在运行后，首先执行 app.js 文件中的 onLaunch 函数和 onShow()函数，然后执行 index.js 文件中的 onLoad()函数、onShow()函数和 onReady()函数。

（2）在模拟器中单击“通讯录”标签，首先隐藏 index 页面，然后 phonebook 页面被加载、显示和渲染，如图 2.26 所示。

（3）接下来，在模拟器中单击“发现”标签，首先隐藏 phonebook 页面，然后 find 页面被加载、显示和渲染，如图 2.27 所示。

（4）在调试器中选择 Console 选项卡，打开 Console 控制台，小程序首先执行 find.js 文件中的 onHide()函数，然后执行 app.js 文件中的 onShow()函数，如图 2.28 所示。

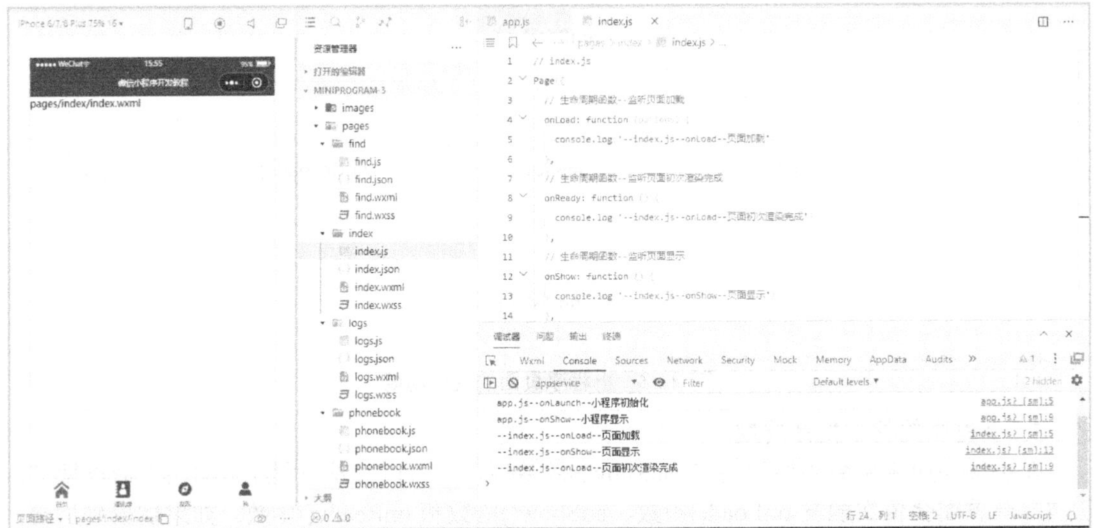

图 2.25　小程序的运行顺序

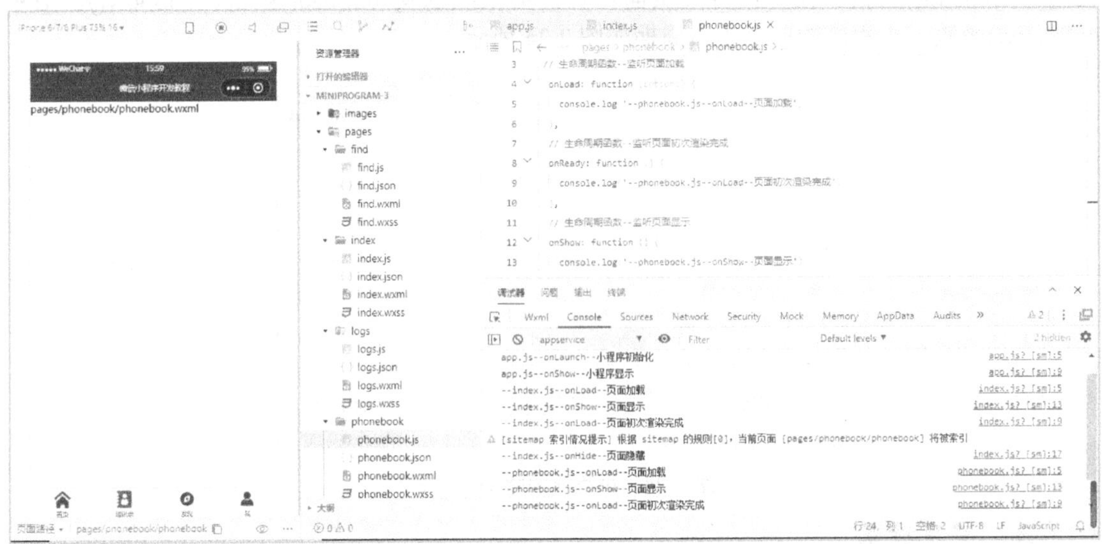

图 2.26　单击“通讯录”标签后的运行效果

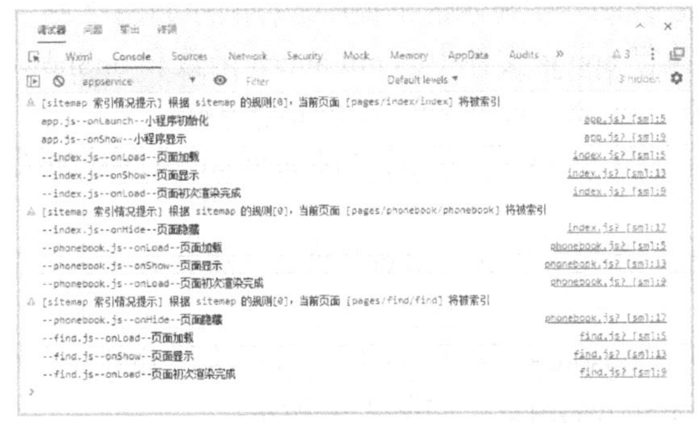

图 2.27　单击“发现”标签后的运行效果

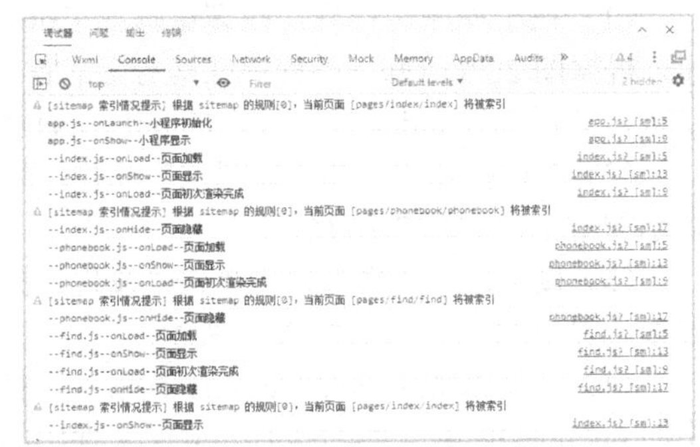

图 2.28　用户操作后的运行效果

四、任务实现

在 2.2 节任务的基础上完成以下任务。

（1）编写 app.js 文件中的代码。在 App()函数的对象参数中添加 onLaunch()函数、onShow()函数和 onHide()函数，每个函数都通过调用 console.log()函数，在 Console 控制台中显示程序执行的位置。app.js 文件中的代码如下：

```
// app.js
App({
  //当小程序初始化完成时，会触发 onLaunch()函数（全局只触发一次）
  onLaunch: function () {
    console.log('app.js--onLaunch--小程序初始化')
  },
  //当小程序启动或从后台进入前台时，会触发 onShow()函数
  onShow: function (options) {
    console.log('app.js--onShow--小程序显示')
  },
  //当小程序从前台进入后台时，会触发 onHide()函数
  onHide: function () {
    console.log('app.js--onHide--小程序隐藏')
  }
})
```

（2）编写 index.js 文件中的代码。在该文件中添加 onLoad()函数、onReady()函数、onShow()函数、onHide()函数、onUnload()函数，在每个函数中通过调用 console.log()函数显示程序执行的位置。index.js 文件中的代码如下：

```
// index.js
Page({
  // 生命周期函数--监听页面加载
  onLoad: function (options) {
    console.log('--index.js--onLoad--页面加载')
  },
  // 生命周期函数--监听页面初次渲染完成
  onReady: function () {
    console.log('--index.js--onLoad--页面初次渲染完成')
  },
  // 生命周期函数--监听页面显示
  onShow: function () {
    console.log('--index.js--onShow--页面显示')
  },
  // 生命周期函数--监听页面隐藏
  onHide: function () {
    console.log('--index.js--onHide--页面隐藏')
  },
  //生命周期函数--监听页面卸载
  onUnload: function () {
    console.log('--index.js--onUnLoad--页面隐藏')
  }
})
```

（3）编写 phonebook.js 文件中的代码。在该文件中添加 onLoad()函数、onReady()函数、onShow()函数、onHide()函数、onUnload()函数，在每个函数中通过调用 console.log()函数显示程序执行的位置。phonebook.js 文件中的代码如下：

```
// pages/phonebook/phonebook.js
```

```
Page({
 // 生命周期函数--监听页面加载
  onLoad: function (options) {
   console.log('--phonebook.js--onLoad--页面加载')
  },
  // 生命周期函数--监听页面初次渲染完成
  onReady: function () {
   console.log('--phonebook.js--onLoad--页面初次渲染完成')
  },
  // 生命周期函数--监听页面显示
  onShow: function () {
   console.log('--phonebook.js--onShow--页面显示')
  },
  // 生命周期函数--监听页面隐藏
  onHide: function () {
   console.log('--phonebook.js--onHide--页面隐藏')
  },
  //生命周期函数--监听页面卸载
  onUnload: function () {
   console.log('--phonebook.js--onUnLoad--页面隐藏')
  }
})
```

（4）编写 find.js 文件中的代码。在该文件中添加 onLoad()函数、onReady()函数、onShow()函数、onHide()函数、onUnload()函数，在每个函数中通过调用 console.log()函数显示程序执行的位置。find.js 文件中的代码如下：

```
// pages/find/find.js
Page({
  // 生命周期函数--监听页面加载
  onLoad: function (options) {
    console.log('--find.js--onLoad--页面加载')
  },
  // 生命周期函数--监听页面初次渲染完成
  onReady: function () {
    console.log('--find.js--onLoad--页面初次渲染完成')
  },
  // 生命周期函数--监听页面显示
  onShow: function () {
    console.log('--find.js--onShow--页面显示')
  },
  // 生命周期函数--监听页面隐藏
  onHide: function () {
    console.log('--find.js--onHide--页面隐藏')
  },
  //生命周期函数--监听页面卸载
  onUnload: function () {
    console.log('--find.js--onUnLoad--页面隐藏')
  }
})
```

2.5　setData 视图渲染

一、任务描述

在页面文件中，可以使用 setData()函数将 JS 文件中 data 对象中的数据渲染到视图中，并且可以通过调用函数改变视图渲染的内容。

二、导入知识点

在 Page()函数中，setData()函数主要用于将 data 对象中的数据从逻辑层异步发送到视图层的 WXML 文件中，同步更新 data 属性中的数据值，并且修改对应的 this.data 的值。setData()函数的语法格式如下：

```
setData(data, callback);
// data 为可 JSON 化的数据，在 setData()函数对界面渲染完毕后调用 callback()函数
```

setData()函数的参数说明如表 2.9 所示。在 Page()函数中的任意一个函数内都可以调用 setData()函数，它接收两个参数。

表 2.9　setData()函数的参数说明

字　段	典　型	必　填	说　明
data	Object	是	要更新的一个或多个数据，格式为 {key1:value1, key2:value2,..., keyN:valueN}
callback	Function	否	在使用setData()函数对界面渲染完毕后调用的回调函数

三、实现效果

根据任务描述，可以实现如图 2.29 所示的效果。在初始载入页面时，会在页面中显示文字“小程序开发教程”，如图 2.29（a）所示。在单击“更改 data 数据”按钮后，视图渲染的内容发生改变，页面显示的文字变为“微信小程序创始人张小龙”，如图 2.29（b）所示。

（a）初始渲染页面

（b）单击“更改 data 数据”按钮后的页面

图 2.29　setData()函数对视图的渲染效果

四、任务实现

（1）创建一个页面，将其命名为 setdata，并且在 app.json 文件的 pages 属性中修改页面路径的顺序：选中 setdata 页面的路径（"pages/setdata/setdata"），按【Alt+↑】组合键，将该页面路径调整到第一位，如图 2.30 所示。

（a）创建 setdata 页面

```
app.json ×
app.json >
1
2   "pages": [
3     "pages/setdata/setdata",
4     "pages/index/index",
5     "pages/logs/logs"
6   ],
```

（b）在 app.json 文件中调整 setdata 页面的路径顺序

图 2.30　创建 setdata 页面并调整其路径顺序

（2）编写 setdata.wxml 文件中的代码。编写需要渲染的内容（name）和“更改 data 数据”按钮的相关操作（button）。setdata.wxml 文件中的代码如下：

```
<!--pages/setdata/setdata.wxml-->
<view class="box">
 <view class="title">setData 视图渲染</view>
<text>{{name}}</text>
<button type="primary" bindtap="handlChangeName">更改 data 数据</button>
</view>
```

（3）编写 setdata.wxss 文件中的代码。对页面外框（.box 属性）、标题（.title 属性）、文本（text 属性）和按钮（button 属性）的样式进行设置。setdata.wxss 文件中的代码如下：

```
/* pages/setdata/setdata.wxss */
.box{
 margin:20rpx;
 padding: 20rpx;
 border: 1px solid silver;
}
.title{
 font-size: 25px;
 text-align: center;
 margin-bottom: 15px;
 color:darkred;
}
text{
 font-size: 20px;
}
button{
 margin: 20px 0px;
}
```

（4）编写 setdata.js 文件中的代码，具体如下：

```
// pages/setdata/setdata.js
Page({
 // 页面的初始数据
 data: {
   name:"小程序开发教程"
 },
 //更改 data 对象中数据的方法
```

```
handlChangeName(){
  console.log("name 初始数据:",this.data.name);
  this.setData({
   name:"微信小程序创始人张小龙"
  })
  console.log("name 经过 setData 后的数据:",this.data.name);
 }
})
```

当单击“更改 data 数据”按钮时，更改渲染到视图中的内容，并且在 Console 控制台中显示出来，如图 2.31 所示。

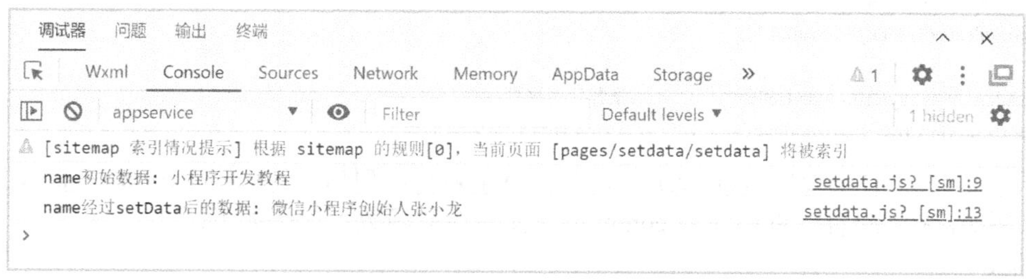

图 2.31　Console 控制台中的数据变化

2.6　变量和函数的作用域及模块化

一、任务描述

设计一个小程序，在 index.js 文件中调用 app.js 文件、index.js 文件和 util.js 文件中的变量和函数，从而实现对全局变量、全局函数、本文件中定义的变量和函数，以及其他模块中定义的变量和函数的引用。

二、导入知识点

1．文件作用域

在小程序的任意一个 JS 文件中声明的变量和函数只在该文件中有效，不同的 JS 文件中可以声明相同名字的变量和函数，不会互相影响。

如果需要跨页面共享数据，可以在 app.js 文件中定义全局变量，然后在其他 JS 文件中使用 getApp()函数获取和更新全局变量。例如，在 app.js 文件中设置全局变量 gloableData 中 msg 的值，并且在 test.js 文件中获取并更新全局变量 globleData 中 msg 的值，代码如下：

```
//app.js
App({
    globalData: {
      msg: ' Goodbye 2018'              //这是一个全局变量
    }
})

//test.js
var app = getApp()
app.globalData.msg = 'Hello 2019'       //全局变量被更新
```

2．模块化

小程序支持将一些公共的 JavaScript 代码放在一个单独的 JS 文件中，将其作为一个公共模块，便于其他 JS 文件调用。公共模块只能通过 module.exports 或 exports 对象对外提供接口。例如，在根目录下创建 utils 文件夹，并且创建公共模块的 JS 文件——common.js 文件。common.js 文件中的代码如下：

```
//common.js
function sayHello(name) {
  console.log('Hello ${name} ! ')
}
function sayGoodbye(name) {
  console.log('Goodbye ${name} ! ')
}
module.exports.sayHello = sayHello                    //推荐使用这种
exports.sayGoodbye = sayGoodbye
```

在其他 JS 文件中使用 require()函数引用 common.js 文件，即可调用 common.js 文件中的函数。例如，在 test.js 文件中调用 common.js 文件中的函数，代码如下：

```
//test.js
var common=require('../../utils/common.js')     //目前暂时不支持绝对路径
Page({
  hello: function() {
    common.sayHello('2019')
  },
  goodbye: function() {
    common.sayGoodbye('2018')
  }
})
module.exports.sayHello = sayHello                    //推荐使用这种
exports.sayGoodbye = sayGoodbye
```

三、实现效果

在 app.js 文件中定义的变量和函数是全局变量和全局函数，可以在任意一个 JS 文件中调用。根据任务描述，本任务要实现的效果如图 2.32 所示。

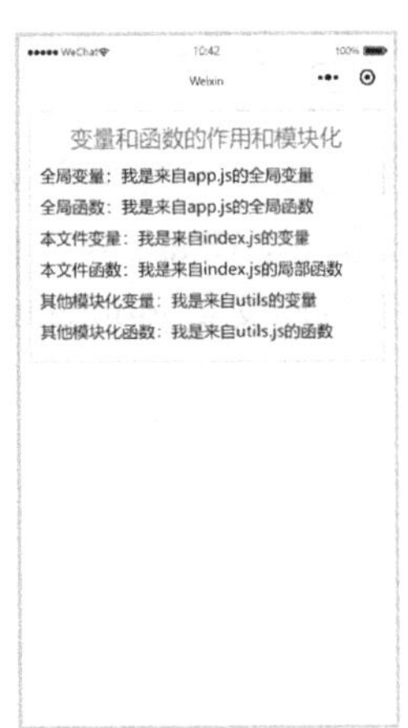

图 2.32　变量和函数的作用和模块化效果

四、任务实现

在 index.wxml 文件中设置 6 个变量，分别是 msg1、msg2 、msg3、msg4、msg5 和 msg6，

这 6 个变量需要通过 index.js 文件将值渲染到视图层中。通过在 index.js 文件中调用 app.js 文件、index.js 文件及 util.js 文件。index.js 文件、app.js 文件和 utils.js 文件之间的调用关系如图 2.33 所示。

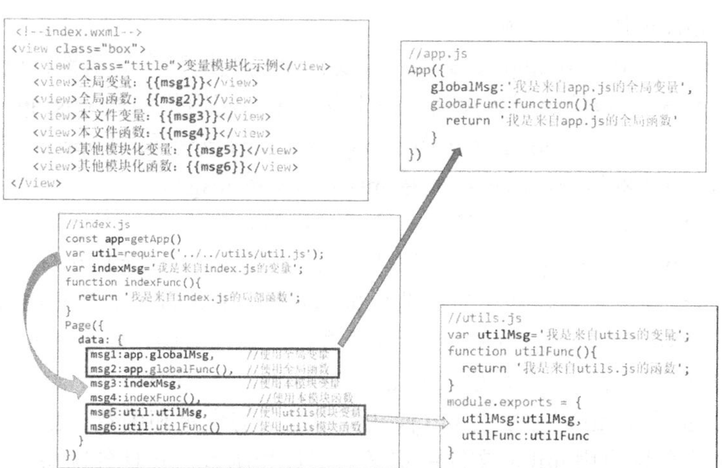

图 2.33　index.js 文件、app.js 文件和 utils.js 文件之间的调用关系

（1）编写 index.wxml 文件中的代码。本文件中设置了 msg1～msg6 共 6 个变量，通过在 index.js 文件中给这 6 个变量赋值，演示在 index.js 文件中引用全局变量、全局函数、局部变量、局部函数及其他模块中的变量和函数的方法。本文件中使用<view>组件设置文本的大小和行间距。index.wxml 文件中代码如下：

```
<!--index.wxml-->
<view class="box">
  <view class="title">变量模块化示例</view>
  <view>全局变量：{{msg1}}</view>
  <view>全局函数：{{msg2}}</view>
  <view>本文件变量：{{msg3}}</view>
  <view>本文件函数：{{msg4}}</view>
  <view>其他模块化变量：{{msg5}}</view>
  <view>其他模块化函数：{{msg6}}</view>
</view>
```

（2）编写 index.wxss 文件中的代码。在该文件中定义.box、.title 和 view 样式，用于设置标题大小、文字大小和行间距等。index.wxss 文件中的代码如下：

```
/**index.wxss**/
.box{
  margin: 20rpx;
  padding: 20rpx;
  border: 1px solid silver;
}
.title{
  font-size: 25px;
  text-align: center;
  margin-bottom: 12px;
  color: red;
}
view{
  font-size: 18px;
  margin-bottom: 10px;
```

```
}
```

（3）编写 index.js 文件中的代码。首先获取全局应用实例和 utils 模块实例，然后定义本模块中的变量和函数，最后引用全局变量、全局函数、本模块中的变量、本模块中的函数、utils 模块中的变量和 utils 模块中的函数。

①如果要在本模块中引用 app.js 文件中定义的全局变量和全局函数，就必须定义全局对象，并且利用 getApp()函数给该对象赋值。在本任务中，利用代码“const app=getApp()”定义全局对象 app，并且利用 app.globalMsg 和 app.globalFunc()分别引用 app.js 文件中定义的全局变量和全局函数，并且将其分别赋值给变量 msg1 和变量 msg2。

②如果要在模块中引用本模块中定义的变量和函数，那么在 data 对象中直接引用即可。在本任务中，变量 msg3 和 msg4 分别直接引用了 indexMsg 和 indexFunc()。

③如果要在本模块中引用其他模块中的变量和函数，那么首先需要利用 require()函数引入相应的模块文件，然后引用该模块中的变量和函数。在本任务中，要引入 util.js 文件中的变量和函数，首先需要利用 require()函数引入 util.js 文件，通过代码“var util=require('../utils/util.js')”创建 util 对象，然后利用 util 对象引用 util.js 文件中定义的变量和函数，通过代码“util.utilMsg”和“util.utilFunc()”分别引用 util.js 文件中定义的变量和函数，并且分别将其赋值给变量 msg5 和变量 msg6。

index.js 文件中的代码如下：

```
//index.js
const app=getApp()
var util=require('../../utils/util.js');
var indexMsg='我是来自 index.js 的变量';
function indexFunc(){
  return '我是来自 index.js 的局部函数';
}
Page({
  data: {
    msg1:app.globalMsg,          //使用全局变量
    msg2:app.globalFunc(),       //使用全局函数
    msg3:indexMsg,               //使用本模块中的变量
    msg4:indexFunc(),            //使用本模块中的函数
    msg5:util.utilMsg,           //使用 utils 模块中的变量
    msg6:util.utilFunc()         //使用 utils 模块中的函数
  }
})
```

（4）编写 app.js 文件中的代码。该文件中定义了一个全局变量 globalMsg 和一个全局函数 globalFunc()，该变量和该函数可以在本项目的其他 JS 文件中引用。app.js 文件中的代码如下：

```
//app.js
App({
  globalMsg:'我是来自 app.js 的全局变量',
  globalFunc:function(){
    return '我是来自 app.js 的全局函数'
  }
})
```

（5）在 pages 文件夹中创建 utils 文件夹，并且在其中添加 util.js 文件，然后编写 util.js 文件中的代码。在该文件中定义一个变量和一个函数，如果要在其他 JS 文件中引用该变量和该函数，就必须通过 module.exports 或 exports 对象输出该变量和该函数。util.js 文件中的

代码如下：

```
//utils.js
var utilMsg='我是来自 utils 的变量';
function utilFunc(){
  return '我是来自 utils.js 的函数';
}
module.exports = {
  utilMsg:utilMsg,
  utilFunc:utilFunc
}
```

在 JS 文件中声明的变量和函数只在该文件中有效；不同 JS 文件中可以声明相同名字的变量和函数，不会互相影响。通过全局函数 getApp()可以获取全局对象，如果需要全局数据，则可以在 App()函数中设置。

可以将一些公共代码放在一个单独的 JS 文件中，将其作为一个模块。模块通过 module.exports 或 exports 对外暴露接口，在需要这些模块的文件中，使用 require(path)函数引入公共代码。需要注意的是，path 为相对路径，暂时不支持绝对路径。

第 3 章　小程序的视图层

扫一扫，看微课

3.1　小程序的数据绑定和事件绑定

一、任务描述

编写一个实现数据绑定和事件绑定的小程序。数据绑定包括算术运算绑定、对象绑定和数组绑定。通过单击按钮事件可以修改绑定的数据。

二、导入知识点

WXML（WeiXin Markup Language）是框架设计的一套标签语言，结合基础组件、事件系统，可以构建出页面的结构。

- data 对象。data 对象是页面第一次渲染时使用的初始数据对象，WXML 中的动态数据均来自对应页面的 data 对象。在加载页面时，data 对象以 JSON 字符串的形式由逻辑层传递至渲染层。data 对象中的数据包括字符串、数字、布尔值、对象、数组。
- 数据绑定。渲染层可以通过 WXML 代码对数据进行绑定。数据绑定使用 Mustache 语法（双大括号）将变量包起来，可以作用于内容、组件属性（需要在双引号之内）、控制属性（需要在双引号之内）、关键字（需要在双引号之内）、运算、组合、数组、对象等。
- setData()函数。该函数主要用于将数据从逻辑层发送到视图层（异步），同时改变对应的 this.data 的值（同步）。
- 事件绑定。事件是视图层到逻辑层的通信方式，它可以将用户的行为反馈到逻辑层进行处理。事件可以绑定在组件上，一旦触发事件，就会执行逻辑层中对应的事件处理函数。事件对象可以携带额外信息，如 id、dataset、touches。

三、实现效果

根据任务描述，编写程序实现小程序数据绑定和事件绑定的效果，如图 3.1 所示。初始页面如图 3.1（a）所示，在视图层文件 index.wxml 中绑定普通数据 a、b、c，绑定对象数据 Student 和数组数据 array，这些数据的值都可以通过逻辑层文件 index.js 传递。当单击“修改数据”按钮时，原来的数据会发生相应的变化，如图 3.1（b）所示。

（a）初始页面

（b）单击“修改数据”按钮后的页面

图 3.1　小程序数据绑定和事件绑定的效果

四、任务实现

1．编写 index.wxml 文件中的代码

小程序页面主要由文本信息和一个按钮构成，文本信息可以利用<view>组件实现，按钮可以利用<button>组件实现。

（1）index.wxml 文件中的数据通过{{ }}符号与 index.js 文件中的数据进行绑定，该绑定是单向的，数据只能由 index.js 文件传递给 index.wxml 文件，不能反向传递。

（2）普通数据绑定直接使用变量名实现，如本任务中的变量 a、b 和 c；对象数据绑定通过“对象名.对象属性”实现，如本任务中的 Student.stulD、Student.name 和 Student.birthday；数组数据绑定通过下标实现，如任务中的 array[1]和 arr[2]。

（3）在 index.wxml 文件中添加一个<button>组件，并且利用该组件进行事件绑定。事件绑定通过在 index.js 文件中定义事件绑定函数实现。

（4）使用<view>组件调整页面中的字体大小和间距。

index.wxml 文件中的代码如下：

```
<!--index.wxml-->
<view class="box">
<view class="title">数据及事件绑定</view>
<view>学号：{{Student.stuID}}</view>
<view>姓名：{{Student.name}}</view>
<view>出生年月：{{Student.birthday}}</view>
<view>入学时间：{{array[1]}}</view>
<view>学校：{{Student.school}}</view>
<view>专业：{{arr[2]}}</view>
<view>算术运算：{{a}}+{{b}}+{{c}}={{a+b+c}}</view>
<button type="primary" bindtap="modify">修改数据</button>
</view>
```

2．编写 index.wxss 文件中的代码

在 index.wxss 文件中定义 view 样式，用于设置字体大小和间距，该样式对 index.wxml 文件中的所有<view>组件都起作用。

3．编写 index.js 文件中的代码

在 data 对象中初始化绑定的数据，包括普通数据、对象数据和数组数据，在事件绑定函数中通过调用 this.setData()函数修改绑定的数据。

index.js 文件中的代码如下：

```
// index.js
Page({
 // 页面的初始数据
 data: {
  a:10,
  b:20,
  c:30,
  Student:{
   stuID:'201950270101',
   name:'白晓华',
   birthday:'20040312',
   school:'深圳鹏城技师学院'
  },
  array:['2018','2019','2020'],
  arr:['大数据','云计算','移动互联网','人工智能']
 },
 modify:function(){
  this.setData({
   a:100,
   b:200,
   c:300,
   Student:{
    stuID:'201950270113',
    name:'黄明达',
    birthday:'20040818',
    school:'鹏城技师'
   },
   array:['2018','2019','2020'],
 arr:['移动互联网','云计算','软件测试','人工智能']
  })
 }
})
```

3.2 成绩等级计算器

一、任务描述

编写一个小程序，实现一个成绩等级计算器，在输入成绩后显示成绩等级，如果输入成绩大于 100 或小于 0，则提示“成绩输入有误”。

二、导入知识点

本任务综合运用<input>组件和控制属性 wx:if 实现对成绩等级的判断。

在框架中，使用控制属性 wx:if 判断是否需要渲染该代码块，示例代码如下：

```
<view wx:if="{{condition}}">True</view>
```

控制属性 wx:if 可以和控制属性 wx:elif、wx:else 配合使用，示例代码如下：

```
<view wx:if="{{length>5}}">1</view>
<view wx:elif="{{length>2}}">2</view>
<view wx:else>3</view>
```

三、实现效果

根据任务描述，编写程序实现成绩等级计算器的效果，如图 3.2 所示。初始页面显示“请输入你的考试成绩”，如图 3.2（a）所示；输入分数“88”，会显示成绩等级为“良好”，如图 3.2（b）所示；输入分数“68”，会显示成绩等级为“及格”，如图 3.2（c）所示；输入分数“99”，会显示成绩等级为“优秀”，如图 3.2（d）所示。成绩等级是输入的 score 值通过控制属性 wx:if 判断得出的结果，正确输入一个成绩并单击其他位置，会显示该成绩的等级，如果输入的成绩大于 100 或小于 0，则会显示“成绩输入有误！”的提示。

（a）初始页面

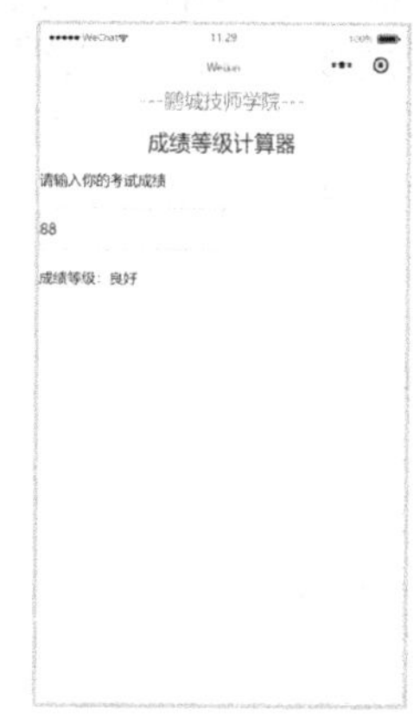

（b）成绩等级“良好”页面

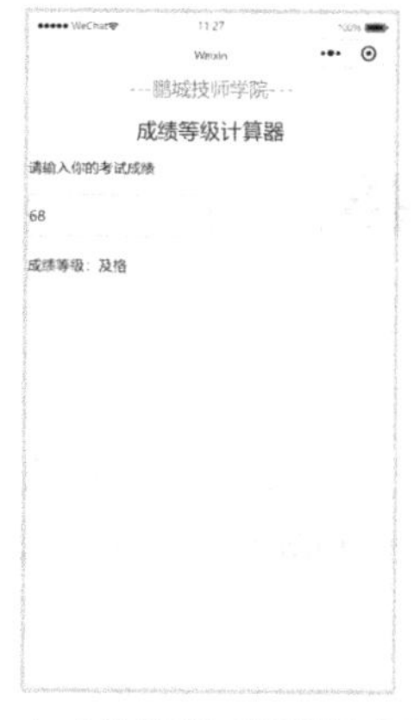

（c）成绩等级“及格”页面

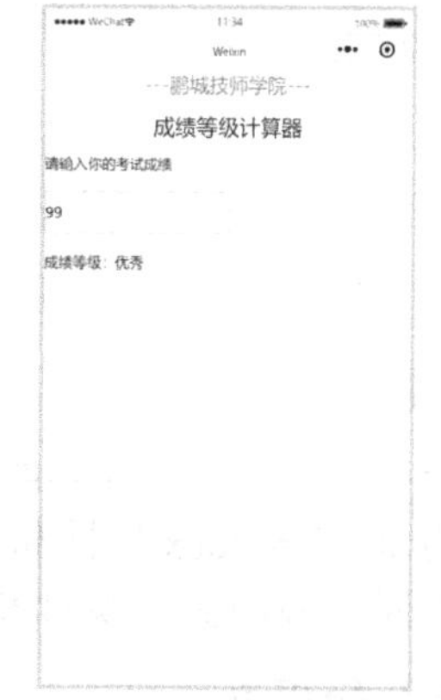

（d）成绩等级“优秀”页面

图 3.2　成绩等级计算器的效果

四、任务实现

（1）编写 index.wxml 文件中的代码。主要利用<input>组件输入成绩，该成绩在 index.js 文件中获取，并且被渲染到 WXML 视图层，在视图层利用控制属性 wx:if 判断成绩等级并显示。使用 input 样式设置<input>组件的上外边距、下外边距、宽度、高度和边框等样式。

index.wxml 文件中的代码如下：

```
<!--index.wxml-->
<view class="box">
 <view class="title1">---鹏城技师学院---</view>
 <view class="title2">成绩等级计算器</view>
 <view>请输入你的考试成绩</view>
 <input bindblur="scoreInput" placeholder="在此输入成绩"></input>
```

```
  <view wx:if="{{score>100||score<0}}">成绩等级：请输入正确的成绩</view>
  <view wx:elif="{{score>=90}}">成绩等级：优秀</view>
  <view wx:elif="{{score>=80}}">成绩等级：良好</view>
  <view wx:elif="{{score>=70}}">成绩等级：中等</view>
  <view wx:elif="{{score>=60}}">成绩等级：及格</view>
  <view wx:else>成绩等级：不及格</view>
</view>
```

（2）编写 index.wxss 文件中的代码。在 index.wxss 文件中定义<input>组件的样式。

（3）编写 index.js 文件中的代码。在 data 对象中将 score 的值初始化为-1，因此小程序在运行后，初始页面中显示“成绩等级：请输入正确的成绩”。在 scoreInput()函数中，利用 this.setData()函数将 score 的值修改为<input>组件中输入的值，并且将该值渲染到视图层。

index.js 文件中的代码如下：

```
// index.js
Page({
  // 页面的初始数据
  data: {
    score:-1
  },
  scoreInput:function(e){
    this.setData({
      score:e.detail.value
    })
  }
})
```

3.3 列表渲染

一、任务描述

编写一个小程序，利用控制属性 wx:for 实现对绑定数组、直接数组、对象及字符串的列表渲染，利用 wx:for-index 属性和 wx:for-item 属性对 index 和 item 进行重命名，在<block>标签中使用控制属性 wx:for 实现对多节点结构块的渲染。

二、导入知识点

本任务主要涉及的知识要点如下：

- 利用控制属性 wx:for 对数组、对象和字符串进行列表渲染的方法。
- 利用 wx:for-index 属性和 wx:for-item 属性修改默认数组元素下标 index 和默认数组元素 item 的方法。
- 在<block>标签中利用控制属性 wx:for 对多节点结构块进行列表渲染的方法。

在一个组件中使用控制属性 wx:for 绑定一个数组，即可使用数组中的各项数据重复渲染该组件。数组当前项下标的变量名默认为 index，数组当前项的变量名默认为 item。使用 wx:for-item 属性可以指定数组当前项的变量名，使用 wx:for-index 属性可以指定数组当前项下标的变量名。也可以将控制属性 wx:for 用在<block/>标签中，用于渲染一个包含多节点的结构块。

如果列表中的元素位置会动态改变，或者有新的元素添加到列表中，并且希望列表中的元素保持自己的特征和状态（如<input>组件中的输入内容、<switch>组件的选中状态），那么需要使用 wx:key 属性指定列表中元素的唯一标识符。如果不提供 wx:key 属性，那么会报一个

warning，如果明确知道该列表是静态列表，或者不关注其元素顺序，则可以忽略该 warning。

（1）当控制属性 wx:for 的值为字符串时，会将字符串解析成字符数组，示例代码如下：

```
<view wx:for="array">{{item}}</view>
等同于
<view wx:for="{{['a','r','r','a','y']}}">
({{item}}
</view>
```

（2）如果花括号和引号之间有空格，那么字符串最终会被解析成数组，示例代码如下：

```
<view wx:for="{{[1,2,3]}}">
{{item}}
</view>
等同于
<view wx:for="{{[1,2,3]+"}}">
{{item}}
</view>
```

三、实现效果

根据任务描述，编写程序实现列表渲染效果，如图 3.3 所示。该页面中展示了对数组、对象、字符串进行列表渲染的效果，以及利用<block>标签渲染多节点结构块的效果。

图 3.3　列表渲染效果

四、任务实现

1．编写 index.wxml 文件中的代码

利用控制属性 wx:for 先后对绑定数组、直接数组、对象、字符串进行列表渲染。列表渲染默认的数组元素下标为 index，默认数组元素为 item，在对字符串进行列表渲染时，会对默认数组元素下标和数组元素进行重命名。最后利用<block>标签和控制属性 wx:for 对 3 个<view>组件进行列表渲染，打印出 2 组红、蓝、黄三色条。

（1）本任务会使用 4 种样式：.view-item、.bc-red、.bc-blue 和.bc-yellow。.view-item 样式主要用于设置色条的尺寸，其他 3 种样式主要用于设置色条的背景颜色。

（2）在对对象进行列表渲染时，index 表示对象的属性名，item 表示对象的属性值。

（3）在对字符串进行列表渲染时，字符串会被解析为字符数组。

index.wxml 文件中的代码如下：

```
<!--index.wxml-->
<view class="title1">列表渲染</view>
<view class='box'>
```

```
<view>
  <view class="title2">绑定数组渲染</view>
  <view wx:for='{{array}}'>
    array[{{index}}]:{{item}}
  </view>
  ----------------------------------
  <view class="title2">对象渲染</view>
  <view wx:for='{{object}}'>
    {{index}}:{{item}}
  </view>
  ----------------------------------
  <view class="title2">直接数组渲染</view>
  <view wx:for="{{['春','夏','秋','冬']}}">
    array[{{index}}]:{{item}}
  </view>
  ----------------------------------
  <view class="title2">字符串渲染及 index 和 item 重命名</view>
  <view wx:for='鹏城技师' wx:for-index='i' wx:for-item='j'>
    array[{{i}}]:{{j}}
  </view>
  ----------------------------------
  <view class="title2">利用 block 渲染多节点结构块</view>
  <block wx:for="{{[1,2]}}">
    <view class="view-item bc-red"></view>
    <view class="view-item bc-blue"></view>
    <view class="view-item bc-yellow"></view>
  </block>
 </view>
</view>
```

2．编写 index.wxss 文件中的代码

在 index.wxss 文件中定义 4 种样式：.view-item、.bc-red、.bc-green 和.bc-blue。

3．编写 index.js 文件中的代码

index.js 文件对绑定的 array 数组和 object 对象进行了初始化。

index.js 文件中的代码如下：

```
//index.js
Page({
 data: {
   array:['白晓华','谢西金','黄明达','黄锐'],
   object:{
     姓名:'白晓华',
     学号:'201950270001',
     性别:'女'  }  }  })
```

3.4　九九乘法表

一、任务描述

编写一个小程序，综合运用 wx:if 条件渲染和 wx:for 列表渲染在视图层打印一个九九乘法表。

二、导入知识点

本任务主要涉及以下知识要点。

- 双重 wx:for 列表渲染的应用。
- inline-block 属性的应用。

综合运用条件渲染和双重列表渲染实现打印九九乘法表的算法，同时使用 inline-block 属性设置布局方式。

（1）双重列表渲染是指在列表渲染中嵌套列表渲染。其循环过程如下：首先判断是否满足外循环条件，如果满足，则进入内循环，在内循环结束后，再次判断是否满足外循环条件，如果满足，则再次进入内循环，如此循环下去，直至不满足外循环条件，即可退出整个循环。

（2）九九乘法表算法。确定在哪个位置打印九九乘法表。如果在左下角打印，那么第 1 行打印 1 列（1×1=1），第 2 行打印 2 列（2×1=2、2×2=4），第 i 行打印 i 列……第 9 行打印 9 列。假设用 i 表示行元素值并进行外循环，用 j 表示列元素值并进行内循环，那么 i 和 j 的列表渲染数组都是[1,2,3,4,5,6,7,8,9]。对于左下角三角形九九乘法表，其行元素值大于或等于列元素值，因此当 j<=i 时，打印 ixj=i*j，即可打印出左下角三角形九九乘法表。

（3）利用 inline-block 属性设置布局方式。设置了 inline-block 属性的元素既拥有了 block 元素的 width 和 height 属性，又保持了 inline 元素不换行的特性。

三、实现效果

根据任务描述，编写程序实现九九乘法表的效果，如图 3.4 所示。

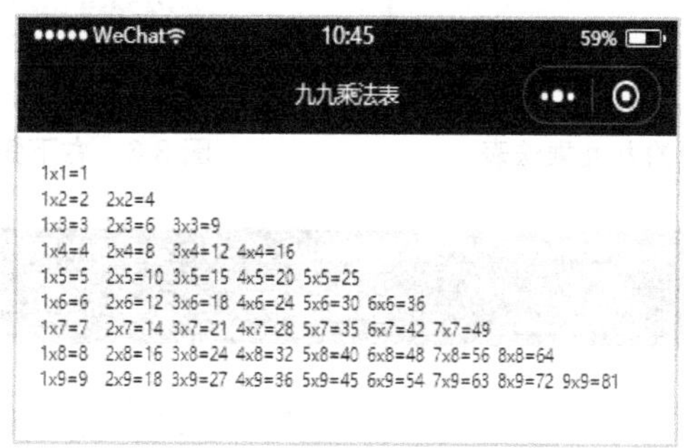

图 3.4　九九乘法表的效果

四、任务实现

（1）编写 index.wxml 文件中的代码。本任务利用双重 wx:for 列表渲染和 wx:if 条件渲染实现九九乘法表的打印。代码中使用了.jiujiu 样式和.inline 样式，.jiujiu 样式主要用于控制字体大小和边距，.inline 样式主要利用 inline-block 属性控制第 row 行的所有 col 列都在同一行显示，而且上一次 row 循环与下一次 col 循环之间留有空格。此外，使用 width 属性控制行宽度，从而保证最长的文字能够显示出来，并且显示的文字大小合适。

index.wxml 文件中的代码如下：

```
<!--index.wxml-->
<view class='jiujiu'>
  <view wx:for="{{[1,2,3,4,5,6,7,8,9]}}" wx:for-item="row">
   <view class="inline" wx:for="{{[1,2,3,4,5,6,7,8,9]}}" wx:for-item="col">
    <view wx:if="{{col<=row}}">
     {{col}}x{{row}}={{col*row}}
    </view>
   </view>
  </view>
</view>
```

```
</view>
```

（2）编写 index.wxss 文件中的代码。在 index.wxss 文件中定义.jiujiu 和.inline 样式。

（3）编写 index.json 文件中的代码。index.json 文件主要用于显示小程序标题栏的样式和文本内容，前面已经介绍过，这里不再赘述。

index.json 文件中的代码如下：

```
{
 "navigationBarBackgroundColor":"#000000",
 "navigationBarTitleText":"九九乘法表",
 "navigationBarTextStyle":"white",
 "backgroundTextStyle":"dark"
}
```

五、拓展任务

如何打印如图 3.5、图 3.6 和图 3.7 所示的九九乘法表？

图 3.5 左上角三角形的九九乘法表

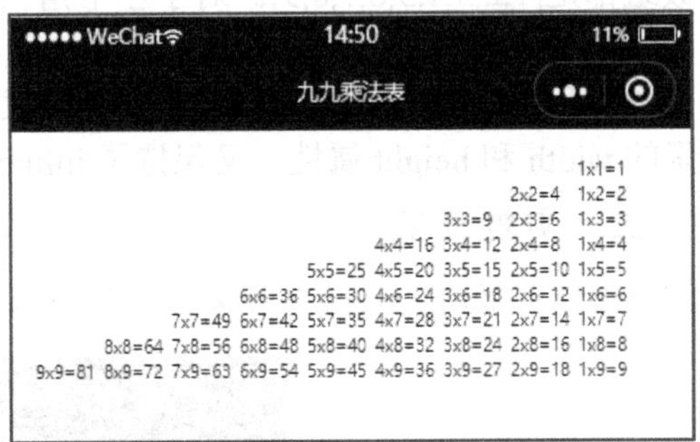

图 3.6 右下角三角形的九九乘法表

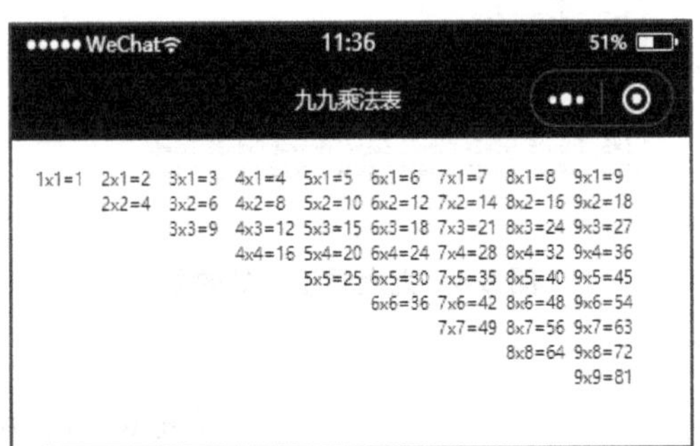

图 3.7 右上角三角形的九九乘法表

3.5 条件渲染

一、任务描述

编写一个利用 wx:if 条件渲染显示颜色的小程序。在<view>组件中，使用 wx:if 属性实现如下功能：当逻辑层 JS 文件传递给视图层 WXML 文件的 color 属性的值为 red、green、blue 或其他颜色值时，会在窗口中显示颜色的名称，并且在名称下方显示这种颜色的色条。在<block/>标签中，使用 wx:if 属性实现如下功能：如果指定的数值大于 10，则会在窗口下方显示红、绿、蓝 3 种色条，否则不会显示。

二、导入知识点

1．wx:if

在框架中，使用 wx:if 属性判断是否需要渲染该代码块，语法格式如下：

```
<view wx:if="{(condition}}">True</view>
```

控制属性 wx:if 可以与控制属性 wx:elif 和 wx:else 配合使用，示例代码如下：

```
<view wx:if="{{length>5}}">1</view>
<view wx:elif="{{length>2}}">2</view>
<view wx:else>3</view>
```

2．block wx:if

因为 wx:if 是一个控制属性，所以需要将它添加到一个标签中。如果要一次性判断多个组件标签，则可以使用一个<block>标签将多个组件包装起来，并且在内部使用控制属性 wx:if，示例代码如下：

```
<block wx:if="{{true}}">
<view>view1</view>
<view>view2</view>
</block>
```

注意：<block></block>并不是一个组件，它仅仅是一个包装元素，只接受控制属性，不会在页面中进行任何渲染。

三、实现效果

根据任务描述，编写程序实现条件渲染效果，如图 3.8 所示。

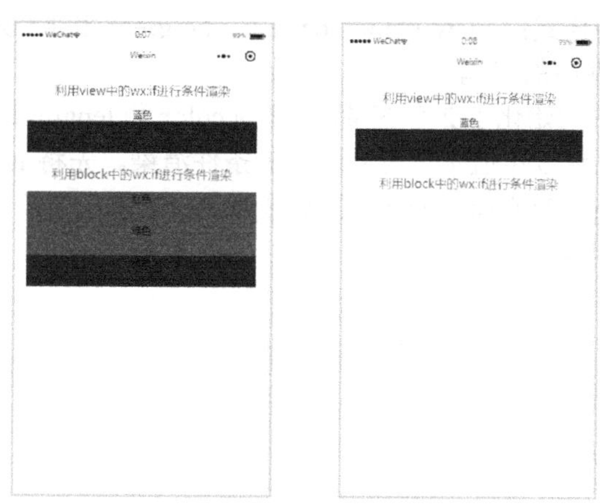

如图 3.8　条件渲染效果

上面显示的是蓝色条，下面显示的依次是红、绿、蓝色条。由于 index.js 文件中传递的 color 的值是 blue、length 的值是 15，因此根据判断条件{{length>10}}可知，在 index.wxml 文件中显示的文本是蓝色的，显示的色条是蓝色条，在下面显示 3 个色条。如果把 length 的值改为 5，那么根据判断条件{{length>10}}可知，在 index.wxml 文件中显示的文本是蓝色的，显示的色条是蓝色条，在下面不会显示 3 个色条。

四、任务实现

1．编写 index.wxml 文件中的代码

（1）利用 wx:if...wx:elif...wx:else 语句判断 color 的值是 red、green、blue 还是其他颜色，然后根据判断结果显示相应的色条。color 的值来自 index.js 文件。

（2）利用<block wx:if="{{condition}}>"判断是否满足判断条件{{length>10}}，如果满足，则显示红、绿、蓝 3 个色条，否则不显示。length 的值来自 index.js 文件。

（3）使用 4 种样式：.view-item、.bc-red、.bc-green 和.bc-blue，.view-item 样式主要用于设置色条的尺寸，其他 3 种样式主要用于设置色条的颜色。

index.wxml 文件中的代码如下：

```
<!--index.wxml-->
<view style="margin:20px;text-align:center;">
 <view class="title">利用<view>组件中的控制属性 wx:if 进行条件渲染</view>
 <view wx:if="{{color=='red'}}">红色</view>
 <view wx:elif="{{color=='green'}}">绿色</view>
 <view wx:elif="{{color=='blue'}}">蓝色</view>
 <view wx:else>其他颜色</view>
 <view class="view-item" style="background-color:{{color}}"></view>
</view>
<view style="margin:20px;text-align:center;">
 <view class="title">利用<block>标签中的控制属性 wx:if 进行条件渲染</view>
 <block wx:if="{{length>10}}">
  <view class="view-item bc-red">红色</view>
  <view class="view-item bc-green">绿色</view>
  <view class="view-item bc-blue">蓝色</view>
 </block>
</view>
```

2．编写 index.wxss 文件中的代码

在该文件中定义 4 种样式：.view-item、.bc-red、.bc-green 和.bc-blue。

3．编写 index.js 文件中的代码

该文件在 data 对象中初始化了 2 个变量，分别为 color 和 length，这 2 个变量在 index.wxml 文件中已经进行了绑定，通过传值实现对视图层的条件渲染。先将 length 的值设置为 15，渲染出一种效果，再将 length 的值修改为 5，渲染出另一种效果。

index.js 文件中的代码如下：

```
// index.js
Page({
 // 页面的初始数据
 data: {
  color:'blue',
  length:15
 }
})
```

3.6 选择先行示范区

一、任务描述

如果列表中项目的位置会动态改变或有新选项添加到列表中，并且希望列表中的项目保持自己的特征和状态，那么可以使用 wx:key 属性指定列表中项目的唯一标识符。在刷新时，开关选择器的选中状态会发生变化。在本任务中，在单击“更新”按钮进行刷新后，用户选中的开关选择器仍然可以处于选中状态。

二、导入知识点

如果要避免乱序的情况发生或不想看到该提示，则可以使用 wx:key 属性指定列表中项目的唯一标识符。wx:key 属性的值以两种形式提供。

字符串：代表在 wx:for 循环中的一个项目属性，该属性值必须是列表中唯一的字符串或数字，并且不能动态改变，语法格式如下：

```
数组多个节点　wx:key=数组名.item/index
```

*this：代表在 wx:for 循环中的项目本身，项目本身必须是列表中唯一的字符串或数字，语法格式如下：

```
数组一个节点　wx:key="*this"
```

以使用 wx:key 属性定义字符串为例，当数据改变导致页面被重新渲染时，会自动校正带有 wx:key 属性的组件，用于确保项目被正确排序，并且提高列表渲染的效率。

```
<view wx:for="{{['张三', '李四', '王五']}}" wx:key='stu{{index}}'>
    <view>学生{{index}}：{{item}} </view>
</view>
<!--等同于-->
<view>学生 0：张三</view>  <!--wx:key='stu0'-->
<view>学生 1：李四</view>  <!--wx:key='stu1'-->
<view>学生 2：王五</view>  <!--wx:key='stu2'-->
```

三、实现效果

根据本次任务的描述，编写程序实现选择先行示范区的效果，如图 3.9 所示。先选中“C.深圳”开关选择器，在数据更新后，页面被重新渲染，上面添加了一个“E.厦门”开关选择器，但以前选中的“C.深圳”开关选择器仍然是被选中的，没有发生改变，这就是 wx:key 属性的作用。

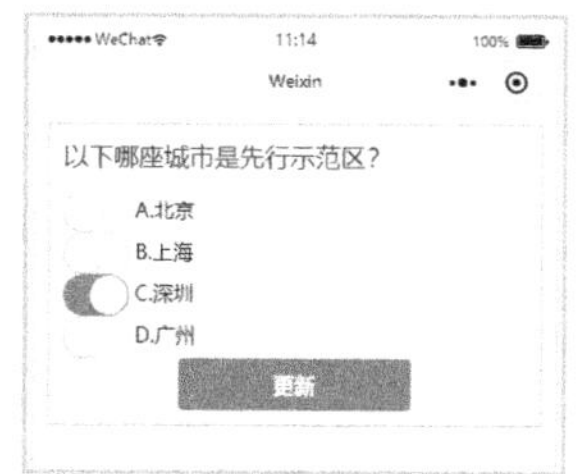

图 3.9　选择先行示范区的效果

四、任务实现

（1）表单组件<switch>主要用于创建开关选择器，预览效果如图 3.10 所示。

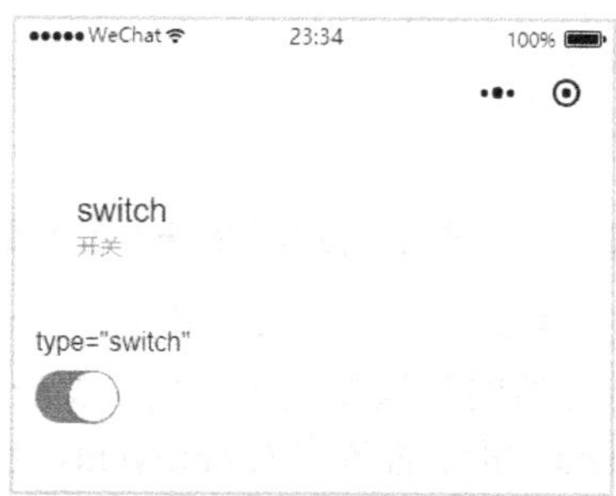

图 3.10　开关选择器的预览效果

（2）编写 index.wxml 文件中的代码。在 wx:for 渲染列表中，使用<switch>组件创建 4 个开关选择器。

index.wxml 文件中的代码如下：

```
<!--index.wxml-->
<view class="box">
<view class="title">以下哪座城市是先行示范区？</view>
<view wx:for="{{lines}}">
 <switch>{{item.name}}</switch>
</view>
</view>
```

（3）编写 index.wxss 文件中的代码。在 index.wxss 文件中定义.box 和.title 样式，分别用于修饰外框和标题。

（4）编写 index.js 文件中的代码。在 index.js 文件中对列表中的 lines 对象进行初始化。

index.js 文件中的代码如下：

```
// index.js
Page({
 //页面的初始数据
 data: {
    lines:[
    { "id":1,
     "name":"A.北京"
    },
    { "id":2,
     "name":"B.上海"
    },
    { "id":3,
    "name":"C.深圳"
    },
    { "id":4,
    "name":"D.广州"
    }
    ]
 },
})
```

按【Ctrl+S】快捷键保存，然后运行小程序，即可在模拟器中显示以列表方式渲染的 4 个开关选择器，先行示范区中的开关选择器如图 3.11 所示。

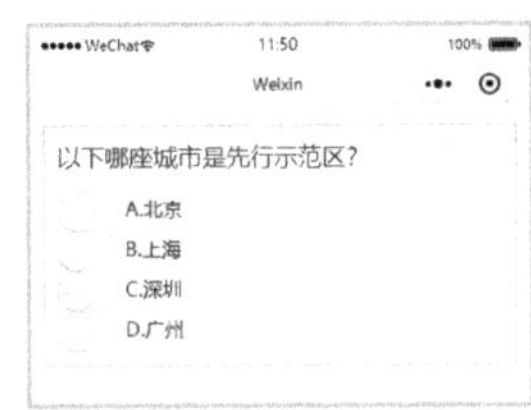

图 3.11 先行示范区中的开关选择器

（5）下面通过编写程序，在“A.北京”开关选择器的上方添加一个“E.厦门”中开关选择器，在再次进行渲染时，开关选择器的数量发生了改变，变成了 5 个开关选择器。给“更新”按钮绑定一个 bindtap 事件，bindtap 事件的名称为 tapEvent，也是函数的名称。在 index.wxml 文件中添加如下代码。

```
<button type="primary" bindtap="tapEvent">更新</button>
```

（6）在 index.js 文件中编写函数 tapEvent:function(event)，会传递一个 event 事件参数进来，代码如下：

```
tapEvent:function(event){

}
```

接下来会修改 lines 的值。首先获取一个 lines 对象，将其设置为 lines 变量，即 var lines=this.data.lines；然后在 lines 对象的第一项前面（索引值为 0 的位置）添加一个新的开关选择器对应的元素数据，使用 splice()函数进行操作，即 lines.splice(0,0,第 5 个元素)（该方法在后面有补充讲解）。在单击“更新”按钮刷新页面后，可以同时将数据更新渲染到视图中。在 index.js 文件中添加如下代码。

```
tapEvent:function(event){
  var lines=this.data.lines;
  lines.splice(0,0,{
    id:5,
    name:'E.厦门'
  });
  this.setData({
    lines:lines
  })
}
```

在选中“C.深圳”开关选择器并单击“更新”按钮后，如果没有设置 wx:key 属性，那么被选中的开关选择器会自动向前移一位，因为页面中选中的开关选择器是第 3 个开关选择器，所以被选中的开关选择器从“C.深圳”开关选择器变成了“B.上海”开关选择器，效果如图 3.12 所示。

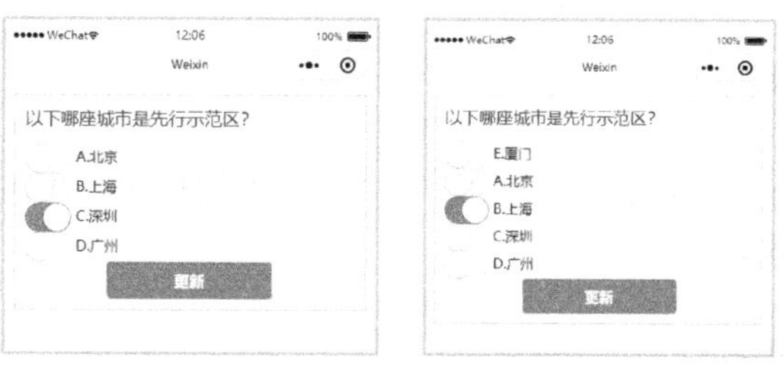

图 3.12　单击“更新”按钮后选项的变化

（7）编写 index.wxml 文件中的代码。

先选中第 3 个开关选择器，即“C.深圳”开关选择器，在单击“更新”按钮后，选中的开关选择器就会变成“B.上海”开关选择器。要使更新后选中的开关选择器不变，需要利用 wx:key 属性指定唯一标识符。在 index.wxml 文件中添加如下代码。

```
<view wx:for="{{lines}}" wx:key="id">
```

按【Ctrl+S】快捷键保存，在单击“更新”按钮刷新页面后，即可看到本任务要实现的效果。

五、补充知识点

splice()函数是一个强大的数组方法，主要功能如下。

- 删除：可以删除任意数量的项。需要指定 2 个参数，第 1 个参数是要删除的第 1 项的索引值（数组中索引值从 0 开始），第 2 个参数是要删除的项数。例如，splice(0,2)表示从数组中 0 号索引位开始，删除 2 项，即删除数组中的前 2 项。
- 插入：可以向指定索引位插入任意数量的项。需要提供 3 个参数，第 1 个参数是起始索引值，第 2 个参数是 0（要删除的项数），第 3 个参数是要插入的项。例如，splice(2,0,"red","green")表示从当前数组的 2 号索引位开始，插入字符串"red"和"green"。

- 替换：可以向指定索引位插入任意数量的项，并且同时删除任意数量的项。需要指定 3 个参数，第 1 个参数是起始索引值，第 2 个参数是要删除的项数，第 3 个参数要插入的任意数量的项。插入的项数不必与删除的项数相等。例如，splice(2,1,"red","green")表示删除当前数组 2 号索引位上的项，然后从 2 号索引位开始插入字符串"red"和"green"。

注意：splice()函数会返回一个数组，该数组中包含从原始数组中删除的项（如果没有删除任何项，则返回一个空数组）。

3.7 实现分段函数

一、任务描述

利用条件结构和数学函数设计一个计算类小程序，实现一个分段函数，当输入 x 的值时，根据相应的公式计算出 y 的值。

二、导入知识点

本任务会使用 JavaScript 中的条件语句和 Math 对象中的函数。

1．JavaScript 中的条件语句

在 JavaScript 中可以使用以下条件语句。

1）if 语句。只有当指定条件为 true 时，才会执行该语句中的代码。语法格式如下：

```
if(条件) {
    当条件为 true 时执行的代码
}
```

2）if...else 语句。当条件为 true 时，执行 if 语句中的代码；当条件为 false 时，执行 else 语句中的代码。语法格式如下：

```
if(条件) {
    条件为 true 时执行的代码块
} else {
    条件为 false 时执行的代码块
}
```

3）if...else if...else 语句。根据实际情况选择其中一个代码块执行。语法格式如下：

```
if(条件 1){
    当条件 1 为 true 时执行的代码块
} else if(条件 2){
    当条件 1 为 false 而条件 2 为 true 时执行的代码块
) else
    当条件 1 和条件 2 同时为 false 时执行的代码块
}
```

4）switch 语句。根据实际情况选择其中一个代码块执行。语法格式如下：

```
switch(表达式) {
case n1 :
    代码块
    break;
case n2:
    代码块
    break;
...
default:
```

```
        默认代码块
}
```

代码说明：

- 计算 switch 表达式的值。
- 将 switch 表达式的值与每个 case 的值进行比较，如果值相等，则执行相应 case 中的代码块，否则执行默认代码块。

2．JavaScript 中的 Math 对象

JavaScript 中的所有事物都是对象，对象是拥有属性和方法的数据，属性是与对象相关的值，方法是能够在对象上执行的动作。Math 对象主要用于执行数学运算，它的常用属性和方法如表 3.1 所示。

表 3.1　Math 对象的常用属性和方法

属性和方法	说　明
E	返回算术常量e，即自然对数的底数（约等于2.718）
PI	返回圆周率（约等于3.14159）
abs(x)	返回x的绝对值
ceil(x)	对x向上取整，返回不小于x的最小整数
cos(x)	返回x度角的余弦值
exp(x)	返回以自然常数e为底、指数为x的函数
floor(x)	对x向下取整，返回不大于x的最大整数
log(x)	返回x的自然对数（底为e）
max(x,y)	返回x和y中的较大值
min(x,y)	返回x和y中的较小值
pow(x,y)	返回x的y次幂
random()	返回取值范围为0～1的随机数
round(x)	将x四舍五入为最接近的整数
sin(x)	返回x度角的正弦值
sqrt(x)	返回x的算术平方根
tan(x)	返回x度角的正切值
valueOf()	返回Math对象的原始值

三、实现效果

根据任务描述，编写程序实现分段函数的效果，如图 3.13 所示。当 x=−2021 时，计算出 y=2021，如图 3.13（a）所示；当 x=8 时，计算出 y=2949.23536731757，如图 3.13（b）所示；当 x=33 时，计算出 y=35937，如图 3.13（c）所示。

（a）x=−2021 时

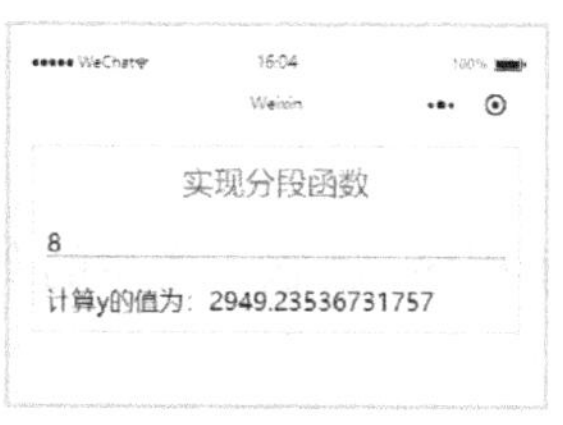

（b）x=8 时

（c）x=33 时

图 3.13　分段函数的效果

四、任务实现

（1）编写 index.wxml 文件中的代码。index.wxml 文件中主要包括<input>组件，利用该组件绑定 calc()函数，并且为该组件设置下边框线和边距的样式。

index.wxml 文件中的代码如下：

```
<!--index.wxml-->
<view class="box">
  <view class="title">实现分段函数</view>
  <view>
    <input placeholder="请输入 x 的值" bindblur="calc"></input>
  </view>
  <view>计算 y 的值为：{{y}}</view>
</view>
```

（2）编写 index.wxss 文件中的代码。在 index.wxss 文件中定义 input 样式，该样式适用于所有<input>组件。

（3）编写 index.js 文件中的代码。在 index.js 文件中定义 calc()函数，该函数可以根据 x 的值，利用条件语句和数学函数计算出 y 的值，然后使用 setData()函数将计算结果渲染到视图层。

index.js 文件中的代码如下：

```
// index.js
Page({
  //自定义函数 calc
  calc:function(event){
    var x,y;                          //定义局部变量 x 和 y
    var x=event.detail.value;         //获取<input>组件的 value 值并将其赋给 x
    if(x<0){                          //根据 x 的值进行判断，并且计算出 y 的值
      y=Math.abs(x);
    }else if(x<10){
      y=Math.exp(x)*Math.sin(x);
    }else{
      y=Math.pow(x,3);
    }
    this.setData({
      y:y                             //将局部变量 y 的值赋给绑定变量 y
    })
  }
})
```

3.8 成绩计算器

一、任务描述

设计一个计算学生平均成绩的小程序。在输入学生的个人信息和各科成绩并提交后，能够显示学生的个人信息及平均成绩。

二、导入知识点

本任务涉及 JavaScript 中的逻辑运算符和<button>组件的使用方法。

1．JavaScript 中的逻辑运算符

JavaScript 中的逻辑运算符主要用于判定变量或值之间的逻辑关系。JavaScript 中的逻辑运算符如表 3.2 所示（例子中的 x=6，y=7）。

表 3.2　JavaScript 中的逻辑运算符

运　算　符	描　　述	例　　子
&&	and	(x<10&&y>1)为false
||	or	(x==6||y==6)为true
!	not	(x==y)为false

2．<button>组件

<button>组件的常用属性如表 3.3 所示。

表 3.3　<button>组件的常用属性

属　　性	类　　型	默　认　值	必　　填	说　　明
size	string	default	否	按钮的大小
type	string	default	否	按钮的类型
plain	boolean	FALSE	否	按钮是否镂空，背景色是否透明
disabled	boolean	FALSE	否	是否禁用
loading	boolean	FALSE	否	名称前是否带loading图标
form-type	string	—	否	适用于<form>组件，单击会触发<form>组件的submit/reset事件

size、type 和 form-type 属性的合法值如表 3.4 所示。

表 3.4　size、type 和 form-type 属性的合法值

属　　性	合　法　值	说　　明
size	default	默认大小
	mini	小尺寸
type	primary	绿色
	default	白色
	warn	红色
form-type	submit	提交表单
	reset	重置表单

三、实现效果

根据任务描述，编写程序实现成绩计算器的效果，如图 3.14 所示。初始页面如图 3.14（a）所示；输入信息时的页面如图 3.14（b）所示，当输入姓名时，屏幕下面会显示中文的文本键盘，当输入成绩时，屏幕下面会显示数字键盘；在输入完成后，单击“提交”按钮，即可在按钮下方显示学生姓名及成绩，页面如图 3.14（c）所示。在输入过程中，如果某项内容为空，那么在单击“提交”按钮后，屏幕不会有反应。

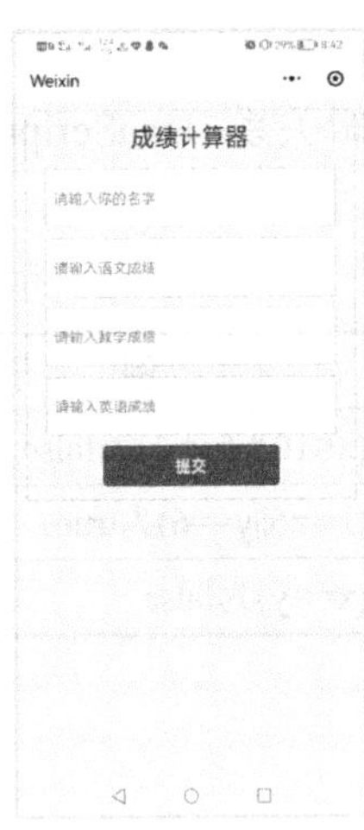

（a）初始页面

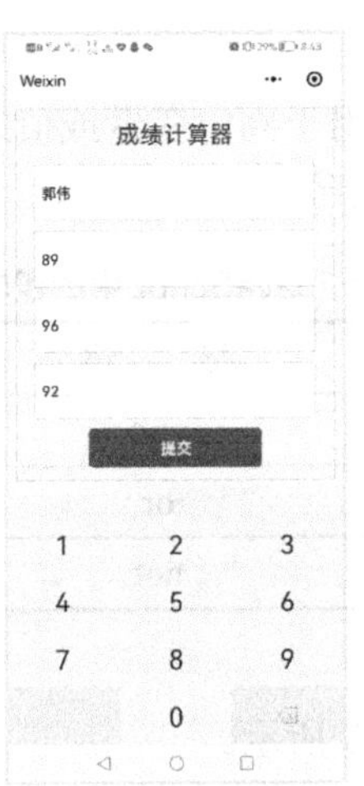

（b）输入信息时的页面

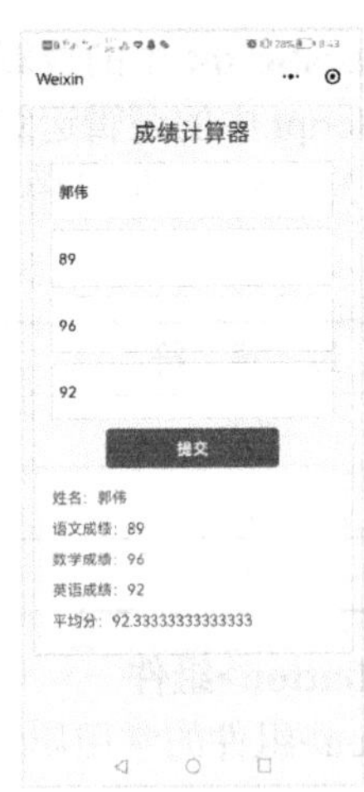

（c）提交后的页面

图 3.14　成绩计算器的效果

四、任务实现

（1）编写 index.wxml 文件中的代码，代码中主要包含用于输入学生姓名和成绩的<input>组件。

index.wxml 文件中的代码如下：

```
<!--index.wxml-->
<view class="box">
  <view class="title">成绩计算器</view>
  <input placeholder="请输入你的名字"
placeholder-class="placeholder" bindinput="nameInput"></input>
  <input placeholder="请输入语文成绩"
placeholder-class="placeholder" bindinput="chineseInput" type="number"></input>
  <input placeholder="请输入数学成绩"
placeholder-class="placeholder" bindinput="mathInput" type="number"></input>
  <input placeholder="请输入英语成绩"
placeholder-class="placeholder" bindinput="englishInput" type="number"></input>
  <button bindtap="mysubmit">提交</button>
  <view hidden="{{flag}}" class="content">
    <view class="content-item">姓名：{{name}}</view>
    <view class="content-item">语文成绩：{{chinesescore}}</view>
    <view class="content-item">数学成绩：{{mathscore}}</view>
    <view class="content-item">英语成绩：{{englishscore}}</view>
    <view class="content-item">平均分：{{average}}</view>
  </view>
</view>
```

（2）编写 index.wxss 文件中的代码。在该文件中定义 index.wxml 文件中使用的各种样式，包括 page、.box、.titile、.placeholder、input、button、.content 和.content-item 样式。

（3）编写 index.js 文件中的代码。该文件首先在 data 对象中初始化在 index.wxml 文件中绑定的数据（flag 的初始值为 true，表示显示学生姓名和成绩的<view>组件一开始是隐藏的），然后定义在 index.wxml 文件中绑定的事件函数，用于获取在<input>组件中输入的姓名、语文成绩、数学成绩和英语成绩，再通过提交事件计算成绩平均值，最后使用<view>组件显示成绩平均值。

index.js 文件中的代码如下：

```
// index.js
Page({
  //页面的初始数据
  data: {
    flag:true,
    name:'',
    chinesescore:'',
    mathscore:'',
    englishscore:'',
    average:''
  },
  nameInput:function(e){  //e 是 event 的简写
    this.setData({
      name:e.detail.value
    });
  },
  chineseInput:function(e){
    this.setData({
     chinesescore:e.detail.value
    });
  },
  mathInput:function(e){
   this.setData({
     mathscore:e.detail.value
   });
  },
  englishInput:function(e){
    this.setData({
     englishscore:e.detail.value
    });
  },
  mysubmit:function(){
if(this.data.name==''||this.data.chinesescore==''||this.data.mathscore=='')
{ return;
  }
  else{
    var avg=(this.data.chinesescore*1+this.data.mathscore*1+this.data.englishscore*1)/3;
    this.setData({
      average:avg,
      flag:false
    });
  }
  }
})
```

3.9　递归求和计算器

一、任务描述

设计一个小程序，利用 for 循环语句，求出 2 个数之间步长值为 1 的所有整数之和。

二、导入知识点

本任务主要涉及 JavaScript 中循环语句和全局函数的应用，以及全局变量的定义方法。

1．循环语句

如果希望重复运行相同的代码，那么使用循环语句是很方便的。JavaScript 支持的循环语句如下。

1）for 循环语句。如果循环次数固定，那么通常使用 for 循环语句。for 循环语句的语法格式如下：

```
for(语句 1;语句 2;语句 3){
        要执行的代码块
        //语句 1 在循环（代码块）开始前执行
        //语句 2 定义循环条件
        //语句 3 在循环（代码块）开始后执行
}
```

示例代码如下：

```
var sum=0;
for(var i=1;i<=10;i++){
        sum+=i;
}
```

在运行上述示例代码后，sum 的值为 55。

2）for…in 循环语句。使用 for...in 循环语句可以循环遍历对象的属性，包括对象原型链的属性，并且它并不是按照属性排列的顺序执行的。示例代码如下：

```
var person=(fname:"Bill",lname:"Gates",age:62);
for (var x in person){
        text+=person[x];
}
```

在运行上述示例代码后，text 的值为"BillGates62”

3）while 循环语句。在指定条件为真时循环执行代码块。while 循环语句的语法格式如下：

```
while(条件）{
    要执行的代码块
}
```

示例代码如下：

```
var i=1,sum=0;
while (i <= 10 ) {
        sum+=i;
        i++;
}
```

在运行上述示例代码后，sum 的值为 55。

4）do...while 循环语句。do…while 循环语句是 while 循环语句的变体。在 do…while 循环中，首先执行一次代码块，然后检查条件是否为真，如果条件为真，就会重复这个循环。do…while 循环语句的语法格式如下：

```
do{
        要执行的代码块
}
while（条件）;
```

示例代码如下：

```
var i=1,text='  ';
do{
        text+=i;
        i++;
```

```
} while(i<5);
```

在运行上述示例代码后，text 的值为'1234'。

2．JavaScript 全局对象

JavaScript 全局对象的常用属性和函数如表 3.5 所示。

表 3.5　JavaScript 全局对象的常用属性和函数

属性和函数	说　明
Infinity	表示正的无穷大的数值
NaN	表示某个值不是数字
undefined	表示未定义的值
isFinite()	检查某个值是否为有穷大的数
isNaN()	检查某个值是否为数字
Number()	将对象的值转换为数字
parseFloat()	解析一个字符串并返回一个浮点数
parseInt()	解析一个字符串并返回一个整数
String()	将对象的值转换为字符串

3．全局变量的定义和使用

在所有函数之外定义的变量称为全局变量，该变量可以在该文件中的所有函数内使用。

三、实现效果

根据任务描述，编写程序实现递归求和计算器的效果，如图 3.15 所示。其中，初始页面如图 3.15（a）所示，输入数据页面如图 3.15（b）所示，单击“递归求和”按钮后的结果页面如图 3.15（c）所示。

（a）初始页面

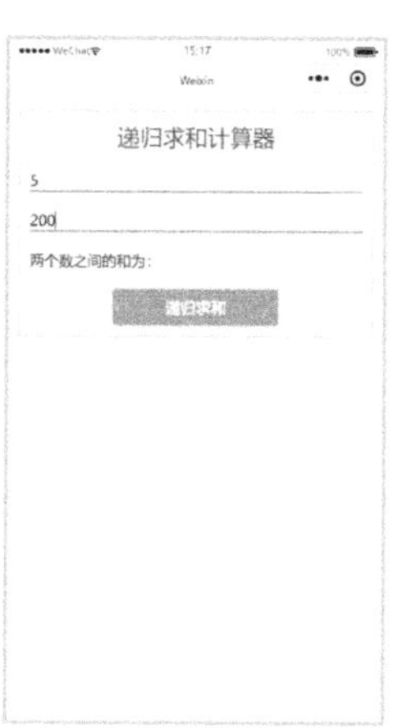

（b）输入数据页面

（c）结果页面

图 3.15　递归求和计算器的效果

四、任务实现

（1）编写 index.wxml 文件中的代码。该文件中主要包括 2 个<input>组件和 1 个<button>组件。将<input>组件的 bindblur 属性绑定失去焦点的事件函数，从而获取该组件的 value 值，将<button>组件的 bindtap 属性绑定单击按钮的事件函数，从而进行求和计算。该文件应用了 4 种样式，其中，使用 input 样式和 button 样式设置这两种组件的布局和样式。

index.wxml 文件中的代码如下：

```
<!--index.wxml-->
<view class="box">
 <view class="title">递归求和计算器</view>
 <view>
  <input placeholder="请输入起始数" type="number" bindblur="startNum"></input>
  <input placeholder="请输入终止数" type="number" bindblur="endNum"></input>
 </view>
 <view>两个数之间的和为：{{sum}}</view>
 <button type="primary" bindtap="sumcalc">递归求和</button>
</view>
```

（2）编写 index.wxss 文件中的代码。在该文件中定义了 4 种样式：.box、.title、input 和 button。

（3）编写 index.js 文件中的代码。在该文件中定义了 3 个全局变量，分别为 start、end 和 sum；定义 3 个函数，分别为 startNum()、endNum()和 sumcalc()。全局变量 start 和 end 主要用于存储<input>组件中的 value 值（输入的数值），全局变量 sum 主要用于存储计算得到的和。startNum()和 endNum()函数主要用于获取<input>组件中的 value 值，sumcalc()函数主要用于进行求和运算，并且将求和结果渲染到视图层。

index.js 文件中的代码如下：

```
// index.js
var start,end,sum;

Page({
 startNum:function(e){
  start=parseInt(e.detail.value);
 },
 endNum:function(e){
  end=parseInt(e.detail.value);
 },
 sumcalc:function(){
  sum=0;
  for(var i=start;i<=end;i++){
   sum=sum+i;
  }
  this.setData({
   sum:sum
  })
 }
})
```

3.10 随机数求和

一、任务描述

设计一个小程序，在运行后会产生 100 以内的 5 个随机数，要求保留 2 位小数，并且显示这 5 个随机数的和；当单击“求随机数的和”按钮时，会产生 5 个新的随机数，重新计算这 5 个随机数的和并显示。

二、导入知识点

本任务用到了 JavaScript 中的 Array 和 Number 对象中的相关函数。JavaScript 中的对象包括字符串、数字、数组、日期等。对象是拥有属性和函数的数据，属性是静态数据，函数是能够在对象上执行的动作，即动态数据。

1．JavaScript 中的 Array 对象

JavaScript 中的 Array 对象主要用于在单个变量中存储多个值，其常用属性和函数如表 3.6 所示。

表 3.6　Array 对象的常用属性和函数

属性和函数	说　明
length	设置或返回数组中的元素数量
concat()	连接两个或更多个数组并返回连接后的数组
join()	将数组中的所有元素放入一个字符串，元素通过指定的分隔符进行分隔
pop()	删除并返回数组中的最后一个元素
push()	向数组末尾添加一个或多个元素，并且返回新的数组长度
reverse()	将数组中的元素逆向排序
shift()	删除并返回数组中的第一个元素
slice()	从某个已有的数组中返回选定的元素
sort()	对数组中的元素进行排序
splice()	删除元素，并且向数组中添加新元素
toSource()	返回该对象的源代码
toString()	将数组转换为字符串，并且返回结果
toLocaleString()	将数组转换为本地数组，并且返回结果
unshift()	向数组开头添加一个或多个元素，根据添加到数组中的元素数量增加现有数组的长度并返回新的数组长度
valueOf()	返回数组对象的原始值

2．JavaScript 中的 Number 对象

JavaScript 中的 Number 对象是原始数值的包装对象，其常用属性和函数如表 3.7 所示。

表 3.7　Number 对象的常用属性和函数

属性和函数	说　明
MAX_VALUE	可表示的最大的数
MIN_VALUE	可表示的最小的数
NaN	非数字值
NEGATIVE_INFINITY	负无穷大，在数据溢出时返回该值
POSITIVE_INFINITY	正无穷大，在数据溢出时返回该值
toString()	将数字转换为字符串，并且返回结果
toLocaleString()	根据本地时间将Date对象转换为字符串，并且返回结果
toFixed()	将数字转换为字符串，结果的小数点后有指定位数的数字
toExponential()	将对象的值用指数计数法表示
toPrecision()	将数字格式化为指定长度的数字
valueOf()	返回一个Boolean对象的原始数值

3．本任务涉及的其他知识点

- JavaScript 代码中会使用代码“var r=(Math.random()*100).toFixed(2)*1”，使用 Math.random()函数生成一个取值范围为 0～1（不包括 1）的随机数，然后将其乘 100，得到一个数值，最后使用 toFixed(2)函数将该数值保留小数点后 2 位。
- JavaScript 代码中 Array 对象常用函数的使用方法。
- JavaScript 代码中 Number 对象常用函数的使用方法。

三、实现效果

根据任务描述，编写程序实现随机数求和的效果，如图 3.16 所示。初始页面如图 3.16（a）所示，在单击“求随机数的和”按钮后，会生成 5 个新的随机数，并且对这些随机数求和，如图 3.16（b）和图 3.16（c）所示。

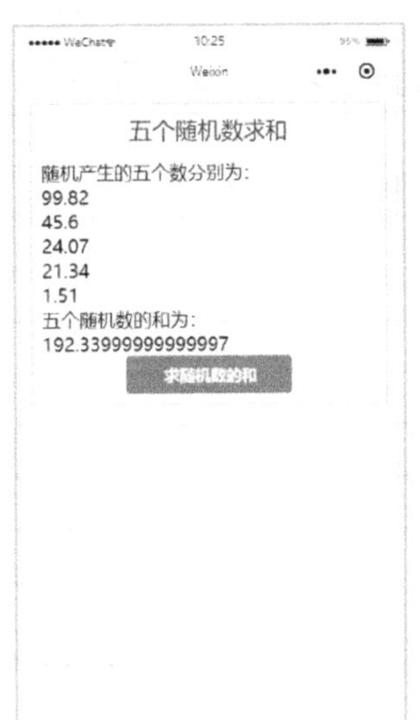

（a）初始页面

（b）新的随机数列 I

（c）新的随机数列 II

图 3.16　随机数求和的效果

四、任务实现

1．编写 index.wxml 文件中的代码

该文件主要通过列表渲染的方法将逻辑层产生的随机数列显示在屏幕上，并且显示随机数列的和，在下面添加一个“求随机数的和”按钮，用于绑定产生新的随机数的事件函数。

index.wxml 文件中的代码如下：

```
<!--index.wxml-->
<view class="box">
  <view class="title">五个随机数求和</view>
  <view>随机产生的五个数分别为：</view>
  <view wx:for="{{rand}}">{{item}}</view>
  <view>五个随机数的和为：{{sum}}</view>
  <button type="primary" bindtap="newRand">求随机数的和</button>
</view>
```

2．编写 index.wxss 文件中的代码

3．编写 index.js 文件中的代码

该文件中主要定义了全局变量和全局函数，并且在 Page()函数中定义了 onLoad()函数和

newRand()函数。

（1）定义全局变量。首先定义一个全局数组变量 rand 和一个全局普通变量 sum，rand 变量主要用于存储产生的随机数列，sum 变量主要用于存储随机数列的和。

（2）定义全局函数。定义一个全局函数 createRand()，用于生成随机数列并求和。在 createRand()函数中，首先利用 for 循环生成 5 个随机数并将这些随机数添加到 rand 数组中。Math.random()函数主要用于生成取值范围为 0～1（不包括 1）的随机数，Math.random()*100 能够生成取值范围为 0～100（不包括 100）的随机数。toFixed(2)函数主要用于将生成的随机数保留小数点后 2 位，乘 1 的目的是将产生的随机数字符串转换为数值。

（3）rand.push(r)函数主要用于将产生的随机数 r 添加到 rand 数组中。

（4）console.log(sum)函数主要用于在控制台中显示 sum 的值，这种方法对程序调试很有帮助。

（5）在 onLoad()和 newRand()函数中调用 createRand()函数，生成随机数列并求和，然后使用 this.setData()函数将结果渲染到视图层。

index.js 文件中的代码如下：

```
// index.js
var rand,sum;                                    //定义全局变量
function createRand(){
  rand=[];                                       //初始化数组变量
  sum=0;                                         //初始化 sum 变量
  for(var i=0;i<5;i++){
    var r=(Math.random()*100).toFixed(2)*1;      //生成 100 以内的保留小数点后 2 位的随机数字符串并将其转换为数值
    rand.push(r);                                //将生成的随机数添加到数组中
    sum+=rand[i];                                //对随机数列求和
    console.log(rand[i]);                        //在控制台中显示数组元素
  }
  console.log(sum);
};
Page({
  //生命周期函数--监听页面加载
  onLoad: function () {
    createRand();                                //调用用于生成随机数的全局函数
    this.setData({
      rand:rand,
      sum:sum
    })
  },
  newRand:function(){
    createRand();                                //调用用于生成随机数的全局函数
    this.setData({
      rand:rand,
      sum:sum
    })
  }
})
```

3.11 简单模板的定义及应用

一、任务描述

编写一个小程序，首先定义一个模板，其中包含一个学生的姓名、年龄和性别等信息，然后使用该模板创建多名学生信息。

二、导入知识点

小程序框架允许在 WXML 文件中提供模板（template）。模板主要用于定义代码片段，用于在不同的页面中重复调用。

1．定义模板

小程序使用<template>标签在 WXML 文件中将代码片段定义为模板并使用。<template>标签使用 name 属性定义模板名称。定义模板的语法格式如下：

```
<!--WXML-->
<template name="myTemp">
  <view>
    <text> Name: {{name}} </text>
    <text> Age: {{age}} </text>
  </view>
</template>
```

2．引用模板

在新的 WXML 文件中，使用<template>标签引用模板内容，引用模板内容的<template>标签必须带有 is 属性，该属性主要用于指定要引用的模板名称（name 属性），然后使用 data 对象将模板所需的数据传入，如定义姓名为“张三”、年龄为 20。

```
<!--WXML-->
<import src='../template/template.wxml' />
<template is="myTemp" data="{{...student}}"/>
//JS
Page({
  data:{
    student: {
        name: '张三',
        age: 20
    }
  }
})
```

模板拥有自己的作用域，只能使用 data 对象传入的数据，以及在模板定义文件中定义的<wxs />模块。上述代码表示引用名称为 myTemp 的模板，并且姓名和年龄分别为“张三”和 20。

利用<import>标签可以引用目标文件中定义的模板。<import>标签有作用域的概念，只会引入目标文件中定义的模板，不会引入目标文件引入的模板。例如，如果 C import B，B import A，那么在 C 中可以使用 B 中定义的模板，在 B 中可以使用 A 中定义的模板，但是在 C 中不能使用 A 中定义的模板。

三、实现效果

根据任务描述，编写程序实现简单模板的定义及应用，如图 3.17 所示。首先编辑一个模板，显示一名学生的信息，如图 3.17（a）所示；然后利用模板创建多名学生的信息并在页面中显示，如图 3.17（b）所示。

（a）显示一名学生的信息

（b）使用模板创建多名学生的信息并显示

图 3.17　简单模板的定义及应用

四、任务实现

1．编写 template.wxml 文件中的代码

首先创建一个 template 页面，然后创建一个 template.wxml 模板文件，如图 3.18 所示。

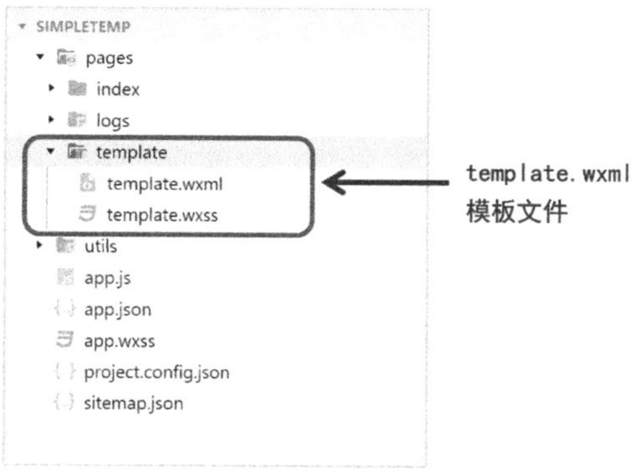

图 3.18　模板资源管理器

在 template.wxml 文件中创建一个名为 student 的模板，模板中包含学生姓名、年龄和性别内容。

template.wxml 文件中的代码如下：

```
<!--template.wxml-->
<template name="student">
  <view>姓名:{{name}}</view>
  <view>年龄:{{age}}</view>
  <view>性别:{{gender}}</view>
  <view>----------------------------</view>
</template>
```

2．编写 index.wxml 文件中的代码

在 index.wxml 文件中，首先利用<import>标签的 src 属性引用 student 模板所在的文件 template.wxml，然后利用<template>标签的 is 属性引用 student 模板，通过 data 对象传入模板数据。对于模板中的对象数据，可以通过“属性名 1:属性值 1,属性名 2:属性值 2,……”的格式传入。

index.wxml 文件中的代码如下：

```
<!--index.wxml-->
<view>
  <view class="title">简单模板的应用</view>
  <import src="../template/template.wxml" />
  <template is='student' data="{{...stu01}}" />
  <template is='student' data="{{...stu02}}" />
  <template is='student' data="{{...stu03}}" />
  <template is="student" data="{{name:'刘婷婷',age:'19',gender:'女'}}"/>
</view>
```

3．编写 index.js 文件中的代码

在 index.js 文件的 data 对象中，需要初始化 index.wxml 文件中绑定的对象 stu01 和 stu02 中的数据。

index.js 文件中的代码如下：

```
// index.js
Page({
 // 页面的初始数据
 data: {
  stu01:{
   name:'谢秋桦',
   age:18,
   gender:'女'
  },
  stu02:{
   name:'黄贵洲',
   age:19,
   gender:'男'
  },
  stu03:{
   name:'李沁轩',
   age:20,
   gender:'女'
  }
 }
})
```

3.12 复杂模板的定义及应用

一、任务描述

在小程序中，如果一段代码需要在多个页面中使用，那么在学习模板前，我们可能会将这段代码复制到这些页面的相应文件中，如果需要修改这段代码中的某个地方，那么需要在多个页面文件中进行修改，对一个项目的维护造成很大的障碍。本任务会将这一段重复的代码单独编写成一个模板，然后在需要使用这段代码的地方引用该模板，如果需要修改模板中的某个地方，那么直接在模板中修改即可，从而提升项目维护的效率。

二、导入知识点

WXML 文件可以提供模板（template）功能，可以在模板中定义共用的、复用的代码片段，然后在不同的地方引用该模板，从而实现一次编写，多次直接使用的效果。

1. 定义模板

在<template>标签内定义代码片段，使用 name 属性定义模板名称，语法格式如下：

```
<!--WXML-->
<template name="tplname">
    <view>
        <text>{{index}}:{{meg}}</text>
        <text>Time:{{time}}</text>
    </view>
</template>
```

2. 引用模板

在 WXML 文件中，使用<template>标签中的 is 属性声明需要引用的模板，然后将模板所需要的 data 对象中的数据传入，语法格式如下：

```
<template is="tplname" data="{{item}}" />
```

3. import 引用

可以使用<import>标签和@import 语句引用模板文件中的模板。

使用<import>标签可以在 WXML 文件中引用模板文件中的模板，语法格式如下：

```
<import src="路径/文件名.wxml" />
```

使用@import 语句可以在 WXSS 文件中引用模板文件中的模板，语法格式如下：

```
@import  "路径/文件名.wxss"
```

三、实现效果

首先编辑一个不适用模板的 tabBar 小程序，其运行效果如图 3.19 所示；然后分别使用<import>标签和@import 语句在 WXML 文件和 WXSS 文件中引用模板文件中的模板，并且修改要在页面中显示的文本内容，运行效果如图 3.20 所示。

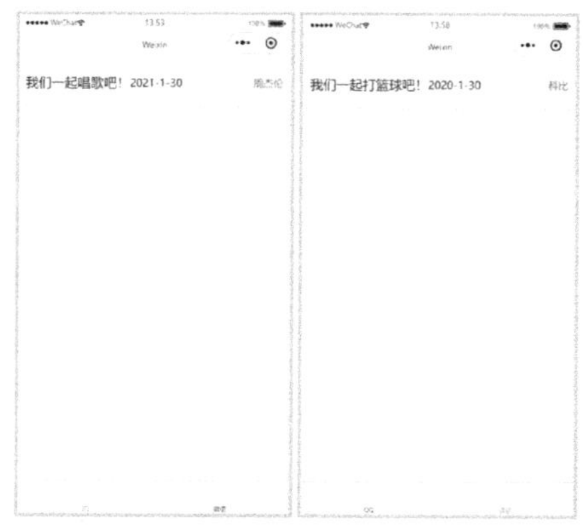

图 3.19　不使用模板的 tabBar 小程序的运行效果

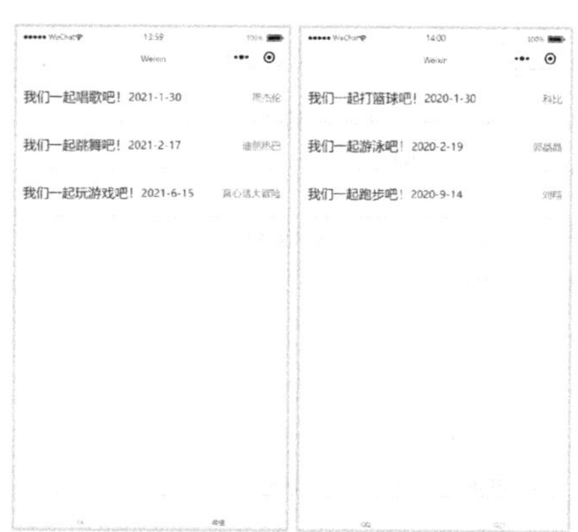

图 3.20　使用模板的 tabBar 小程序的运行效果

四、任务实现

（1）创建两个新的页面。在资源管理器中右击 pages 节点，在弹出的快捷菜单中选择“新建文件夹”命令，新建两个文件夹，分别将其命名为“qq”和“weixin”，即创建 qq 页面和 weixin 页面，然后在 qq 和 weixin 文件夹中创建相应的页面文件，如图 3.21 所示。

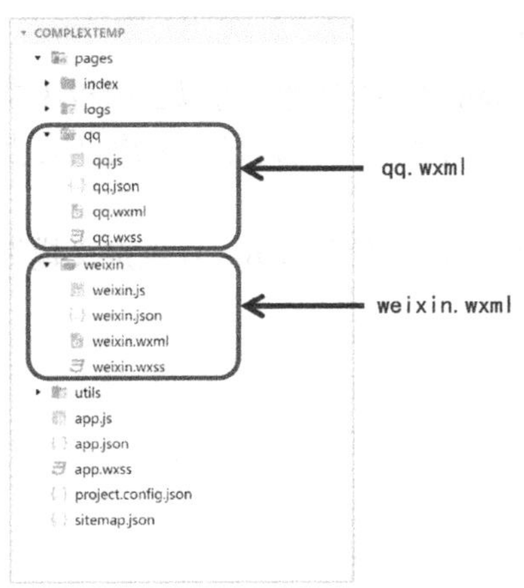

图 3.21　创建 QQ 页面和 weixin 页面

（2）在 app.json 文件中配置一个 tabBar 属性，通过 list 数组添加 qq 和 weixin 页面中的相关信息。

app.json 文件中的代码如下：

```
<!--app.json-->
{
 "pages": [
  "pages/qq/qq",
  "pages/weixin/weixin",
  "pages/index/index",
  "pages/logs/logs"
 ],
 "window": {
  "backgroundTextStyle": "light",
  "navigationBarBackgroundColor": "#fff",
  "navigationBarTitleText": "Weixin",
  "navigationBarTextStyle": "black"
 },
 "tabBar": {
  "list": [
   {"pagePath": "pages/qq/qq",
    "text": "QQ"
   },
   { "pagePath": "pages/weixin/weixin",
    "text": "微信"
   }
  ]
 },
 "style": "v2",
 "sitemapLocation": "sitemap.json"
}
```

（3）编写 qq.wxml 文件中的代码，具体如下：

```
<!--pages/qq/qq.wxml-->
<view class="message-group">
  <text class="content">我们一起来写首歌吧！</text>
```

```
  <text class="friend">周杰伦</text>
</view>
```

（4）编写 qq.wxss 文件中的代码。

（5）编写 weixin.wxml 和 weixin.wxss 文件中的代码。由于 weixin 页面文件中的代码和 qq 页面文件中的代码类似，因此直接从 qq.wxml 文件和 qq.wxss 文件中将代码复制过来，然后修改相应的文本内容即可。

weixin.wxml 文件中的代码如下：

```
<!--pages/weixin/weixin.wxml-->
<view class="message-group">
  <text class="content">我们一起来打篮球吧！</text>
  <text class="friend">科比</text>
</view>
```

（6）为了便于管理，可以使用 WXML 模板，并且对模板进行优化。

在 pages 节点上右击，在弹出的快捷菜单中选择“新建文件夹”命令，在 pages 目录下创建一个新的文件夹，将其命名为“template”，用于存放所有的模板项目文件。在 template 文件夹中新建两个文件，分别为 template.wxml 和 template.wxss，如图 3.22 所示。

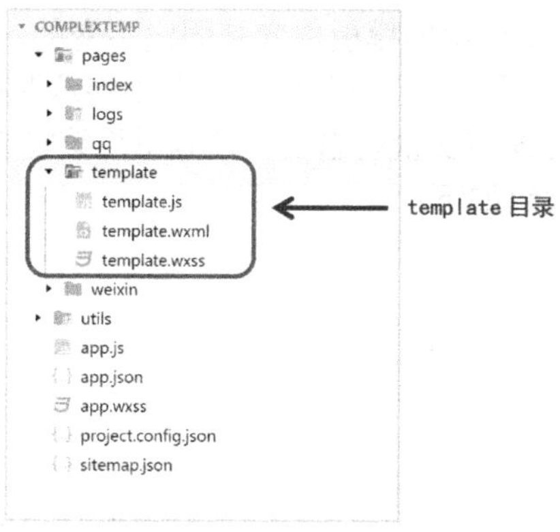

图 3.22　模板资源管理器

（7）将已编辑好的 qq.wxml 文件中的代码剪切并粘贴到 template.wxml 文件中，将该代码作为模板。但 template.wxml 文件不能直接被引用，需要使用<template></template>标签将其包起来。

template.wxml 文件中的代码如下：

```
<!--pages/template/template.wxml-->
<template name="message">
 <view class="message-group">
  <text class="content">我们一起来写首歌吧！</text>
  <text class="friend">周杰伦</text>
</view>
</template>
```

（8）同理，将已编辑好的 qq.wxss 文件中的代码剪切并粘贴到 template.wxss 文件中，但 template.wxss 文件不需要用<template></template>标签包起来。

（9）使用<import>标签将 template.wxml 文件中的模板导入 qq.wxml 文件，代码如下：

```
<!--pages/qq/qq.wxml-->
<import src="../template/template.wxml"/>
...
<template is="message"></template>
```

注意相对路径的写法。

- ../：表示回到上一级。
- /：表示跳转到下一级。

（10）使用@import 语句将 template.wxss 文件中的模板导入 qq.wxss 文件，代码如下：

```
/* pages/qq/qq.wxss */
@import "../template/template.wxss";
```

（11）同理，使用<import>标签将 template.wxml 文件和 template.wxss 文件中的模板分别导入 weixin.wxml 文件和 weixin.wxss 文件。

weixin.wxml 文件中的代码如下：

```
<!--pages/weixin/weixin.wxml-->
<import src="../template/template.wxml"/>

<template is="message"></template>
```

weixin.wxss 文件中的代码如下：

```
/* pages/weixin/weixin.wxss */
@import "../template/template.wxss";
```

（12）因为 template.wxml 文件中的模板内容是固定不变的，如“我们一起来写首歌吧！”和“周杰伦”，所以需要通过变量对内容进行修改。分别将这两条信息设置为变量{{content}}和{{friend}}，可以通过这种方式将变量动态地传递到引用该模板的 WXML 文件中。

template.wxml 文件中的代码如下：

```
<!--pages/template/template.wxml-->
<template name="message">
  <view class="message-group">
   <text class="content">{{content}}</text>
   <text class="friend">{{friend}}</text>
</view>
</template>
```

（13）分别在 qq.wxml 和 weixin.wxml 文件中传递变量{{content}}和{{friend}}。

qq.wxml 文件中的代码如下：

```
<!--pages/qq/qq.wxml-->
<import src="../template/template.wxml"/>
<template is="message" data="{{content:'我们一起唱歌吧！',friend:'周杰伦'}}"></template>
<template is="message" data="{{content:'我们一起跳舞吧！',friend:'迪丽热巴'}}"></template>
<template is="message" data="{{content:'我们一起玩游戏吧！',friend:'真心话大冒险'}}"></template>
```

weixin.wxml 文件中的代码如下：

```
<!--pages/weixin/weixin.wxml-->
<import src="../template/template.wxml"/>
<template is="message" data="{{content:'我们一起打篮球吧！',friend:'科比'}}"></template>
<template is="message" data="{{content:'我们一起游泳吧！',friend:'郭晶晶'}}"></template>
<template is="message" data="{{content:'我们一起跑步吧！',friend:'刘翔'}}"></template>
```

（14）如果需要在列表中添加一个时间参数 time，那么在模板文件 template.wxml 中添加代码“<text class='time'>**{{time}}**</text>”即可。

template.wxml 文件中的代码如下：

```
<!--pages/template/template.wxml-->
<template name="message">
 <view class="message-group">
```

```
    <text class="content">{{content}}</text>
    <text class="friend">{{friend}}</text>
    <text class='time'>{{time}}</text>
  </view>
</template>
```

同时，在 qq.wxml 和 weixin.wxml 文件中添加 time 参数，并且给它赋值。

qq.wxml 文件中的代码如下：

```
<!--pages/qq/qq.wxml-->
<import src="../template/template.wxml"/>
<template is="message" data="{{content:'我们一起唱歌吧！',friend:'周杰伦',
time:'2021-1-30'}}"></template>
<template is="message" data="{{content:'我们一起跳舞吧！',friend:'迪丽热巴',
time:'2021-2-17'}}"></template>
<template is="message" data="{{content:'我们一起玩游戏吧！',friend:'真心话大冒险',
time:'2021-6-15'}}"></template>
```

weixin.wxml 文件中的代码如下：

```
<!--pages/weixin/weixin.wxml-->
<import src="../template/template.wxml"/>
<template is="message" data="{{content:'我们一起打篮球吧！',friend:'科比',
time:'2020-1-30'}}"></template>
<template is="message" data="{{content:'我们一起游泳吧！',friend:'郭晶晶',
time:'2020-2-19'}}"></template>
<template is="message" data="{{content:'我们一起跑步吧！',friend:'刘翔',
time:'2020-9-14'}}"></template>
```

最后的运行效果如图 3.23 所示。在本任务中，只要在模板文件 template.wxml 和 template.wxss 中修改了模板数据，其他页面中的相应数据就会被修改，即一处修改，处处生效，这就是模板的优点。

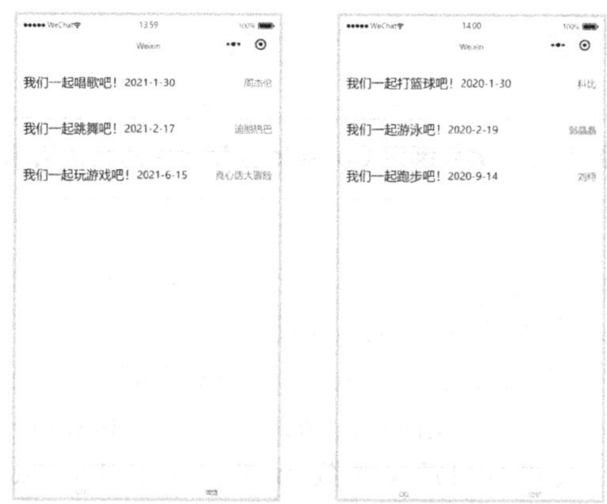

图 3.23　最后的运行效果

3.13　事件绑定

一、任务描述

编写一个小程序，在单击文字“请点击我！”时，可以触发自定义函数 onViewClick()的绑定事件；在单击“单击按钮”按钮时，可以触发自定义函数 myTap()的绑定事件，最后在 Console 控制台中显示相应的结果。

二、导入知识点

事件是视图层到逻辑层的通信方式，具有以下特点。

- 事件可以将用户的行为反馈到逻辑层中进行处理。
- 事件可以绑定在组件上，当事件被触发时，会执行逻辑层中相应的事件处理函数；在事件中可以定义额外的对象信息，如 id、dataset、touches。

三、实现效果

根据任务描述，编写程序实现事件绑定效果，如图 3.24 所示，相应的 Console 控制台及其中的具体信息分别如图 3.25 和图 3.26 所示。

图 3.24　事件绑定效果

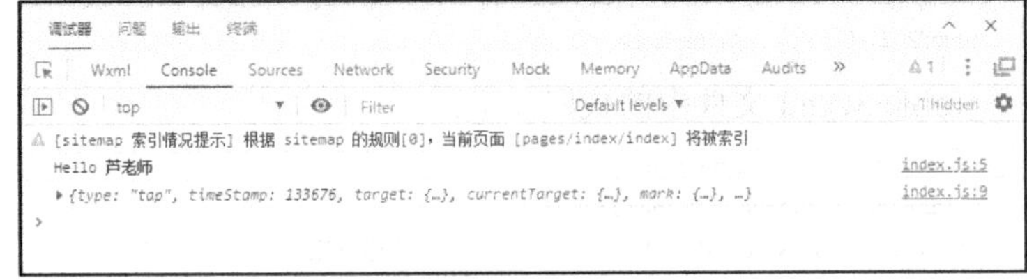

图 3.25　事件绑定 Console 控制台

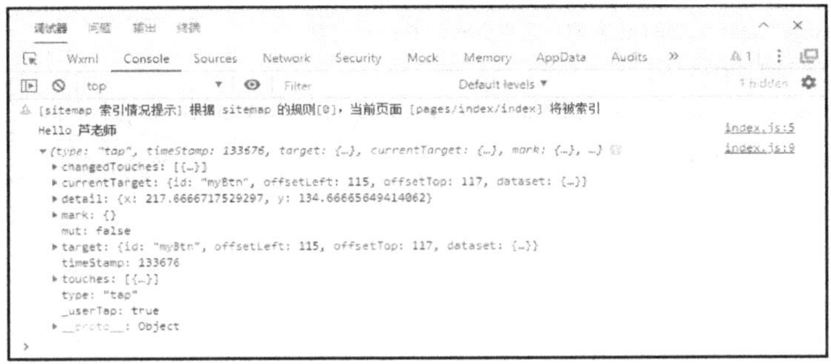

图 3.26　事件绑定 Console 控制台中的具体信息

四、任务实现

（1）编写 index.wxml 文件中的代码。在 index.wxml 文件中，通过代码“<view class="onClick" bindtap="onViewClick">请点击我！</view>”为<view>组件绑定一个单击触摸事件，在用手指触摸文字后，会执行自定义函数 onViewClick()；通过代码“<button id="myBtn" bindtap="myTap" data-my="hello">按钮组件</button>”为<button>组件绑定一个单击触摸事件，在用手指触摸按钮后，会执行自定义函数 myTap()。其中，data-*为事件附加属性，可以由用户自定义或省略不写。

index.wxml 文件中的代码如下：

```
<!--index.wxml-->
<view class="box">
 <view class="title">事件绑定</view>
 <view class="onClick" bindtap="onViewClick">请点击我！ </view>
 <button type="primary" id="myBtn" bindtap="myTap" data-my="hello">单击按钮</button>
</view>
```

（2）编写 index.wxss 文件中的代码。在该文件中定义.box 和.title 样式。

（3）编写 index.js 文件中的代码。在该文件中定义 onViewClick()和 myTap()函数，用于在

Console 控制台中输出运行效果。需要注意的是，必须在对应的 JS 文件中定义事件处理函数，如果事件处理函数不存在，则会在触发事件时报错。

index.js 文件中的代码如下：

```
// index.js
Page({
 //自定义函数单击文本事件 onViewClick:function()
 onViewClick:function(event){
  console.log('Hello 芦老师')
 },
 //自定义函数单击按钮事件 myTap:function()
  myTap:function(event){  //myTap:function(event)可简写为 myTap(event)
   console.log(event)     //输出事件对象
  }
})
```

运行代码，然后触摸按钮，Console 控制台中输出的内容如图 3.27 所示。

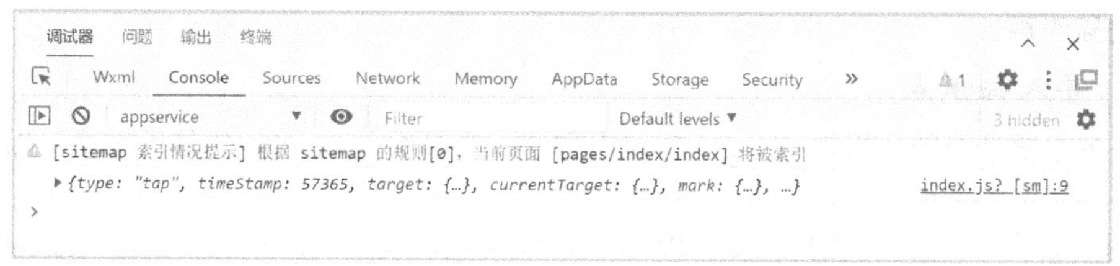

图 3.27　触发 tap 事件时 Console 控制台中输出的内容

展开输出内容前面的箭头，可以查看 Console 控制台中输出的详细信息，如图 3.28 所示，整理后的节选信息如下：

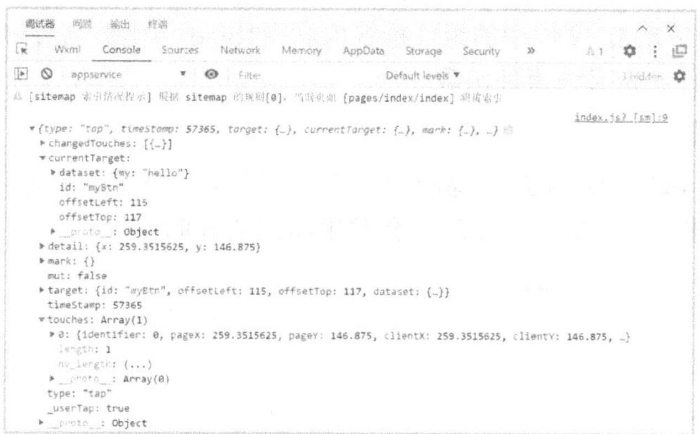

图 3.28　触发 tap 事件时 Console 控制台中输出的详细信息

```
{
 type:"tap"
 timeStamp : 1714,
 currentTarget:{
   id: "myBtn",
   dataset:{
     my : " hello"
   }
 },
 detail:{x:181.66667,y:92},
 touches:[{
   identifier:0,
   pageX:182,
   pageY:95,
```

```
        clientX:182,
        clientY:92
    }]
}
```

由此可见，输出的事件对象数据包括按钮的 id、附属的 data-my 属性、坐标、事件类型等信息。开发者可以利用这些信息编写后续代码，如通过代码“event.currentTarget.dataset.my”获取 data-my 属性的值。

3.14 小猫叫

一、任务描述

设计一个小程序，在运行该小程序后，会显示一张可爱的小猫图，在单击小猫图后会发出好听的猫叫声。

二、导入知识点

本任务主要涉及图片组件<image>的使用方法、音频组件<audio>的使用方法，以及数据绑定和事件绑定的实现方法。

- 图像组件<image>。支持 JPG、PNG、SVG 格式，使用 src 属性指定图片的路径。
- 音频组件<audio>。首先利用 API 函数 wx.createInnerAudioContext()创建音频上下文，然后使用 src 属性定义音频的源文件，并且使用 play()函数播放音频。
- 数据绑定。WXML 文件中的动态数据通过{{ }}符号与 JS 文件中的数据进行绑定，从而将 JS 文件中的数据传递给 WXML 文件，但这种传递是单向的。
- 事件绑定。在 WXML 文件中的组件标签内利用“bind...=函数名”绑定组件事件与函数，并且在 JS 文件中定义该事件函数。

三、实现效果

根据任务描述，编写程序实现小猫叫的效果，如图 3.29 所示。小程序的页面中首先会显示一张可爱的小猫图，当单击小猫图时，会发出萌萌的猫叫声。

图 3.29　小猫叫的效果

四、任务实现

（1）在项目根目录下创建 images 和 audio 文件夹，并且将图片文件 cat.jpg 和声音文件 meow.mp3 分别复制到 images 文件夹和 audio 文件夹中，如图 3.30 所示。需要注意的是，images 文件夹和 audio 文件夹必须在项目根目录下。

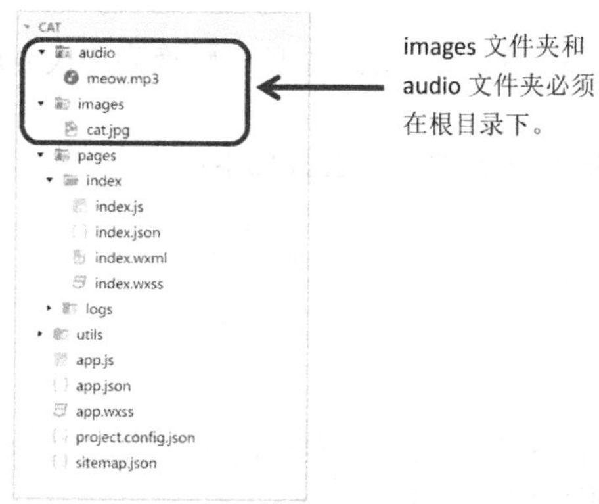

图 3.30　创建 images 和 audio 文件夹并添加相应文件

（2）编写 index.wxml 文件中的代码。在 index.wxml 文件中，使用<image>组件设置图片，使用 src 属性指定图片路径，并且对<image>组件进行数据绑定和事件绑定。在本任务中，将 src 属性与 imgSrc 属性进行绑定，imgSrc 属性在 index.js 文件的 data 对象中进行初始化；将 bindtap 属性与单击图片事件函数 tapCat()进行绑定，tapCat()函数在 index.js 文件中进行定义。

index.wxml 文件中的代码如下：

```
<!--index.wxml-->
<view class="box">
  <view class="title">点击小猫叫~~</view>
  <view style="text-align:center;">
    <image src="{{imgSrc}}" bindtap="tapCat" style="width:600rpx;height:600rpx">
</image>
  </view>
</view>
```

（3）编写 index.wxss 文件中的代码。在该文件中定义了.box 和.title 样式。

（4）编写 index.js 文件中的代码。在该文件中，使用 data 对象中的 imgSrc 属性指定图片路径，并且定义了单击图片事件处理函数 tapCat()。

index.js 文件中的代码如下：

```
// index.js
Page({
 // 页面的初始数据
 data: {
  imgSrc:'/images/cat.jpg'                       //图片源文件
 },
 tapCat:function(){
  let audio=wx.createInnerAudioContext()         //创建音频上下文
  audio.src='/audio/meow.mp3'                    //设置音频源文件，需要放在根目录下
  audio.play()                                   //播放音频
 }
})
```

3.15 温度转换计

一、任务描述

设计一个温度转换计小程序，可以将摄氏温度 C 转换为华氏温度 F，也可以将华氏温度 F 转换为摄氏温度 C。

将摄氏温度 C 转换为华氏温度 F 的计算公式如下：

$$F=9\times C/5+32$$

将华氏温度 F 转换为摄氏温度 C 的计算公式如下：

$$C=(F-32)\times 5/9$$

二、导入知识点

本任务主要演示 JavaScript 中顺序结构的程序设计方法、数学运算的基本方法、<input>组件的使用方法、数据绑定和事件绑定的实现方法。

1．JavaScript 中顺序结构的程序设计方法

顺序结构的程序设计是指按照解决问题的顺序写出相应的语句，它的执行顺序是自上而下依次执行的。

2．JavaScript 中数学运算的基本方法

JavaScript 中的数学运算需要利用 JavaScript 运算符和函数等将数学表达式转换成 JavaScript 表达式。

3．<input>组件的使用方法

<input>组件主要用于输入数据，其常用属性如表 3.8 所示。

表 3.8　<input>组件的常用属性

属　　性	类　　型	默 认 值	说　　明
value	string	—	输入框中的初始内容
type	string	text	<input>组件的类型
password	boolean	false	是否是密码类型
placeholder	string	—	当输入框为空时的占位符
placeholder-style	string	—	指定placeholder的类型
maxlength	number	140	最大输入长度，当该值为-1时，不限制最大输入长度
bindinput	eventhandle	—	在使用键盘输入时触发： event.detail={value,cursor,keyCode} keyCode为键值，处理函数可以直接返回一个字符串，返回的字符串会替换输入框中的内容
bindfocus	eventhandle	—	在聚焦输入框时触发： event.detail={value,height} height为键盘高度
bindblur	eventhandle	—	在输入框失去焦点时触发： event.detail={value:value}

如果在真机上运行，那么在输入框中输入数据时，会根据 type 属性设置弹出来的键盘类型。Type 属性的有效值如表 3.9 所示。

表 3.9　type 属性的有效值

值	说　明
text	文本键盘
idcard	身份证键盘
number	数字键盘
digit	带小数点的数字键盘

三、实现效果

根据任务描述，编写程序实现温序转换计的效果，如图 3.31 所示。输入数据页面如图 3.31（a）所示，当在输入框中输入数据时，页面下方会自动弹出带小数点的数字键盘。在“摄氏温度转华氏温度”输入框中输入 30，在“华氏温度转摄氏温度”输入框中输入 100.4，然后单击其他地方，计算结果如图 3.31（b）所示，此时计算结果已经算出，带小数点的数字键盘自动消失。

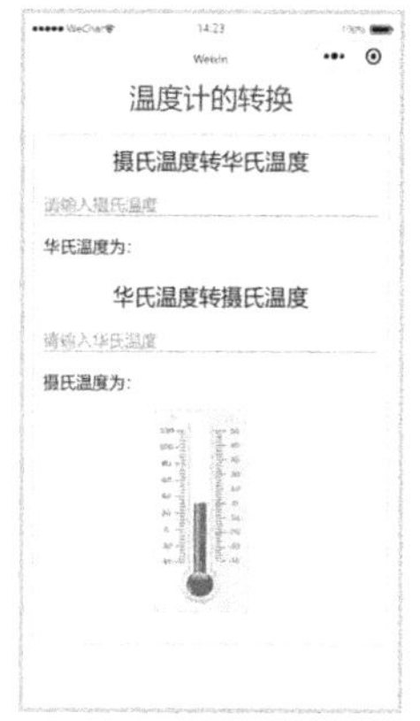

（a）输入数据页面

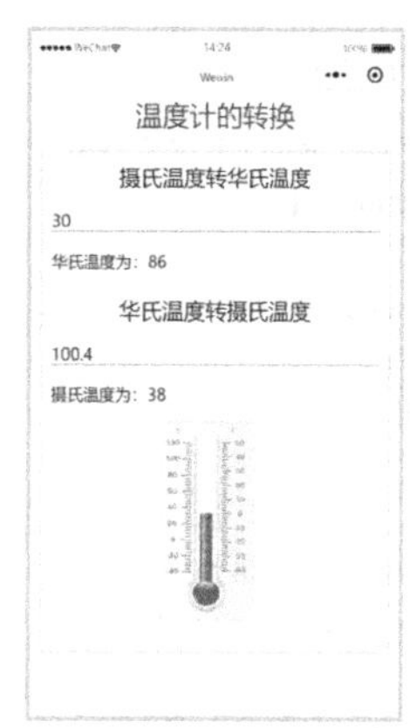

（b）计算结果页面

图 3.31　温度转换计的效果

四、任务实现

（1）编写 index.wxml 文件中的代码。在该文件中，使用<input>组件输入数据，使用 placeholder 属性提示用户“请输入摄氏温度”和“请输入华氏温度”；将 type 属性的值设置为 digit，从而实现在真机上输入时弹出带小数点的数字键盘；使用 bindblur 属性设置在<input>组件失去焦点时触发的事件，即根据摄氏温度计算华氏温度和根据华氏温度计算摄氏温度，同时设置<input>组件的样式。

index.wxml 文件中的代码如下：

```
<!--index.wxml-->
<view class="title1">温度计的转换</view>
<view class="box">
  <view class="title2">摄氏温度转华氏温度</view>
  <view>
    <input placeholder="请输入摄氏温度" type="digit" bindblur="CDegree" />
  </view>
  <view>华氏温度为：{{F}}</view>
  <view class="title3">华氏温度转摄氏温度</view>
  <view>
    <input placeholder="请输入华氏温度" type="digit" bindblur="FDegree" />
  </view>
```

```
    <view>摄氏温度为：{{C}}</view>
    <image src="/images/CF-Degree.jpg"></image>
</view>
```

（2）编写 index.wxss 文件中的代码。在该文件中定义了.box、.title1、.title2、input 和 image 样式，用于设置<input>组件的边距和下边框线条样式，以及图片的高宽、上边距、下边距、左边距、右边距。

（3）编写 index.js 文件中的代码。index.js 文件实现了在<input>组件失去焦点时触发的动作事件 bindblur，该事件对应的函数分别是 CDegree()和 FDegree()，函数的参数 e 表示在<input>组件失去焦点时触发的事件，函数中首先定义了 2 个变量 C 和 F，分别用于存储摄氏温度和华氏温度，然后利用 e.detail.value 获取<input>组件中的数值并将其赋给变量 C 或 F，然后根据变量 C 的值计算变量 F 的值，或者根据变量 F 的值计算变量 C 的值，最后通过 this.setData()函数将变量 F 的值或变量 C 的值由逻辑层传递给视图层，并且在 index.wxml 视图中渲染出来。

index.js 文件中的代码如下：

```
// index.js
Page({
  //摄氏温度转华氏温度事件处理函数
  CDegree:function(e){
    var C,F;
    C=e.detail.value;
    this.setData({
      F:C*9/5+32
    })
  },
  //华氏温度转摄氏温度事件处理函数
  FDegree:function(e){
    var C,F;
    F=e.detail.value;
    this.setData({
      C:(F-32)*5/9
    })
  },
})
```

3.16 事件冒泡与事件捕获

一、任务描述

此任务是完成事件冒泡与事件捕获的一个操作案例。事件冒泡是指在用户行为触发页面中定义好的事件后，会有一个由内到外的冒泡过程，不会一下子就命中事件绑定的元素。事件捕获与事件冒泡恰恰相反，在触发事件时，浏览器会从根节点开始由外到内进行事件传播，即单击了子元素，如果父元素通过事件捕获方式注册了对应的事件，则会先触发父元素绑定的事件。

二、导入知识点

在小程序中，大部分定义好的事件都是冒泡的。冒泡是什么意思呢？在现实生活中，水中的泡泡会从下往上走；在小程序中，在单击一个子元素后，这个事件会传递给父元素，这个过程称为事件冒泡。

例如，在下边例子中，单击 inner view 会先后调用 handleTap2()和 handleTap1()函数。

```
<view id="outer" bindtap="handleTap1">
  outer view
  <view id="inner" bindtap="handleTap2">
      inner view
  </view>
</view>
```

- 事件向上冒泡：bind 事件绑定不会阻止冒泡事件向上冒泡。
- 阻止事件冒泡：catch 事件绑定可以阻止冒泡事件向上冒泡。

如果要阻止事件冒泡，则可以以 catch 开头定义事件，如将 bindtap 修改为 catchtap。在下面的例子中，单击 inner view 会先后调用 handleTap3()和 handleTap2()函数（因为 tap 事件会冒泡到 middle view，而 middle view 阻止了 tap 事件冒泡，不再向父元素传递），单击 middle view 会调用 handleTap2()函数，单击 outer view 会调用 handleTap1()函数。

```
<view id="outer" bindtap="handleTap1">
  outer view
  <view id="middle" catchtap="handleTap2">
    middle view
    <view id="inner" bindtap="handleTap3">
      inner view
    </view>
  </view>
</view>
```

三、实现效果

此任务要分别实现事件冒泡和事件捕获两种效果。当单击蓝色盒子时，会将事件一直传递，传递到外面的粉红色盒子，如图 3.32 和图 3.33 所示。当单击一个子元素时，所响应的事件不会传递给父元素，只会在子元素中响应，也就是阻止冒泡事件向上冒泡，如图 3.34 所示。

图 3.32　事件冒泡与事件捕获的效果

图 3.33　Console 控制台中显示的事件冒泡响应效果

图 3.34　Console 控制台中显示的阻止冒泡事件效果

四、任务实现

（1）编写 index.wxml 文件中的代码。在 index.wxml 文件中设置两个嵌套的<view>组件，一个表示外面的视图（outterview），绑定外面的单击事件函数 onOutterViewClick()；另一个表示里面的视图（innerview），绑定里面的单击事件函数 onInnerViewClick()。

index.wxml 文件中的代码如下：

```
<!--index.wxml-->
<view class="box">
<view class="title">事件冒泡与捕获</view>
<view class="outterview" bindtap="onOutterViewClick">
 <text>Outterview</text>
 <view class="innerview" bindtap="onInnerViewClick">
  <text>Innerview</text>
 </view>
</view>
</view>
```

（2）编写 index.wxss 文件中的代码。在该文件中定义.box、.title、text、.outterview 和.innerview 样式。

（3）编写 index.js 文件中的代码。在 index.js 文件中，使用 onOutterViewClick()函数渲染外面的视图被单击的事件，使用 onInnerViewClick()渲染里面的视图被单击的事件。

index.js 文件中的代码如下：

```
// index.js
Page({
 /*外面的视图被单击的事件*/
 onOutterViewClick:function(event){
  console.log("outterview 被点击了！")
 },
  /*里面的视图被单击的事件*/
  onInnerViewClick:function(event){
   console.log("innerview 被点击了！")
  },
})
```

当单击里面的蓝色盒子时，在 Console 控制台中会显示执行的操作。单击的是 innerview，但是 outterview 也响应了。当单击里面的蓝色盒子时，会将事件一直传递，传递到外面的粉红色盒子，如图 3.35 和图 3.36 所示。

图 3.35　单击 Innerview 事件

图 3.36　Innerview 事件冒泡响应到 outterview 事件

（4）编写 index.wxml 文件中的代码。将 bindtap 改为 catchtap，以 catch 开头定义事件可以阻止事件冒泡。

index.wxml 文件中的代码如下：

```
<!--index.wxml-->
<view class="box">
<view class="title">事件冒泡与捕获</view>
<view class="outterview" bindtap="onOutterViewClick">
  <text>Outterview</text>
  <view class="innerview" catchtap="onInnerViewClick">
    <text>Innerview</text>
  </view>
</view>
</view>
```

catch 事件绑定可以阻止冒泡事件向上冒泡，使 outterview 不响应，效果如图 3.37 所示。

图 3.37 阻止 innerview 事件冒泡

五、拓展任务

此任务是一个新闻栏，运用前面所学的知识阻止事件冒泡。当单击文本“我是广告”时，不会冒泡到文本“钢铁是怎样炼成的”上；当单击文本“钢铁是怎样炼成的”时，不会冒泡到文本“我是广告”上，如图 3.38 所示。

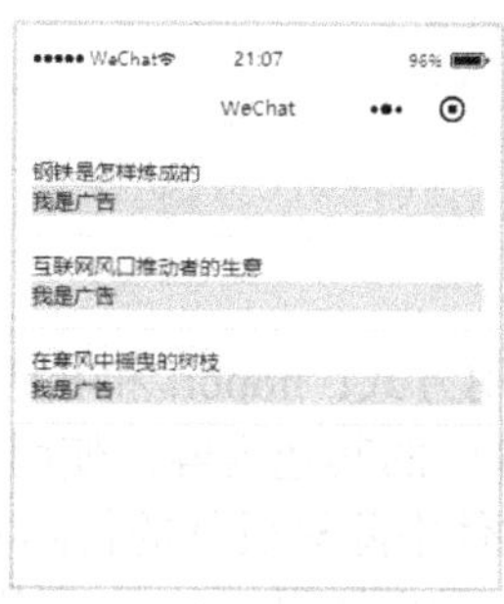

图 3.38 阻止事件冒泡

在单击文本“钢铁是怎样炼成的”时，Console 控制台中的效果如图 3.39 所示。

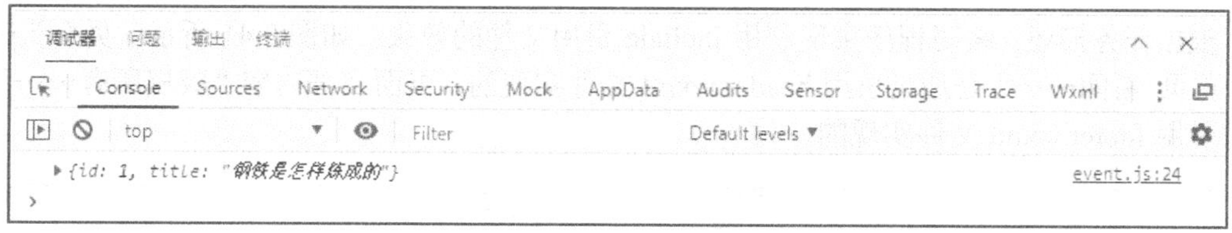

图 3.39 阻止“我是广告”事件冒泡

在单击文本“我是广告”时，Console 控制台中的效果如图 3.40 所示。

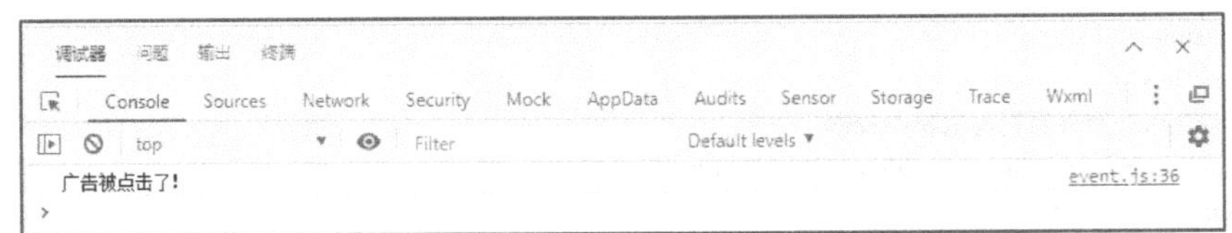

图 3.40　阻止"钢铁是怎样炼成的"事件冒泡

3.17　小程序 include 引用文件

一、任务描述

编写一个小程序，在项目中创建文件 header.wxml 和 footer.wxml，然后在 index.wxml 文件中利用<include>标签引用 header.wxml 文件和 footer.wxml 文件，作为 index 页面头部和尾部的内容。

二、导入知识点

在小程序中，使用<include>标签引入目标文件中除模板外的代码，相当于将目标文件中除模板外的代码直接复制到<include>标签的位置。下面以为页面制作统一的页眉、页脚为例，介绍<include>标签的使用方法。

页眉文件 header.wxml 中的代码如下：

```
<view>这是小程序的页眉</view>
```

页脚文件 footer.wxml 中的代码如下：

```
<view>这是小程序的页脚</view>
<include src= "路径/header.wxml"/>
<view>正文部分</view>
<include src= "路径/footer.wxml"/>
```

WXML 文件提供了两种文件引用方式：import 和 include。使用 import 引用方式只能引用文件中定义的模板，不能引用该文件中的其他内容；使用 include 引用方式可以引用文件中除模板外的所有代码，相当于将目标文件中除模板外的代码复制到<include>标签的位置。在样式统一但内容需要动态变化的情况下，适合使用 import 引用方式；在无须改动目标文件的情况下，适合使用 include 引用方式。

三、实现效果

根据任务描述，编写程序实现利用 include 引用文件的效果，如图 3.41 所示。页面头部内容"首页 新闻……"是通过引用 header.wxml 文件实现的，页面底部内容"版权所有……"是通过引用 footer.wxml 文件实现的。

图 3.41　利用 include 引用文件的效果

四、任务实现

（1）创建 header.wxml 文件并编写该文件中的代码。该文件主要用于显示页面头部的内容。在该文件中添加如下代码，并且使用.header 样式进行布局，.header 样式在 index.wxss 文件中定义。

header.wxml 文件中的代码如下：

```
<!--pages/header/header.wxml-->
<view class="header">
 <view>首页</view>
 <view>新闻</view>
 <view>介绍</view>
 <view>机构</view>
 <view>教学</view>
 <view>科研</view>
</view>
```

（2）创建 footer.wxml 文件并编写该文件中的代码。该文件主要用于显示页面尾部的内容。在该文件中添加如下代码，并且使用.footer 样式进行布局，.footer 样式在 index.wxss 文件中定义。

footer.wxml 文件中的代码如下：

```
<!--pages/footer/footer.wxml-->
<view class="footer" style="height:100px;">
  版权所有 @ 鹏城技师学院 | 电话：0755-83316411
</view>
```

（3）编写 index.wxss 文件中的代码。在该文件中定义在 header.wxml 文件中使用的.header 样式和在 footer.wxml 文件中使用的.footer 样式。.header 样式采用 flex 布局，布局方向属性 flex-direction 的值为 row，水平对齐方式属性 justify-content 的值为 space-evenly（均匀分布）。

（4）编写 index.wxml 文件中的代码。index.wxml 文件头部利用<include>标签的 src 属性引用了 header.wxml 文件，index.wxml 文件尾部利用<indude>标签的 src 属性引用了 footer.wxml 文件，从而使 index.wxml 文件的头部和尾部分别显示 header.wxml 文件和 footer.wxml 文件中的内容和样式。

index.wxml 文件中的代码如下：

```
<!--index.wxml-->
<include src="/pages/header/header.wxml" />
<view style="margin:20px;text-align:justify">
    鹏城技师学院直属于深圳市人力资源和社会保障局，为市财政全额拨款的公办高级技工学校，主要承担全日制教育、社会化培训、技能鉴定、就业创业服务四项职能。曾先后获得“全国重点就业训练中心”“全国职业教育先进单位”“国家技能人才培养突出贡献奖”“国家级高技能人才培训基地”等多项国家级荣誉。
</view>
<include src="/pages/footer/footer.wxml" />
```

3.18　旅游攻略

一、任务描述

设计一个旅游攻略小程序，根据任务要求，使用 import 引用方式引用固定样式、旅游攻略、新闻信息等。

二、导入知识点

小程序可以使用<template>标签在目标文件中事先定义好模板，然后在当前页面中使用<import>标签引用<template>标签中的内容。

在 template.wxml 文件中使用<template>标签定义一个名称为 myTemp 的模板，代码如下：

```
<template name="myTemp">
  <text>{{text}}</text>
</template>
```

在 index.wxml 文件中使用<import>标签引用 tmplate.wxml 文件，即可使用 myTemp 模板。

```
<import src= “路径/template.wxml"/>
<template is="myTemp" data="{{text: 'hello'}}"/>
```

此时相当于在 index.wxml 文件中设置如下代码，运行效果如图 3.42 所示。

```
<text>hello</text>
```

图 3.42　使用<template>模板标签

三、实现效果

本任务利用<import>标签进行旅游攻略的设计与制作，效果如图 3.43 所示。首先编写模板文件 news.wxml 和 news.wxss，然后在 index.wxml 和 index.wxss 文件中利用<import>标签分别引用模板文件 news.wxml 和 news.wxss，最后在 index.js 文件中设置要动态引用的 data 对象中的数据。

（a）一个模板静态引用

（b）多个模板动态引用

图 3.43　旅游攻略的效果

四、任务实现

（1）创建模板文件 news.wxml 和 news.wxss。在 pages 文件夹中创建一个 templates 文件夹，在 template 文件夹中创建一个 news 文件夹，在 news 文件夹中创建两个文件，分别为 news.wxml 和 news.wxss，如图 3.44 所示。

图 3.44　创建模板文件 news.wxml 和 news.wxss

（2）编写 news.wxml 文件中的代码。在 news.wxml 文件中，使用<template>标签创建模板。news.wxml 文件中的代码如下：

```
<template name="news">
<view class="newGroup">
  <view class="infoGroup">
    <view class="title">峨眉山是中国佛教名山，世界文化与自然双遗产</view>
    <view class="moreGroup">
        <text class="address">四川省成都市</text>
        <text class="time">8 月 24 日</text>
    </view>
  </view>
<view class="thumbGroup">
  <image class="thumb" src="/images/01.jpg"></image>
</view>
</view>
</template>
```

（3）编写 news.wxss 文件中的代码。

根据模板文件 news.wxml 编写.newGroup（组）样式、.newGroup.infoGroup（信息）样式、.newGroup.infoGroup.title（标题）样式、.newGroup.infoGroup.address（地址）样式、.newGroup.infoGroup.time（时间）样式和.thumbGroup.thumb（缩略图）样式。

news.wxss 文件中的代码如下：

```
.newGroup{
  height: 200rpx; /*是高度值的一半*/
  width: 750rpx;
  border-bottom:1px solid #e4e4e4;
  padding: 30rpx 20rpx;
  box-sizing: border-box;
}
.newGroup .infoGroup{
  float: left;
  width: 480rpx;
}
.newGroup .infoGroup .title{
  margin-bottom: 20rpx;
}
.newGroup .infoGroup .address{
  float: left;
```

```
  color: darkgray;
}
.newGroup .infoGroup .time{
  float: right;
  color: darkgray;
}
.newGroup .thumbGroup{
  width: 180rpx;
  height: 150rpx;
  float: right;
}
.thumbGroup .thumb{
  width: 100%;
  height: 90%;
}
```

（4）编写 index.wxml 文件中的代码。在 index.wxml 文件中，利用<import>标签引用 news.wxml 文件中的页面模板。

index.wxml 文件中的代码如下：

```
<!--index.wxml-->
<import src="../templates/news/news.wxml"></import>

<template is="news"></template>
```

（5）编写 index.wxss 文件中的代码。在 index.wxss 文件中，利用@import 语句引用 news.wxss 文件中的样式模板。

index.wxss 文件中的代码如下：

```
/**index.wxss**/
@import "../templates/news/news.wxss";
```

保存并运行小程序，效果如图 3.45 所示。

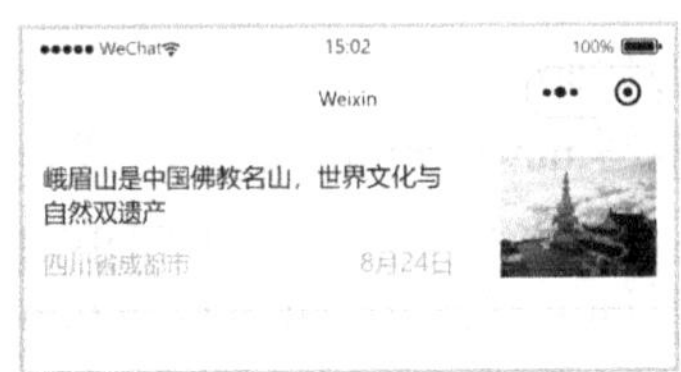

图 3.45　利用 import 导入静态模板

（6）因为要利用导入的模板动态显示 news.wxml 文件中的内容，所以需要将模板文件 news.wxml 中的标题信息、地址、时间和图片改为动态变量{{title}}、{{address}}、{{time}}和{{imgSrc}}。

news.wxml 文件中的代码如下：

```
<template name="news">
<view class="newGroup">
  <view class="infoGroup">
    <view class="title">{{title}}</view>
    <view class="moreGroup">
      <text class="address">{{address}}</text>
      <text class="time">{{time}}</text>
    </view>
  </view>
<view class="thumbGroup">
```

```
    <image class="thumb" src="{{imgSrc}}"></image>
  </view>
</view>
</template>
```

（7）在 index.js 文件中设置 data 对象中的数据，实现动态显示新闻的效果。

index.js 文件中的代码如下：

```
// index.js
Page({
  //页面的初始数据
  data: {
    news01:{
      title:'峨眉山是中国佛教名山，世界文化与自然双遗产',
      address:'四川省成都市',
      time:'8 月 24 日',
      imgSrc:'/images/01.jpg'
    },
    news02:{
      title:'黄山是世界地质公园，中华十大名山之一，被誉为天下第一奇山',
      address:'安徽省黄山市',
      time:'9 月 20 日',
      imgSrc:'/images/02.jpg'
    },
    news03:{
      title:'普陀山是风景名胜区，素有海天佛国、南海圣境之称',
      address:'浙江省舟山市',
      time:'10 月 18 日',
      imgSrc:'/images/03.jpg'
    },
    news04:{
      title:'泰山是国家 5A 级旅游景区，是五岳独尊、天下第一山',
      address:'山东省泰安市',
      time:'12 月 11 日',
      imgSrc:'/images/04.jpg'
    },
  },
})
```

（8）编写 index.wxml 文件中的代码，将 data 对象中的数据动态地渲染到视图中。

index.wxml 文件中的代码如下：

```
<!--index.wxml-->
<import src="../templates/news/news.wxml"></import>
<view class="newsTitle">旅 游 攻 略</view>
<template is="news" data="{{...news01}}"></template>
<template is="news" data="{{...news02}}"></template>
<template is="news" data="{{...news03}}"></template>
<template is="news" data="{{...news04}}"></template>
```

3.19　WXSS

WXSS（WeiXin Style Sheets，微信样式表）是一种样式语言，主要用于设置 WXML 文件中组件的样式（如尺寸、颜色、边框效果等）。

为了方便广大的前端开发者，WXSS 具有 CSS 的大部分特性；为了更适合用于开发微信小程序，WXSS 对 CSS 进行了扩充及修改。与 CSS 相比，WXSS 的特性有尺寸单位和样式导入。

一、尺寸单位

小程序规定了全新的尺寸单位 rpx（responsive pixel）。rpx 可以根据屏幕宽度进行自适应。其原理是无视设备原先的尺寸，统一规定屏幕宽度为 750rpx。

1rpx 不是固定值，屏幕越大，1rpx 对应的像素值就越大。例如，iPhone6 的屏幕宽度为 375px，共有 750 个物理像素，即 750rpx = 375px = 750 物理像素，1rpx = 0.5px = 1 物理像素。由于 iPhone6 中的单位换算较方便，因此建议开发者使用该设备作为视觉稿的标准。px 和 rps 之间的换算如表 3.10 所示。

表 3.10　px 和 rpx 之间的换算

设　　备	rpx换算px(屏幕宽度/750)	px换算rpx(750/屏幕宽度)
iPhone5	1rpx = 0.42px	1px = 2.34rpx
iPhone6	1rpx = 0.5px	1px = 2rpx
iPhone6 Plus	1rpx = 0.552px	1px = 1.81rpx

二、样式导入

小程序在 WXSS 文件中使用@import 语句导入外联 WXSS 文件，在@import 后添加需要导入的外联 WXSS 文件的相对路径，用“;”符号表示语句结束。

例如，有个模板文件 common.wxss，其样式设置代码如下：

```
.red{
  color:red;
}
```

在其他 WXSS 文件中，可以使用@import 语句引用 common.wxss 文件。例如，在 a.wxss 文件中引用 common.wxss 文件，代码如下：

```
@import "common.wxss";
.blue {
  color:blue;
}
```

三、常用属性

WXSS 支持的样式属性与 CSS 属性类似，为了方便理解示例代码，下面列出部分常用的样式属性及其参考值，如表 3.11 所示。

表 3.11　部分常用的样式属性及其参考值

样 式 属 性	含　　义	参　考　值
background-color	背景色	颜色名，如red表示红色
color	前景色	同上
font-size	字体大小	例如，16px表示大小为16像素的字体
border	边框	例如，3px solid blue表示宽度为3像素的蓝色实线
width	宽度	例如，20px表示20像素的宽度
height	高度	例如，100px表示100像素的高度

其中颜色可以用以下几种方式表示。

- RBG 颜色：用 RGB 三通道色彩表示法表示的颜色，如 rgb(255,0,0)表示红色。
- RGBA 颜色：在 RGB 颜色的基础上加上颜色透明度，如 rgba(255,0,0,0.5)表示半透明红色。
- 16 进制颜色：又称为 HexColor，用#加上 6 位数字表示的颜色，如#FF0000 表示红色。
- 预定义颜色：使用颜色英文单词表示的颜色，如 red 表示红色。小程序目前共有 148 种预定义颜色。

四、内联样式

小程序允许使用 style 和 class 属性控制组件的样式。

1．style

style 属性是行内样式属性，可以直接将样式代码写到组件的首标签中，示例代码如下：

```
<view style="color:red;background-color:yellow">测试</view>
```

上述代码表示当前<view>组件中的文本颜色为红色、背景颜色为黄色。

style 属性支持动态样式效果，示例代码如下：

```
<view style="color:{{color}} ">测试</view>
```

上述代码表示当前<view>组件中的文本颜色由 JS 文件中的 data.color 属性决定。

官方建议开发者尽量避免将静态样式代码写到 style 属性中，以免影响渲染速度。对于静态样式，可以将其统一写到 class 属性中。

2．class

小程序使用 class 属性指定样式规则，其属性值由一个或多个自定义样式类名组成，多个样式类名之间用空格分隔。

```
.style01{
    color: red;                //文字颜色为红色
}
.style02{
    font-size: 20px;           //字体大小为 20 像素
    font-weight: bold;         //字体加粗
}
<view class="style01 style02">测试</view>
<!--上述代码表示组件同时接受.style01 和.style02 样式的规则。
注意在 class 属性值的引号内部不需要加上类名前面的点。-->
```

五、选择器

小程序目前在 WXSS 文件中支持的选择器如表 3.12 所示。

表 3.12　小程序在 WXSS 文件中支持的选择器

选 择 器	样 例	样 例 描 述
.class	.demo	选择所有具有class="demo"属性的组件
#id	#test	选择具有id="test"属性的组件
element	view	选择所有<view>组件
element, element	view, text	选择所有<view>组件和所有<text>组件
::after	view::after	在<view>组件后面插入内容
::before	view::before	在<view>组件前面插入内容

例如，在 WXSS 文件中编写如下代码，表示将当前文件中所有<view>组件的宽度都设置为 100rpx。

```
view{
```

```
    width:100rpx;
}
```

六、全局样式和局部样式

对于在小程序的 WXSS 文件中规定的样式，根据其作用范围，可以分为以下两类。

- 全局样式：在 app.wxss 文件中定义的样式，作用于每一个页面。
- 局部样式：在页面的 WXSS 文件中定义的样式，只作用于对应的页面，并且会覆盖 app.wxss 文件中定义的相应样式。

组件是 WXML 文件中的基本单位，小程序页面中的按钮、图片、文本等都是用组件渲染出来的。

3.20 字体样式设置

一、任务描述

设计一个小程序，分别利用 style 和 class 属性设置字体样式，包括设置文本颜色、字符间距、文本对齐格式、文本装饰、文本缩进等。

二、导入知识点

本任务主要介绍各种字体样式属性的名称及含义、利用 style 和 class 属性设置字体样式的方法，以及在 index.wxss 和 app.wxss 文件中定义样式类的方法。

字体样式属性包括字体类型、大小、粗细、风格（如斜体）和变形（如小型大写字母）等。常用的字体样式属性如表 3.13 所示。

表 3.13　常用的字体样式属性

属　　性	含　　义	属性值举例
font-family	字体类型	serif、sans-serif、monospace、cursive、fantasy
font-size	字体大小	5px/rpx/cm、large、small、medium、larger、smaller
font-style	字体风格	italic、normal、oblique
font-weight	字体粗细	bold、bolder、lighter

<view>组件支持使用 style、class 属性设置该组件的样式，通常将静态样式写到 class 属性中，将动态样式写到 style 属性中，从而提高渲染速度。class 属性引用的样式类可以在 index.wxss 文件、app.wxss 文件中定义，在 app.wxss 文件中定义的样式是全局样式，可以在项目中的任意一个页面中使用，而在 index.wxss 文件中定义的样式通常只在 index 页面中使用。

三、实现效果

根据任务描述，编程实现字体样式设置效果，如图 3.46 所示。边框样式和标题样式是在 app.wxss 文件中定义的样式，可以在 index.wxml 文件中利用 class 属性直接引用。标题下面、虚线上面的文字样式是在 index.wxml 文件中直接利用 style 属性设置的，设置的字体样式为 Courier New、蓝色、30 像素。虚线下面的样式在 index.wxss 文件中定义，可以在 index.wxml 文件中利用 class 属性直接引用，设置的字体样式为 Impact、25 像素、绿色、倾斜、加粗。

图 3.46　字体样式设置效果

四、任务实现

（1）编写 index.wxml 文件中的代码。该文件主要使用了<view>组件，利用 style 和 class 属性设置字体样式。其中 style 属性可以直接在标签内部进行设置；对于 class 属性，需要先在 WXSS 文件中定义样式，然后在 WXML 文件中通过 class 属性引用相应的样式。.box 和.title 两个样式分别用于设置边框样式和标题样式，它们在 app.wxss 文件中定义，是全局样式，可以在项目中的任意一个 WXML 文件中引用。.fontStyle 样式主要用于设置字体样式，在 index.wxss 文件中定义，一般只能在 index.wxml 文件中使用。

index.wxml 文件中的代码如下：

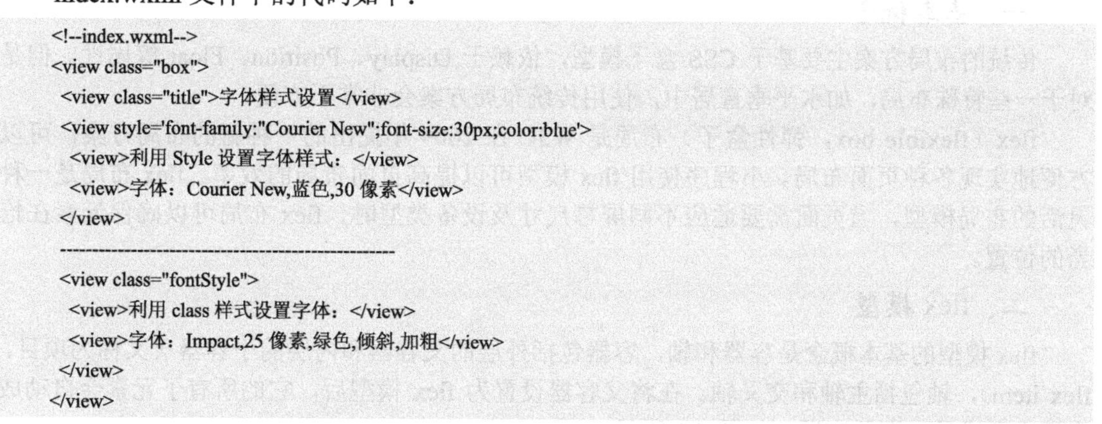

```
<!--index.wxml-->
<view class="box">
  <view class="title">字体样式设置</view>
  <view style='font-family:"Courier New";font-size:30px;color:blue'>
    <view>利用 Style 设置字体样式：</view>
    <view>字体：Courier New,蓝色,30 像素</view>
  </view>
  -------------------------------------------------
  <view class="fontStyle">
    <view>利用 class 样式设置字体：</view>
    <view>字体：Impact,25 像素,绿色,倾斜,加粗</view>
  </view>
</view>
```

（2）编写 app.wxss 文件中的代码。在该文件中定义.box 和.title 两个全局样式。

（3）编写 index.wxss 文件中的代码。在该文件中定义.fontStyle 样式，该样式会在 index.wxml 文件中被引用。

index.wxss 文件中的代码如下：

```
/**index.wxss**/
.fontStyle{
  font-family: Impact;
  font-size: 25px;
  color: green;
  font-style: italic;
  font-weight: bold;
}
```

第 4 章　flex 布局

扫一扫，看微课

4.1　flex 布局的基本概念

一、基本概念

传统的布局方案主要基于 CSS 盒子模型，依赖于 Display、Position、Float 等属性。但是对于一些特殊布局，如水平垂直居中，使用传统布局方案会非常不方便。

flex（flexible box，弹性盒子）布局是 W3C 在 2009 年提出的一种新的布局方案，可以方便地实现各种页面布局。小程序使用 flex 模型可以提高页面布局的效率。flex 布局是一种灵活的布局模型，当页面需要适应不同屏幕尺寸及设备类型时，flex 布局可以确保元素在恰当的位置。

二、flex 模型

flex 模型的基本概念是容器和轴，容器包括外层的父容器和内层的子容器（又称为项目，flex item），轴包括主轴和交叉轴。在将父容器设置为 flex 模型后，它的所有子元素会自动成为子容器成员，即子容器，如图 4.1 所示。

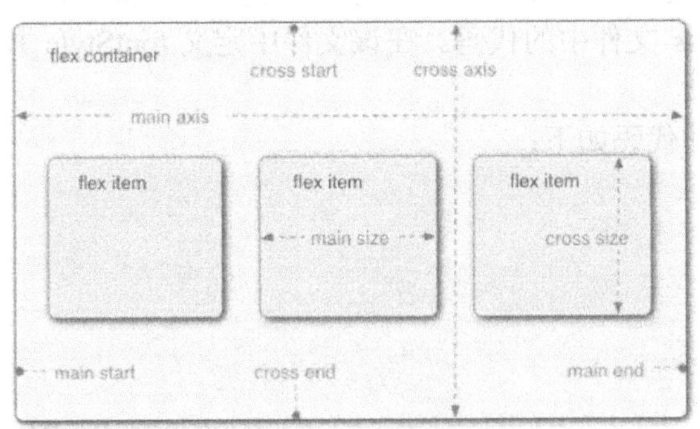

图 4.1　flex 模型

子容器成员称为子元素，孙容器成员称为孙元素。对应的子元素中不论有什么内容，是块级元素还是行内元素，元素的设置只作用于子元素，同时需要在子元素上设置布局为 flex 模型，即 display:flex。容器中设置的内容只对子元素起作用，对孙元素不起作用。flex 模型中容器的分布如图 4.2 所示。

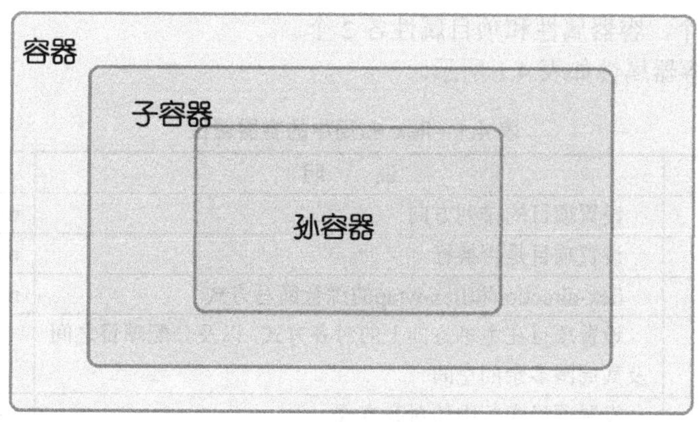

图 4.2　flex 模型中容器的分布

容器默认存在两条轴，水平的主轴（main axis）和垂直的交叉轴（cross axis）。主轴的开始位置（与边框的交叉点）称为 main start，结束位置称为 main end；交叉轴的开始位置称为 cross start，结束位置称为 cross end。

子容器（项目）默认沿主轴排列，单个项目占据的主轴空间称为 main size，占据的交叉轴空间称为 cross size。

在 flex 布局中，用于包含内容的组件称为容器（container），容器内部的组件称为项目（flex item）。容器允许嵌套，示例代码如下：

```
<view id="A">
    <view id="B">
        <view id="C"> </view>
</view>
</view>
```

在上述代码中，共有 3 个<view>组件，对 A、B 来说，A 是容器，B 是项目；对 B、C 来说，B 是容器，C 是项目。

三、坐标轴

flex 布局的坐标系以容器左上角的点为原点，自原点往右、往下形成两条坐标轴。在默认情况下是水平布局，即水平方向从左往右为主轴(main axis)，垂直方向从上往下为交叉轴(cross axis)，如图 4.3（a）所示。用户也可以使用样式属性 flex-direction:column 将主轴与交叉轴的位置互换，如图 4.3（b）所示。

（a）水平布局　　（b）垂直布局

图 4.3　坐标轴对照图

四、flex 属性

在小程序中，根据标签类型，可以将 flex 布局的相关属性分为容器属性和项目属性。

flex 布局主要涉及 12 个属性（不含 display:flex），其中容器属性和项目属性各 6 个，但是常用的属性只有 4 个，容器属性和项目属性各 2 个。

flex 布局中的容器属性如表 4.1 所示。

表 4.1　flex 布局中的容器属性

属　　性	说　　明	默 认 值
flex-direction	设置项目的排列方向	row
flex-wrap	设置项目是否换行	nowrap
flex-flow	flex-direction和flex-wrap的综合简写方式	row nowrap
justify-content	设置项目在主轴方向上的对齐方式，以及分配项目之间及其周围多余的空间	flex-start
align-items	设置项目在行中的对齐方式	stretch
align-content	当多行排列时，设置行在交叉轴方向上的对齐方式，以及分配项目之间及其周围多余的空间	stretch

flex 布局中的项目属性主要用于设置容器内部项目的尺寸、位置及对齐方式，如表 4.2 所示。

表 4.2　flex 布局中的项目属性

属　　性	说　　明	默 认 值
order	设置项目在主轴方向上的排列顺序	0
flex-shrink	收缩在主轴方向上溢出的项目	1
flex-grow	扩张在主轴方向上还有空间的项目	0
flex-basis	代替项目的宽度或高度属性	auto
flex	flex-shrink、flex-grow 和 flex-basis 的综合简写方式	无
align-self	设置项目在行中交叉轴方向上的对齐方式	auto

例如，无法确定容器的宽度和高度，但实现的页面效果需要项目垂直居中，WXSS 代码如下：

```
container{
display:flex;              /*使用 flex 布局（必写语句）*/
flex-direction:column;     /*排列方向：垂直*/
justify-content:center;    /*内容调整：居中*/
}
```

后续章节将详细讲解这些属性的作用。

4.2　容器属性

可以将任意一个容器的布局格式指定为 flex 布局，格式为{display:flex}，行内元素也可以使用 flex 布局，格式为.box{display:inline-flex;}。在将容器的布局格式设置为 flex 布局后，容器中子元素的 float、clear 等属性会失效。采用 flex 布局的元素，称为 flex 容器，它的所有子元素自动成为容器成员，称为 flex 项目。

容器具有 6 个属性，分别为 flex-direction、flex-wrap、flex-flow、justify-content、align-content、align-items。

4.2.1　flex-direction 属性

一、任务描述

设计一个关于 flex-direction 属性的小程序。小程序在运行后，会在页面中出现 A、B、C 共 3 个矩形块，将其在水平方向上进行排列。

二、导入知识点

flex-direction 属性主要用于设置主轴方向，通过设置坐标轴方向设置项目的排列方向，其语法格式如下：

```
.container{
    flex-direction:row (默认值)row-reverse I column I column-reverse
}
```

flex-direction 属性的值如下。

- row：默认值，主轴在水平方向上，并且设置从左往右为正方向，项目在主轴方向上按照从左往右的顺序排列。
- row-reverse：主轴在水平方向上，并且设置从右往左为正方向，项目在主轴方向上按照从右往左的顺序排列。
- column：主轴在垂直方向上，并且设置从上往下为正方向，项目在主轴方向上按照从上往下的顺序排列。
- column-reverse：主轴在垂直方向上，并且设置从下往上为正方向，项目在主轴方向上按照从下往上的顺序排列。

【例 1】容器属性之 flex-direction 属性。

假设有 A、B、C 共 3 个项目，它们的高度、宽度均相同，那么当 flex-direction 属性取不同值时的布局效果如图 4.4 所示。

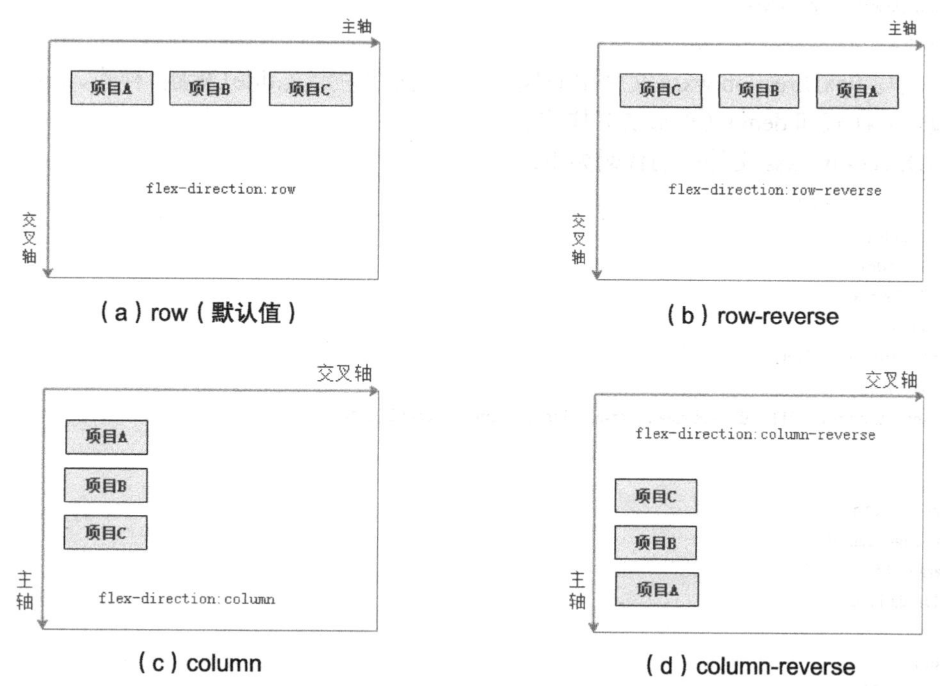

图 4.4　当 flex-direction 属性取不同值时的布局效果

三、实现效果

根据任务描述，使用 flex-direction 属性设置矩形块在水平方向上的排列顺序，如图 4.5 所示。

图 4.5　使用 flex-direction 属性设置矩形块在水平方向上的排列顺序

四、任务实现

（1）编写 flexDirection.wxml 文件中的代码。flexDirection.wxml 文件中包含 3 个蓝色的矩形块，可以通过设置 flex-direction 属性使其在水平方向上按照从左往右的顺序排列。

flexDirection.wxml 文件中的代码如下：

```
<!--flexDirection.wxml-->
<view class='title1'>容器属性 flex-direction</view>
<view class='title2'>row</view>
<view class='myContainer'>
  <view class='demo'>A</view>
  <view class='demo'>B</view>
  <view class='demo'>C</view>
</view>
```

（2）编写 flexDirection.wxss 文件中的代码。在该文件中定义.title（标题）样式、.myContainer（容器属性）样式和.demo（矩形块）样式。

flexDirection.wxss 文件中的代码如下：

```
/*flexDirection.wxss */
.myContainer {
  margin: 80rpx auto;
  width: 700rpx;
  height: 440rpx;
  border: 1px solid silver;
  display: flex;
  flex-direction: row; /*自行更换成 row-reverse, column,column-reverse 试试*/
}
.title1{
  font-size: 25px;
  text-align: center;
  margin: 15px;
  color: darkred;
}
.title2{
  font-size: 20px;
  text-align: center;
```

```
    margin: 15px;
  }

  .demo{
    width: 100px;
    height: 50px;
    margin: 10rpx;
    line-height: 50px;
    text-align: center;
    border:1px solid;
    background-color: lightblue;
  }
```

五、任务拓展

将.myContainer 样式设置为 flex 布局，并且将 flex-direction 属性的值分别设置成为 row-reverse、 column、column-reverse，相应的布局效果如图 4.6 所示。

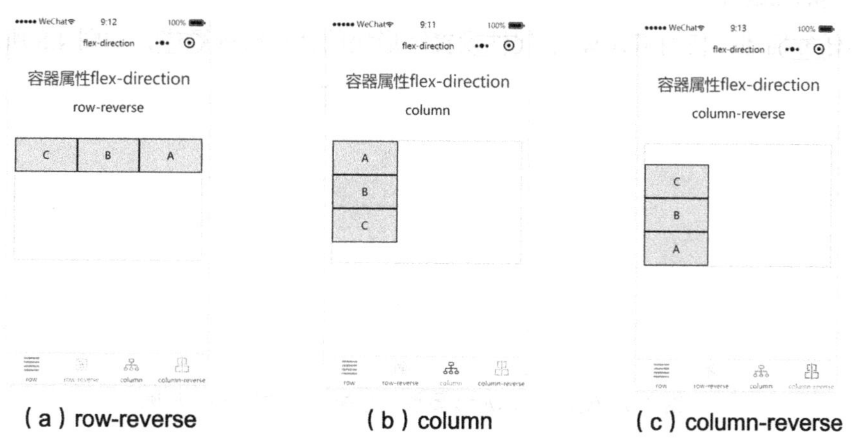

（a）row-reverse　　（b）column　　（c）column-reverse

图 4.6　设置不同 flex-direction 属性值的布局效果

4.2.2　flex-wrap 属性

一、任务描述

设计一个关于 flex-wrap 属性的小程序。小程序在运行后，会在页面中出现 A、B、C、D 共 4 个矩形块，对其进行换行排列或多行换行排列。

二、导入知识点

flex-wrap 属性主要用于规定是否允许项目换行，以及在多行排列时的换行方向，其语法格式如下：

```
.container {
    flex-wrap:nowrap (默认值)I wrap I wrap-reverse
}
```

flex-wrap 属性的值如下。

- nowrap：默认值，表示不换行。如果单行内容过多，那么项目宽度可能会被压缩。
- wrap：当容器单行容不下所有项目时允许换行排列。
- wrap-reverse：当容器单行容不下所有项目时允许换行，换行方向为 wrap 方向的反方向。

【例 2】容器属性之 flex-wrap 属性。

将水平方向的轴作为主轴，假设有 A、B、C、D 共 4 个项目，它们的宽度、高度均相同，那么当 flex-wrap 属性取不同值时的布局效果如图 4.7 所示。

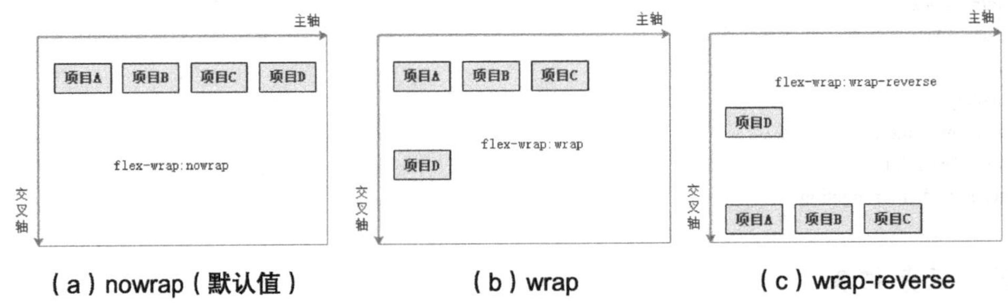

（a）nowrap（默认值）　（b）wrap　（c）wrap-reverse

图 4.7　当 flex-wrap 属性取不同值时的布局效果

三、实现效果

根据任务描述，使用 flex-wrap 属性设置矩形块的换行排列顺序，如图 4.8 所示。

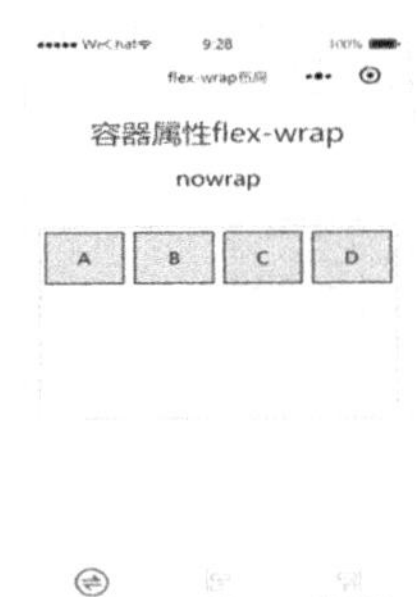

图 4.8　使用 flex-wrap 属性设置矩形块的换行排列顺序

四、任务实现

（1）编写 flexWrap.wxml 文件中的代码。flexWrap.wxml 文件中包含 4 个蓝色的矩形块，可以通过设置 flex-wrap 属性的值对其进行换行排列或多行换行排列。

flexWrap.wxml 文件中的代码如下：

```
<!--flexWrap.wxml-->
<view class="title1">容器属性 flex-wrap</view>
<view class="title2">nowrap</view>
<view class="myContianer">
  <view class="demo">A</view>
  <view class="demo">B</view>
  <view class="demo">C</view>
  <view class="demo">D</view>
</view>
```

（2）编写 flexWrap.wxss 文件中的代码。在该文件中定义.title（标题）样式、.myContainer（容器属性）样式和.demo（矩形块）样式。

flexWrap.wxss 文件中的代码如下：

```
/* flexWrap.wxss */
.myContainer {
  margin: 80rpx auto;
  width: 700rpx;
  height: 440rpx;
```

```
  border: 1px solid silver;
  display: flex;
  flex-wrap: nowrap;/*自行更换成 wrap, wrap-reverse 试试*/
 }
.title1{
  font-size: 25px;
  text-align: center;
  margin: 15px;
  color: darkred;
 }
.title2{
  font-size: 20px;
  text-align: center;
  margin: 15px;
 }

.demo{
  width: 100px;
  height: 50px;
  margin: 10rpx;
  line-height: 50px;
  text-align: center;
  border:1px solid;
  background-color: lightblue;
 }
```

五、任务拓展

将.myContainer 样式设置为 flex 布局，并且将 flex-wrap 属性的值分别设置成为 wrap、wrap-reverse，相应的布局效果如图 4.9 所示。

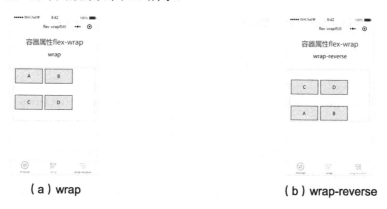

（a）wrap　　（b）wrap-reverse

图 4.9　设置不同 flex-wrap 属性值的布局效果

4.2.3　justify-content 属性

一、任务描述

设计一个关于 justify-content 属性的小程序。小程序在运行后，会在页面中出现 A、B、C 共 3 个矩形块，将其在主轴方向上进行对齐。

二、导入知识点

justify-content 属性主要用于设置项目在主轴方向上的对齐方式，以及分配项目之间及其周围多余的空间，其语法格式如下：

```
.container{
 justify-content:flex-start (默认值) | flex-end | center | space-between | space-around | space-evenly
}
```

justify-content 属性的值如下。

- flex-start：默认值，表示项目与主轴起点对齐，并且项目间不留空隙。
- center：项目在主轴方向上居中排列，并且项目间不留空隙，第一个项目离主轴起点的距离等于最后一个项目离主轴终点的距离。
- flex-end：项目对齐主轴终点，并且项目间不留空隙。
- space-between：项目间距相等，第一个项目离主轴起点的距离和最后一个项目离主轴终点的距离为 0。
- space-around：与 space-between 对齐方式相似，不同之处在于，第一个项目离主轴起点的距离和最后一个项目离主轴终点的距离为中间项目间距的一半。
- space-evenly：项目间距、第一个项目离主轴起点的距离及最后一个项目离主轴终点的距离均相等。

【例 3】容器属性之 justify-content 属性。

将水平方向的轴作为主轴，假设有 A、B、C 共 3 个项目，它们的宽度、高度均相同，那么当 justify-content 属性取不同值时的布局效果如图 4.10 所示。

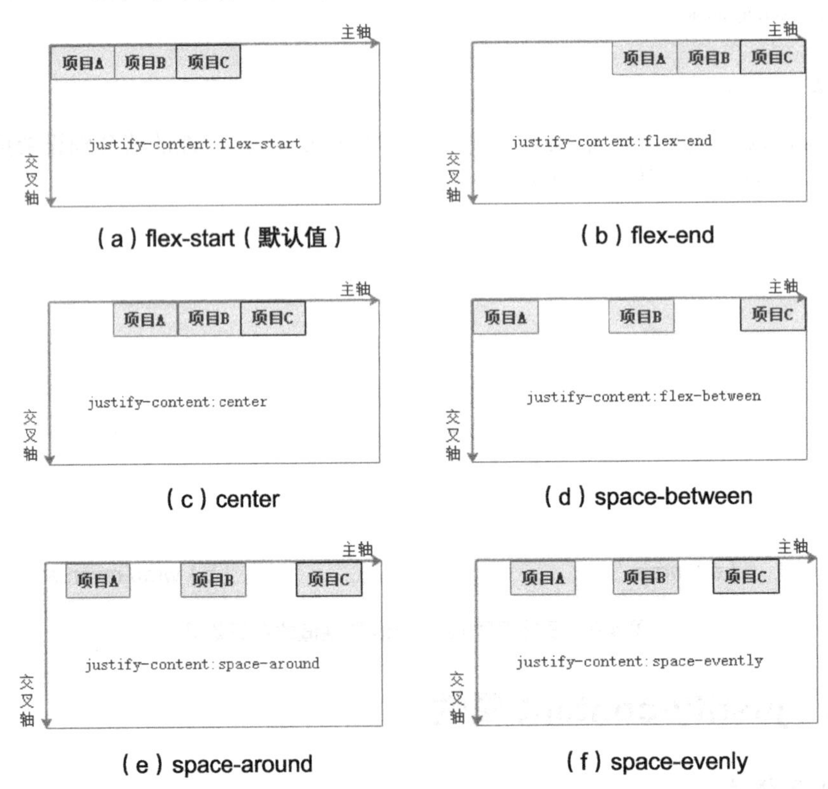

图 4.10 当 justify-content 属性取不同值时的布局效果

三、实现效果

根据任务描述，使用 justify-content 属性设置矩形块在主轴方向上的对齐方式，如图 4.11 所示。

图 4.11　使用 justify-content 属性设置矩形块在主轴方向上的对齐方式

四、任务实现

（1）编写 justifyContent.wxml 文件中的代码。justifyContent.wxml 文件中包含 3 个蓝色的矩形块，可以通过设置 justify-content 属性的值使其在主轴方向上对齐。

justifyContent.wxml 文件中的代码如下：

```
<!--justifyContent.wxml-->
<view class="title1">容器属性 justify-content</view>
<view class="title2">flex-start</view>
<view class="myContianer">
 <view class="demo">A</view>
 <view class="demo">B</view>
 <view class="demo">C</view>
</view>
```

（2）编写 justifyContent.wxss 文件中的代码。在该文件中定义.title（标题）样式、.myContainer（容器属性）样式和.demo（矩形块）样式。

justifyContent.wxss 文件中的代码如下：

```
/* justifyContent.wxss */
.myContainer {
 margin: 0rpx auto;
 width: 700rpx;
 height: 290rpx;
 border: 1px solid silver;
 display: flex;
 flex-direction: row;
 justify-content: flex-start;  /*换成 flex-end| center| space-between| space-around| space-evenly 试试*/
}
.title1{
 font-size: 25px;
 text-align: center;
 margin: 15px;
 color: darkred;
}
.title2{
 font-size: 20px;
 text-align: center;
 margin: 15px;
}
.demo{
 width: 50px;
 height: 50px;
```

```
    line-height: 50px;
    text-align: center;
    border: 1px solid;
    background-color: lightblue;
  }
```

五、任务拓展

将.myContainer 样式设置为 flex 布局，并且将 justify-content 属性的值分别设置为 flex-end、center、space-between、space-around，相应的布局效果如图 4.12 所示。最后将 justify-content 属性的值设置为 space-evenly，由读者自行实现其布局效果，此处不再展示。

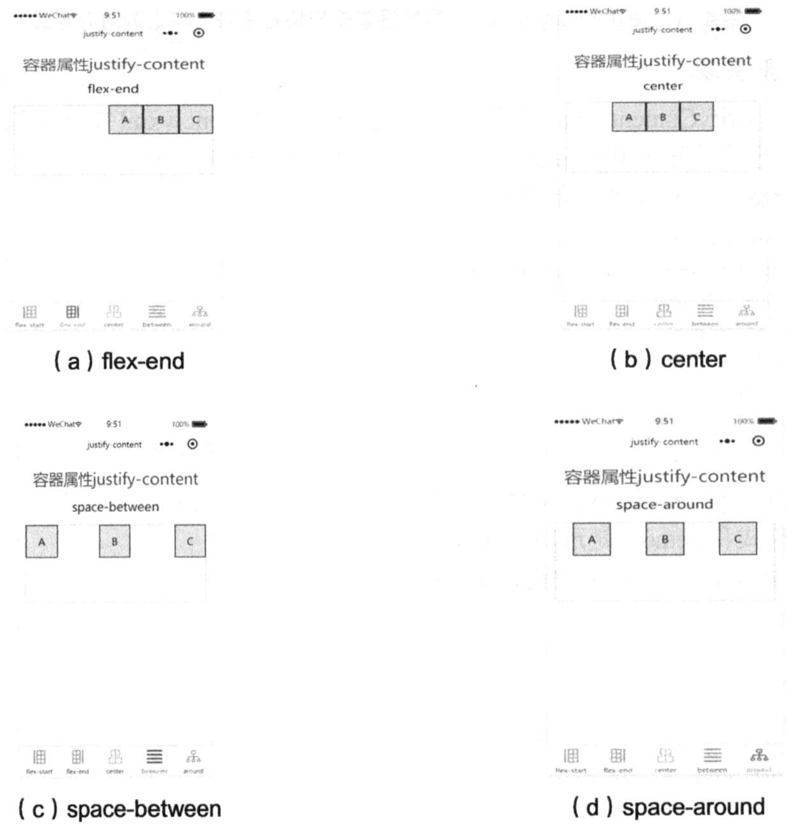

（a）flex-end （b）center

（c）space-between （d）space-around

图 4.12 设置不同 justify-content 属性值的布局效果

4.2.4 align-items 属性

一、任务描述

设计一个关于 align-items 属性的小程序。小程序在运行后，会在页面中出现 A、B、C 共 3 个矩形块，将其在行中进行对齐。

二、导入知识点

align-items 属性主要用于设置项目在行中的对齐方式，其语法格式如下：

```
.container{
  align-items:stretch (默认值) | flex-start I center l flex-end|baseline
}
```

align-items 属性的值如下。

- stretch：默认值，在未设置项目尺寸时，将项目拉伸至填满交叉轴。
- flex-start：项目顶部与交叉轴起点对齐。
- center：项目在交叉轴上居中对齐。
- flex-end：项目底部与交叉轴终点对齐。
- baseline：项目与行的基线对齐，在未单独设置基线时，等同于 flex-start 对齐方式。

【例 4】容器属性之 align-items 属性。

将垂直方向的轴作为主轴，假设有 A、B、C 共 3 个项目，它们的宽度分别为 200rpx、300rpx、400rpx（当 align-items 属性值为 stretch 时无须设置），那么当 align-items 属性取不同值时的布局效果如图 4.13 所示。

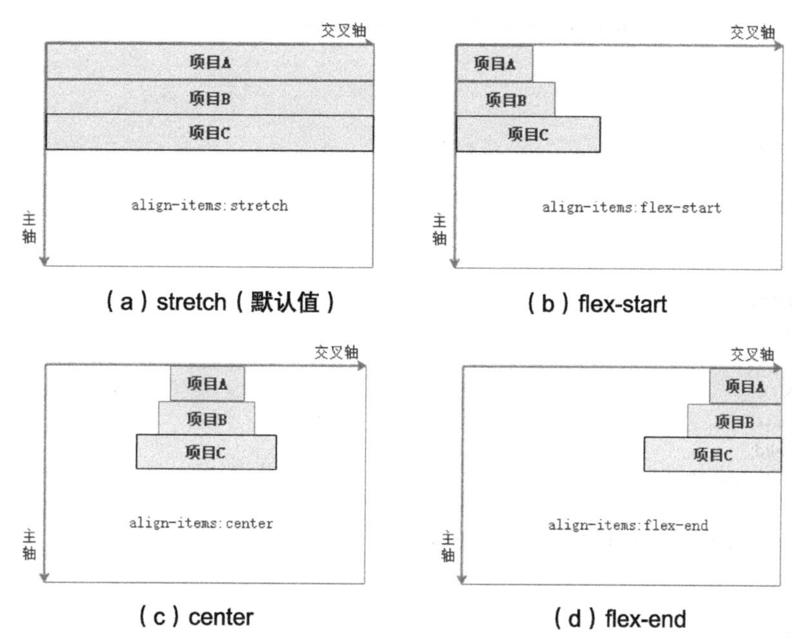

（a）stretch（默认值）　（b）flex-start

（c）center　（d）flex-end

图 4.13　当 align-items 属性取不同值时的布局效果

三、实现效果

根据任务描述，使用 align-items 属性设置矩形块在行中的对齐方式，如图 4.14 所示。

图 4.14　使用 align-items 属性设置矩形块在行中的对齐方式

四、任务实现

（1）编写 alignItems.wxml 文件中的代码。alignItems.wxml 文件中包含 3 个蓝色的矩形块，可以通过设置 align-items 属性设置它们在行中的对齐方式。

alignItems.wxml 文件中的代码如下：

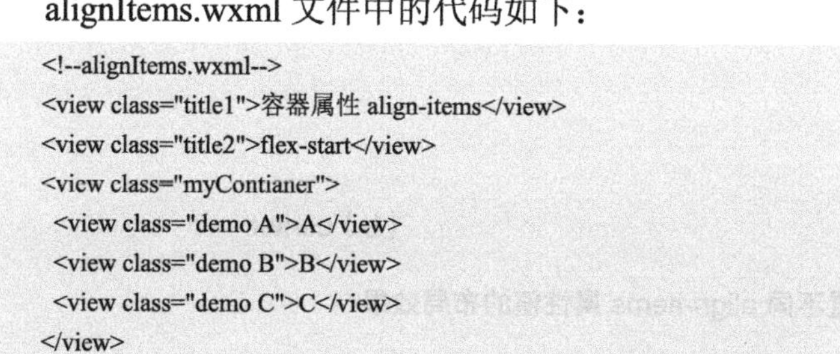

```
<!--alignItems.wxml-->
<view class="title1">容器属性 align-items</view>
<view class="title2">flex-start</view>
<view class="myContianer">
  <view class="demo A">A</view>
  <view class="demo B">B</view>
  <view class="demo C">C</view>
</view>
```

（2）编写 alignItems.wxss 文件中的代码。在该文件中定义.title（标题）样式、.myContainer（容器属性）样式和.demo（矩形块）样式。

index.wxss 文件中的代码如下：

```
/*  alignItems.wxss */
.myContainer {
 margin: 0rpx auto;
 width: 700rpx;
 height: 300rpx;
 border: 1px solid silver;
 display: flex;
 flex-direction: column;
 align-items: flex-start;
/*自行更换成 stretch（默认值）| flex-start | center | flex-end | baseline 试试*/
}
.title1{
 font-size: 25px;
 text-align: center;
 margin: 15px;
 color: darkred;}
.title2{
 font-size: 20px;
 text-align: center;
 margin: 15px;}
.demo{
 height: 70rpx;
 text-align: center;
 border: 1px solid;
 background-color: lightblue;
}
/*如果 align-items 取值为 stretch，请注释掉以下全部代码*/
.A{  width: 50px;}
.B{  width: 70px;}
.C{  width: 90px;}
```

五、任务拓展

将.myContainer 样式设置为 flex 布局，并且将 align-items 属性的值分别设置为 stretch（默认值）、center、flex-end、baseline，相应的布局效果如图 4.15 所示。

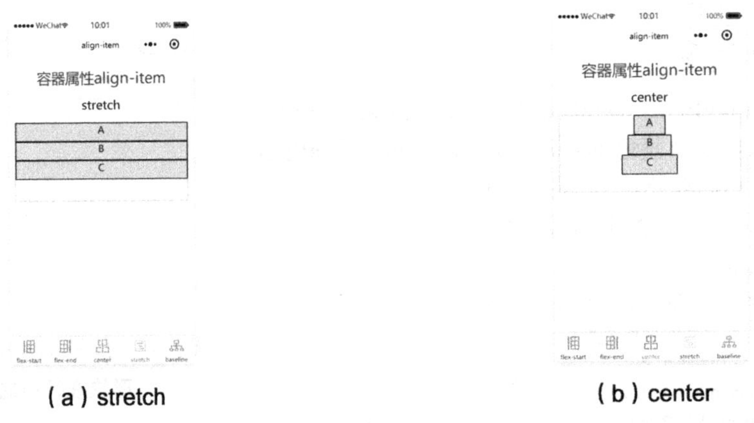

（a）stretch　　（b）center

图 4.15　设置不同 align-items 属性值的布局效果

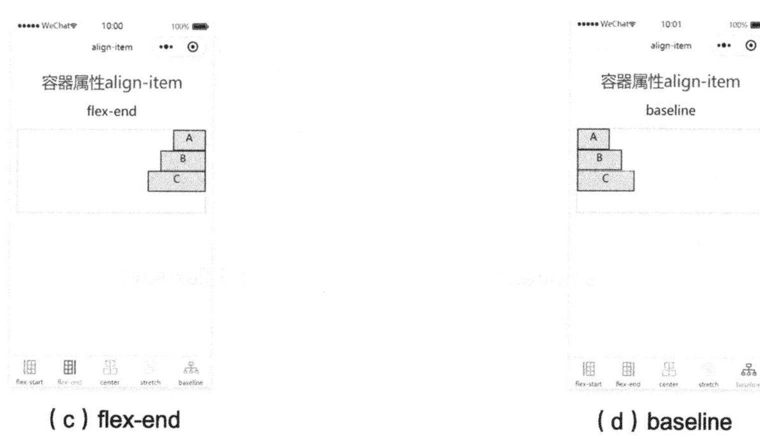

（c）flex-end　　　（d）baseline

图 4.15　设置不同 align-items 属性值的布局效果（续）

4.2.5　align-content 属性

一、任务描述

设计一个关于 align-content 属性的小程序。小程序在运行后，会在页面中出现 A、B、C、D 和 E 共 5 个矩形块，在进行多行排列时，设置它们在交叉轴方向上的对齐方式。

二、导入知识点

1．align-content 属性

align-content 属性主要用于在进行多行排列时，设置项目在交叉轴方向上的对齐方式，以及分配项目之间及其周围多余的空间，其语法格式如下：

```
.container{
    align-content:stretch（默认值）| flex-start | center | flex-end | space-between | space-around | space-evenly
}
```

align-content 属性的值如下。

- stretch：默认值，在未设置项目尺寸时，将各行中的项目拉伸至填满交叉轴；在设置了项目尺寸后，项目尺寸不变，将项目行拉伸至填满交叉轴。
- flex-start：首行在交叉轴起点开始排列，行间不留间距。
- center：行在交叉轴中点排列，行间不留间距，首行离交叉轴起点的距离和尾行离交叉轴终点的距离相等。
- flex-end：尾行在交叉轴终点开始排列，行间不留间距。
- space-between：行间距相等，首行离交叉轴起点的距离和尾行离交叉轴终点的距离为 0。
- space-around：行间距相等，首行离交叉轴起点的距离和尾行离交叉轴终点的距离为行间距的一半。
- space-evenly：行间距、首行离交叉轴起点的距离和尾行离交叉轴终点的距离相等。

注意：在进行多行排列时，要将 flex-wrap 属性值设置为 wrap，表示允许换行。

【例 5】 容器属性之 align-content 属性。

将水平方向的轴作为主轴，假设有 A～E 共 5 个项目，并且它们的宽度不同，那么当 align-content 属性取不同值时的布局效果如图 4.16 所示。

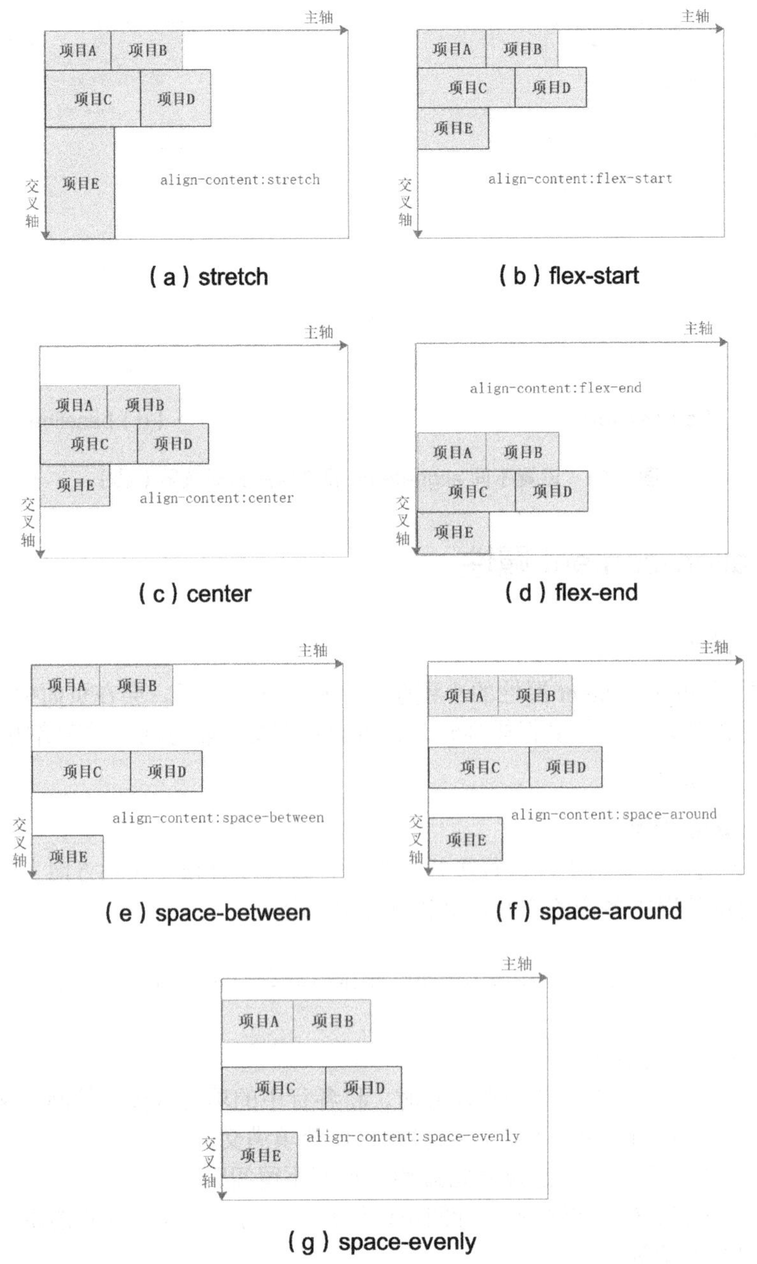

（a）stretch

（b）flex-start

（c）center

（d）flex-end

（e）space-between

（f）space-around

（g）space-evenly

图 4.16 当 align-content 属性取不同值时的布局效果

2．flex 属性

flex 属性是 flex-grow、flex-shrink、flex-basis 这 3 个属性的简写。假设以上 3 个属性都取默认值，那么 flex 属性的默认值是 0 1 auto。

flex 属性的取值方式有以下几种。

1）auto：等价于 1 1 auto，也就是允许增长，允许收缩，宽度为自动。

2）none：等价于 0 0 auto，也就是不允许增长，不允许收缩，宽度为自动。

3）非负数字：这个数字是 flex-grow 属性的值，flex-shrink 属性的值为 1，表示允许收缩；flex-basis 属性的值为 0%，表示对剩余的空间进行填充。

①flex:1：对应的 3 个值分别为 1 1 0%，与以下代码是等价的。

```
.item {flex: 1;}
.item {
    flex-grow: 1;
    flex-shrink: 1;
    flex-basis: 0%;
}
```

②flex:0：对应的 3 个值分别为 0 1 0%，与以下代码是等价的。

```
.item {flex: 0;}
.item {
    flex-grow: 0;
    flex-shrink: 1;
    flex-basis: 0%;
}
```

4）长度或百分比：这个值为 flex-basis 属性的值，flex-grow 属性的值为 1，flex-shrink 属性的值为 1，示例代码如下：

```
.item-1 {flex: 0%;}
.item-1 {
        flex-grow: 1;
        flex-shrink: 1;
        flex-basis: 0%;
}
.item-2 {flex: 24px;}
.item-2 {
        flex-grow: 1;
        flex-shrink: 1;
        flex-basis: 24px;
}
```

5）两个非负数字：分别为 flex-grow 属性和 flex-shrink 属性的值，flex-basis 属性的值为 0%，示例代码如下：

```
.item {flex: 2 3;}
.item {
    flex-grow: 2;
    flex-shrink: 3;
    flex-basis: 0%;
}
```

6）一个非负数字和一个长度或百分比：分别为 flex-grow 属性和 flex-basis 属性的值，flex-shrink 属性的值为 1，示例代码如下：

```
.item {flex: 11 32px;}
.item {
   flex-grow: 11;
   flex-shrink: 1;
   flex-basis: 32px;
}
```

三、实现效果

根据任务描述，使用 align-content 属性设置矩形块在交叉轴方向上的对齐方式，如图 4.17 所示。

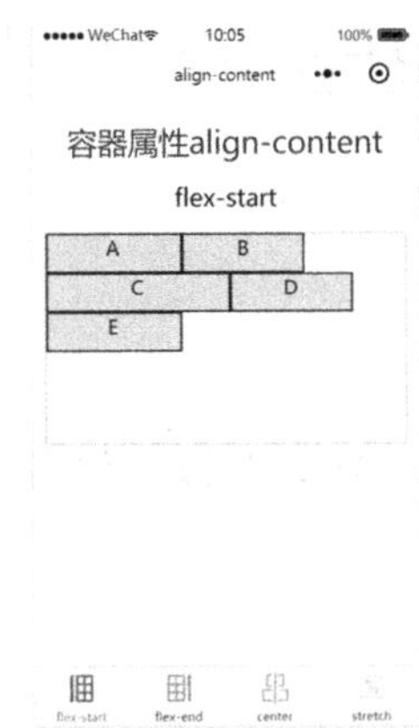

图 4.17　使用 align-content 属性设置矩形块在交叉轴方向上的对齐方式

四、任务实现

（1）编写 alignContent.wxml 文件中的代码。alignContent.wxml 文件中包含 5 个蓝色的矩形块，将水平方向的轴作为主轴，通过设置 align-content 属性的值，设置 5 个蓝色的矩形块在交叉轴方向上的对齐方式。

alignContent.wxml 文件中的代码如下：

```
<!-- alignContent.wxml-->
<view class="title1">容器属性 align-content</view>
<view class="title2">flex-start</view>
<view class="myContianer">
 <view class="demo A">A</view>
 <view class="demo B">B</view>
 <view class="demo C">C</view>
 <view class="demo D">D</view>
 <view class="demo E">E</view>
</view>
```

（2）编写 alignContent.wxss 文件中的代码。在该文件中定义.title（标题）样式、.myContainer（容器属性）样式和.demo（矩形块）样式。

alignContent.wxss 文件中的代码如下：

```
/*  alignContent.wxss */
.myContianer{
 border: 1px solid silver;
 width: 700rpx;
 height: 400rpx;
 margin: 0rpx auto;
 display: flex;
 flex-wrap: wrap;
 align-content: flex-start;/*自行更换成 stretch（默认值） | flex-start | center
| flex-end | space-between |space-around | space-evenly 试试*/
}
.title1{
 font-size: 25px;
 text-align: center;
 margin: 15px;
 color: darkred;
}
.title2{
 font-size: 20px;
```

```
  text-align: center;
  margin: 15px;
}
.demo{
  height: 30px;
  text-align: center;
  border: 1px solid;
  background-color: lightblue;
}
.A{ width: 110px;}
.B{ width: 100px;}
.C{ width: 150px;}
.D{ width: 100px;}
.E{ width: 110px;}
```

五、任务拓展

将.myContainer 样式设置为 flex 布局，并且将 align-content 属性的值分别设置为 stretch（默认值）、center、flex-end、space-between、space-around、space-evenly，相应的布局效果如图 4.18 所示。

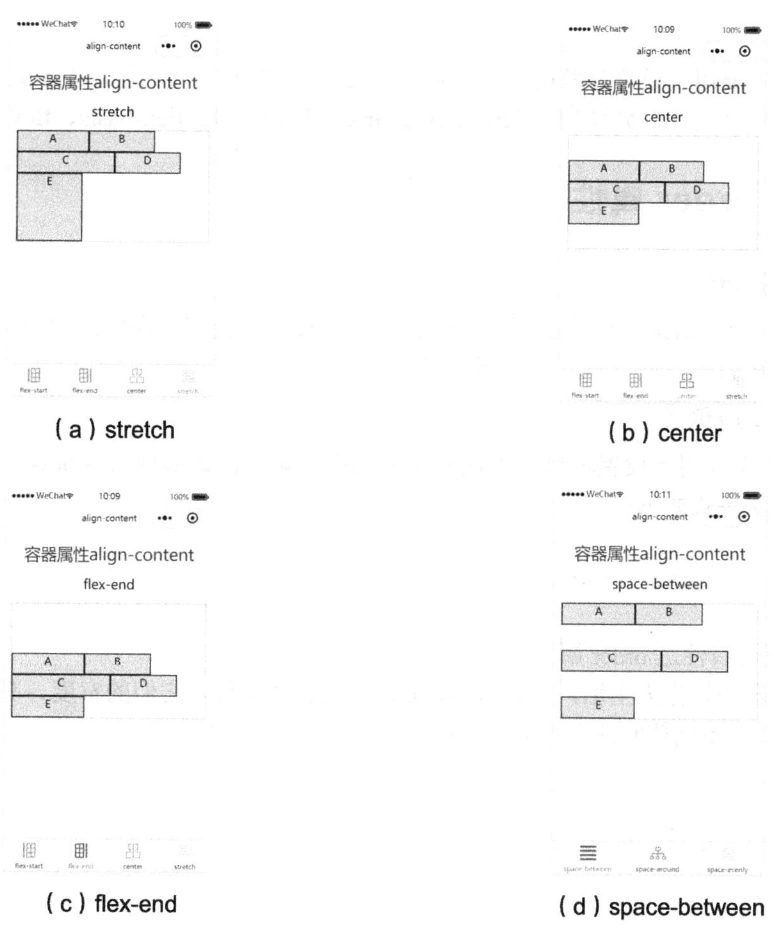

图 4.18　设置不同 align-content 属性值的布局效果

（e）space-around　　（f）space-evenly

图 4.18　设置不同 align-content 属性值的布局效果（续）

4.3　项目属性

项目属性主要用于设置容器内项目的样式，如项目的尺寸、位置及对齐方式。

项目具有 6 个属性，分别为 order、flex-shrink、flex-grow、flex-basis、flex 和 align-self。

4.3.1　order 属性

一、任务描述

设计一个关于 order 属性的小程序。小程序在运行后，会在页面中出现 A、B、C 共 3 个矩形块，设置它们在主轴方向上的排列顺序。

二、导入知识点

order 属性主要用于设置项目在主轴方向上的排列顺序，该属性值为整数，值越小，排列越靠前，其语法格式如下：

```
.item{
    order: 0 （默认值） | <integer>
}
```

【例 1】项目属性之 order 属性。

将水平方向的轴作为主轴，假设有 A、B、C 共 3 个项目，它们的宽度、高度均相同，那么当 order 属性取不同值时的布局效果如图 4.19 所示。

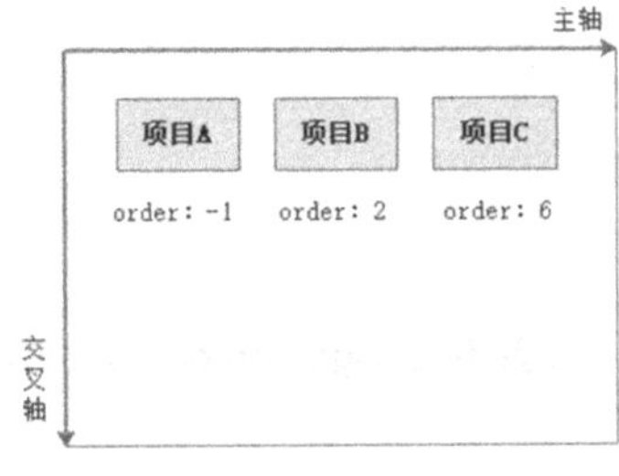

图 4.19　当 order 属性取不同值时的布局效果

三、实现效果

根据任务描述，使用 order 属性设置矩形块在主轴方向上的排列顺序，如图 4.20 所示。

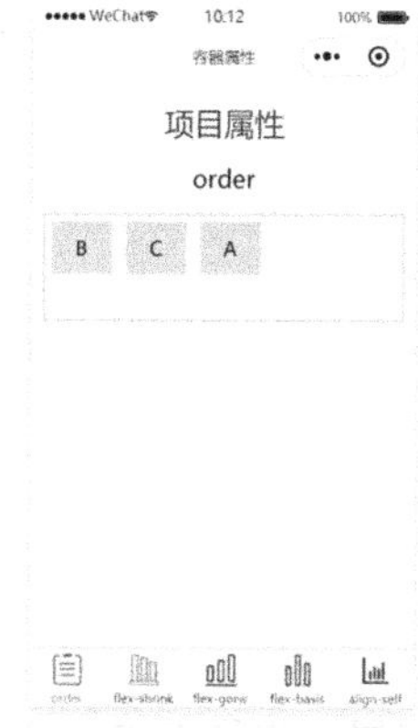

图 4.20 使用 order 属性设置矩形块在主轴方向上的排列顺序

四、任务实现

（1）编写 order.wxml 文件中的代码。order.wxml 文件中包含 3 个蓝色的矩形块，可以通过设置 order 属性设置它们在主轴方向上的排列顺序。需要注意的是，项目的 order 属性值越小，排列越靠前。

order.wxml 文件中的代码如下：

```
<!--order.wxml-->
<view class="title1">项目属性</view>
<view class="title2">order</view>
<view class="myContianer">
  <view class="demo A">A</view>
  <view class="demo B">B</view>
  <view class="demo C">C</view>
</view>
```

（2）编写 order.wxss 文件中的代码。在该文件中定义.title（标题）样式、.myContainer（容器）属性样式和.demo（矩形块）样式。

order.wxss 文件中的代码如下：

```
/* order.wxss */
.myContianer{
  border: 1px solid silver;
  width: 700rpx;
  height: 200rpx;
  margin: 0rpx auto;
  display: flex;
  flex-direction: row;
  flex-wrap: wrap;/*自行更换成 nowrap, wrap-reverse 试试*/
}
.title1{
  font-size: 25px;
  text-align: center;
  margin: 15px;
  color: darkred;
}
.title2{
  font-size: 20px;
```

```
    text-align: center;
    margin: 15px;
  }
  .demo{
    width: 50px;
    height: 100rpx;
    margin: 15rpx;
    line-height: 100rpx;
    text-align: center;
    background-color: lightblue;
  }
  .A{ order: 6;}
  .B{ order: -1;}
  .C{ order: 2;}
```

五、任务拓展

将.myContainer样式设置为flex布局，并且将flex-direction属性的值设置为row，将order属性的值分别设置为wrap、nowrap和wrap-reverse，相应的布局效果如图4.21所示。

（a）wrap （b）nowrap （c）wrap-reverse

图4.21 设置不同order属性值的布局效果

4.3.2 flex-shrink属性

一、任务描述

设计一个关于flex-shrink属性的小程序。小程序在运行后，会在页面中出现A、B、C共3个矩形块，并且通过设置flex-shrink属性设置项目收缩因子。

二、导入知识点

flex-shrink属性主要用于设置项目收缩因子，当项目在主轴方向上溢出时，根据项目收缩因子规定的比例压缩项目以适应容器，其语法格式如下：

```
.items{
    flex-shrink: 1 （默认值）| <number>
}
```

flex-shrink属性的值为项目的收缩因子，只能是非负数。当项目在主轴方向上溢出时，项目尺寸的收缩公式如下：

最终长度=原长度×(1−溢出长度−收缩因子/压缩总权重)

注意：当遇到小数时向下取整，不进行四舍五入。

压缩总权重的计算公式如下：

压缩总权重=长度 1×收缩因子 1+长度 2×收缩因子 2+…+长度 N×收缩因子 N

注意：当主轴在水平方向上时，长度指的是宽度；当主轴在垂直方向上时，长度指的是高度。

【例 2】项目属性之 flex-shrink 属性。

将水平方向的轴作为主轴，假设有 A、B、C 共 3 个项目，它们的宽度均为 200px，将项目收缩因子的值分别设置为 1、2、3，那么示例 WXSS 代码如下：

```
.A{
width: 200px;   /*默认值，可以省略该属性，不写*/
flex-shrink: 1;
 }
.B{
  width: 200px;
  flex-shrink: 2;
}
.C{
  width: 200px;
  flex-shrink: 3;
}
```

假设容器宽度为 500px，3 个项目的宽度之和为 600px，显然会溢出 100px，因此需要设置项目收缩因子，对项目宽度进行压缩。

计算压缩总权重，公式如下：

$$压缩总权重=200×1+200×2+200×3=1200px$$

当发生溢出时，项目尺寸的收缩公式如下：

$$项目 A 的宽度=200×(1-100×1/1200) ≈183px$$
$$项目 B 的宽度=200×(1-100×2/1200) ≈166px$$
$$项目 C 的宽度=200×(1-100×3/1200) ≈150px$$

由于收缩因子不同，因此原来同样宽度的项目在被压缩后的宽度各不相同，并且收缩因子的值越大，项目被压缩后的宽度越短。

上述示例的示意效果如图 4.22 所示。

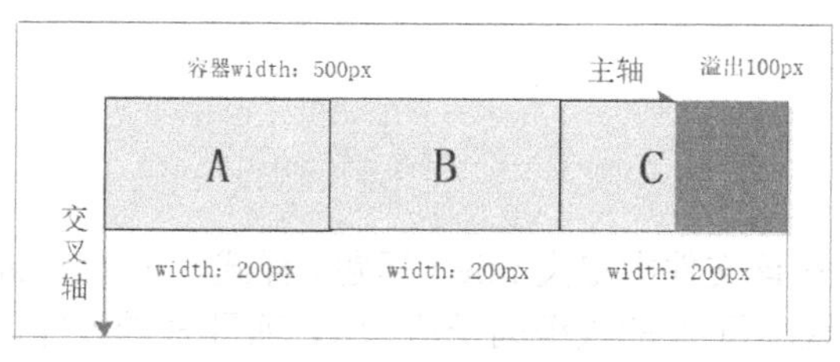

（a）项目在压缩前

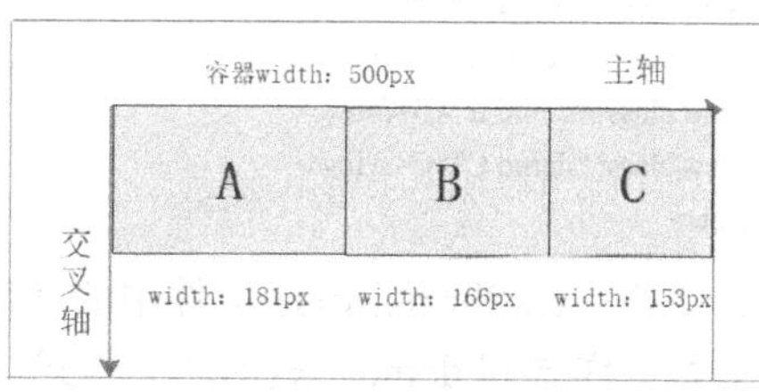

（b）项目在压缩后

图 4.22　flex-shrink 属性应用的对照图

【思考题】在上面的示例中，如果将项目 A、B、C 的 flex-shrink 属性值分别设置为 0.1、0.2、0.3，总和为 0.6，小于 1，则溢出长度的计算公式如下：

$$压缩总权重=200×0.1+200×0.2+200×0.3=120px$$
$$溢出长度=200×3-500=100px$$

当发生溢出时，项目尺寸的收缩公式如下：

$$项目 A 的宽度=200×(1-100×0.1/120) =200×(1-1/12) ≈183px$$

项目 B 的宽度=200×(1−100×0.2/120) =200×(1−1/6) ≈166px

项目 C 的宽度=200×(1−100×0.3/120) =200×(1−1/4) =150px

结论：

- 只要收缩因子规定的比例一样，结果是一样的。
- 项目收缩因子的值与项目显示宽度成反比。

三、实现效果

根据任务描述，使用 flex-shrink 属性设置项目收缩因子，如图 4.23 所示。

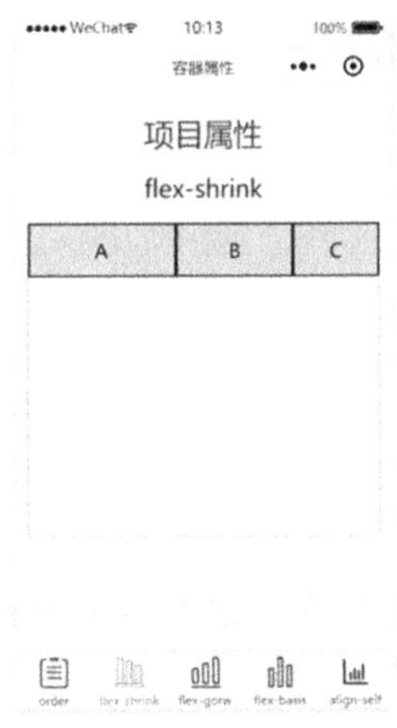

图 4.23　使用 flex-shrink 属性设置项目收缩因子

四、任务实现

（1）编写 flexShrink.wxml 文件中的代码。flexShrink.wxml 文件中包含 3 个蓝色的矩形块，可以通过设置 flex-shrink 属性设置项目收缩因子。当项目在主轴方向上溢出时，根据项目收缩因子规定的比例压缩项目以适应容器。

flexShrink.wxml 文件中的代码如下：

```
<!--flexShrink.wxml-->
<view class="title1">项目属性</view>
<view class="title2">flex-shrink</view>
<view class="myContianer">
  <view class="demo A">A</view>
  <view class="demo B">B</view>
  <view class="demo C">C</view>
</view>
```

（2）编写 flexShrink.wxss 文件中的代码。在该文件中定义.title（标题）样式、.myContainer（容器属性）样式和.demo（矩形块）样式。设置项目 A 的收缩因子值为 1，项目 B 的收缩因子值为 2，项目 C 的收缩因子值为 3。

flexShrink.wxss 文件中的代码如下：

```
/*flexShrink.wxss */
.myContainer {
  margin: 0rpx auto;
  width: 700rpx;
  height: 600rpx;
  border: 1px solid silver;
  display: flex;
  flex-direction: row;
```

```
}
.title1{
  font-size: 25px;
  text-align: center;
  margin: 15px;
  color: darkred;
}
.title2{
  font-size: 20px;
  text-align: center;
  margin: 15px;
}
.demo{
  width: 150px;
  height: 100rpx;
  border: 1px solid;
  line-height: 100rpx;
  text-align: center;
  background-color: lightblue;
}
.A{ flex-shrink: 1;}
.B{ flex-shrink: 2;}
.C{ flex-shrink: 3;}
```

4.3.3　flex-grow 属性

一、任务描述

设计一个关于 flex-grow 属性的小程序。小程序在运行后，会在页面中出现 A、B、C 共 3 个矩形块，并且通过设置 flex-grow 属性设置它们的扩张因子。

二、导入知识点

flex-grow 属性主要用于设置项目扩张因子，当项目在主轴方向上还有剩余空间时，通过设置项目扩张因子对剩余空间进行分配，其语法格式如下：

```
.item{
      flex-grow: 0 （默认值）| <number>
}
```

flex-grow 属性的值为项目的扩张因子，只能是非负数。当项目在主轴方向上还有剩余空间时，项目尺寸的扩张公式如下：

最终长度=原长度+扩张单位×扩张因子

注意：当遇到小数时向下取整，不进行四舍五入。

扩张单位的计算公式如下：

扩张单位=剩余空间/(扩张因子 1+扩张因子 2+…+扩张因子 N)

注意：当主轴在水平方向上时，长度指的是宽度；当主轴在垂直方向上时，长度指的是高度。

【例 3】项目属性之 flex-grow 属性。

将水平方向的轴作为主轴，假设有 A、B、C 共 3 个项目，它们的宽度均为 100px，将项目扩张因子的值分别设置为 0、1、2，那么示例 WXSS 代码如下：

```
.A{
  width：100px;
  flex-grow：0;          /*默认值，可以省略该属性*/
```

```
}
.B{
  width: 100px;
  flex-grow: 1;
}
.C{
  width: 100px;
  flex-grow: 2;
}
```

假设容器宽度为600px，此时3个项目的宽度之和为300px，显然会多出300px剩余空间，因此需要设置项目扩张因子，对项目宽度进行扩张。

首先计算扩张单位，公式如下：

扩张单位=300/(0+1+2)=100px

然后将剩余空间分配给项目宽度，项目尺寸的扩张公式如下：

项目A的宽度=100+100×0=100px

项目B的宽度=100+100×1=200px

项目C的宽度=100+100×2=300px

由于扩张因子不同，因此原来同样宽度的项目在被扩张后的宽度各不相同，并且扩张因子的值越大，项目被扩张后的宽度越长。

上述示例的示意效果如图4.24所示。

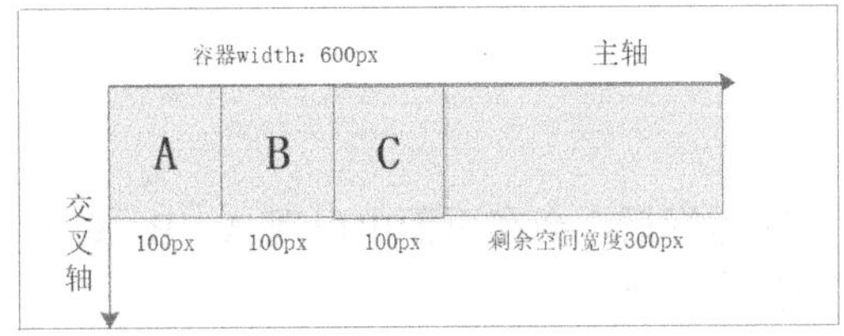

（a）项目在扩张前

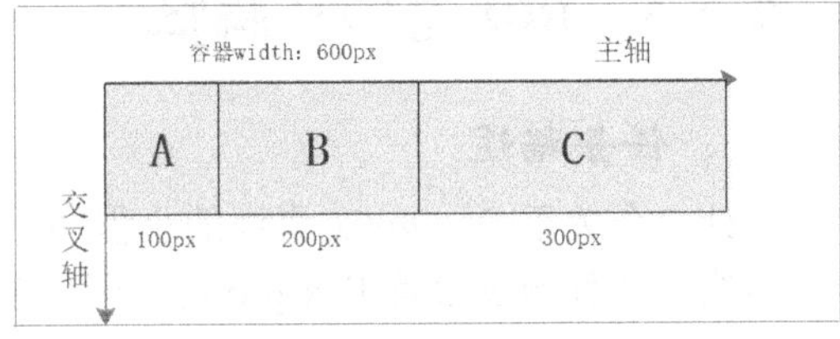

（b）项目在扩张后

图4.24　flex-grow属性应用的对照图

需要注意的是，当项目的flex-grow属性值的和大于1时，扩张单位按照实际长度计算；当项目的flex-grow属性值的和小于1时，扩张单位是全部的剩余空间。

【思考题】在上面的示例中，如果将项目A、B、C的flex-grow属性值分别设置为0.1、0.2、0.3，总和为0.6，小于1，那么相关计算如下。

首先计算扩张单位，公式如下：

扩张单位=300/(0.1+0.2+0.3)=500px

然后将剩余空间分配给项目宽度，项目尺寸的扩张公式如下：

项目A的宽度=100+500×0.1=150px

项目B的宽度=100+500×0.2=200px

项目C的宽度=100+500×0.3=250px

结论：项目扩张因子的值与项目显示宽度成正比。

三、实现效果

根据任务描述，使用flex-grow属性设置项目扩张因子，如图4.25所示。

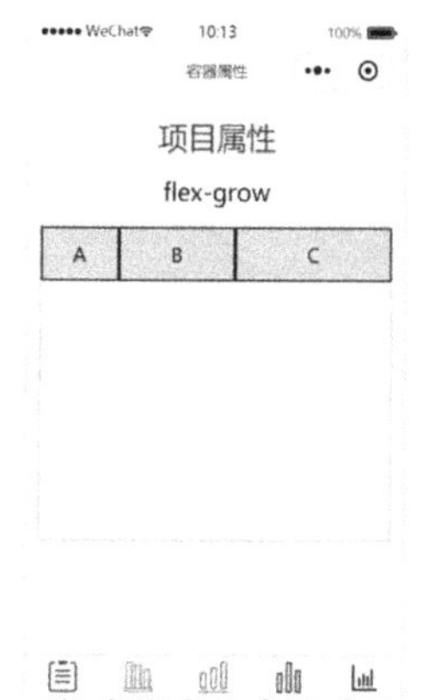

图 4.25　使用 flex-grow 属性设置项目扩张因子

四、任务实现

（1）编写 flexGrow.wxml 文件中的代码。flexGrow.wxml 文件中包含 3 个蓝色的矩形块，可以通过设置 flex-grow 属性设置项目扩张因子，当项目在主轴方向上还有剩余空间时，通过设置项目扩张因子对剩余空间进行分配。

flexGrow.wxml 文件中的代码如下：

```
<!--flexGrow.wxml-->
<view class="title1">项目属性</view>
<view class="title2">flex-grow</view>
<view class="myContianer">
 <view class="demo A">A</view>
 <view class="demo B">B</view>
 <view class="demo C">C</view>
</view>
```

（2）编写 flexGrow.wxss 文件中的代码。在该文件中定义.title（标题）样式、.myContainer（容器属性）样式和.demo（矩形块）样式。设置项目 A 的扩张因子值为 0，项目 B 的扩张因子值为 1，项目 C 的扩张因子值为 2。

flexGrow.wxss 文件中的代码如下：

```
/* flexGrow.wxss */
.myContianer{
 border: 1px solid silver;
 width: 700rpx;
 height: 600rpx;
 margin: 0rpx auto;
 display: flex;
 flex-direction: row;
}
.title1{
 font-size: 25px;
 text-align: center;
 margin: 15px;
 color: darkred;
}
.title2{
 font-size: 20px;
 text-align: center;
 margin: 15px;
```

```
}
.demo{
 width: 150rpx;
 height: 100rpx;
 line-height: 100rpx;
 text-align: center;
 border: 1px solid;
 background-color: lightblue;
}
.A{   flex-grow: 0;}
.B{   flex-grow: 1;}
.C{   flex-grow: 2;}
```

4.3.4 flex-basis 属性

一、任务描述

设计一个关于 flex-basis 属性的小程序。小程序在运行后，会在页面中出现 A、B、C 共 3 个矩形块，根据主轴方向代替项目的宽度或高度属性。

二、导入知识点

flex-basis 属性主要用于根据主轴方向代替项目的宽度或高度属性，具体说明如下：

- 当容器设置 flex-direction 属性的值为 row 或 row-reverse 时，如果项目的 flex-basis 属性和 width 属性同时存在数值，则使用 flex-basis 属性代替 width 属性。
- 当容器设置 flex-direction 属性的值为 column 或 column-reverse 时，如果项目的 flex-basis 属性和 height 属性同时存在数值，则使用 flex-basis 属性代替 height 属性。

flex-basis 属性的语法格式如下：

```
.item{
flex-basis: auto （默认值）| <number> px
}
```

需要注意的是，数值比 auto 的优先级更高，如果 flex-basis 属性值为 auto，而 width 或 height 属性值是数值，则采用数值作为最终属性值。

【例 4】项目属性之 flex-basis 属性。

将水平方向的轴作为主轴，假设有 A、B、C 共 3 个项目，并且项目宽度均为 100px，将项目 A 的 flex-basis 属性值设置为 200px，那么最终示意效果如图 4.26 所示。

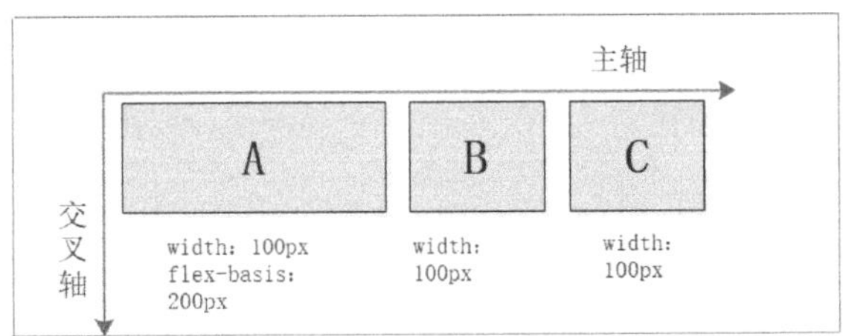

图 4.26 flex-basis 属性值对照图

根据图 4.26 可知，项目 A 的宽度比项目 B 和项目 C 的宽度宽，这是因为 flex-basis 属性的优先级高于 width 属性的优先级。

三、实现效果

根据任务描述，使用 flex-basis 属性设置主轴方向的宽度或高度，如图 4.27 所示。

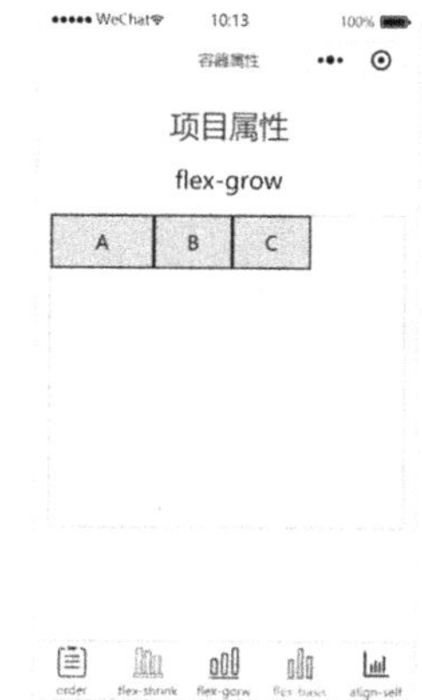

图 4.27　使用 flex-basis 属性设置主轴方向的宽度或高度

四、任务实现

（1）编写 flexBasis.wxml 文件中的代码。flexBasis.wxml 文件中包含 3 个蓝色的矩形块，通过设置 flex-basis 属性，可以根据主轴方向代替项目的宽度或高度属性。当容器设置 flex-direction 属性的值为 row 或 row-reverse 时，如果项目的 flex-basis 属性和 width 属性同时存在数值，则使用 flex-basis 属性代替 width 属性；当容器设置 flex-direction 属性的值为 column 或 column-reverse 时，如果项目的 flex-basis 属性和 height 属性同时存在数值，则使用 flex-basis 属性代替 height 属性。

flexBasis.wxml 文件中的代码如下：

```
<!-- flexBasis.wxml-->
<view class="title1">项目属性</view>
<view class="title2">flex-grow</view>
<view class="myContianer">
  <view class="demo A">A</view>
  <view class="demo B">B</view>
  <view class="demo C">C</view>
</view>
```

（2）编写 flexBasis.wxss 文件中的代码。在该文件中定义.title（标题）样式、.myContainer（容器属性）样式和.demo（矩形块）样式。通过设置 flex-basis 属性，设置主轴方向的宽度或高度，用于代替项目的宽度或高度。

flexBasis.wxss 文件中的代码如下：

```
/* flexBasis.wxss */
.myContianer{
  border: 1px solid silver;
  width: 700rpx;
  height: 600rpx;
  margin: 0rpx auto;
  display: flex;
  flex-direction: row;
}
.title1{
  font-size: 25px;
  text-align: center;
```

```
  margin: 15px;
  color: darkred;
}
.title2{
  font-size: 20px;
  text-align: center;
  margin: 15px;
}
.demo{
  height: 100rpx;
  line-height: 100rpx;
  text-align: center;
  border: 1px solid;
  background-color: lightblue;
}
.A{ width: 150rpx; flex-basis: 200rpx;}
.B{ width: 150rpx;}
.C{ width: 150rpx;}
```

4.3.5 align-self 属性

一、任务描述

设计一个关于 align-self 属性的小程序。小程序在运行后，会在页面中出现 A、B、C 共 3 个矩形块，通过设置 align-self 属性，设置项目在行中交叉轴方向上的对齐方式。

二、导入知识点

1．flex 属性

flex 属性是 flex-grow、flex-shrink、flex-basis 的简写方式，其语法格式如下：

```
.item{
    flex:none | auto | @flex-grow @flex-shrink@flex-basis
}
```

将 flex 属性的值设置为 none，等价于 0 0 auto；将 flex 属性的值设置为 auto，等价于 1 1 auto。

2．align-self 属性

align-self 属性主要用于设置项目在行中交叉轴方向上的对齐方式，从而覆盖容器的 align-items 属性值，这么做可以对项目的对齐方式做特殊处理。align-self 属性的语法格式如下：

```
.item{
    align-self：auto （默认值）| flex-start | center | flex-end | baseline|stretch
}
```

align-self 属性的默认值为 auto，表示继承容器的 align-items 属性值。如果容器没有设置 align-items 属性的值，那么 align-self 属性的默认值 auto 表示 stretch。其他属性值参照 align-items 属性的相关说明。

【例 5】项目属性之 align-self 属性。

将水平方向的轴作为主轴，假设有 A、B、C、D 共 4 个项目，其中项目 A、项目 B、项目 C 的宽度、高度均相同，项目 D 不定义高度，那么当 align-self 属性取不同值时的布局效果如图 4.28 所示。

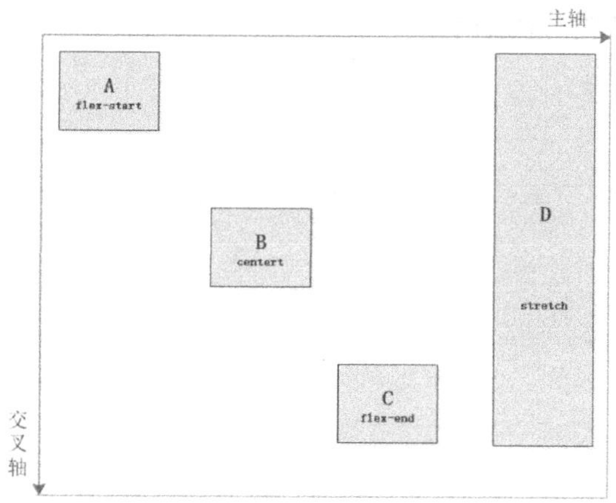

图 4.28　当 align-self 属性取不同值时的布局效果

三、实现效果

根据任务描述，使用 align-self 属性设置项目在行中交叉轴方向上的对齐方式，如图 4.29 所示。

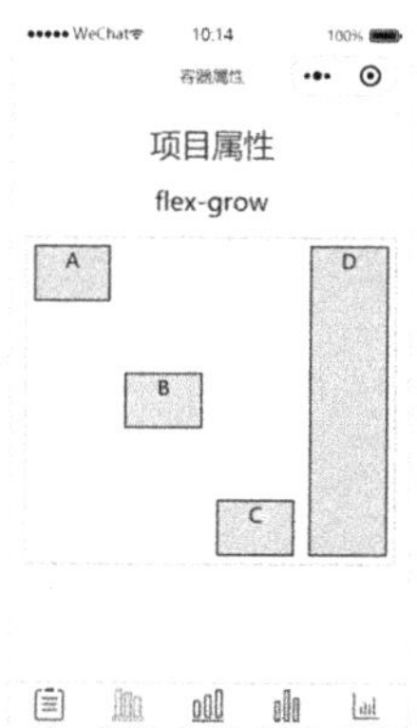

图 4.29　使用 align-self 属性设置项目在行中交叉轴方向上的对齐方式

四、任务实现

（1）编写 alignSelf.wxml 文件中的代码。alignSelf.wxml 文件中包含 3 个蓝色的矩形块，通过设置 align-self 属性，可以设置项目在行中交叉轴方向上的对齐方式，从而覆盖容器的 align-items 属性。

alignSelf.wxml 文件中的代码如下：

```
<!--alignSelf.wxml-->
<view class="title1">项目属性</view>
<view class="title2">flex-grow</view>
<view class="myContianer">
  <view class="demo A">A</view>
  <view class="demo B">B</view>
  <view class="demo C">C</view>
  <view class="demo D">D</view>
</view>
```

（2）编写 alignSelf.wxss 文件中的代码。在该文件中定义.title（标题）样式、.myContainer（容器属性）样式和.demo（矩形块）样式。

alignSelf.wxss 文件中的代码如下：

```
/* alignSelf.wxss */
.myContianer{
 border: 1px solid silver;
 width: 700rpx;
 height: 600rpx;
 margin: 0rpx auto;
 display: flex;
 flex-direction: row;
}
.title1{
 font-size: 25px;
 text-align: center;
 margin: 15px;
 color: darkred;
}
.title2{
 font-size: 20px;
 text-align: center;
 margin: 15px;
}
.demo{
 width: 150rpx;
 text-align: center;
 margin: 15rpx;
 border: 1px solid;
 background-color: lightblue;
}
.A{
 height: 100rpx;
 align-self: flex-start;
}
.B{
 height: 100rpx;
 align-self: center;
}
.C{
 height: 100rpx;
 align-self: flex-end;
}
.D{
 align-self: stretch;
}
```

4.4 猜画小歌

一、任务描述

设计一个猜画小歌小程序。《猜画小歌》是 Google 于 2018 年 7 月 18 日发布的首款微信小程序，该小程序可以让每个人都有机会体验人工智能技术驱动下的人机交互功能。

二、导入知识点

CSS 允许使用颜色作为背景颜色，也允许使用背景图像创建复杂的效果。小程序的样式文件基本延续了 CSS 的相关属性，但是在实际应用中还是有一些差异的。下面介绍小程序页面设计中常用的属性及其功能。

1．background-color

background-color 属性主要用于为页面元素设置背景颜色，使用背景颜色可以填充元素内容、内边距和内边框。background-color 属性的值及其功能如表 4.3 所示。

表 4.3　background-color 属性的值及其功能

值	功　　能
color_name	规定背景颜色值为颜色名称（如red）
hex_number	规定背景颜色值为十六进制数（如#0000）
rgb_number	规定背景颜色值为RGB格式的值（如rgb(255,0,0)）
transparent	默认值，背景颜色为透明
inherit	从父元素继承background-color属性的设置

2．background-image

background-image 属性主要用于为页面元素设置背景图像，该图像占据页面元素的全部尺寸，包括内边距和内边框，默认背景图像位于页面元素的左上角，并且在水平和垂直方向上重复显示。background-image 属性的值及其功能如表 4.4 所示。

表 4.4　background-image 属性的值及其功能

值	功　　能
url('URL')	指向背景图像的路径
none	默认值，不显示背景图像
inherit	从父元素继承background-image属性的设置

注意：本地资源图片无法通过微信小程序的样式文件获取，所以在设计微信小程序时，如果需要通过设置 background-image 属性的值设置背景图像，则可以在样式文件中使用网络图片。

3．background-size

background-size 属性主要用于设置背景图像的尺寸。background-size 属性的值及其功能如表 4.5 所示。

表 4.5　background-size 属性的值及其功能

值	功　　能
auto	背景图像的实际大小，默认值
length	设置背景图像的高度和宽度。第一个值设置宽度，第二个值设置高度，如“background-size:100px 100px;”。如果只设置一个值，则表示省略第二个值，第二个值默认为auto
percentage	以父元素的百分比设置背景图像的宽度和高度，第一个值设置宽度，第二个值设置高度，如“background-size:100% 100%;”。如果只设置一个值，则表示省略第二个值，第二个值默认为auto
cover	等比例缩放背景图像，从而完全覆盖背景区域，有可能超出背景区域
contain	将背景图片等比例缩放到宽度或高度与背景区域的宽度或高度相等，背景图片始终在背景区域

4．background-position

background-position 属性主要用于设置背景图像的起始位置。background-position 属性的

值及其功能如表 4.6 所示。

表 4.6　background-position 属性的值及其功能

值	功　能
xpos、ypos	xpos表示在水平方向上的对齐格式，ypos表示在垂直方向上的对齐格式。xpos的值有left、center、right，如果将xpos的值设置为left，则表示背景图像的左边与对象的左边对齐；如果将xpos的值设置为right，则表示背景图像的右边和对象的右边对齐；如果将xpos的值设置为center，则表示背景图像在水平方向上的中心与对象在水平方向上的中心对齐。 ypos的值有top、center、bottom，如果将ypos的值设置为top，则表示背景图像的顶部和对象的顶部对齐；如果将ypos的值设置为bottom，则表示背景图像的底部和对象的底部对齐；如果将ypos的值设置为center，则表示背景图像在垂直方向上的中心和对象在垂直方向上的中心对齐。 如果仅指定一个值，那么另一个值是center
x%、y%	第一个值是占百分比的水平位置，第二个值是占百分比的垂直位置。左上角是0%、0%。右下角是100%、100%。如果仅指定了一个值，那么另一个值会自动设置为50%，默认值为0%、0%
x、y	第一个值是水平位置，第二个值是垂直位置。左上角是0、0。单位可以是像素或其他单位。如果仅指定了一个值，那么另一个值会自动设置为50%，默认值为0、0
inherit	从父元素继承 background-position属性的设置

5．background-repeat

background-repeat 属性主要用于设置背景图像是否重复或如何重复。background-repeat 属性的值及其功能如表 4.7 所示。

表 4.7　background-repeat 属性的值及其功能

值	功　能
repeat	背景图像在垂直和水平方向重复，默认值
repeat-x	只在水平方向上重复背景图像
repeat-y	只在垂直方向上重复背景图像
no-repeat	背景图像不会重复
inherit	从父元素继承 background-repeat属性的设置

三、实现效果

根据任务描述，编写程序实现《猜画小歌》小程序，其页面效果图如图 4.30 所示。

图 4.30　《猜画小歌》小程序的页面效果图

模仿《猜画小歌》小程序首个页面的实现过程，页面设计包括对视图组件<view>和文本组件<text>的相关设置，还需要设置背景、颜色和边框等样式，用于美化页面。

四、任务实现

（1）素材准备。根据任务的实现效果，需要准备页面背景图片（bground.jpg）、头像图片（touimg.jpg）、操作按钮图片（btnl.jpg、btn2.jpg、btn3.jpg 和 btn4.jpg），并且将这些图片存储于项目的 images 文件夹中，如图 4.31 所示。

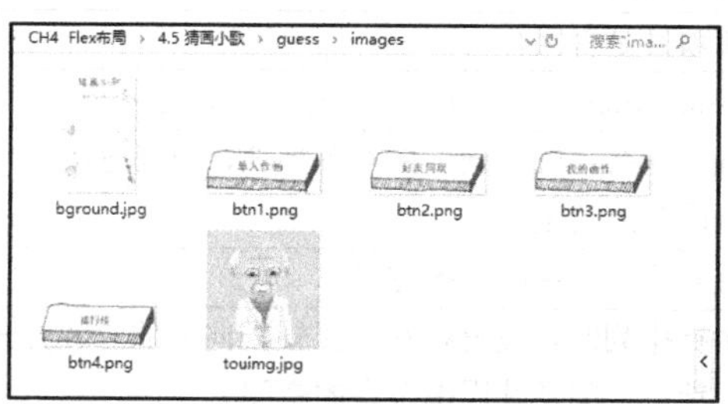

图 4.31 《猜画小歌》小程序的素材

（2）编写 index.wxml 文件中的代码。在页面布局代码中，使用 4 个<view>组件分别加载不同的图片，实现 4 个操作按钮的显示；在样式代码中，通过自定义的.btnview 类选择器控制 4 个按钮在该区域的垂直方向上的布局，使用.btn 类选择器定义 4 个操作按钮的显示样式。

index.wxml 文件中的代码如下：

```
<!--index.wxml-->
<view class="container" style="background-image:url('/images/bground.jpg');">
<view class="touclass" style="background-image:url('/images/touimg.jpg');">
</view>
  <view class="userclass">
    <text>泡泡</text>
    <text class="level">Lv.1 画室学徒</text>
  </view>
  <view class="btnview">
      <view class="btn" style="background-image:url('/images/btn1.png')"></view>
     <view class="btn" style="background-image:url('/images/btn2.png')"></view>
      <view class="btn" style="background-image:url('/images/btn3.png')"></view>
     <view class="btn" style="background-image:url('/images/btn4.png')"></view>
  </view>
</view>
```

（3）编写 index.wxss 文件中的代码。在该文件中主要定义 6 种样式，分别为.container、.touclass、.userclass、.level、.btnview 和.btn。

4.5 微付宝九宫格导航页面设计

一、任务描述

九宫格导航又称为宫格导航，是很多小程序或 App（如拼多多、美团外卖、大众点评、支付宝等）采用的一种导航页面设计方式。通过这种导航页面设计方式，可以将重要内容放入宫格导航，从而为用户提供明确的接口。本任务主要利用 flex 布局设计一个微付宝九宫格导航页面。

二、导入知识点

本任务主要涉及的知识要点是通过设置 flex 布局的容器属性，对导航按钮进行操作。flex 布局中的容器属性如表 4.8 所示。

表 4.8　flex 布局中的容器属性

属　　性	说　　明	默 认 值
flex-direction	设置项目的排列方向	row
flex-wrap	设置项目是否换行	nowrap
flex-flow	flex-direction和flex-wrap属性的简写形式	row nowrap
justify-content	设置项目在主轴方向上的对齐方式，以及分配项目之间及其周围多余的空间	flex-start
align-items	设置项目在行中的对齐方式	stretch
align-content	当多行排列时，设置行在交叉轴方向上的对齐方式，以及分配项目之间及其周围多余的空间	stretch

三、实现效果

微付宝九宫格导航页面如图 4.32 所示。

图 4.32　微付宝九宫格导航页面

四、任务实现

1. 图标准备

本任务涉及的图标较多，推荐一个免费图标下载网站——阿里巴巴矢量图标库，该网站首页如图 4.33 所示。

在输入框中输入“更多”，按回车键进行搜索，进入显示“更多”图标的页面，如图 4.34 所示。

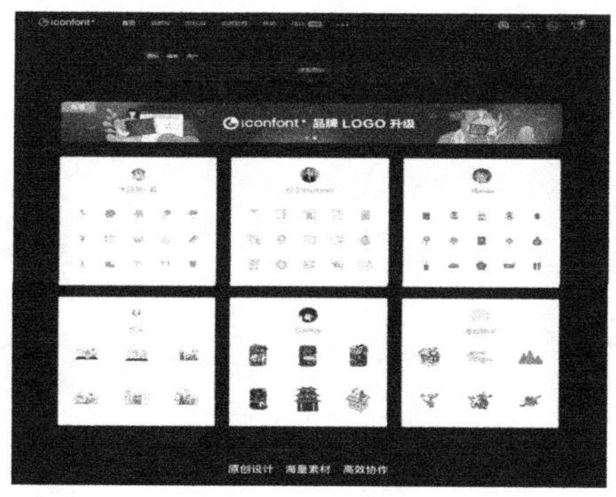

图 4.33　阿里巴巴矢量图标库网站首页

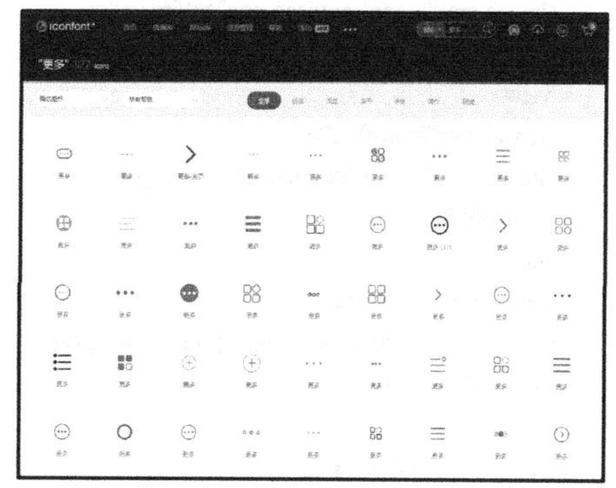

图 4.34　显示“更多”图标的页面

在输入框中输入“红包”并单击“搜索”按钮，即可搜索出很多“红包”图标，如图 4.35 所示，单击所需图标即可下载，并且在下载之前可以配置图标的颜色。

将下载的图标存储于 icons 文件夹中，并且将该文件夹复制到新建的项目文件夹中。下载后的图标如图 4.36 所示。

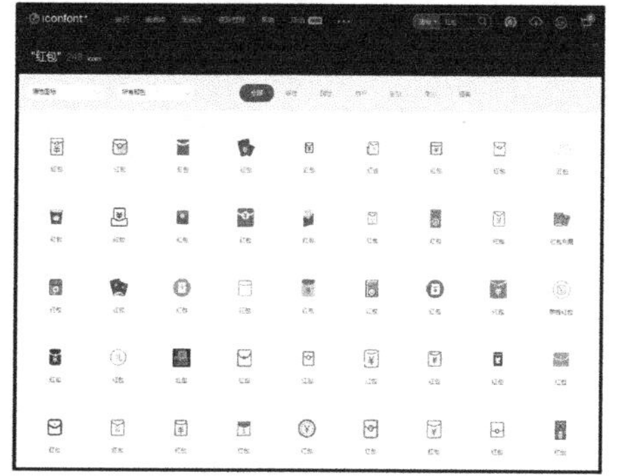

图 4.35　显示“红包”图标的页面

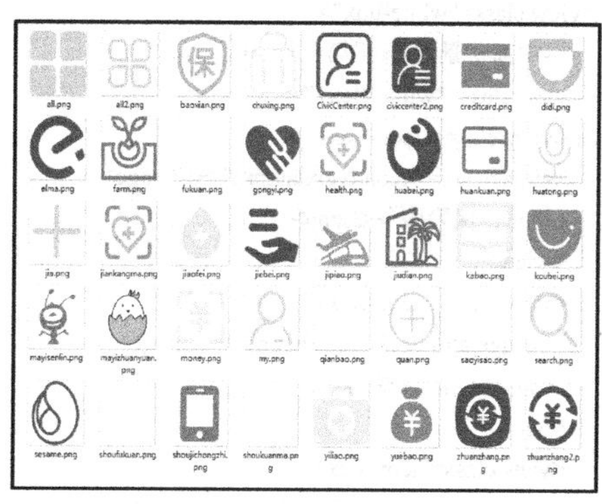

图 4.36　下载后的图标

2．编写 index.wxml 文件中的代码

微付宝九宫格导航页面主要由两个区域构成：绿色区域和白色区域。绿色区域包括两行内容：上面一行包括搜索区、用户和加号，下面一行包括扫一扫、付钱、收款和卡包。白色区域包括 15 个图标和文本。

index.wxml 文件中的代码如下：

```
<!--index.wxml-->
<view class="container">
 <!--顶部背景绿色-->
 <view class="black-box">
  <!--顶部背景绿-搜索框开始-->
  <view class="search">
   <view class="search-box"><image src="/icon/search.png"></image></view>
   <span>热门电影：天空之城</span>
   <view class="search-boxht"><image src="/icon/huatong.png"></image></view>
   <view class="search-box1"><image src="/icon/my.png"></image></view>
   <view class="search-box2"><image src="/icon/jia.png"></image></view>
  </view>
  <!--顶部背景绿-搜索框结束-->
  <!--顶部背景绿-按钮开始-->
  <view class="black-icon">
   <view class="icon-flex">
```

```
        <image src="/icon/saoyisao.png"></image>
        <span>扫一扫</span>
      </view>
      <view class="icon-flex">
        <image src="/icon/fukuan.png"></image>
        <span>付款</span>
      </view>
      <view class="icon-flex">
        <image src="/icon/shoukuanma.png"></image>
        <span>收款</span>
      </view>
      <view class="icon-flex">
        <image src="/icon/kabao.png" style="height:60rpx"></image>
        <span>卡包</span>
      </view>
    </view>
    <!--顶部背景绿-按钮结束-->
  </view>
  <!--中部背景白-按钮开始-->
  <view class="white-box">
    <!--中部背景白-按钮第一行-->
    <view class="white-flex1">
      <view class="icon-flex1">
        <image src="/icon/baoxian.png"></image>
        <span>保险服务</span>
      </view>
      <view class="icon-flex1">
        <image src="/icon/jiaofei.png"></image>
        <span>生活缴费</span>
      </view>
      <view class="icon-flex1">
        <image src="/icon/CivicCenter.png"></image>
        <span>市民中心</span>
      </view>
      <view class="icon-flex1">
        <image src="/icon/zhuanzhang2.png"></image>
        <span>转账</span>
      </view>
      <view class="icon-flex1">
        <image src="/icon/creditcard.png"></image>
        <span>信用卡还款</span>
      </view>
    </view>

    <!--中部背景白-按钮第二行-->
    <view class="white-flex1">
      <view class="icon-flex1">
        <image src="/icon/gongyi.png"></image>
        <span>腾讯公益</span>
      </view>
      <view class="icon-flex1">
        <image src="/icon/yuebao.png"></image>
        <span>微额宝</span>
      </view>
      <view class="icon-flex1">
```

```
        <image src="/icon/yiliao.png"></image>
        <span>医疗健康</span>
      </view>
      <view class="icon-flex1">
        <image src="/icon/didi.png"></image>
        <span>滴滴</span>
      </view>
      <view class="icon-flex1">
        <image src="/icon/sesame.png"></image>
        <span>芝麻信用</span>
      </view>
    </view>

    <!--中部背景白-按钮第三行-->
    <view class="white-flex2">
      <view class="icon-flex1">
        <image src="/icon/jipiao.png"></image>
        <span>火车票机票</span>
      </view>
      <view class="icon-flex1">
        <image src="/icon/jiebei.png"></image>
        <span>借呗</span>
      </view>
      <view class="icon-flex1">
        <image src="/icon/health.png"></image>
        <span>健康码</span>
      </view>
      <view class="icon-flex1">
        <image src="/icon/jiudian.png"></image>
        <span>酒店</span>
      </view>
      <view class="icon-flex1">
        <image src="/icon/all.png"></image>
        <span>全部</span>
      </view>
    </view>
  </view>
</view>
```

3．编写 index.wxss 文件中的代码

在该文件中定义 8 种样式：.container、.black-box、.search-box、icon-flex、.black-icon、.white-box、.icon-flex 和.white-flex。

第 5 章　小程序组件

扫一扫，看微课

5.1　视图容器组件

视图容器组件共有 5 种，分别为<view>组件、<scroll-view>组件、<swiper>组件、<movable-view>组件、<cover-view>组件。

5.1.1　<view>组件

一、任务描述

本任务使用两组父子容器<view>进行容器嵌套，设置父容器 view_parent 的背景颜色为浅蓝色，设置子容器 view_son 的背景颜色为浅黄色。

二、导入知识点

1．组件介绍

小程序组件是视图层的基本组成单元，它自带微信风格 UI 样式和特定功能效果。例如，我们在小程序页面中看到的图片、文本、按钮等都属于小程序组件。小程序为开发者提供了一系列基础组件，通过组合这些组件可以进行更高效的小程序开发。

一个组件通常包括<开始标签>和</结束标签>，在<开始标签>中可以追加属性，用于修饰组件，在<开始标签>和</结束标签>之间可以嵌套内容，其语法格式如下：

```
<标签名称 属性="值">  内容  </标签名称>
```

示例代码如下：

```
<text id="demo">这是一段文本内容。</text>
```

其中 id 属性是一个通用属性，可以被所有组件使用。小程序目前提供 7 种组件通用属性，如表 5.1 所示。

表 5.1　组件的通用属性

属 性 名 称	类　　型	解　　释	备　　注
id	String	组件的唯一标识	在同一个页面中用id标识唯一组件，因此同一个页面中不能有相同的id

续表

属性名称	类　型	解　释	备　注
class	String	组件的样式类	该属性在WXSS文件中定义，用于对样式进行设置
style	String	组件的内联样式	主要用于动态设置内联样式
hidden	Boolean	组件显示/隐藏	默认为显示状态
data-*	Any	组件的自定义属性	当组件触发事件时，会将该属性的值发送给对应的事件处理函数
bind*	EventHandler	组件的事件	主要用于绑定组件事件
catch*	EventHandler	组件的事件	主要用于捕获组件事件

2. 组件分类

将基础组件按照功能进行分类。

- 视图容器（View Container）组件：主要用于对页面内容进行规划和布局。
- 基础内容（Basic Content）组件：主要用于显示图标、文字等常用基础内容。
- 表单（Form）组件：主要用于制作表单。
- 导航（Navigation）组件：主要用于跳转到指定页面。
- 媒体（Media）组件：主要用于显示图片、音频、视频等多媒体内容。
- 地图（Map）组件：主要用于显示地图效果。
- 画布（Canvas）组件：主要用于绘制图画。

3. 视图容器组件

1）视图容器组件主要有 5 种，如表 5.2 所示。

表 5.2　视图容器组件

组件名称	解　释
view	基础视图容器组件
scroll-view	可滚动视图容器组件
swiper	滑块视图容器组件
movable-view	可移动视图容器组件
cover-view	可覆盖在原生组件之上的文本视图容器组件

2）基础视图容器组件<view>是静态的视图容器组件，通常用<view>和</view>标签表示容器区域。需要注意的是，<view>组件本身没有大小和颜色，需要由开发者自行进行样式设置。<view>组件的属性如表 5.3 所示。

表 5.3　<view>组件的属性

属　性	类　型	默认值	说　明
hover-class	String	none	指定按下去的样式类。如果是默认值none，则没有单击状态
hover-stop-propagation	Boolean	false	指定是否阻止本容器的祖先节点出现单击状态
hover-start-time	Number	50	指定在按住本容器后多久出现单击状态(单位：毫秒)
hover-stay-time	Number	400	指定在手指松开后单击状态保留时长（单位：毫秒）

三、实现效果

本任务在 view.wxml 文件中使用了两组父子<view>组件的嵌套效果，并且在 view.wxss 文件中分别定义它们的 class 属性值为 view_parent 和 view_son。设置父容器的背景颜色为浅蓝色、宽度为 100%、高度为 300rpx，设置子容器的背景颜色为浅黄色、宽度为 50%、高度为 150rpx。将父容器和子容器的单击状态均设置为在单击后将背景颜色更新为红色。其中第 2 组子容器设置了 hover-stop-propagation 属性，用于阻止将单击状态传递给祖先元素。

<view>组件的简单应用如图 5.1 所示。图 5.1（a）展示的是页面初始效果，此时两组案例的效果完全相同；图 5.1（b）展示的是单击第 1 组子容器的效果，父容器和子容器均变为红色；图 5.1（c）展示的是单击第 2 组子容器的效果，只有子容器变为红色。根据图 5.1（b）和图 5.1（c）可知，hover-stop-propagation 属性生效。

（a）页面初始效果　（b）单击第 1 组子容器的效果　（c）单击第 2 组子容器的效果

图 5.1　<view>组件的简单应用

四、任务实现

（1）编写 view.wxml 文件中的代码。view.wxml 文件中包含两个容器，分别是 view_parent 父容器和 view_son 子容器。

view.wxml 文件中的代码如下：

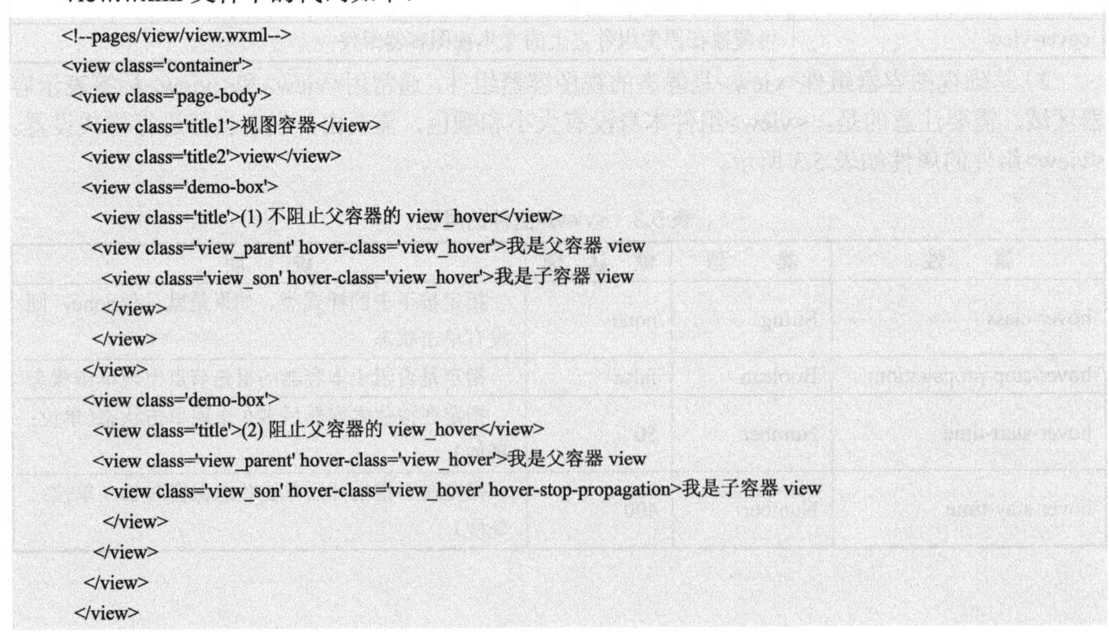

```
<!--pages/view/view.wxml-->
<view class='container'>
 <view class='page-body'>
  <view class='title1'>视图容器</view>
  <view class='title2'>view</view>
  <view class='demo-box'>
   <view class='title'>(1) 不阻止父容器的 view_hover</view>
   <view class='view_parent' hover-class='view_hover'>我是父容器 view
    <view class='view_son' hover-class='view_hover'>我是子容器 view
    </view>
   </view>
  </view>
  <view class='demo-box'>
   <view class='title'>(2) 阻止父容器的 view_hover</view>
   <view class='view_parent' hover-class='view_hover'>我是父容器 view
    <view class='view_son' hover-class='view_hover' hover-stop-propagation>我是子容器 view
    </view>
   </view>
  </view>
 </view>
```

```
</view>
```

（2）编写 view.wxss 文件中的代码。在该文件中定义.view_parent（父容器）样式和.view_son（子容器）样式。

5.1.2 <scroll-view>组件

一、任务描述

本任务主要介绍可滚动视图容器组件<scroll-view>组件的应用。在 scroll-view.wxml 文件中包含两组<scroll-view>组件，使用 scroll-y 属性定义纵向滚动，使用 scroll-x 属性定义横向滚动。

二、导入知识点

<scroll-view>组件的常用属性如表 5.4 所示。

表 5.4 <scroll-view>组件的常用属性

属　性	类　型	默 认 值	说　明
scroll-x	Boolean	FALSE	允许横向滚动
scroll-y	Boolean	FALSE	允许纵向滚动
upper-threshold	Number	50	用于设置在距顶部/左边多远时（单位px），触发 scrolltoupper 事件
lower-threshold	Number	50	用于设置在距底部/右边多远时（单位px），触发 scrolltolower 事件
scroll-top	Number	—	设置纵向滚动条位置
scroll-left	Number	—	设置横向滚动条位置
scroll-into-view	String	—	值为某子元素id（id不能以数字开头）。用于设置滚动到指定元素的位置
scroll-with-animation	Boolean	FALSE	在设置滚动条位置时使用动画过渡
enable-back-to-top	Boolean	FALSE	在iOS操作系统中单击顶部状态栏，以及在安卓操作系统中双击标题栏时，滚动条会返回顶部，只支持竖向
bindscrolltoupper	EventHandle	—	当滚动条滚动到顶部/左边时，会触发scrolltoupper事件
bindscrolltolower	EventHandle	—	当滚动条滚动到底部/右边时，会触发scrolltolower事件
bindscroll	EventHandle	—	在滚动时触发：event.detail = {scrollLeft, scrollTop, scrollHeight, scrollWidth, deltaX, deltaY}

注意：在竖向滚动滚动条时，需要为<scroll-view>组件设置一个固定高度，并且使用 WXSS 设置 height 属性的值。

三、实现效果

<scroll-view>组件的简单应用如图 5.2 所示。图 5.2（a）展示的是页面初始效果，此时纵向滚动和横向滚动都显示第一个<view>组件中的内容；图 5.2（b）展示的是滚动效果，分别实现了纵向和横向滚动效果。

（a）页面初始效果　　（b）滚动效果

图 5.2　<scroll-view>组件的简单应用

四、任务实现

（1）编写 scroll-view.wxml 文件中的代码。在 scroll-view.wxml 文件中包含两组<scroll-view>组件，分别使用属性 scroll-y 和 scroll-x 定义纵向和横向滚动。在每个<scroll-view>组件内部均包含 3 个<view>组件，用于标识当前位于第几页。

scroll-view.wxml 文件中的代码如下：

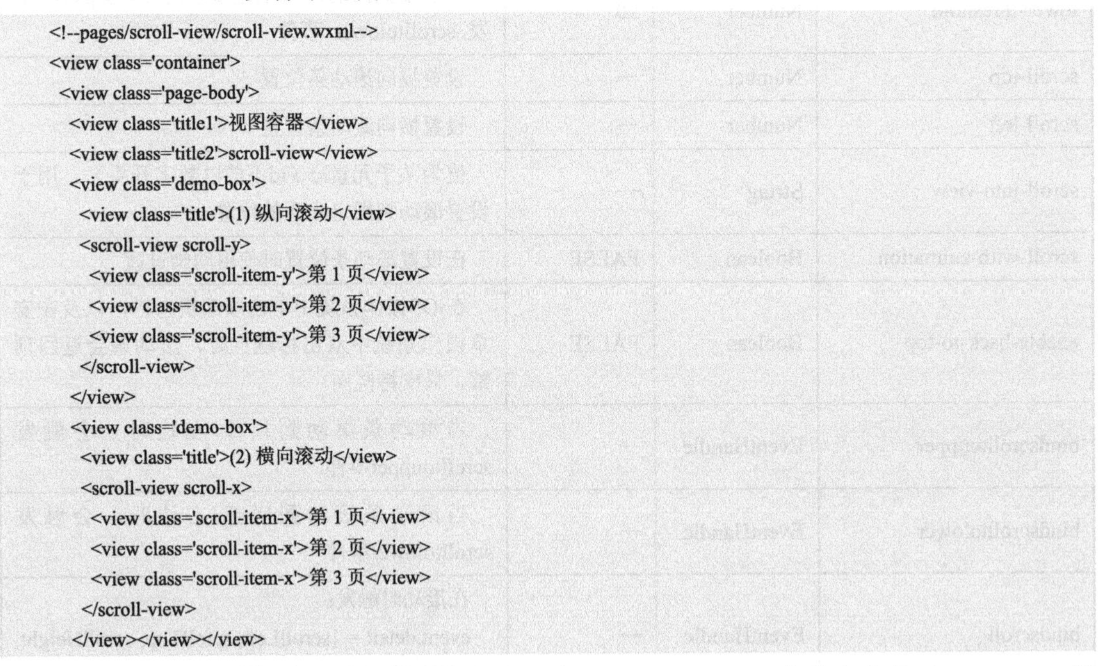

```
<!--pages/scroll-view/scroll-view.wxml-->
<view class='container'>
 <view class='page-body'>
  <view class='title1'>视图容器</view>
  <view class='title2'>scroll-view</view>
  <view class='demo-box'>
   <view class='title'>(1) 纵向滚动</view>
   <scroll-view scroll-y>
    <view class='scroll-item-y'>第 1 页</view>
    <view class='scroll-item-y'>第 2 页</view>
    <view class='scroll-item-y'>第 3 页</view>
   </scroll-view>
  </view>
  <view class='demo-box'>
   <view class='title'>(2) 横向滚动</view>
   <scroll-view scroll-x>
    <view class='scroll-item-x'>第 1 页</view>
    <view class='scroll-item-x'>第 2 页</view>
    <view class='scroll-item-x'>第 3 页</view>
   </scroll-view>
  </view></view></view>
```

（2）编写 scroll-view.wxss 文件中的代码。在 scroll-view.wxss 文件中定义.scroll-item-y 样式和.scroll-item-x 样式。

5.1.3 <swiper>组件

一、任务描述

本任务主要介绍滑块视图容器组件<swiper>的应用，设置了一个可以自动播放的<swiper>组件，每隔 6 秒翻页，并且翻页动画效果持续 3 秒。

二、导入知识点

通常使用<swiper>组件实现幻灯片切换播放效果。<swiper>组件的常用属性如表 5.5 所示。

表 5.5　<swiper>组件的常用属性

属　　性	类　　型	默　认　值	说　　明	最低版本
indicator-dots	Boolean	FALSE	用于设置是否显示面板指示点	—
indicator-color	Color	rgba格式的值	指示点颜色	1.1.0
indicator-active-color	Color	#000000	当前选中的指示点颜色	1.1.0
autoplay	Boolean	FALSE	用于设置是否自动切换	—
current	Number	0	当前所在滑块的index	—
current-item-id	String	""	当前所在滑块的item-id，不能与current属性同时被指定	1.9.0
interval	Number	5000	自动切换时间间隔	—
duration	Number	500	滑动动画时长	—
circular	Boolean	FALSE	用于设置是否采用衔接滑动	—
vertical	Boolean	FALSE	用于设置滑动方向是否为纵向	—
previous-margin	String	"0px"	前边距，用于露出前一项的小部分，接受以px和rpx为单位的值	1.9.0
next-margin	String	"0px"	后边距，用于露出后一项的小部分，接受以px和rpx为单位的值	1.9.0
display-multiple-items	Number	1	同时显示的滑块数量	1.9.0
skip-hidden-item-layout	Boolean	FALSE	用于设置是否跳过未显示的滑块布局，如果将其设置为true，则可以优化在复杂情况下的滑动性能，但会丢失隐藏状态滑块的布局信息	1.9.0
bindchange	EventHandle	—	当current属性的值被改变时会触发 change事件：event.detail = {current: current, source: source}	—
bindanimationfinish	EventHandle	—	在动画结束时会触发animationfinish事件，event. detail同上	1.9.0

示例代码如下：

```
<swiper indicator-dots autoplay></swiper>
```

上述代码表示实现一个带有指示点且可以自动切换视图的滑块视图容器。但是要实现自动切换视图，<swiper>组件必须配合<swiper-item>组件一起使用。<swiper-item>组件才是用于切换视图的组件。

<swiper-item>组件中可以包含文本或图片，其宽度和高度都默认为100%。需要注意的是，

<swiper>组件中可以直接放置的只有<swiper-item>组件，如果直接放置其他组件，则会导致未定义的行为错误。

三、实现效果

<swiper>组件的简单应用如图 5.3 所示，图 5.3（a）展示的是页面初始效果，默认显示第 1 页中的内容；图 5.3（b）和图 5.3（c）分别展示的是第 2、3 页中的内容。根据图 5.3 图可知，指示点会随着翻页发生变化。

（a）显示第 1 页中的内容　（b）显示第 2 页中的内容　（c）显示第 3 页中的内容

图 5.3　<swiper>组件的简单应用

四、任务实现

（1）编写 swiper.wxml 文件中的代码。本任务在 swiper.wxml 文件中设置了一个可以自动播放的<swiper>组件，每隔 6 秒翻页，并且翻页动画效果持续 3 秒。该组件内部包含 3 组<swiper-item>组件，并且在每组<swiper-item>组件中均使用<view>组件配合文本内容标记当前是第几页。

swiper.wxml 文件中的代码如下：

```
<!--pages/swiper/swiper.wxml-->
<view class='container'>
 <view class='page-body'>
  <view class='title1'>视图容器</view>
  <view class='title2'>swiper</view>
  <view class='demo-box'>
   <view class='title'>使用带文字的 view 作为翻页内容</view>
   <swiper indicator-dots autoplay interval='6000' duration='3000'>
    <swiper-item>
     <view class='swiper-item'>第 1 页</view>
    </swiper-item>
    <swiper-item>
     <view class='swiper-item'>第 2 页</view>
    </swiper-item>
    <swiper-item>
     <view class='swiper-item'>第 3 页</view>
    </swiper-item>
   </swiper>
  </view>
 </view>
</view>
```

（2）编写 swiper.wxss 文件中的代码。在 swiper.wxss 文件中设置<swiper>组件和<swiper-item>组件的高度均为 300rpx，其中<swiper-item>组件外的文本字号为 30 号、背景颜色为浅蓝色、行高为 300rpx。

5.1.4 <movable-view>组件

一、任务描述

本任务主要介绍可移动视图容器组件<movable-view>的应用，实现了 3 种效果，分别为<movable-view>组件的尺寸在<movable-area>组件的范围内、<movable-view>组件的尺寸超过<movable-area>组件的范围、<movable-view>组件的尺寸可缩放。

二、导入知识点

<movable-view>组件是可移动视图容器组件，该组件可以在页面中拖曳滑动。<movable-view>组件不能独立使用，必须放在<movable-area>组件中，并且是直接子节点，否则无效。

<movable-area>组件主要用于设置<movable-view>组件的可移动区域范围，其属性如表 5.6 所示。

表 5.6 <movable-area>组件的属性

属　　性	类　　型	默认值	说　　明	最 低 版 本
scale-area	Boolean	FALSE	在将里面的<movable-view>组件设置为支持双指缩放时，设置此值可将缩放手势生效区域修改为整个movable-area	1.9.90

注意：<movable-area>组件可以自定义 width 和 height 属性的值，其默认值均为 10px。

三、实现效果

<movable-view>组件的简单应用如图 5.4 所示，其中，图 5.4（a）展示的是页面初始效果；图 5.4（b）展示的是第 1 组移动效果，即<movable-view>组件的尺寸在<movable-area>组件的范围内的移动效果；图 5.4（c）展示的是第 2 组移动效果，即<movable-view>组件的尺寸超过<movable-area>组件的范围的移动效果；图 5.4（d）展示的是第 3 组移动效果，即<movable-view>组件的尺寸可缩放的移动效果。

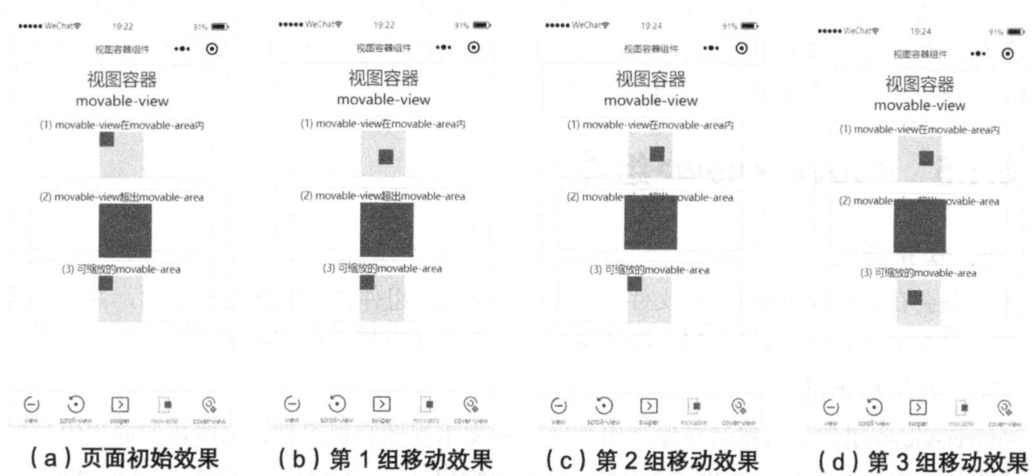

（a）页面初始效果　（b）第 1 组移动效果　（c）第 2 组移动效果　（d）第 3 组移动效果

图 5.4 <movable-view>组件的简单应用

四、任务实现

（1）编写 movable-view.wxml 文件中的代码。在该文件中，会使用<movable-view>组件和<movable-area>组件实现 3 组效果，分别为<movable-view>组件的尺寸在<movable-area>组件的范围内的移动效果、<movable-view>组件的尺寸超过<movable-area>组件的范围的移动效果、<movable-view>组件的尺寸可缩放的移动效果。此外，设置<movable-view>组件的 direction='all'，表示允许在各方向上移动，并且为第 3 组<movable-view>组件设置 scale 属性，表示允许放大、缩小。

movable-view.wxml 文件中的代码如下：

```
<!--pages/movable-view/movable-view.wxml-->
<view class='container'>
  <view class='page-body'>
    <view class='title1'>视图容器</view>
    <view class='title2'>movable-view</view>
    <view class='demo-box'>
      <view class='title'>(1) movable-view 在 movable-area 内</view>
      <movable-area>
        <movable-view id='mv01' direction='all'></movable-view>
      </movable-area>
    </view>
    <view class='demo-box'>
      <view class='title'>(2) movable-view 超出 movable-area</view>
      <movable-area>
        <movable-view id='mv02' direction='all'></movable-view>
      </movable-area>
    </view>
    <view class='demo-box'>
      <view class='title'>(3) 可缩放的 movable-area</view>
      <movable-area scale-area>
        <movable-view id='mv03' direction='all' scale></movable-view>
      </movable-area>
    </view>
  </view>
</view>
```

（2）编写 movable-view.wxss 文件中的代码。在 movable-view.wxss 文件中设置<movable-area>组件的宽度和高度均为 150rpx、背景颜色为浅蓝色；设置<movable-view>组件的背景颜色为红色，并且设置第 1 组和第 3 组<movable-view>组件的宽度和高度均为 50rpx，设置第 2 组<movable-view>组件的宽度和高度均为 180rpx。

5.1.5 <cover-view>组件

一、任务描述

本任务会在 cover-view.wxml 文件中使用一个<map>组件显示默认地图画面，并且在其内部嵌套一个<cover-view>组件，用于将该组件中的图片文本覆盖在地图上方。

二、导入知识点

<cover-view>组件是可覆盖在原生组件之上的文本视图容器组件，可覆盖的原生组件包括<map>组件、<video>组件、<canvas>组件、<camera>组件、<live-player>组件、<live-pusher>组件等，其内部只允许嵌套<cover-view>组件、<cover-image>组件和<button>组件，该组件的属

性如表 5.7 所示。

表 5.7　<cover-view>组件的属性

属　　性	类　　型	说　　明	最 低 版 本
scroll-top	Number	设置顶部滚动偏移量，仅在设置overflow-y: scroll（让轴成为滚动元素）后生效	2.1.0

<cover-image>组件是可以覆盖在原生组件上的图片视图组件，可覆盖的原生组件与<cover-view>组件可覆盖的原生组件相同。<cover-image>组件可以直接使用或被嵌套在<cover-view>组件中，其属性如表 5.8 所示。

表 5.8　<cover-image>组件的属性

属　　性	类　　型	说　　明	最 低 版 本
src	String	图标路径，支持临时路径、网络地址（1.6.0起支持），暂不支持base64格式	—
bindload	EventHandle	在图片加载成功时触发	2.1.0
binderror	EventHandle	在图片加载失败时触发	2.1.0

三、实现效果

<cover-view>组件的简单应用如图 5.5 所示。

图 5.5　<cover-view>组件的简单应用

四、任务实现

（1）编写 cover-view.wxml 文件中的代码。在 cover-view.wxml 文件中放置一个<map>组件，用于显示默认的地图画面，并且在其内部放置一个<cover-view>组件，用于覆盖在地图上方。在<cover-view>组件内部放置了<cover-view>、<cover-image>和<button>组件，分别用于显示文本、图片和按钮效果。

cover-view.wxml 文件中的代码如下：

```
/* pages/cover-view/cover-view.wxml */
<view class='container'>
  <view class='page-body'>
    <view class='title1'>视图容器</view>
    <view class='title2'>cover-view</view>
    <view class='demo-box'>
```

```
    <view class='title'>在地图上放置 cover-view</view>
   <map>
   <cover-view>
    <cover-view>Cover-View</cover-view>
    <cover-image src='/images/house.png'></cover-image>
    <button type='primary' size='mini' style="color:black">这是按钮</button>
   </cover-view>
   </map>
  </view>
 </view>
</view>
```

（2）编写 cover-view.wxss 文件中的代码。

5.2 基础内容组件

基础内容组件包括图标组件<icon>、文本组件<text>、富文本组件<rich-text>、进度条组件<progress>。

5.2.1 <icon>组件

一、任务描述

本任务会在 icon.wxml 文件中使用<block>标签配合 wx:for 循环实现批量生成多个组件的效果，图标的类型、颜色和大小均可以自由变化。

二、导入知识点

基础内容组件主要有 4 种，如表 5.9 所示。

表 5.9 基础内容组件

组件名称	解释
icon	图标组件
text	文本组件
rich-text	富文本组件
progress	进度条组件

<icon>组件为图标组件，开发者可以自定义其类型、大小和颜色，该组件的属性如表 5.10 所示。

表 5.10 <icon>组件的属性

属性	类型	默认值	说明
type	String	none	图标类型
size	Number	23	图标大小，单位为px
color	Color	无	图标颜色，如color="red"

<icon>组件的 type 属性值对应的图标样式如表 5.11 所示。

表 5.11　<icon>组件的 type 属性值对应的图标样式

type属性值	图 标 样 式	说　　明
success		成功图标，用于表示操作顺利完成。也会出现在多选控件中，用于表示已经选中
success-no-circle		不带圆圈样式的成功图标，用于表示操作顺利完成。也会出现在单选控件中，用于表示已经选中
info		提示图标，用于表示信息提示
warn		警告图标，用于提醒需要注意的事件
waiting		等待图标，用于表示事务正在处理中
cancel		取消图标，用于表示关闭或取消
download		下载图标，用于表示可以下载
search		搜索图标，用于表示可搜索
clear		清空图标，用于表示清除内容

例如，声明一个红色、40px 的警告图标，WXML 文件中的代码如下：

```
icon type="warn" size="40" color="red"></icon>
```

如果有多个图标需要批量生成，则可以事先在对应的 JS 文件中用 data 对象记录数据，然后在 WXML 文件中配合使用<block>标签。例如，依次生成红、黄、蓝色的信息图标，相关代码如下：

```
<!--WXML-->
<view>
<block wx:for="{{iconColor}}">
<icon type="info" color="{{item}}"/>
</block>
</view>
```

```
//JS
Page({
data: {
iconColor: ['red', 'yellow', 'blue']
}
})
```

三、实现效果

<icon>组件的简单应用如图 5.6 所示。根据图 5.6 可知，图标的类型、颜色和大小均可以自由变化。

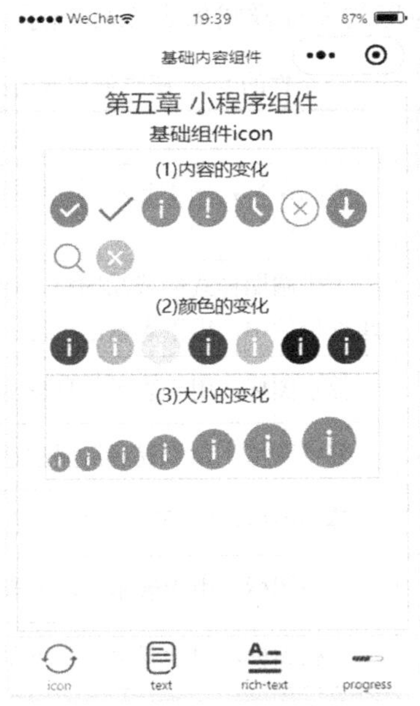

图 5.6 <icon>组件的简单应用

四、任务实现

（1）编写 icon.wxml 文件中的代码。在 icon.wxml 文件中使用<block>标签配合 wx:for 循环实现批量生成多个组件的效果。

icon.wxml 文件中的代码如下：

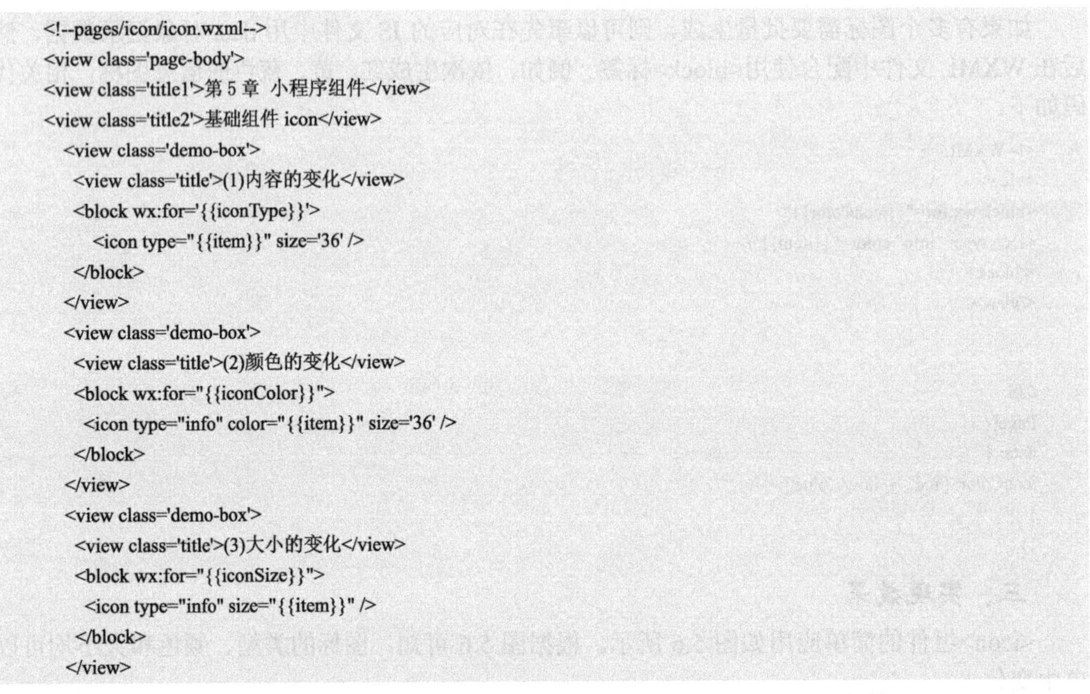

```
<!--pages/icon/icon.wxml-->
<view class='page-body'>
<view class='title1'>第 5 章  小程序组件</view>
<view class='title2'>基础组件 icon</view>
  <view class='demo-box'>
    <view class='title'>(1)内容的变化</view>
    <block wx:for='{{iconType}}'>
      <icon type="{{item}}" size='36' />
    </block>
  </view>
  <view class='demo-box'>
    <view class='title'>(2)颜色的变化</view>
    <block wx:for="{{iconColor}}">
      <icon type="info" color="{{item}}" size='36' />
    </block>
  </view>
  <view class='demo-box'>
    <view class='title'>(3)大小的变化</view>
    <block wx:for="{{iconSize}}">
      <icon type="info" size="{{item}}" />
    </block>
  </view>
```

（2）编写 icon.js 文件中的代码。在 icon.js 文件的 data 对象中设置 3 个数组，即 iconType、iconColor、iconSize，分别用于记录图标的类型、颜色和大小。

icon.js 文件中的代码如下：

```
<!--pages/icon/icon.js-->
  data: {
    iconType: ['success', 'success_no_circle', 'info', 'warn', 'waiting', 'cancel', 'download', 'search', 'clear'],
    iconColor:['red','orange','yellow','green','cyan','blue','purple'],
    iconSize:[20,25,30,35,40,45,50]
  },
```

5.2.2 <text>组件

一、任务描述

本任务要求使用文本组件<text>在 text.wxml 文件中设置 3 组效果，分别为文本可选、空格显示形式和文本解码。

二、导入知识点

<text>组件为文本组件，该组件的属性如表 5.12 所示。

表 5.12　<text>组件的属性

属　性	类　型	默 认 值	说　明	最 低 版 本
selectable	Boolean	FALSE	文本是否可选	1.1.0
space	String	FALSE	显示连续空格	1.4.0
decode	Boolean	FALSE	是否解码	1.4.0

例如，生成一个内容可选的文本组件，代码如下：

```
<text selectable>这一段测试文本</text>
```

space 属性值的具体说明如表 5.13 所示。

表 5.13　<text>组件的 space 属性值的具体说明

值	说　明
ensp	中文字符空格一半的大小
emsp	中文字符空格的大小
nbsp	根据字体设置的空格大小

注意事项如下：

- decode 可以解析的有 、<、>、&、&apos、 、 。
- 各个操作系统的空格标准不一致。
- <text>组件内只支持<text>嵌套。
- 除文本节点外的其他节点都无法长按选中。

三、实现效果

<text>组件的简单应用如图 5.7 所示，其中，页面初始效果如图 5.7（a）所示，长按可以选择第一段文本内容，如图 5.7（b）所示。

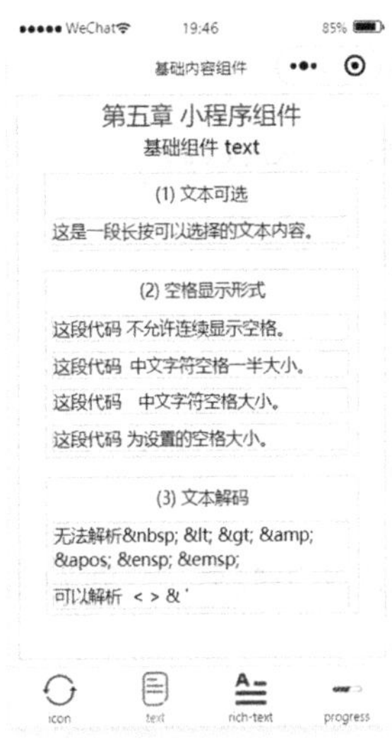

（a）页面初始效果

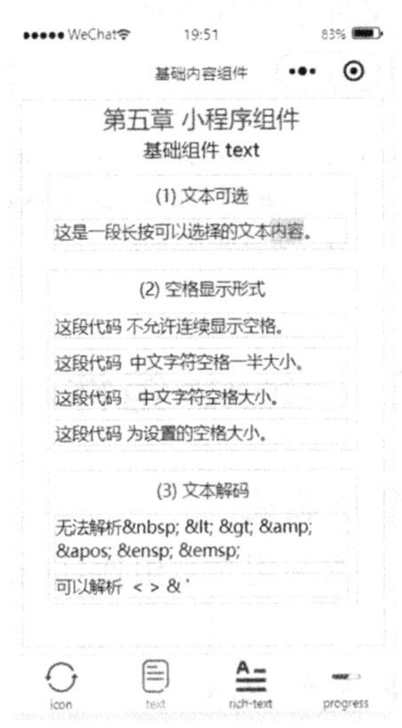

（b）长按可选择第一段文本内容

图 5.7　<text>组件的简单应用

四、任务实现

（1）编写 text.wxml 文件中的代码。在 text.wxml 文件中设置 3 组效果，即文本可选、空格显示形式和文本解码。其中，第 1 组使用 selectable 属性实现<text>组件中文本内容的可选效果；第 2 组中包含 4 个<text>组件，分别用于验证 4 个连续中文空格的显示效果；第 3 组中包含两个<text>组件，分别用于验证特殊符号（ 、<、>、&、&apos、 、 ）的解码效果。

text.wxml 文件中的代码如下：

```
<!--pages/text/text.wxml-->
<view class='page-body'>
<view class='title1'>第 5 章  小程序组件</view>
<view class='title2'>基础组件 text</view>
  <view class='demo-box'>
    <view class='title'>(1) 文本可选</view>
    <text selectable>这是一段长按可以选择的文本内容。</text>
  </view>
  <view class='demo-box'>
    <view class='title'>(2) 空格显示形式</view>
    <text>这段代码    不允许连续显示空格。</text>
    <text space='ensp'>这段代码    中文字符空格一半大小。</text>
    <text space='emsp'>这段代码    中文字符空格大小。</text>
    <text space='nbsp'>这段代码    根据字体设置的空格大小。</text>
  </view>
  <view class='demo-box'>
    <view class='title'>(3) 文本解码</view>
    <text>无法解析  &lt; &gt; &amp; &apos;    </text>
    <text decode>可以解析  &lt; &gt; &amp; &apos;    </text>
  </view>
</view>
```

（2）编写 text.wxss 文件中的代码。在 text.wxss 文件中为<text>组件设置内边距和外边距均为 15rpx、带有 1rpx 宽的银色实线边框、块级元素显示及 10 号字的样式。

5.2.3　<rich-text>组件

一、任务描述

本任务要求使用富文本组件<rich-text>在 rich-text.wxml 文件中设置 3 组效果，分别为元素节点（使用 style 样式）、元素节点（使用 class 样式）和文本节点，均用于实现同一种元素样式（<div>元素，行高为 60px，采用红色加粗字体）。

二、导入知识点

<rich-text>组件为富文本组件，该组件的属性如表 5.14 所示。

表 5.14　<rich-text>组件的属性

属　　性	类　　型	默 认 值	说　　明	最 低 版 本
nodes	Array / String	[ ]	节点列表 / HTML String	1.4.0

例如，在 WXML 文件中声明一个富文本组件，代码如下：

```
<rich-text nodes='{{nodes}}'></rich-text>
```

其中，{{nodes}}为自定义名称的变量，用于定义 HTML 内容。

如果使用字符串（String 类型）描述 HTML 代码，那么 JS 文件中的代码如下：

```
Page({
  data: {
nodes:'<div style="line-height: 60px; color: red;">Hello World!</div>'
}
})
```

由于<rich-text>组件会将 String 类型的变量转换为 Array 类型的变量，因此在内容比较多时，性能会有所下降。

Array 类型目前支持两种节点，分别是元素节点（node）和文本节点（text）。

<rich-text>组件支持默认事件，包括 tap、touchstart、touchmove、touchcancel、touchend 和 longtap。

1．元素节点

当 type='node'时为元素节点，相关属性如表 5.15 所示。

表 5.15　元素节点（type='node'）的相关属性

属　　性	说　　明	类　　型	必　　填	备　　注
name	标签名	String	是	支持部分受信任的HTML节点
attrs	属性	Object	否	支持部分受信任的属性，遵循Pascal命名法
children	子节点列表	Array	否	结构和nodes一致

注：元素节点为默认效果。

2．文本节点

当 type='text'时为文本节点，相关属性如表 5.16 所示。

表 5.16　文本节点（type='text'）的相关属性

属　　性	说　　明	类　　型	必　　填	备　　注
text	文本	String	是	支持entities

注：文本节点不支持样式效果，只用于显示纯文本内容。可以与元素节点配合使用。

上面的例子也可以用数组（Array 类型）表示，JS 文件中的代码改写如下：

```
Page({
data: {
nodes: [{
name: 'div',
attrs: {
style: 'line-height: 60px; color: red;'
},
children: [{
type: 'text',
text: 'Hello World!'
}]
}]
}
})
```

上述代码将元素节点与文本节点配合使用，使用元素节点的 attrs 属性声明样式，使用文本节点的 text 属性声明文字内容，其运行效果与改写前完全一样。需要注意的是，元素节点支持 class 属性和 style 属性，但不支持 id 属性。

三、实现效果

<rich-text>组件的简单应用如图 5.8 所示。

图 5.8　<rich-text>组件的简单应用

四、任务实现

（1）编写 rich-text.wxml 文件中的代码。在 rich-text.wxml 文件中设置 3 组效果，分别为元素节点（使用 style 样式）、元素节点（使用 class 样式）和文本节点。

rich-text.wxml 文件中的代码如下：

```
<!--pages/rich-text/rich-text.wxml-->
<view class='container'>
 <view class='page-body'>
  <view class="title1">第 5 章 小程序组件</view>
  <view class="title2">基础组件 rich-text</view>
  <view class='demo-box'>
   <view class='title'>(1) 元素节点(使用 style 样式)</view>
   <rich-text nodes='{{nodes01}}'></rich-text>
  </view>
  <view class='demo-box'>
```

```
      <view class='title'>(2) 元素节点(使用 class 样式)</view>
      <rich-text nodes='{{nodes02}}'></rich-text>
    </view>
    <view class='demo-box'>
      <view class='title'>(3) 文本节点</view>
      <rich-text nodes='{{nodes03}}'></rich-text>
    </view>
  </view>
</view>
```

（2）编写 rich-text.wxss 文件中的代码。rich-text.wxss 文件主要用于实现同一种元素样式（<div>元素，行高为 60px，采用红色、加粗字体）。

（3）编写 rich-text.js 文件中的代码。第 1 组效果使用 style 属性实现元素样式；第 2 组效果使用 class 属性自定义 myStyle 样式，并且在 rich-text.wxss 文件中对 myStyle 样式进行完善，从而实现元素样式；第 3 组效果直接使用 String 类型实现元素样式。

rich-text.js 文件中的代码如下：

```
// pages/rich-text/rich-text.js
Page({
  data: {
    nodes01: [{
      name: 'div',
      attrs: {
        style: 'line-height: 60px; color: red; font-weight: bold'
      },
      children: [{
        type: 'text',
        text: 'Hello World!'
      }]
    }],
    nodes02: [{
      name: 'div',
      attrs: {
        class: 'myStyle'
      },
      children: [{
        type: 'text',
        text: 'Hello World!'
      }]
    }],
    nodes03:'<div style="line-height: 60px; color: red;font-weight: bold">Hello World!</div>'
  },
})
```

5.2.4　<progress>组件

一、任务描述

本任务要求列举 4 种进度条的情况，包括进度条右侧显示百分比、线条宽度为 20px 的进度条、自定义颜色的进度条、带有动画效果的进度条。

二、导入知识点

<progress>组件为进度条组件，该组件的属性如表 5.17 所示。

表 5.17 <progress>组件的属性

属　　性	类　　型	默 认 值	说　　明	最低版本
percent	Float	无	百分比0～100	—
show-info	Boolean	FALSE	在进度条右侧显示百分比	—
stroke-width	Number	6	进度条线的宽度，单位为px	—
color	Color	#09BB07	进度条颜色（请使用 activeColor）	—
activeColor	Color	—	已选择的进度条的颜色	—
backgroundColor	Color	—	未选择的进度条的颜色	—
active	Boolean	FALSE	进度条从左往右的动画	—
active-mode	String	backwards	backwards: 动画从头播；forwards: 动画从上次结束点接着播	1.7.0

例如，声明一个目前正处于 80%刻度，并且宽 20px 的进度条组件，WXML 代码如下：

```
<progress  percent="80"  stroke-width="20"  />
```

三、实现效果

<process>组件的简单应用如图 5.9 所示。

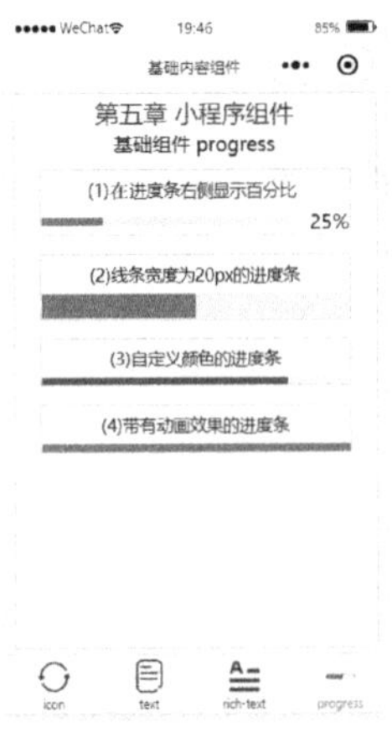

图 5.9 <progress>组件的简单应用

四、任务实现

在 progress.wxml 文件中包括 4 种进度条，分别为在进度条右侧显示百分比、线条宽度为 20px 的进度条、自定义颜色的进度条、带有动画效果的进度条。需要注意的是，用户只能使用 activeColor 属性自定义进度条的选中颜色，单独使用 color 属性无效。

progress.wxml 文件中的代码如下：

```
<!--pages/progress/progress.wxml-->
<view class='container'>
 <view class='page-body'>
  <view class="title1">第 5 章 小程序组件</view>
  <view class="title2">基础组件 progress</view>
  <view class='demo-box'>
   <view class='title'>(1)在进度条右侧显示百分比</view>
   <progress percent='25' show-info />
  </view>
  <view class='demo-box'>
   <view class='title'>(2)线条宽度为 20px 的进度条</view>
   <progress percent='50' stroke-width='20' />
```

```
    </view>
    <view class='demo-box'>
      <view class='title'>(3)自定义颜色的进度条</view>
      <progress percent='80' activeColor='red' />
    </view>
    <view class='demo-box'>
      <view class='title'>(4)带有动画效果的进度条</view>
      <progress percent='100' active />
    </view>
  </view>
</view>
```

5.3　表单组件

微信小程序提供了丰富的表单组件，包括按钮组件<button>、单选按钮组件<radio>、复选框组件<checkbox>、单行输入框组件<input>、改进表单可用性组件<label>、表单组件<form>、从底部弹起的滚动选择器组件<picker>、嵌入页面的滚动选择器组件<picker-viewer>、滑动选择器组件<slider>、开关选择器组件<switch>、多行输入框组件<textarea>。

5.3.1　<button>组件

一、任务描述

本任务要求使用按钮组件<button>设置 3 组效果，分别为迷你按钮、普通按钮的不同状态、单击按钮获得用户信息。其中，第 1 组使用 size='mini'实现迷你按钮效果；第 2 组中的 loading 属性会在按钮文字左边形成一个加载滚动的动画效果图标；单击第 3 组中的按钮，会触发 getUserDetai()函数，并且在 Console 控制台中输出当前的微信用户信息，包括微信头像、昵称、性别、地址等信息。

二、导入知识点

表单组件主要有 11 种，如表 5.18 所示。

表 5.18　表单组件

组 件 名 称	说　　明
button	按钮组件
radio	单选按钮组件
checkbox	复选框组件
input	单行输入框组件
label	改进表单可用性组件
form	表单组件
picker	从底部弹起的滚动选择器组件
picker-view	嵌入页面的滚动选择器组件
slider	滑动选择器组件
switch	开关选择器组件
textarea	多行输入框组件

<button>组件为按钮组件，该组件的常用属性如表 5.19 所示。

表 5.19　<button>组件的常用属性

属　　性	类　　型	默 认 值	说　　明	最低版本
size	String	default	按钮的大小	—
type	String	default	按钮的类型	—
plain	Boolean	FALSE	按钮是否镂空，背景色透明	—
disabled	Boolean	FALSE	是否禁用	—
loading	Boolean	FALSE	名称前是否带loading图标	—
form-type	String	—	适用于 <form> 组件，单击会触发 <form> 组件的submit/reset事件	—
open-type	String	—	微信开放能力	1.1.0
hover-class	String	button-hover	指定按钮按下去的样式。当hover-class="none" 时，没有单击态效果	—
hover-stop-propagation	Boolean	FALSE	指定是否阻止本节点的祖先节点出现单击态效果	1.5.0
hover-start-time	Number	20	指定在按住按钮多久后出现单击态效果，单位为毫秒	—
hover-stay-time	Number	70	指定在手指松开后单击态效果的保留时间，单位为毫秒	—

注意：hover-class 的属性值 button-hover 默认为{background-color: rgba(0, 0, 0, 0.1); opacity: 0.7;}

size 属性的有效值如下。

- default：默认值，按钮宽度与手机屏幕宽度相同。
- mini：迷你型按钮，按钮尺寸、字号都比普通按钮小。

示例代码如下：

```
<button size='default'>普通按钮</button>
<button size='mini'>迷你按钮</button>
```

上述代码的运行效果如图 5.10 所示。

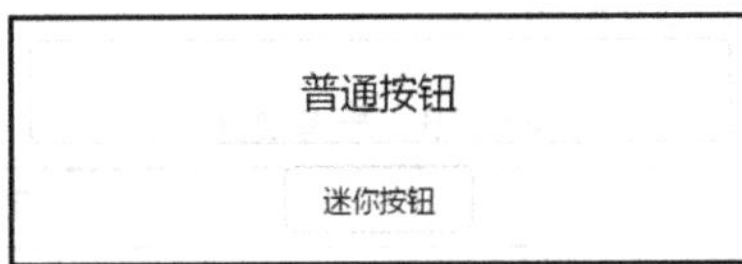

图 5.10　size 属性的简单应用

type 属性的有效值如下。

- primary：主要按钮，按钮颜色为绿色。
- default：默认按钮，按钮颜色为普通的灰白色。
- warn：警告按钮，按钮颜色为红色。

示例代码如下：

```
<button type='primary'>primary 按钮</button>
<button type='default'>default 按钮</button>
<button type='warn'>warn 按钮</button>
```

上述代码的运行效果如图 5.11 所示。

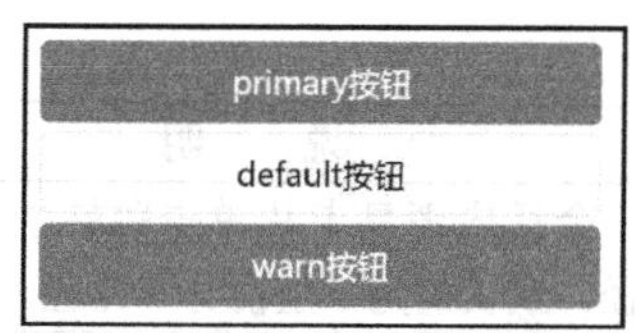

图 5.11　type 属性的简单应用

form-type 属性的有效值如下。

- submit：提交表单。
- reset：重置表单。

示例代码如下：

```
<button form-type='submit'>提交按钮</button>
<button form-type='reset'>重置按钮</button>
```

上述代码的运行效果如图 5.12 所示。

提交按钮

重置按钮

图 5.12　form-type 属性的简单应用

open-type 属性的有效值如表 5.20 所示。

表 5.20　<button>组件的 open-type 属性的有效值

值	说　明
contact	打开客服会话
share	触发用户转发，在使用前，建议先阅读使用指引
getUserInfo	获取用户信息，可以从 bindgetuserinfo 回调中获取到用户信息
getPhoneNumber	获取用户手机号，可以从 bindgetphonenumber 回调中获取到用户信息，具体说明
launchApp	打开 APP，可以通过 app-parameter 属性设定向 APP 传的参数具体说明
openSetting	打开授权设置页
feedback	打开“意见反馈”页面，用户可提交反馈内容并上传日志，开发者可以登录小程序管理后台后进入左侧菜单“客服反馈”页面获取到反馈内容

<button>组件有一系列属性需要配合对应的 open-type 属性方可生效，相关属性如表 5.21 所示。

表 5.21　<button>组件的 open-type 属性的相关属性

属　性	类　型	说　明	生 效 时 机
lang	String	指定返回用户信息的语言，zh_CN 简体中文，zh_TW 繁体中文，en 英文。默认值为：en	open-type="getUserInfo"
bindgetuserinfo	Handler	用户单击该按钮时，会返回获取到的用户信息，回调的 detail 数据与 wx.getUserInfo返回的一致	open-type="getUserInfo"
session-from	String	会话来源	open-type="contact"
send-message-title	String	会话内消息卡片标题，默认值为：当前标题	open-type="contact"

续表

属　　性	类　　型	说　　明	生 效 时 机
send-message-path	String	会话内消息卡片单击跳转小程序路径，默认值为：当前分享路径。	open-type="contact"
send-message-img	String	会话内消息卡片图片，默认值为：截图。	open-type="contact"
show-message-card	Boolean	显示会话内消息卡片，默认值为：FALSE。	open-type="contact"
bindcontact	Handler	客服消息回调	open-type="contact"
bindgetphonenumber	Handler	获取用户手机号回调	open-type="getPhone Number"
app-parameter	String	打开 APP 时，向 APP 传递的参数	open-type="launchApp"
binderror	Handler	当使用开放能力时，发生错误的回调	open-type="launchApp"
bindopensetting	Handler	在打开授权设置页后回调	open-type="openSetting"

三、实现效果

<button>组件的简单应用如图 5.13 所示，图 5.13（a）展示的是页面初始效果，其中第 2 组中的 loading 属性会在按钮文字左边形成一个加载滚动的动画效果图标；图 5.13（b）展示的是单击第 3 组中的按钮后的效果，此时会触发 getUserDetail()函数，并且在 Console 控制台中输出当前的微信用户信息，包括微信头像、昵称、性别、地址等信息。

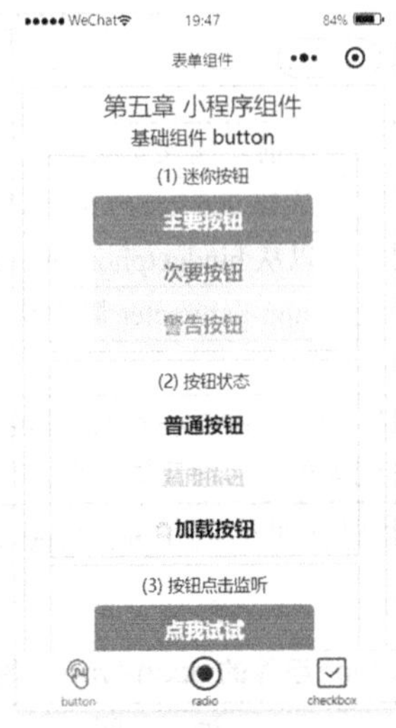

（a）页面初始效果

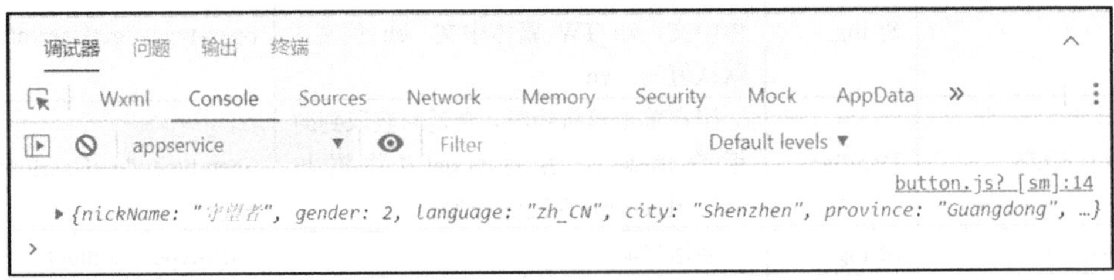

（b）在 Console 控制台中输出当前的微信用户信息

图 5.13　<button>组件的简单应用

四、任务实现

（1）编写 button.wxml 文件中的代码。在 button.wxml 文件中设置 3 组效果，分别为迷你按钮、普通按钮的不同状态、单击按钮获得用户信息。其中，第 1 组使用 size='mini'实现迷你按钮效果：第 2 组分别使用 disabled 和 loading 属性实现按钮禁用和加载动画效果；第 3 组为按钮追加 open-type='getUserInfo'状态，然后使用自定义函数 getUserDetail()获取用户信息。

button.wxml 文件中的代码如下：

```
<!--pages/button/button.wxml-->
<view class='container'>
 <view class='page-body'>
  <view class="title1">第 5 章 小程序组件</view>
  <view class="title2">基础组件 button</view>
  <view class="demo-box">
   <view class='title'>(1) 迷你按钮</view>
   <button type='primary'>主要按钮</button>
   <button type='default'>次要按钮</button>
   <button type='warn'>警告按钮</button>
  </view>
  <view class='demo-box'>
   <view class='title'>(2) 按钮状态</view>
   <button>普通按钮</button>
   <button disabled>禁用按钮</button>
   <button loading>加载按钮</button>
  </view>
  <view class='demo-box'>
   <view class='title'>(3) 按钮点击监听</view>
   <button type='primary' bindgetuserinfo='getUserDetail' open-type='getUserInfo'>点我试试</button>
  </view>
 </view>
</view>
```

（2）编写 button.js 文件中的代码。在 button.js 中定义 getUserDetail()函数，用于在 Console 控制台中输出获取的微信用户信息。

5.3.2　<radio>组件

一、任务描述

本任务要求使用表单组件<radio>创建单选按钮，并且可以识别单选按钮的名称和选中状态，在选择新的单选按钮后，原先被选中的单选按钮会自动取消选中状态，并且在 Console 控制台中自动输出被选中的<radio>组件的值。

二、导入知识点

<radio>组件为单选按钮组件，通常需要与单项选择器组件<radio-group>配合使用，其中<radio-group>组件的首尾标签之间可以包含若干个<radio>组件。

<radio-group>组件只有一个属性，如表 5.22 所示。

表 5.22　<radio-group>组件的属性

属性名称	类　型	解　释	备　注
bindchange	EventHandle	当内部<radio>组件的选中状态发生变化时触发change事件	携带值为event.detail={value:被选中radio组件的value值}

<radio>组件的属性如表 5.23 所示。

表 5.23　<radio>组件的属性

属性名称	类　型	解　释	备　注
value	String	组件携带的标识值	当<radio-group>组件的change事件被触发时，会携带该值
checked	Boolean	是否选中该组件	默认值为false
disabled	Boolean	是否禁用该组件	默认值为false
color	Color	组件的颜色	与CSS中color属性的效果相同

示例代码如下：

```
<radio-group>
<radio value='watermelon' checked />西瓜
<radio value='orange' disabled />橙子
<radio value='strawberry' />草莓
<radio value='pineapple' />菠萝
</radio-group>
```

上述代码的运行效果如图 5.14 所示。

图 5.14　<radio>组件的效果示例

三、实现效果

<radio>组件的简单应用如图 5.15 所示，图 5.15（a）展示的是页面初始效果，系统可以识别单选按钮的名称和选中状态（默认“橙子”单选按钮处于选中状态）；图 5.15（b）展示的是选择新的单选按钮后的效果，在选择新的单选按钮后，原来被选中的单选按钮会自动取消选中状态；图 5.15（c）展示的是在选择新的单选按钮后，在 Console 控制台中输出的内容，即被选中的<radio>组件的值。

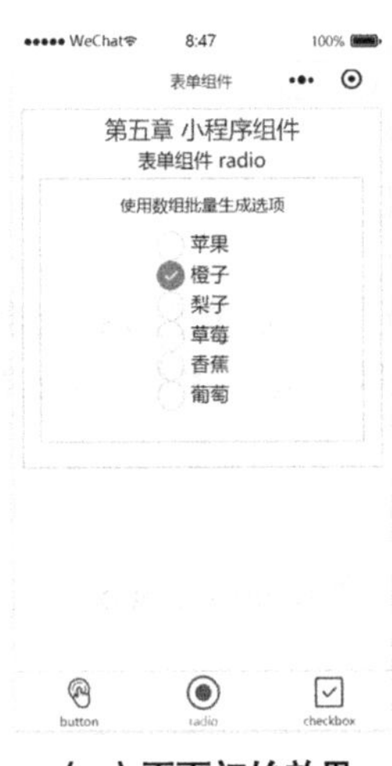

（a）页面初始效果

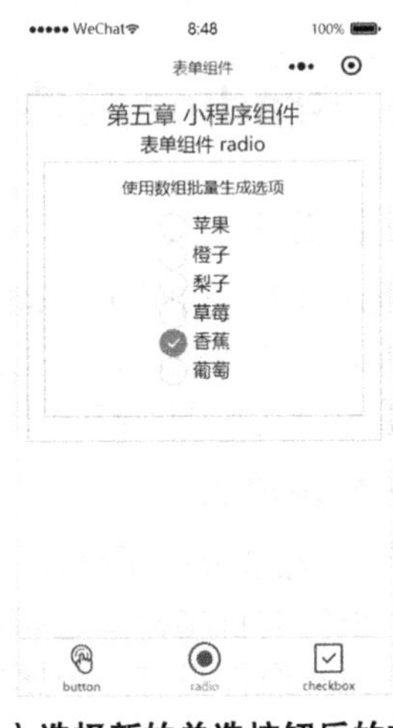

（b）选择新的单选按钮后的效果

图 5.15　<radio>组件的简单应用

```
调试器 问题 输出 终端
Wxml Console Sources Network Memory Security Mock AppData » ⚠10
appservice ▼ Filter Default levels ▼ 2 hidden
12 |         </radio-group>
radio发生变化，被选中的值是：apple          radio.js? [sm]:21
radio发生变化，被选中的值是：orange         radio.js? [sm]:21
radio发生变化，被选中的值是：grape          radio.js? [sm]:21
>
```

（c）Console 控制台中输出的内容

图 5.15　<radio>组件的简单应用（续）

四、任务实现

（1）编写 radio.wxml 文件中的代码。在 radio.wxml 文件中使用<radio-group>组件创建单选按钮组，并且在其内部使用<view>组件配合 wx:for 循环批量生成多个<radio>组件。为了监听单选按钮的选中状态是否发生变化，为<radio-group>组件添加 bindchange 属性，其属性值 radioChange 为自定义函数名称。

radio.wxml 文件中的代码如下：

```
<!--pages/radio/radio.wxml-->
<view class='container'>
  <view class='page-body'>
    <view class="title1">第 5 章 小程序组件</view>
    <view class="title2">表单组件 radio</view>
    <view class='demo-box'>
      <view class='title'>使用数组批量生成选项</view>
      <radio-group bindchange='radioChange'>
        <view class='test' wx:for='{{radioItems}}' wx:key='item{{index}}'>
          <radio value='{{item.value}}' checked='{{item.checked}}' />{{item.name}}
        </view>
      </radio-group>
    </view>
  </view>
</view>
```

（2）编写 radio.js 文件中的代码。在 radio.js 文件的 data 对象中设置一个数组 radioItems，用于记录单选按钮的名称（name）、值（value）及初始选中状态（checked）；然后定义一个 radioChange()函数，用于在 Console 控制台中输出最新被选中的<radio>组件的值，从而监听单选按钮的选中状态。

radio.js 文件中的代码如下：

```
// pages/radio/radio.js
Page({
  data: {
    radioItems: [
      { name: '苹果', value: 'apple' },
      { name: '橙子', value: 'orange', checked: 'true' },
      { name: '梨子', value: 'pear' },
      { name: '草莓', value: 'strawberry' },
      { name: '香蕉', value: 'banana' },
      { name: '葡萄', value: 'grape' },
    ]
  },
  radioChange: function (e) {
```

```
        console.log('radio 发生变化，被选中的值是：' + e.detail.value)
    },
})
```

5.3.3 <checkbox>组件

一、任务描述

本任务要求使用复选框组件<checkbox>创建复选框，可以识别复选框的名称和选中状态（默认“橙子”复选框处于选中状态），并且允许手动进行多选。当复选框的选中状态发生变化时，在 Console 控制台中自动输出被选中的<checkbox>组件的值。

二、导入知识点

<checkbox>组件为复选框组件，通常需要与多项选择器组件<checkbox-group>配合使用，其中<checkbox-group>组件的首尾标签之间可以包含若干个<checkbox>组件。

<checkbox-group>组件只有一个属性，如表 5.24 所示。

表 5.24 <checkbox-group>组件的属性

属　性	类　型	解　释	备　注
bindchange	EventHandle	当内部<checkbox>组件的选中状态发生改变时触发change事件	携带值为event.detail={value:[被选中checkbox组件value值的数组]}

<checkbox>组件的属性如表 5.25 所示。

表 5.25 <checkbox>组件的属性

属性名称	类　型	解　释	备　注
value	String	组件携带的标识值	当<checkbox-group>组件的change事件被触发时，会携带该值
checked	Boolean	是否选中该组件	默认值为false
disabled	Boolean	是否禁用该组件	默认值为false
color	Color	组件的颜色	与CSS中color属性的效果相同

示例代码如下：

```
<checkbox-group>
<checkbox value='apple' checked />苹果
<checkbox value='banana' disabled />香蕉
<checkbox value='grape' />葡萄
<checkbox value='lemon' />柠檬
</checkbox-group>
```

上述代码的运行效果如图 5.16 所示。

图 5.16 <checkbox>组件的效果示例

三、实现效果

<checkbox>组件的简单应用如图 5.17 所示，图 5.17（a）展示的是页面初始效果，可以识别复选框的名称和选中状态（默认“橙子”选项处于选中状态）；图 5.17（b）展示的是勾选多

个复选框后的效果；图 5.17（c）展示的在勾选多个复选框后，在 Console 控制台中输出的内容，即被选中的<checkbox>组件的值。

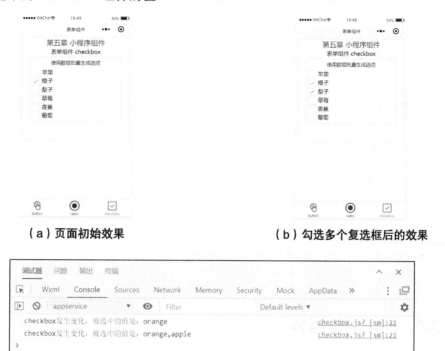

（a）页面初始效果　　　　（b）勾选多个复选框后的效果

调试器　问题　输出　终端
Wxml　Console　Sources　Network　Memory　Security　Mock　AppData
appservice　Filter　Default levels
checkbox发生变化，被选中的值是：orange　checkbox.js? [sm]:21
checkbox发生变化，被选中的值是：orange,apple　checkbox.js? [sm]:21

（c）Console 控制台中输出的内容

图 5.17　<checkbox>组件的简单应用

四、任务实现

（1）编写 checkbox.wxml 文件中的代码。在 checkbox.wxml 文件中使用<checkbox-group>组件创建复选框组，并且在其内部使用<view>组件配合 wx:for 循环批量生成多个<checkbox>组件。为了监听复选框的选中状态是否发生变化，为<checkbox-group>组件添加 bindchange 属性，其属性值 checkboxChange 为自定义函数名称。

checkbox.wxml 文件中的代码如下：

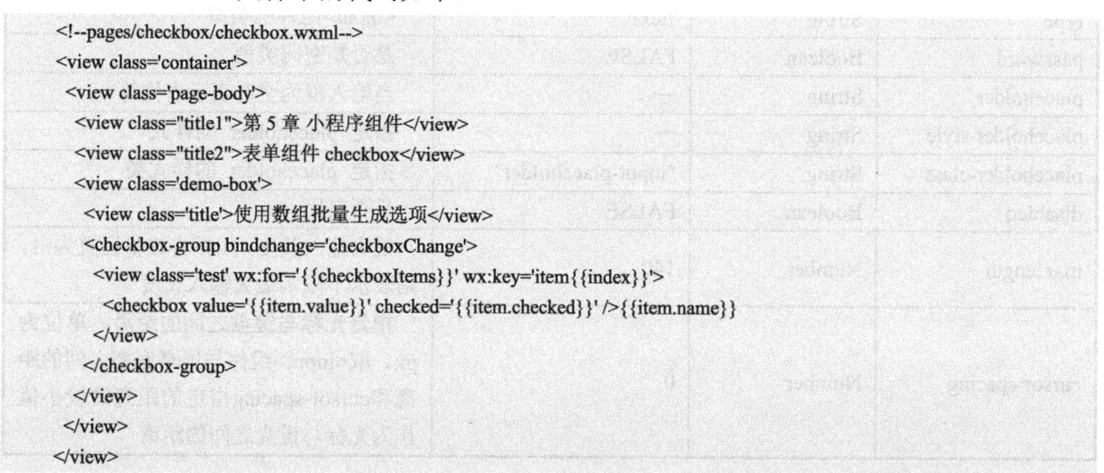

```
<!--pages/checkbox/checkbox.wxml-->
<view class='container'>
 <view class='page-body'>
  <view class="title1">第 5 章 小程序组件</view>
  <view class="title2">表单组件 checkbox</view>
  <view class='demo-box'>
   <view class='title'>使用数组批量生成选项</view>
   <checkbox-group bindchange='checkboxChange'>
    <view class='test' wx:for='{{checkboxItems}}' wx:key='item{{index}}'>
     <checkbox value='{{item.value}}' checked='{{item.checked}}' />{{item.name}}
    </view>
   </checkbox-group>
  </view>
 </view>
</view>
```

（2）编写 checkbox.js 文件中的代码。在 checkbox.js 文件的 data 对象中设置一个数组

checkboxItems，用于记录复选框的名称（name）、值（value）及初始选中状态（checked）；然后定义一个 checkboxChange()函数，用于在 Console 控制台中输出最新被选中的<checkbox>组件的值。

checkbox.js 文件中的代码如下：

```
// pages/checkbox/checkbox.js
Page({
  data: {
    checkboxItems: [
      { name: '苹果', value: 'apple' },
      { name: '橙子', value: 'orange', checked: 'true' },
      { name: '梨子', value: 'pear' },
      { name: '草莓', value: 'strawberry' },
      { name: '香蕉', value: 'banana' },
      { name: '葡萄', value: 'grape' },
    ]
  },
  checkboxChange: function (e) {
    console.log('checkbox 发生变化，被选中的值是：'+ e.detail.value)
  },
})
```

5.3.4 <input>组件

一、任务描述

本任务要求使用表单组件<input>实现 5 组效果，分别为密码输入框、最大字符长度限制为 10、禁用输入框、自定义 placeholder 样式及输入框事件监听。

二、导入知识点

<input>组件为单行输入框组件，其属性如表 5.26 所示。

表 5.26　<input>组件的属性

属　　性	类　　型	默 认 值	说　　明
value	String	—	输入框中的初始内容
type	String	"text"	<input>组件的类型
password	Boolean	FALSE	是否是密码类型
placeholder	String	—	当输入框为空时表示占位符
placeholder-style	String	—	指定 placeholder 的样式
placeholder-class	String	"input-placeholder"	指定 placeholder 的样式类
disabled	Boolean	FALSE	是否禁用
maxlength	Number	140	最大输入长度，如果将该值设置为-1，则表示不限制最大输入长度
cursor-spacing	Number	0	指定光标与键盘之间的距离，单位为px。取<input>组件与屏幕底部之间的距离和cursor-spacing指定的距离的较小值作为光标与键盘之间的距离

续表

属　性	类　型	默 认 值	说　明
auto-focus	Boolean	FALSE	自动聚焦，拉起键盘（即将废弃，建议直接使用focus属性）
focus	Boolean	FALSE	获取焦点
confirm-type	String	"done"	设置键盘右下角按钮的文字（最低版本：1.1.0）
confirm-hold	Boolean	FALSE	指定在单击键盘右下角按钮时是否保持键盘不收起（最低版本：1.1.0）
cursor	Number	—	指定获取焦点时的光标位置（最低版本：1.5.0）
selection-start	Number	-1	光标起始位置，在自动聚焦时有效，需要与selection-end属性搭配使用（最低版本：1.9.0）
selection-end	Number	-1	光标结束位置，在自动聚焦时有效，需要与selection-start属性搭配使用（最低版本：1.9.0）
adjust-position	Boolean	TRUE	指定在键盘弹起时是否自动上推页面（最低版本：1.9.90）
bindinput	EventHandle	—	在使用键盘输入时触发，event.detail = {value, cursor, keyCode}，keyCode为键值，在2.1.0及更高版本中支持，事件处理函数可以直接返回一个字符串并替换输入框中的内容
bindfocus	EventHandle	—	在输入框聚焦时触发，event.detail = { value, height }，height为键盘高度，在基础库1.9.90及更高版本中支持
bindblur	EventHandle	—	在输入框失去焦点时触发，event.detail = {value: value}
bindconfirm	EventHandle	—	在单击完成按钮时触发，event.detail = {value: value}

type 属性的有效值如下。

- text：文本键盘。
- number：数字键盘。
- idcard：身份证键盘。
- digit：带小数点的数字键盘。

示例代码如下：

```
<input type='text' />
<input type='number' />
<input type='idcard ' />
<input type='digit' />
```

上述代码的运行效果如图 5.18 所示。

（a）<input type='text'>键盘效果

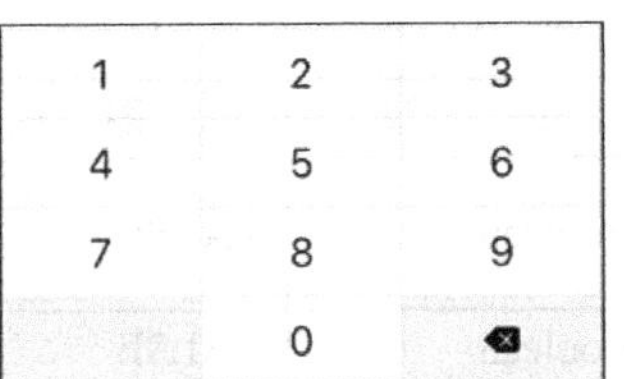

（b）<input type='number'>键盘效果

（c）<input type='idcard'>键盘效果

（d）<input type='digit'>键盘效果

图 5.18　type 属性的简单应用

confirm-type 属性的有效值如下。

- send：在右下角显示“发送”按钮。
- search：在右下角显示“搜索”按钮。
- next：在右下角显示“下一项”按钮。
- go：在右下角显示“前往”按钮。
- done：在右下角显示“完成”按钮。

示例代码如下：

```
<input confirm-type='send' />
<input confirm-type='search' />
<input confirm-type='next' />
<input confirm-type='go' />
<input confirm-type='done' />
```

上述代码的运行效果如图 5.19 所示。

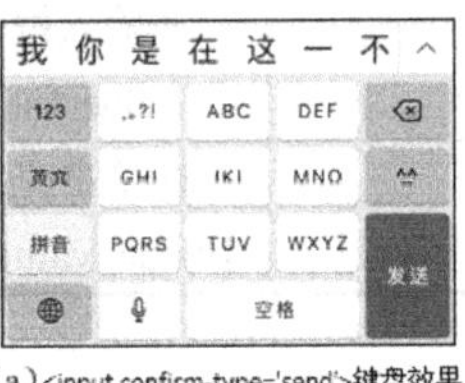

（a）<input confirm-type='send'>键盘效果

（b）<input confirm-type='search'>键盘效果

（c）<input confirm-type='next'>键盘效果

（d）<input confirm-type='go'>键盘效果

（e）<input confirm-type='done'>键盘效果

图 5.19　confirm-type 属性的简单应用

三、实现效果

本任务要求实现 5 组效果，分别为密码输入框、最大字符长度限制为 10、禁用输入框、自定义 placeholder 样式及输入框事件监听。<input>组件的简单应用如图 5.20 所示。其中，图 5.20（a）展示的是页面初始效果；图 5.20（b）展示的是在 5 组单行输入框中输入文字后的效果；图 5.20（c）展示的是 Console 控制台中输出的内容。

（a）页面初始效果　　　　（b）分别输入文字后的效果

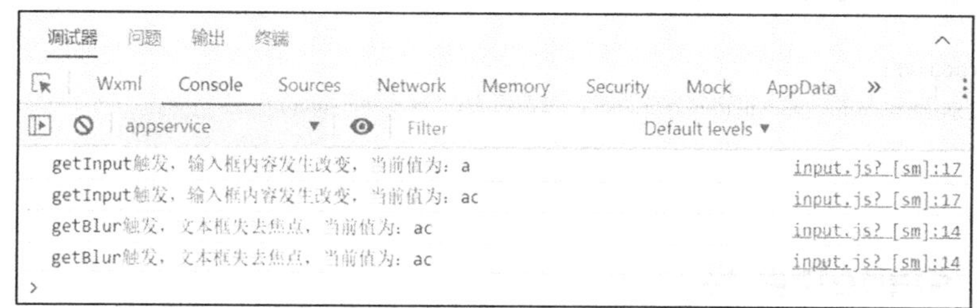

（c）Console 控制台中输出的内容

图 5.20　<input>组件的简单应用

四、任务实现

（1）编写 input.wxml 文件中的代码。在 input.wxml 文件中对第 1～4 组中的<input>组件分别使用 password、maxlength、disabled 和 placeholder-style 属性实现效果；对第 5 组中的<input>组件使用 bindinput 和 bindblur 属性分别绑定输入事件和失去焦点事件。

input.wxml 文件中的代码如下：

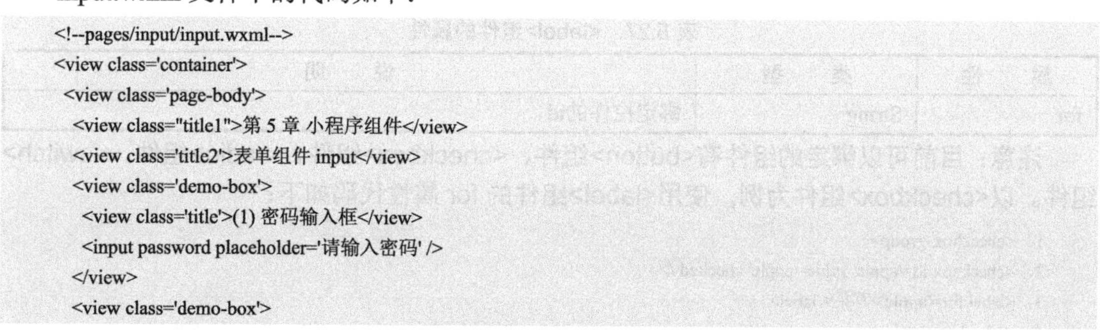

```
<!--pages/input/input.wxml-->
<view class='container'>
 <view class='page-body'>
  <view class="title1">第 5 章 小程序组件</view>
  <view class='title2'>表单组件 input</view>
  <view class='demo-box'>
   <view class='title'>(1) 密码输入框</view>
   <input password placeholder='请输入密码' />
  </view>
  <view class='demo-box'>
```

```
      <view class='title'>(2) 最大字符长度限制为 10</view>
      <input type='text' maxlength='10' placeholder='这里最多只能输入 10 个字' />
    </view>
    <view class='demo-box'>
      <view class='title'>(3) 禁用输入框</view>
      <input disabled placeholder='该输入框已被禁用' />
    </view>
    <view class='demo-box'>
      <view class='title'>(4) 自定义 placeholder 样式</view>
      <input placeholder-style='color:red;font-weight:bold' placeholder='自定义样式' />
    </view>
    <view class='demo-box'>
      <view class='title'>(5) 输入框事件监听</view>
      <input bindinput='getInput' bindblur='getBlur' placeholder='这里输入内容将被监听' />
    </view>
  </view>
</view>
```

（2）编写 mput.js 文件中的代码。在 input.js 文件中定义 getBlur()函数和 getInput()函数。input.js 文件中的代码如下：

```
// pages/input/input.js
Page({
  data: {
  },
  getBlur: function (e) {
    console.log("getBlur 触发，文本框失去焦点，当前值为："+e.detail.value);
  },
  getInput: function (e) {
    console.log("getInput 触发，输入框内容发生改变，当前值为："+e.detail.value);
  },
})
```

5.3.5 <label>组件

一、任务描述

本任务要求使用改进表单可用性组件<label>实现两组效果，分别为使用 for 属性绑定 id 和直接将控件放到<label>组件的内部。

二、导入知识点

<label>组件主要用于改进表单组件的可用性，使用 for 属性找到对应的 id，或者将控件放在该标签中，在单击时会触发对应的控件。<label>组件的属性如表 5.27 所示。

表 5.27 <label>组件的属性

属　性	类　型	说　明
for	String	绑定控件的id

注意：目前可以绑定的组件有<button>组件、<checkbox>组件、<radio>组件、<switch>组件。以<checkbox>组件为例，使用<label>组件的 for 属性代码如下：

```
<checkbox-group>
<checkbox id='apple' value='apple' checked />
<label for='apple'>苹果</label>
</checkbox-group>
```

也可以将<checkbox>组件直接放在<label>组件内，代码如下：

```
<checkbox-group>
<label>
<checkbox value='apple' checked />苹果
</label>
</checkbox-group>
```

三、实现效果

<label>组件的简单应用如图 5.21 所示。图 5.21（a）展示的是页面初始效果；图 5.21（b）展示的是勾选新的复选框后的效果，可以看出，用两种方法实现的效果相同，均为单击文字即可勾选相应的复选框。

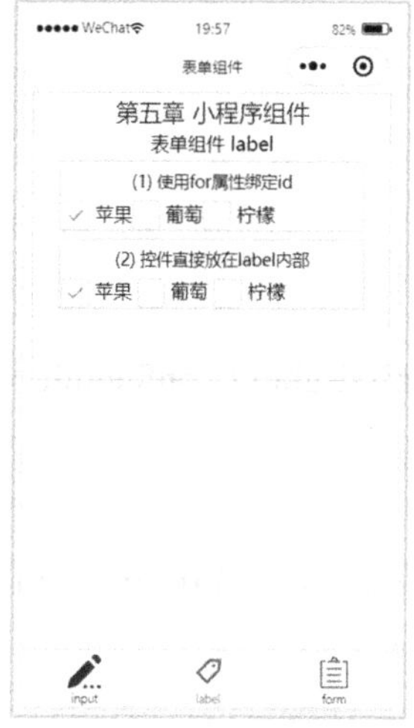

（a）页面初始效果

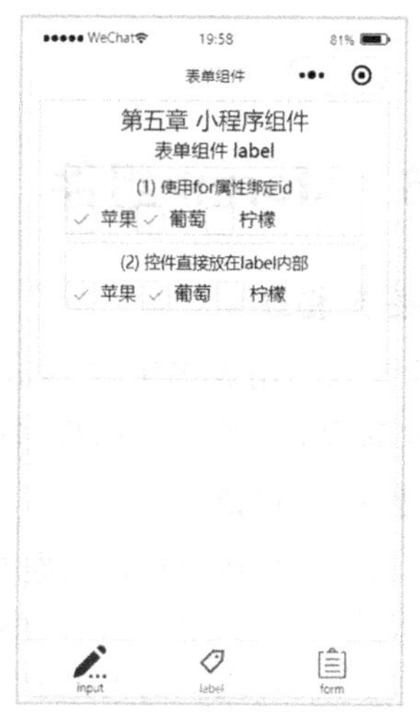

（b）勾选新的复选框后的效果

图 5.21　<label>组件的简单应用

四、任务实现

在 label.wxml 文件中设置两组效果，分别为使用 for 属性绑定 id 和直接将控件放到<label>组件的内部，这两组效果均使用<checkbox>组件实现。

label.wxml 文件中的代码如下：

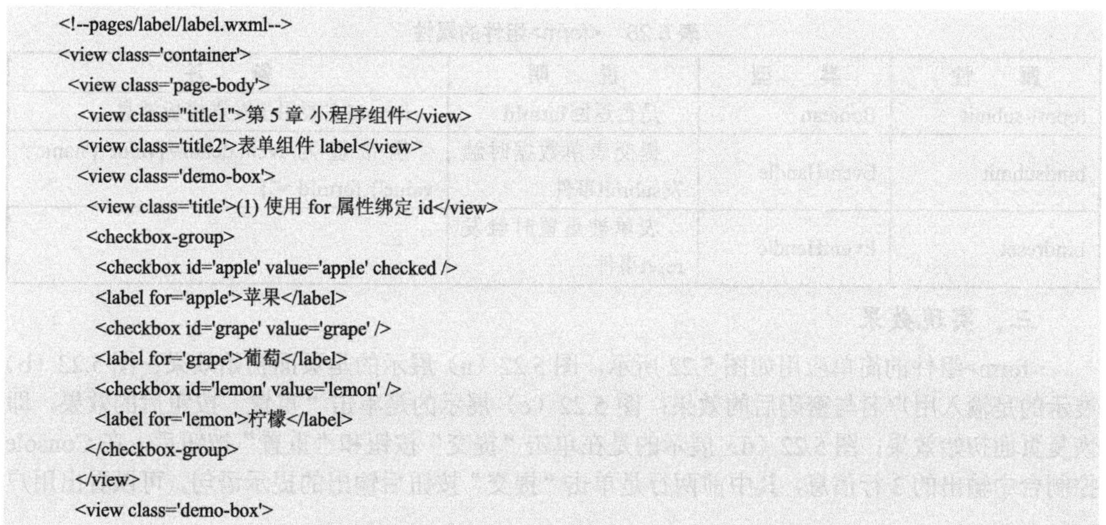

```
<!--pages/label/label.wxml-->
<view class='container'>
 <view class='page-body'>
  <view class="title1">第 5 章 小程序组件</view>
  <view class='title2'>表单组件 label</view>
  <view class='demo-box'>
   <view class='title'>(1) 使用 for 属性绑定 id</view>
   <checkbox-group>
    <checkbox id='apple' value='apple' checked />
    <label for='apple'>苹果</label>
    <checkbox id='grape' value='grape' />
    <label for='grape'>葡萄</label>
    <checkbox id='lemon' value='lemon' />
    <label for='lemon'>柠檬</label>
   </checkbox-group>
  </view>
  <view class='demo-box'>
```

```
        <view class='title'>(2) 控件直接放在 label 内部</view>
        <checkbox-group>
          <label>
            <checkbox value='apple' checked />苹果
          </label>
          <label>
            <checkbox value='grape' />葡萄
          </label>
          <label>
            <checkbox value='lemon' />柠檬
          </label>
        </checkbox-group>
      </view>
    </view>
  </view>
```

5.3.6 <form>组件

一、任务描述

本任务要求使用表单组件<form>为其绑定监听事件 bindsubmit='onSubmit'和 bindreset='onRese'，分别用于监听表单的提交和重置动作。

二、导入知识点

<form>组件为表单组件，需要与其他表单组件配合使用。其中<form>标签和</form>标签之间可以包含若干个供用户输入或选择的表单组件。

<form>组件允许提交的内部表单组件如下。

- <switch>组件：开关选择器组件。
- <input>组件：单行输入框组件。
- <checkbox>组件：复选框组件。
- <slider>组件：滑动选择器组件。
- <radio>组件：单选按钮组件。
- <picker>组件：从底部弹起的滚动选择器组件。

<form>组件有 3 个属性，如表 5.28 所示。

表 5.28 <form>组件的属性

属 性	类 型	说 明	备 注
report-submit	Boolean	是否返回formId	formId主要用于发送模板消息
bindsubmit	EventHandle	提交表单数据时触发submit事件	携带值为 event.detail={value:{'name':'value'},formId:=''}
bindreset	EventHandle	表单被重置时触发reset事件	—

三、实现效果

<form>组件的简单应用如图 5.22 所示，图 5.22（a）展示的是页面初始效果；图 5.22（b）展示的是输入用户名与密码后的效果；图 5.22（c）展示的是单击“重置”按钮后的效果，即恢复页面初始效果；图 5.22（d）展示的是在单击“提交”按钮和“重置”按钮后，在 Console 控制台中输出的 3 行信息，其中前两行是单击“提交”按钮后输出的提示语句，可以看出用户

输入的用户名和密码会在提交时被获取，第 3 行是单击“重置”按钮后输出的提示语句。

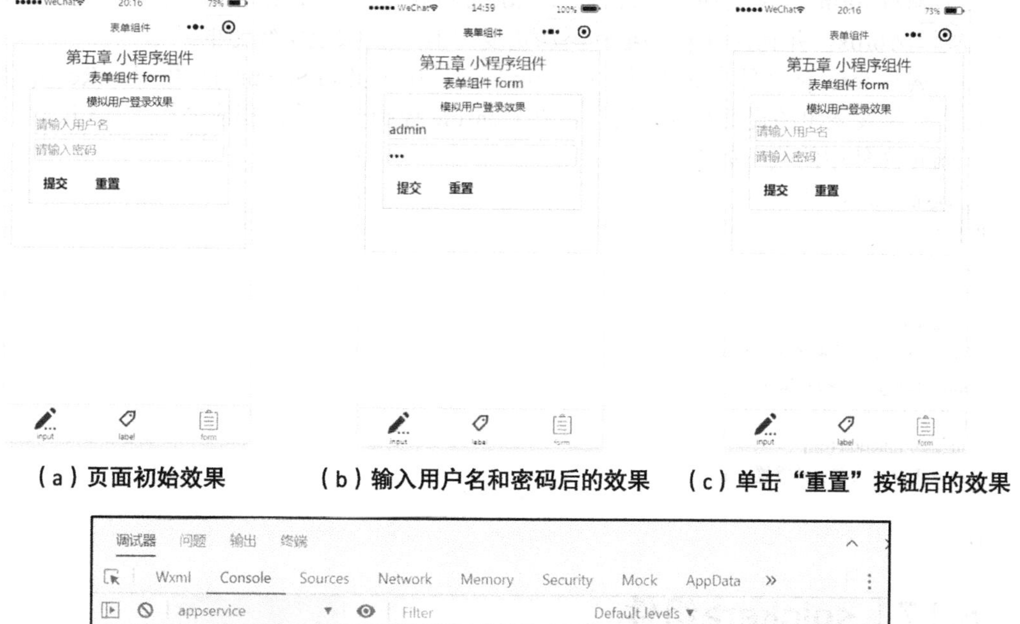

（a）页面初始效果　（b）输入用户名和密码后的效果　（c）单击“重置”按钮后的效果

（d）Console 控制台中输出的信息

图 5.22　<form>组件的简单应用

四、任务实现

（1）编写 form.wxml 文件中的代码。form.wxml 文件中包含一个<form>组件，并且为其绑定监听事件 bindsubmit='onSubmit'和 bindreset='onReset'，分别用于监听表单的提交和重置动作。在<form>组件内部放置两个<input>组件（type='text'和 type='password'），分别用于输入用户名和密码。在<input>组件后面放置两个<button>组件（form-type='submit'和 form-type='reset'），分别用于提交和重置表单。

form.wxml 文件中的代码如下：

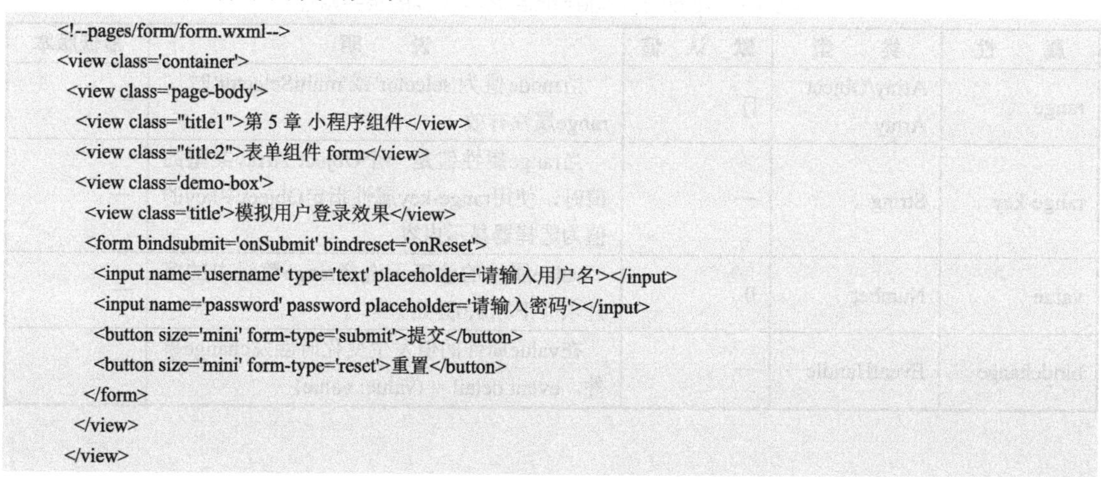

```
<!--pages/form/form.wxml-->
<view class='container'>
 <view class='page-body'>
  <view class="title1">第 5 章 小程序组件</view>
  <view class="title2">表单组件 form</view>
  <view class='demo-box'>
   <view class='title'>模拟用户登录效果</view>
   <form bindsubmit='onSubmit' bindreset='onReset'>
    <input name='username' type='text' placeholder='请输入用户名'></input>
    <input name='password' password placeholder='请输入密码'></input>
    <button size='mini' form-type='submit'>提交</button>
    <button size='mini' form-type='reset'>重置</button>
   </form>
  </view>
 </view>
```

```
</view>
```

（2）编写 form.wxss 文件中的代码。在 form.wxss 文件中设置<input>组件和<button>组件的外边距为 10rpx，并且为<input>组件添加宽度为 1rpx 的银色实线边框。

（3）编写 form.js 文件中的代码。在 form.js 文件中定义 onSubmit()函数和 onReset()函数，分别用于在触发表单的提交和重置动作时在 Console 控制台中输出相应的提示语句。

form.js 文件中的代码如下：

```
// pages/form/form.js
Page({
  data: {
  },
  onSubmit: function (e) {
    console.log('表单被提交：');
    console.log(e.detail.value);
  },
  onReset: function (e) {
    console.log('表单已被重置。');
  },
})
```

5.3.7 <picker>组件

一、任务描述

本任务要求使用从底部弹起的滚动选择器组件<picker>实现 5 种不同的选择器效果，这 5 种选择器分别为普通选择器、多列选择器、时间选择器、日期选择器、省市区选择器，通过改变<picker>组件的 mode 属性值和 bandchange 属性值实现不同的选择器效果。

二、导入知识点

<picker>组件是从底部弹起的滚动选择器组件，共支持 5 种滚动选择器，分别为普通选择器、多列选择器、时间选择器、日期选择器、省市区选择器。

1．普通选择器

如果省略 mode 值，那么默认为普通选择器。

当 mode='selector'时为普通选择器，相关属性如表 5.29 所示。

表 5.29 <picker mode='selector'>组件的相关属性

属　性	类　型	默 认 值	说　明	最低版本
range	Array/Object Array	[]	当mode值为'selector'或'multiSelector'时，range属性有效	—
range-key	String	—	当range属性值是一个Object Array类型的值时，使用range-key属性指定Object中key的值为选择器显示内容	—
value	Number	0	value属性的值表示选择range数组中的第几项（下标从0开始）	—
bindchange	EventHandle	—	在value属性的值发生变化时触发change事件，event.detail = {value: value}	—

续表

属　性	类　型	默 认 值	说　明	最低版本
disabled	Boolean	FALSE	是否禁用	—
bindcancel	EventHandle	—	当取消选择或点遮罩层收起 picker 时触发	1.9.90

例如，自定义一个单列选择器，WXML 代码片段如下：

```
<picker mode='selector' range='{{selectorItems}}' bindchange='selectorChange'>
<view>当前选择：{{selector}}</view>
</picker>
```

在上述 WXML 代码片段中，selectorItems 是选项数组，selectorChange 是选项改变时触发的函数，selector 是用于显示选项内容的变量，它们的名称都是用户自定义的。上述 WXML 代码片段对应的 JavaScript 代码片段如下：

```
Page({
data: {
selectorItems:['苹果','香蕉','葡萄']
},
selectorChange: function (e) {
let i = e.detail.value;//获得选项的数组下标
let value = this.data.selectorItems[i];//获得选项的值
this.setData({selector:value});//将选项名称更新到 WXML 页面中
}
})
```

上述代码的运行效果如图 5.23 所示。开发者可以自由更改数组内容和元素个数。

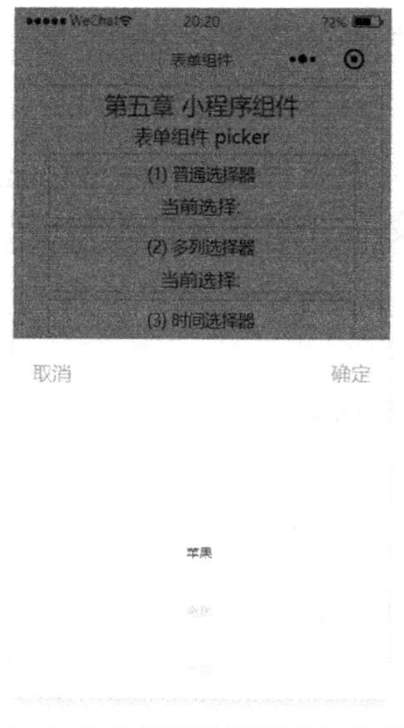

（a）单击普通选择器后的效果

（b）选择并确定后的效果

图 5.23　<picker>组件的普通选择器简单应用

2．多列选择器

当 mode='multiSelector'时为多列选择器（最低版本：1.4.0），相关属性如表 5.30 所示。

表 5.30 <picker mode='multiSelector'>组件的相关属性

属 性 名	类 型	默 认 值	说 明	最 低 版 本
range	二维Array / 二维Object Array	[]	当mode的值为'selector'或'multiSelector'时，range属性有效。在二维数组中，长度表示多少列，数组的每项表示每列中的数据，如[["a","b"], ["c","d"]]	—
range-key	String	—	当range属性值是一个二维对象数组时，使用range-key属性指定Object中key的值为选择器显示内容	—
value	Array	[]	value数组中每一项的值都表示选择range二维数组对应项中的第几项（下标从0开始）	—
bindchange	EventHandle	—	在value属性的值发生变化时触发change事件，event.detail = {value: value}	—
bindcolumnchange	EventHandle	—	在某一列的值发生变化时触发columnchange事件，event.detail = {column: column, value: value}，column的值表示改变第几列（下标从0开始），value的值表示发生改变的值的下标	—
bindcancel	EventHandle	—	当取消选择时触发	1.9.90
disabled	Boolean	FALSE	是否禁用	—

例如，自定义一个简易的多列选择器，WXML 代码片段如下：

```
<picker  mode='multiSelector'      range='{{multiSelectorItems}}' bindchange='multiSelectorChange'>
<view>当前选择: {{multiSelector}}</view>
</picker>
```

在上述 WXML 代码片段中，multiSelectorItems 是选项数组，multiSelectorChange 是选项改变时触发的函数，multiSelector 是用于显示选项内容的变量，它们的名称都是用户自定义的。上述 WXML 代码片段对应的 JavaScript 代码片段如下：

```
Page({
data: {
multiSelectorItems: [['罗宋汤', '蘑菇汤'], ['牛排', '猪排', '鱼排'], ['冰淇淋', '鸡蛋布丁']]
},
multiSelectorChange: function (e) {
let arrayIndex = e.detail.value;                //获得选项的数组下标
let array = this.data.multiSelectorItems;       //获得选项数组
let value = new Array();                        //声明一个空数组，用于存储最后选择的值
for(let i=0;i<arrayIndex.length;i++){
let k = arrayIndex[i];                          //第 i 个数组的元素下标
let v = array[i][k];                            //获得第 i 个数组的元素值
value.push(v);                                  //往数组中追加新元素
}
this.setData({ multiSelector: value });         //将选项名称更新到 WXML 页面中
}
})
```

上述代码的运行效果如图 5.24 所示。开发者可以自由更改数组内容和元素个数。

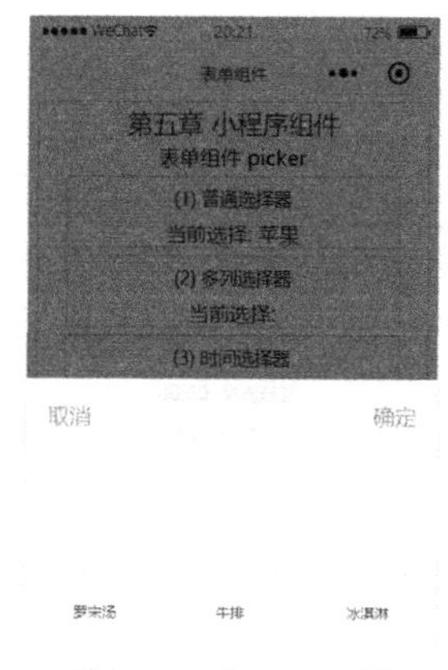

（a）单击多列选择器后的效果

（b）选择并确定后的效果

图 5.24　<picker>组件的多列选择器简单应用

3. 时间选择器

当 mode='time'时为时间选择器，相关属性如表 5.31 所示。

表 5.31　<picker mode='time'>组件的相关属性

属　性	类　型	默 认 值	说　明	最 低 版 本
value	String	—	表示选中的时间，格式为"hh:mm"	—
start	String	—	表示有效时间范围的开始，字符串格式为"hh:mm"	—
end	String	—	表示有效时间范围的结束，字符串格式为"hh:mm"	—
bindchange	EventHandle	—	value 改变时触发 change 事件，event.detail = {value: value}	—
bindcancel	EventHandle	—	当取消选择时触发	1.9.90
disabled	Boolean	FALSE	是否禁用	—

例如，自定义一个简易的时间选择器，WXML 代码片段如下：

```
<picker mode='time' bindchange='timeChange'>
<view>当前选择: {{time}}</view>
</picker>
```

在上述 WXML 代码片段中，timeChange 是选项改变时触发的函数，time 是用于显示选项内容的变量，它们的名称都是用户自定义的。上述 WXML 代码片段对应的 JavaScript 代码片段如下：

```
Page({
timeChange: function (e) {
let value = e.detail.value;        //获得选择的时间
this.setData({ time: value });   //将选项名称更新到 WXML 页面中
}
})
```

上述代码的运行效果如图 5.25 所示。

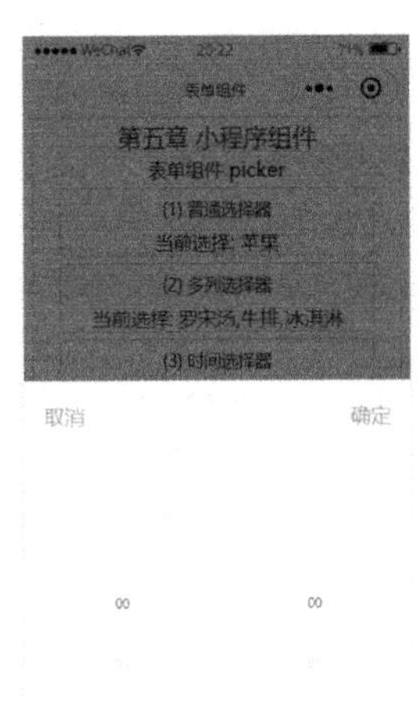

（a）单击时间选择器后的效果

（b）选择并确定后的效果

图 5.25 <picker>组件的时间选择器简单应用

4. 日期选择器

当 mode='date'时为日期选择器，相关属性如表 5.32 所示。

表 5.32 <picker mode='date'>组件的相关属性

属　　性	类　　型	默 认 值	说　　明	最 低 版 本
value	String	0	表示选中的日期，字符串格式为"YYYY-MM-DD"	—
start	String	—	表示有效日期范围的开始，字符串格式为"YYYY-MM-DD"	—
end	String	—	表示有效日期范围的结束，字符串格式为"YYYY-MM-DD"	—
fields	String	day	表示选择器的粒度，有效值有year、month、day	—
bindchange	EventHandle	—	当value属性的值发生变化时触发change事件，event.detail = {value: value}	—
bindcancel	EventHandle	—	当取消选择时触发	1.9.90
disabled	Boolean	FALSE	是否禁用	—

例如，自定义一个简易的日期选择器，WXML 代码片段如下：

```
<picker mode='date' bindchange='dateChange'>
<view>当前选择: {{date}}</view>
</picker>
```

在上述 WXML 代码片段中，dateChange 是选项改变时触发的函数，date 是用于显示选项内容的变量，它们的名称都是用户自定义的。上述 WXML 代码片段对应的 JavaScript 代码片段如下：

```
Page({
dateChange: function (e) {
let value = e.detail.value;          //获得选择的日期
this.setData({ date: value });   //将选项名称更新到 WXML 页面中
}
```

```
6. })
```

上述代码的运行效果如图 5.26 所示。

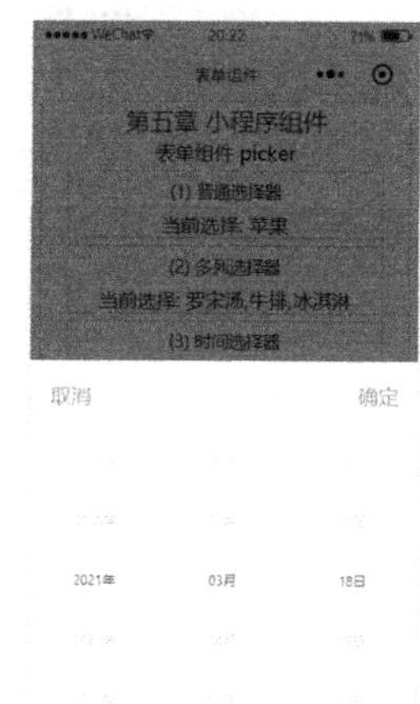

（a）单击日期选择器后的效果

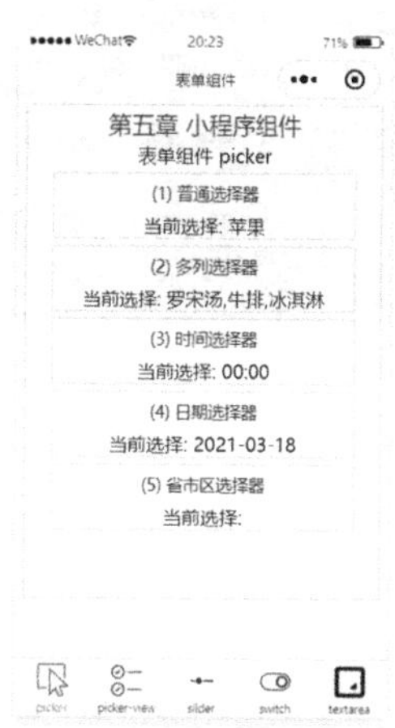

（b）选择并确定后的效果

图 5.26 <picker>组件的日期选择器简单应用

5. 省市区选择器

当 mode='region'时为省市区选择器（最低版本：1.4.0），相关属性如表 5.33 所示。

表 5.33 <picker mode='region'>组件的相关属性

属 性	类 型	默 认 值	说 明	最 低 版 本
value	Array	[ ]	表示选中的省、市、区，默认选中每一列中的第一个值	—
custom-item	String	—	可以为每一列的顶部添加一个自定义的项	1.5.0
bindchange	EventHandle	—	当value属性的值发生变化时触发change 事件，event.detail = {value: value}	—
bindcancel	EventHandle	—	当取消选择时触发	1.9.90
disabled	Boolean	FALSE	是否禁用	—

例如，自定义一个简易的省市区选择器，其 WXML 代码片段如下：

```
1. <picker mode='region' bindchange='regionChange'>
2. <view>当前选择: {{region}}</view>
3. </picker>
```

在上述 WXML 代码片段中，regionChange 是选项改变时触发的函数，region 是用于显示选项内容的变量，它们的名称都是用户自定义的。上述 WXML 代码片段对应的 JavaScript 代码片段如下：

```
1. Page({
2. regionChange: function (e) {
3. let value = e.detail.value;         //获得选择的省、市、区
4. this.setData({ region: value }); //将选项名称更新到 WXML 页面中
5. }
6. })
```

注意：这里的 e.detail.value 是一个包含 3 个元素的数组，这 3 个元素分别表示省、市、区。

上述代码的运行效果如图 5.27 所示。

（a）单击省市区选择器后的效果

（b）选择并确定后的效果

图 5.27 <picker>组件的省市区选择器简单应用

三、实现效果

本任务要实现的效果即图 5.23～图 5.27 中展示的效果。

四、任务实现

（1）编写 picker.wxml 文件中的代码。picker.wxml 文件中包含 5 个不同属性值的<picker>组件，分别用于实现普通选择器、多列选择器、时间选择器、日期选择器、省市区选择器。通过改变<picker>组件的 mode 属性值和 bandchange 属性值，实现不同的选择器效果。

picker.wxml 文件中的代码如下：

```
<!--pages/picker/picker.wxml-->
<view class='container'>
 <view class='page-body'>
  <view class="title1">第 5 章 小程序组件</view>
  <view class="title2">表单组件 picker</view>
  <view class='demo-box'>
   <view class='title'>(1) 普通选择器</view>
   <picker mode='selector' range='{{selectorItems}}' bindchange='selectorChange'>
    <view>当前选择: {{selector}}</view>
   </picker>
  </view>
  <view class='demo-box'>
   <view class='title'>(2) 多列选择器</view>
   <picker mode='multiSelector' range='{{multiSelectorItems}}' bindchange='multiSelectorChange'>
    <view>当前选择: {{multiSelector}}</view>
   </picker>
  </view>
  <view class='demo-box'>
   <view class='title'>(3) 时间选择器</view>
   <picker mode='time' bindchange='timeChange'>
    <view>当前选择: {{time}}</view>
   </picker>
  </view>
```

```
    <view class='demo-box'>
      <view class='title'>(4) 日期选择器</view>
      <picker mode='date' bindchange='dateChange'>
        <view>当前选择: {{date}}</view>
      </picker>
    </view>
    <view class='demo-box'>
      <view class='title'>(5) 省市区选择器</view>
      <picker mode='region' bindchange='regionChange'>
        <view>当前选择: {{region}}</view>
      </picker>
    </view>
  </view>
</view>
```

（2）编写 picker.js 文件中的代码。在 picker.js 文件中定义函数 selectorChange()、multiSelectorChange()、timeChange()、dateChange()、regionChange()，用于监听<picker>组件属性值的变化。

picker.js 文件中的代码如下：

```
// pages/picker/picker.js
Page({
  data: {
    selectorItems:['苹果','香蕉','葡萄'],
    multiSelectorItems: [['罗宋汤', '蘑菇汤'], ['牛排', '猪排', '鱼排'], ['冰淇淋', '鸡蛋布丁']]
  },
  selectorChange: function (e) {
    let i = e.detail.value;                          //获得选项的数组下标
    let value = this.data.selectorItems[i];          //获得选项的值
    this.setData({selector:value});                  //将选项名称更新到 WXML 页面中
  },
  multiSelectorChange: function (e) {
    let arrayIndex = e.detail.value;                 //获得选项的数组下标
    let array = this.data.multiSelectorItems;        //获得选项数组
    let value = new Array();                         //声明一个空数组，用于存储最后选择的值
    for(let i=0;i<arrayIndex.length;i++){
      let k = arrayIndex[i];                         //第 i 个数组的元素下标
      let v = array[i][k];                           //获得第 i 个数组的元素值
      value.push(v);                                 //往数组中追加新元素
    }
    this.setData({ multiSelector: value });          //将选项名称更新到 WXML 页面中
  },
  timeChange: function (e) {
    let value = e.detail.value;                      //获得选择的时间
    this.setData({ time: value });                   //将选项名称更新到 WXML 页面中
  },
  dateChange: function (e) {
    let value = e.detail.value;                      //获得选择的日期
    this.setData({ date: value });                   //将选项名称更新到 WXML 页面中
  },
  regionChange: function (e) {
    let value = e.detail.value;                      //获得选择的省、市、区
    this.setData({ region: value });                 //将选项名称更新到 WXML 页面中
  },
})
```

5.3.8 <picker-view>组件

一、任务描述

本任务要求使用嵌入页面的滚动选择器组件<picker-view>模拟点餐，其内部包含了列<picker-view-column>，分别用于显示西餐菜单中的汤、主食和甜点。

二、导入知识点

<picker-view>组件是嵌入页面的滚动选择器组件，相关属性如表 5.34 所示。

表 5.34 <picker-view>组件的属性

属　性	类　型	说　明	最低版本
value	NumberArray	数组中的数字依次表示<picker-view>组件中的<picker-view-column>组件选择的第几项（下标从 0 开始），当该值大于<picker-view-column>组件的长度时，选择最后一项	—
indicator-style	String	设置选择器中间选中框的样式	—
indicator-class	String	设置选择器中间选中框的类名	1.1.0
mask-style	String	设置蒙层的样式	1.5.0
mask-class	String	设置蒙层的类名	1.5.0
bindchange	EventHandle	当<picker-view>组件的value属性值发生变化时触发change事件，event.detail = {value: value}；value为数组，表示<picker-view>组件中的<picker-view-column>组件当前选择的第几项（下标从 0 开始）	—

在<picker-view>组件中需要放置 1～N 个<picker-view-column>组件，用于表示对应的列选项。需要注意的是，<picker-view-column>组件仅可放置于<picker-view>组件中，其子节点的高度会自动设置成与<picker-view>组件选中框的高度一致。

三、实现效果

<picker-view>组件的简单应用如图 5.28 所示，图 5.28（a）展示的是页面初始效果，图 5.28（b）展示的是菜单发生变化后的效果。

（a）页面初始效果　　　　（b）菜单发生变化后的效果

图 5.28 <picker-view>组件的简单应用

四、任务实现

（1）编写 picker-view.wxml 文件中的代码。在 picker-view.wxml 文件中设置一个<picker-view>组件，用于模拟点餐，其内部包含 3 个滚动选择器子项组件<picker-view-column>，分别用于显示西餐菜单中的汤、主食和甜点。在每个<picker-view-column>组件内部均使用<view>组件配合 wx:for 语句循环显示对应的数组选项，分别是 soup、maincourse 和 dessert。此外，为<picker-view>组件绑定自定义事件，即 bindchange='pickerviewChange'，在用户更改菜单选项时触发该事件。

picker-view.wxml 文件中的代码如下：

```
<!--pages/picker-view/picker-view.wxml-->
<view class='container'>
 <view class='page-body'>
  <view class="title1">第 5 章 小程序组件</view>
  <view class="title2">表单组件 picker-view</view>
  <view class='demo-box'>
   <view class='title'>今日菜单</view>
   <view class='title'>{{menu}}</view>
   <picker-view value='{{value}}' indicator-style='height: 50px;' bindchange='pickerviewChange'>
    <picker-view-column>
     <view class='col' wx:for='{{soup}}' wx:key='s{{index}}'>{{item}}</view>
    </picker-view-column>
    <picker-view-column>
     <view class='col' wx:for='{{maincourse}}' wx:key='m{{index}}'>{{item}}</view>
    </picker-view-column>
    <picker-view-column>
     <view class='col' wx:for='{{dessert}}'wx:key='d{{index}}'>{{item}}</view>
    </picker-view-column>
   </picker-view>
  </view>
 </view>
</view>
```

（2）编写 picker-view.js 文件中的代码。在 picker-view.js 文件中，如果 pickerviewChange() 函数被触发，则获取最新选项的数组下标，并且将结果更新到 menu 变量中，最后显示到<picker-view>组件中。

picker-view.js 文件中的代码如下：

```
// pages/picker-view/picker-view.js
Page({
 data: {
  soup: ['奶油蘑菇汤', '罗宋汤', '牛肉清汤'],
  maincourse: ['煎小牛肉卷', '传统烤羊排', '清煮三文鱼'],
  dessert: ['坚果冰淇淋', '焦糖布丁', '奶酪蛋糕'],
  value: [1, 1, 1],         //默认每个选项的数组下标
  menu:[]
 },
 pickerviewChange: function (e) {
  let v = e.detail.value;    //获取每个选项的数组下标
  let menu = [];
  menu.push(this.data.soup[v[0]]);
  menu.push(this.data.maincourse[v[1]]);
  menu.push(this.data.dessert[v[2]]);
  this.setData({menu:menu});
 },
```

```
})
```

5.3.9 <slider>组件

一、任务描述

本任务要求使用滑动选择器组件<slider>实现 4 种滑动条的情况，分别为在滑动条右侧显示当前取值、自定义滑动条颜色和滑块样式、禁用滑动条（无法改变当前数值）、滑动条事件监听。

二、导入知识点

<slider>组件为滑动选择器组件，该组件的属性如表 5.35 所示。

表 5.35 <slider>组件的属性

属性	类型	默认值	说明	最低版本
min	Number	0	最小值，允许是负数	—
max	Number	100	最大值	—
step	Number	1	步长，取值必须大于 0，并且可被(max-min)整除	—
disabled	Boolean	FALSE	是否禁用	—
value	Number	0	当前取值	—
color	Color	#e9e9e9	背景条的颜色（建议使用 backgroundColor属性）	—
selected-color	Color	#1aad19	已选择的颜色（建议使用 activeColor属性）	—
activeColor	Color	#1aad19	已选择的颜色	—
backgroundColor	Color	#e9e9e9	背景条的颜色	—
block-size	Number	28	滑块的大小，取值范围为12～28	1.9.0
block-color	Color	#ffffff	滑块的颜色	1.9.0
show-value	Boolean	FALSE	是否显示当前value属性的值	—
bindchange	EventHandle	—	在完成一次拖动操作后触发的事件，event.detail = {value: value}	—
bindchanging	EventHandle	—	在拖动过程中触发的事件，event.detail = {value: value}	1.7.0

例如，制作一个自定义滑动条，最小值为 50、最大值为 200，并且在右侧显示当前数值，代码如下：

```
<slider min="50" max="200" show-value />
```

上述代码的运行效果如图 5.29 所示。

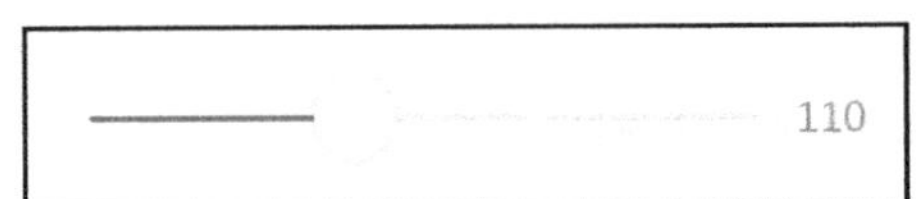

图 5.29 自定义滑动条效果

在图 5.29 中，滑动条主要是由滑动线条与滑块组成的，滑块左侧的彩色线条为选中的数值范围。滑块越往右移动，所显示的数值越大。

三、实现效果

<slide>组件的简单应用如图 5.30 所示，页面初始效果如图 5.30（a）所示，此时，滑动条 1 显示当前取值，滑动条 2 及其滑块的颜色更改为红色，并且滑块的尺寸较小，滑动条 3 由于被禁用，因此滑块无法被拖动；在更改滑动条 4 的滑块位置后，会触发<slider>组件的 sliderChange 事件，效果如图 5.30（b）所示；在触发 sliderChange 事件后，会在 Console 控制台中输出<slider>组件的最新值，如图 5.30（c）所示。

（a）页面初始效果　　　　（b）更改滑动条 4 的滑块位置后的效果

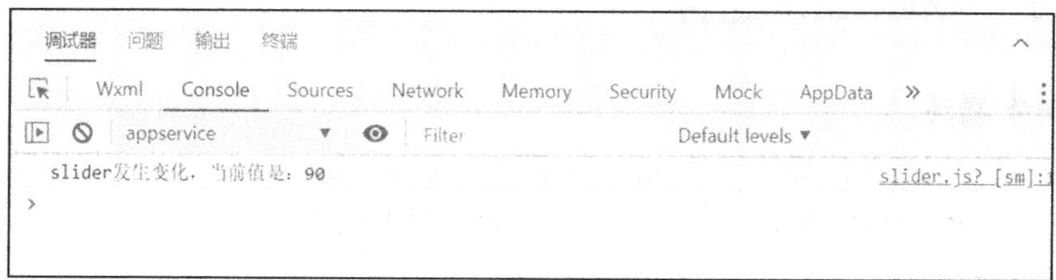

（c）Console 控制台中输出的内容

图 5.30　<slider>组件的简单应用

四、任务实现

（1）编写 slider.wxml 文件中的代码。在 slider.wxml 文件中定义 4 种不同属性的<slider>组件，分别为在滑动条右侧显示当前取值、自定义滑动条颜色和滑块样式、禁用滑动条（无法改变当前数值）、滑动条事件监听。

slider.wxml 文件中的代码如下：

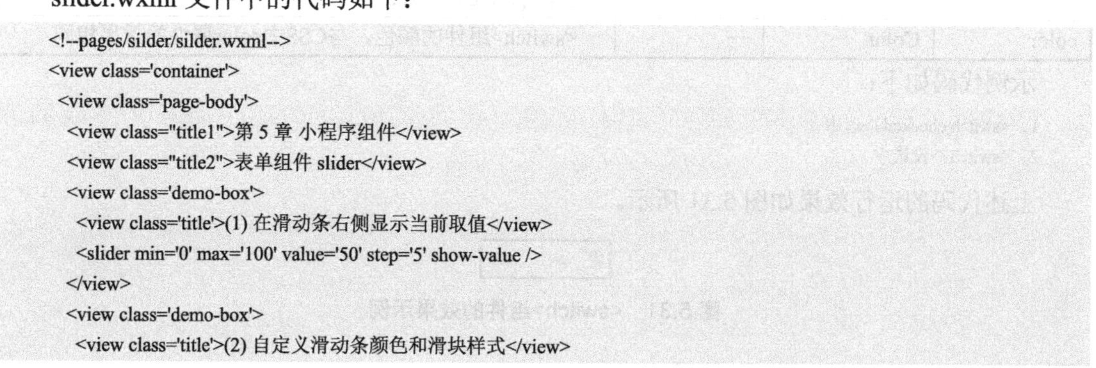

```
<!--pages/silder/silder.wxml-->
<view class='container'>
  <view class='page-body'>
    <view class="title1">第 5 章 小程序组件</view>
    <view class="title2">表单组件 slider</view>
    <view class='demo-box'>
      <view class='title'>(1) 在滑动条右侧显示当前取值</view>
      <slider min='0' max='100' value='50' step='5' show-value />
    </view>
    <view class='demo-box'>
      <view class='title'>(2) 自定义滑动条颜色和滑块样式</view>
```

```
    <slider min='0' max='100' value='50' block-size='20' block-color='red' activeColor='red' />
  </view>
  <view class='demo-box'>
    <view class='title'>(3) 禁用滑动条（无法改变当前数值）</view>
    <slider min='0' max='100' value='50' disabled />
  </view>
  <view class='demo-box'>
    <view class='title'>(4) 滑动条事件监听</view>
    <slider min='0' max='100' value='50' bindchange='sliderChange' />
  </view>
 </view>
</view>
```

（2）编写 slider.js 文件中的代码。在 slider.js 文件的 data 对象中定义 sliderChange 事件，在 Console 控制台中输出<slider>组件的最新值。

slider.js 文件中的代码如下：

```
// pages/silder/silder.js
Page({
 data: {
 },
 sliderChange: function (e) {
  console.log('slider 发生变化，当前值是：' + e.detail.value)
 },
})
```

5.3.10 <switch>组件

一、任务描述

本任务要求使用开关选择器组件<switch>配合 checked 属性，使开关选择器默认处于开启状态，并且为<switch>组件绑定自定义单击事件 switchChange。

二、导入知识点

<switch>组件为开关选择器组件，该组件的属性如表 5.36 所示。

表 5.36 <switch>组件的属性

属　　性	类　　型	默　认　值	说　　明
checked	Boolean	FALSE	是否开启
type	String	switch	样式，有效值包括switch和checkbox
bindchange	EventHandle	—	在checked属性值发生变化时触发change事件，event.detail= {value:checked}
color	Color	—	<switch>组件的颜色，与CSS中color属性的效果相同

示例代码如下：

```
1. <switch checked />选中
2. <switch />没选中
```

上述代码的运行效果如图 5.31 所示。

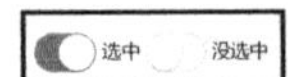

图 5.31 <switch>组件的效果示例

三、实现效果

<switch>组件的简单应用如图 5.32 所示，页面初始效果如图 5.32（a）所示，此时开关选择器默认处于开启状态；关闭开关选择器，如图 5.32（b）所示，会触发 switchChange 事件，在 Console 控制台中输出 false，如图 5.32（c）所示。

（a）页面初始效果　　（b）关闭开关选择器后的效果

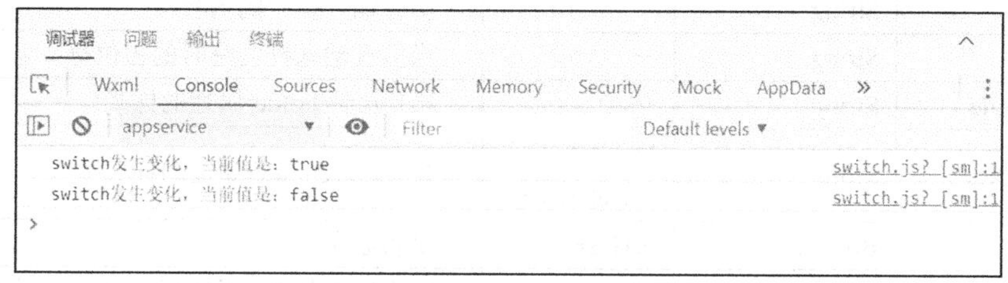

（c）Console 控制台中输出的内容

图 5.32　<switch>组件的简单应用

四、任务实现

（1）编写 switch.wxml 文件中的代码。在 switch.wxml 文件中使用<switch>组件配合 checked 属性使开关选择器实现默认选中的状态，并且绑定自定义单击事件 switchChange。

switch.wxml 文件中的代码如下：

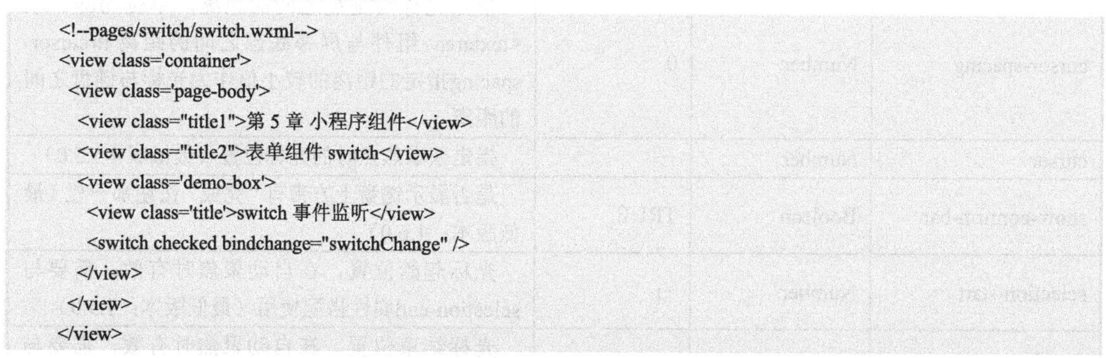

```
<!--pages/switch/switch.wxml-->
<view class='container'>
 <view class='page-body'>
  <view class="title1">第 5 章 小程序组件</view>
  <view class="title2">表单组件 switch</view>
  <view class='demo-box'>
   <view class='title'>switch 事件监听</view>
   <switch checked bindchange="switchChange" />
  </view>
 </view>
</view>
```

（2）编写 switch.js 文件中的代码。在 switch.js 文件中定义 switchChange()函数，一旦触发 switchChange 事件，就在 Console 控制台中输出当前<switch>组件的选择结果。

switch.js 文件中的代码如下：

```
// pages/switch/switch.js
Page({
  data: {
  },
  switchChange: function (e) {
    console.log('switch 发生变化，当前值是：' + e.detail.value)
  },
})
```

5.3.11 <textarea>组件

一、任务描述

本任务要求使用多行输入框组件<textarea>创建 3 个多行输入框，用于实现 3 种效果，分别为自动变高、自定义占位符颜色、被禁用状态。

二、导入新知识

<textarea>组件为多行输入框组件，该组件的属性如表 5.37 所示。

表 5.37 <textarea>组件的属性

属　性	类　型	默 认 值	说　明
value	String	—	多行输入框中的内容
placeholder	String	—	当多行输入框为空时的占位符
placeholder-style	String	—	指定placeholder属性的样式
placeholder-class	String	textarea-placeholder	指定placeholder属性的样式类
disabled	Boolean	FALSE	是否禁用
maxlength	Number	140	最大输入长度，当该值为-1时，不限制最大长度
auto-focus	Boolean	FALSE	自动聚焦，拉起键盘
focus	Boolean	FALSE	获取焦点
auto-height	Boolean	FALSE	是否自动增高，在设置auto-height属性后，style.height属性不生效
fixed	Boolean	FALSE	如果<textarea>组件在一个 position:fixed 的区域内，则需要指定fixed属性值为true
cursor-spacing	Number	0	指定光标与键盘之间的距离，单位为px。取<textarea>组件与屏幕底部之间的距离和cursor-spacing指定的距离的较小值作为光标与键盘之间的距离
cursor	Number	—	指定获取焦点时的光标位置（最低版本1.5.0）
show-confirm-bar	Boolean	TRUE	是否显示键盘上方带有“完成”按钮那一栏（最低版本：1.6.0）
selection-start	Number	-1	光标起始位置，在自动聚焦时有效，需要与selection-end属性搭配使用（最低版本：1.9.0）
selection-end	Number	-1	光标结束位置，在自动聚焦时有效，需要与selection-start属性搭配使用（最低版本：1.9.0）

续表

属　　性	类　　型	默 认 值	说　　明
adjust-position	Boolean	TRUE	在键盘弹起时，是否自动上推页面（最低版本：1.9.90）
bindfocus	EventHandle	—	在输入框聚焦时触发，event.detail = { value, height }，height属性值为键盘高度（最低版本：1.9.90）
bindblur	EventHandle	—	在输入框失去焦点时触发，event.detail = {value, cursor}
bindlinechange	EventHandle	—	在输入框行数发生变化时调用，event.detail = {height: 0, heightRpx: 0, lineCount: 0}
bindinput	EventHandle		在使用键盘输入时触发input事件，event.detail = {value, cursor}，事件处理函数的返回值并不会反映到<textarea>组件上
bindconfirm	EventHandle		在单击完成后，触发confirm事件，event.detail = {value: value}

三、实现效果

<textarea>组件的简单应用如图 5.33 所示，图 5.33（a）展示的是页面初始状态，此时第 1 组中的文本框默认只有 1 行高，第 2 组中的占位符是自定义的红色效果（本书为黑印刷，无法显示），第 3 组中的文本框已被禁用，无法输入内容；图 5.33（b）展示的是在第 1 组的文本框中输入多行内容后的效果，由该图可知，文本框已经自动变高。

（a）页面初始效果　　（b）第 1 组文本框自动变高

图 5.33　<textarea>组件的简单应用

四、任务实现

（1）编写 textarea.wxml 文件中的代码。在 textarea.wxml 文件中，使用<textarea>组件创建 3 个多行输入框，用于实现 3 种效果，分别为自动变高、自定义占位符颜色、被禁用状态。

textarea.wxml 文件中的代码如下：

```
<!--pages/textarea/textarea.wxml-->
<view class='container'>
  <view class='page-body'>
    <view class="title1">第 5 章 小程序组件</view>
    <view class="title2">表单组件 textarea</view>
```

```
<view class='demo-box'>
  <view class='title'>(1) 自动变高</view>
  <textarea auto-height placeholder="默认只有一行，但可以自动变高" />
</view>
<view class='demo-box'>
  <view class='title'>(2) 自定义占位符颜色</view>
  <textarea placeholder="placeholder 颜色是红色的" placeholder-style="color:red;" />
</view>
<view class='demo-box'>
  <view class='title'>(3) 被禁用状态</view>
  <textarea placeholder="该文本框已被禁用" disabled />
</view>
</view>
</view>
```

（2）编写 textarea.wxss 文件中的代码。在 textarea.wxss 文件中设置多行输入框的宽度为100%，并且带有宽度 1rpx 的灰色实线边框。

5.4 导航组件

一、任务描述

微信小程序可以在页面中设置导航，在 WXML 文件中使用页面链接组件<navigator>设置页面跳转链接，在 JS 文件中实现页面跳转功能，并且设置导航栏标题和显示动画效果。

本任务要求在初始页面文件 navigator.wxml 中使用两个<navigator>组件，分别用于打开 new.wxml 文件和 redirect.wxml 文件。

二、导入知识点

<navigator>组件主要用于设置页面跳转链接，其属性如表 5.38 所示。

表 5.38　<navigator>组件的属性

属　性	类　型	默 认 值	说　明
target	String	—	在哪个目标上发生跳转，默认为当前小程序
url	String	—	当前小程序内的跳转链接地址
open-type	String	navigate	跳转方式，共有5种方式

其中，open-type 属性的 5 个值如表 5.39 所示。

表 5.39　open-type 属性的值

属 性 值	说　明
navigate	默认值，表示跳转到新页面，并且打开新地址内容（等同于API函数wx.navigateTo()或wx.navigateTpMiniProgram()的功能）
redirect	重定向，表示在当前页面重新打开新地址内容（等同于API函数wx.redirectTo()的功能）
switchTab	切换Tab面板，表示跳转到指定Tab页面，并且重新打开新地址内容（等同于API函数wx.switchTab()的功能）
reLaunch	切换Tab面板，表示跳转到指定Tab页面，并且重新打开新地址内容（等同于API函数wx.switchTab()的功能）
navigateBack	返回上一页（等同于API函数wx.navigateBack()的功能）

示例代码如下：

```
<navigator url="../new/new">
<button type="primary">跳转到新页面打开新内容</button>
</navigator>
```

上述代码表示在<navigator>组件中内嵌<button>组件，用于实现页面跳转功能。当前<navigator>组件并未声明 open-type 属性，因此该属性采用默认值，在跳转到新页面时会打开 new.wxml 文件。

如果需要传递数据给新页面，那么<navigator>组件的 url 属性值可以使用如下格式：

```
<navigator url="跳转的新页面地址?参数 1=值 1&参数 2=值 2&…参数 N=值 N">
```

参数名称可以由开发者自定义，参数个数为一个，也可以为多个，多个参数之间使用“&”符号隔开。示例代码如下：

```
<navigator url="../new/new?date=20180803">
<button type="primary">跳转到新页面打开新内容</button>
</navigator>
```

上述代码表示在打开新页面的同时将数据“date=20180803”传递给新页面使用。

可以在新页面的 JS 文件中使用 onLoad()函数获取该参数，代码如下：

```
Page({
onLoad: function (options) {
console.log(options.date);//将在控制台打印输出 20180803
}
})
```

三、实现效果

<navigator>组件的简单应用如图 5.34 所示。页面初始效果如图 5.34（a）所示；在新页面打开新地址内容相当于在初始页面上方覆盖了一层新页面，可以返回初始页面，如图 5.34（b）所示；在当前页面打开新地址内容，相当于直接替换了初始页面，不可以返回初始页面，如图 5.34（c）所示。

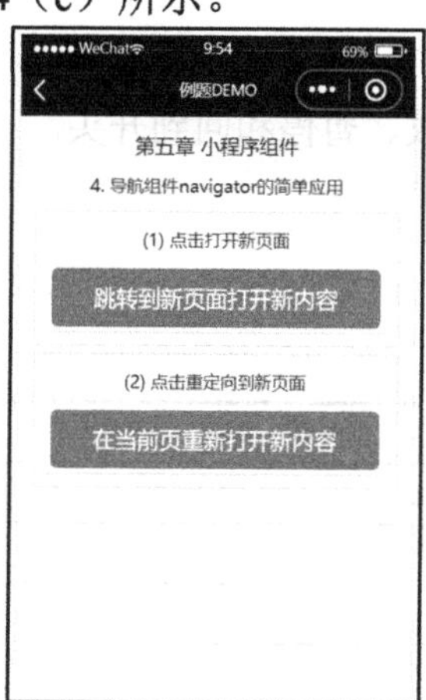

（a）页面初始效果

（b）在新页面打开新地址内容

（c）在当前页面打开新地址内容

图 5.34　<navigator>组件的简单应用

四、任务实现

本任务中共有 3 个页面，对应 3 个页面文件，分别为初始页面文件 navigator.wxml、新地址内容文件 new.wxml、重定向内容文件 redirect.wxml。在 navigator.wxml 文件设置两个

<navigator>组件，分别用于打开 new.wxml 文件和 redirect.wxml 文件。

navigator.wxml 文件中的代码如下：

```
<!--pages/navigator/navigator.wxml-->
<view class='page-body'>
  <view class='title'>4. 导航组件 navigator 的简单应用</view>
  <view class='demo-box'>
    <view class='title'>(1) 点击打开新页面</view>
    <navigator url="../new/new">
      <button type="primary">跳转到新页面打开新内容</button>
    </navigator>
  </view>
  <view class='demo-box'>
    <view class='title'>(2) 点击重定向到新页面</view>
    <navigator url="../redirect/redirect" open-type='redirect'>
      <button type="primary">在当前页重新打开新内容</button>
    </navigator>
  </view>
</view>
```

5.5 媒体组件

媒体组件有音频组件<audio>、图片组件<image>、视频组件<video>、相机组件<camera>。音频组件<audio>主要用于播放音乐，图片组件<image>主要用于显示图片，视频组件<video>主要用于播放视频，相机组件<camera>主要用于开启相机功能。

5.5.1 <audio>组件

一、任务描述

本任务要求使用<audio>组件和<button>组件控制音频的播放、暂停和回到开头。

二、导入知识点

媒体组件目前主要有 4 种，如表 5.40 所示。

表 5.40 媒体组件

组件名称	解释
audio	音频组件
image	图片组件
video	视频组件
camera	相机组件

<audio>组件是音频组件，主要用于播放本地或网络音频，该组件的属性如表 5.41 所示。

表 5.41 <audio>组件的属性

属性	类型	默认值	说明
id	String	—	<audio>组件的唯一标识符
src	String	—	要播放音频的资源地址

续表

属　　性	类　　型	默 认 值	说　　明
loop	Boolean	FALSE	是否循环播放
controls	Boolean	FALSE	是否显示默认控件
poster	String	—	默认控件中音频封面的图片资源地址，如果controls属性值为false，那么poster属性的相关设置无效
name	String	未知音频	默认控件中的音频名字，如果controls属性值为false，那么name属性的相关设置无效
author	String	未知作者	默认控件中的作者名字，如果controls属性值为false，那么author属性的相关设置无效
binderror	EventHandle	—	当发生错误时触发error事件，detail = {errMsg: MediaError.code}
bindplay	EventHandle	—	当开始/继续播放时触发play事件
bindpause	EventHandle	—	当暂停播放时触发pause事件
bindtimeupdate	EventHandle	—	当播放进度改变时触发timeupdate事件，detail = {currentTime, duration}
bindended	EventHandle	—	当播放到末尾时触发ended事件

触发 error 事件后的返回值 MediaError.code 共有 4 种取值，具体如下。

- 1：获取资源被用户禁止。
- 2：网络错误。
- 3：解码错误。
- 4：资源不合适。

三、实现效果

<audio>组件的简单应用如图 5.35 所示，其中有 3 种状态，分别是页面初始状态，播放状态和暂停状态。页面初始状态可以显示音频封面图片、歌曲名、演唱者和当前音频处于 0 分 0 秒；单击“播放”按钮，转换为播放状态，音频封面图片上的按钮图标发生改变；单击“暂停”按钮，转换为停止状态，音频封面图片上的按钮图标切换回初始状态。

图 5.35　<audio>组件的简单应用

四、任务实现

（1）编写 audio.wxml 文件中的代码。在 audio.wxml 文件中放置一个<audio>组件（用于播放网络音频）和 3 个<button>组件（分别用于控制音频的播放、暂停和回到开头），其中<audio>组件的相关属性值均在 audio.js 文件的 data 对象中设置，包括音频封面图片、歌曲名、演唱者和音频来源；3 个<button>组件对应的单击事件函数分别是 audioPlay()、audioPause()、audioSeek()，这 3 个自定义函数均在 audio.js 文件中定义。

audio.wxml 文件中的代码如下：

```
<!--pages/audio/audio.wxml-->
<view class='container'>
 <view class='page-body'>
  <view class="title1">第 5 章 小程序组件</view>
  <view class="title2">媒体组件 audio</view>
  <view class='demo-box'>
   <view class='title'>播放网络音频</view>
   <audio id="myAudio" poster="{{poster}}" name="{{name}}" author="{{author}}" src="{{src}}" controls loop></audio>
   <button size='mini' bindtap='audioPlay'>播放</button>
   <button size='mini' bindtap='audioPause'>暂停</button>
   <button size='mini' bindtap='audioSeek0'>回到开头</button>
  </view>
 </view>
</view>
```

（2）编写 audio.js 文件中的代码，具体如下：

```
// pages/audio/audio.js
Page({
 data: {
  poster: 'http://y.gtimg.cn/music/photo_new/T002R300x300M000003rsKF44GyaSk.jpg?max_age=2592000',
  name: '此时此刻',
  author: '许巍',
  src: 'https://music.163.com/#/song?id=1355147933&autoplay=true&market=baiduhd'
 },
 audioPlay: function (options) {
  this.audioCtx.play()
 },
 audioPause: function (options) {
  this.audioCtx.pause()
 },
 audioSeek0: function (options) {
  this.audioCtx.seek(0)
 },
 onReady: function () {
  this.audioCtx = wx.createAudioContext('myAudio')
  //this.audioCtx.play()
 },
})
```

5.5.2 <image>组件

一、任务描述

本任务要求应用图片组件<image>的 4 种缩放模式和 9 种裁剪模式。

二、导入知识点

<image>组件是图片组件，主要用于显示本地或网络图片，其默认宽度为 300px、默认高度为 225px，该组件的属性如表 5.42 所示。

表 5.42 <image>组件的属性

属 性	类 型	默 认 值	说 明	最 低 版 本
src	String	—	图片资源地址	—
mode	String	'scaleToFill'	图片裁剪、缩放的模式	—
lazy-load	Boolean	FALSE	图片懒加载。只对page与<scroll-view>组件中的<image>组件有效	1.5.0
binderror	HandleEvent	—	当发生错误时，发布到AppService的事件名，事件对象event.detail={errMsg: 'something wrong'}	—
bindload	HandleEvent	—	当图片载入完毕时，发布到 AppService 的事件名，事件对象event.detail = {height:'图片高度px', width:'图片宽度px'}	—

注意：<image>组件的 mode 属性主要用于控制图片的裁剪、缩放，根据不同的有效值可以实现 13 种模式：4 种缩放模式和 9 种裁剪模式。具体情况如表 5.43 所示。

表 5.43 <image>组件的 mode 属性的有效值

	值	说 明
缩放模式	scaleToFill	不保持纵横比缩放图片，使图片的宽度和高度完全拉伸至填满<image>组件
	aspectFit	保持纵横比缩放图片，使图片的长边能完全显示出来。也就是说，可以完整地将图片显示出来
	aspectFill	保持纵横比缩放图片，只保证图片的短边能完全显示出来。也就是说，图片通常只在水平或垂直方向上是完整的，在另一个方向上会被截取
	widthFix	宽度不变，高度自动变化，保持原图的宽高比不变
裁剪模式	top	不缩放图片，只显示图片的顶部区域
	bottom	不缩放图片，只显示图片的底部区域
	center	不缩放图片，只显示图片的中间区域
	left	不缩放图片，只显示图片的左边区域
	right	不缩放图片，只显示图片的右边区域
	top left	不缩放图片，只显示图片的左上边区域
	top right	不缩放图片，只显示图片的右上边区域
	bottom left	不缩放图片，只显示图片的左下边区域
	bottom right	不缩放图片，只显示图片的右下边区域

三、实现效果

<image>组件的简单应用如图 5.36 所示，图 5.36（a）展示的是原图，图 5.36（b）和图 5.36（c）展示的是<image>组件的 4 种缩放效果，图 5.36（d）～图 5.36（h）展示的是<image>组件的 9 种裁剪效果。

（a）原图

（b）值为 scaleToFill 和 aspectFit

（c）值为 aspectFill 和 widthFix

（d）值为 top 和 bottom

（e）值为 center 和 left

（f）值为 right 和 top left

图 5.36　<image>组件的简单应用

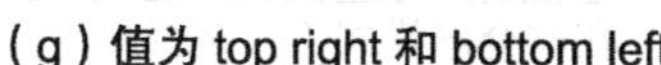
（g）值为 top right 和 bottom left

（h）值为 bottom right

图 5.36　<image>组件的简单应用（续）

四、任务实现

（1）编写 image.wxml 文件和 image.wxss 文件中的代码。在 image.wxml 文件中声明 13 个<image>组件，其素材来源于同一幅图片，即位于项目目录下 images/demo05 文件夹中的素材图片 monalisa.jpg，该图片实际尺寸为 320px×480px。在 image.wxss 文件中设置<image>组件的尺寸为 260rpx×260rpx。根据<image>组件的 mode 属性值，可以实现 4 种缩放效果和 9 种裁剪效果。

（2）编写 image.js 文件中的代码。由于 13 个<image>组件的素材来源于同一幅图片，因此可以在 image.js 文件的 data 对象中设置<image>组件的 src 属性值。

image.js 文件中的代码如下：

```
// pages/image/image.js
Page({
  data: {
    src:'/images/monalisa.jpg'
  },
})
```

5.5.3　<video>组件

一、任务描述

本任务要求使用微信官方提供的一段网络视频作为视频组件<video>的视频来源，并且在 video.js 文件的 data 对象中定义 danmuList 数组，用于显示两段弹幕。

二、导入知识点

<video>组件是视频组件，主要用于播放本地或网络视频资源，其默认宽度为 300px、默认高度为 225px，该组件的常用属性如表 5.44 所示。

表 5.44 <video>组件的常用属性

属性	类型	默认值	说明
src	String	—	要播放视频的资源地址
initial-time	Number	—	指定视频的初始播放位置
duration	Number	—	指定视频时长
controls	Boolean	TRUE	是否显示默认播放控件（播放/暂停按钮、播放进度、时间）
danmu-list	Object Array	—	弹幕列表
danmu-btn	Boolean	FALSE	是否显示弹幕按钮，只在初始化时有效，不能动态修改
enable-danmu	Boolean	FALSE	是否展示弹幕，只在初始化时有效，不能动态修改
autoplay	Boolean	FALSE	是否自动播放
loop	Boolean	FALSE	是否循环播放
muted	Boolean	FALSE	是否静音播放
page-gesture	Boolean	FALSE	在非全屏模式下，是否开启亮度与音量调节手势
direction	Number	—	设置在全屏时视频的方向，如果不指定，则会根据宽高比自动判断。有效值为 0（正常竖向）、90（屏幕逆时针旋转90度）、-90（屏幕顺时针旋转90度）
show-progress	Boolean	TRUE	如果不设置，那么在宽度大于240时才会显示
show-fullscreen-btn	Boolean	TRUE	是否显示全屏按钮
show-play-btn	Boolean	TRUE	是否显示视频底部控制栏的播放按钮
show-center-play-btn	Boolean	TRUE	是否显示视频中间的播放按钮
enable-progress-gesture	Boolean	TRUE	是否开启控制进度的手势
objectFit	String	contain	当视频大小与<video>组件的大小不一致时，指定视频的表现形式。有效值为contain（包含）、fill（填充）、cover（覆盖）
poster	String	—	视频封面的图片资源地址，如果controls属性值为false，那么poster属性的相关设置无效
bindplay	EventHandle	—	当开始/继续播放时触发play事件
bindpause	EventHandle	—	当暂停播放时触发pause事件
bindended	EventHandle	—	当播放到末尾时触发ended事件
bindtimeupdate	EventHandle	—	当播放进度改变时触发，event.detail = {currentTime, duration}，触发频率为250ms一次
Bindfullscreenchange	EventHandle	—	当视频进入和退出全屏时触发，event.detail={fullScreen,direction}，direction属性的值为vertical或horizontal
bindwaiting	EventHandle	—	在视频出现缓冲时触发
binderror	EventHandle	—	在视频播放出错时触发

三、实现效果

<video>组件的简单应用如图 5.37 所示，图 5.37（a）展示的是页面初始效果，此时视频加载完毕，需要手动单击播放；图 5.37（b）和图 5.37（c）分别展示的是播放到第 1 秒和第 3 秒出现的弹幕效果。

（a）页面初始效果

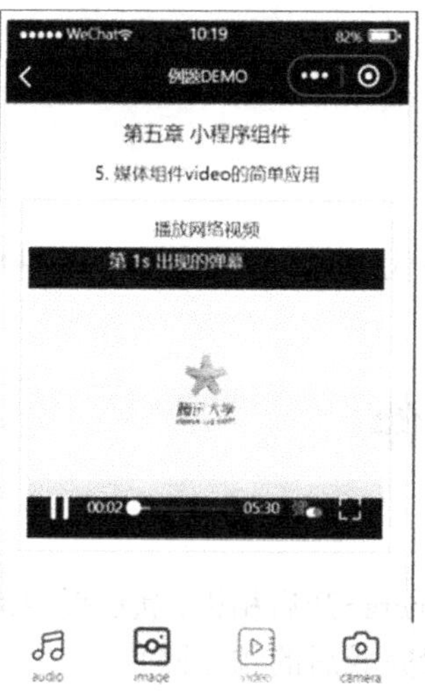

（b）第 1s 出现的弹幕效果

（c）第 3s 出现的弹幕效果

图 5.37　<video>组件的简单应用

四、任务实现

（1）编写 video.uxml 文件中的代码。在 video.wxml 文件中定义<video>组件的 id、src、danmu-list 等属性值。

video.wxml 文件中的代码如下：

```
<!--pages/video/video.wxml-->
<view class='container'>
 <view class='page-body'>
  <view class='title'>5. 媒体组件 video 的简单应用</view>
  <view class='demo-box'>
   <view class='title'>播放网络视频</view>
   <video id="myVideo" src="{{src}}" danmu-list="{{danmuList}}" enable-danmu danmu-btn controls></video>
  </view>
 </view>
</view>
```

（2）编写 video.js 文件中的代码。在 video.js 文件的 data 对象中定义 danmuList 数组，用于显示两段弹幕。

video.js 文件中的代码如下：

```
// pages/video/video.js
Page({
 data: {
  data: {
   src: "http://wxsnsdy.tc.qq.com/105/20210/snsdyvideodownload?filekey=30280201010421301f0201690402534804102ca905ce620b1241b726bc41dcff44e00204012882540400&bizid=1023&hy=SH&fileparam=302c020101042530230204136ffd93020457e3c4ff02024ef202031e8d7f02030f42400204045a320a0201000400",
    danmuList: [
     {
      text: '第 1s 出现的弹幕',
```

```
        color: 'yellow',
        time: 1
      },
      {
        text: '第 3s 出现的弹幕',
        color: 'purple',
        time: 3
      }]
    },
  },
})
```

（3）编写 video.wxss 文件中的代码。在 video.wxss 文件中定义<video>组件和<input>组件的样式。

5.5.4 <camera>组件

一、任务描述

本任务要求使用相机组件<camera>开启相机，默认采用后置摄像头，并且关闭闪光灯效果，可以实现拍照功能，可以显示拍摄完成后的预览照片。

二、导入知识点

<camera>组件是系统相机组件，从基础库 1.6.0 开始支持，低版本需要进行兼容处理。在进行真机测试时，需要用户授权 scope.camera。该组件的常用属性如表 5.45 所示。

表 5.45 <camera>组件的常用属性

属　性	类　型	默 认 值	说　明
mode	String	normal	有效值为 normal、scanCode
device-position	String	back	指定是采用前置摄像头（值为front），还是采用后置摄像头（值为back）
flash	String	auto	闪光灯，值为auto、on、off
scan-area	Array	—	扫码识别区域，格式为[x, y, w, h]，x、y是相对于<camera>组件显示区域的左上角坐标，w、h为扫码识别区域的宽度和高度，单位为px，仅在mode="scanCode"时生效
bindstop	EventHandle	—	在摄像头非正常终止时触发，如退出后台等情况
binderror	EventHandle	—	在用户不允许使用摄像头时触发
bindscancode	EventHandle	—	在成功识别二维码时触发，仅在mode="scanCode"时生效

三、实现效果

<camera>组件的简单应用如图 5.38 所示，图 5.38（a）展示的是开启相机后的效果，单击“拍照”按钮可以拍照；图 5.38（b）展示的拍照后的效果，在“拍照”按钮下方会显示刚才拍摄的预览照片。

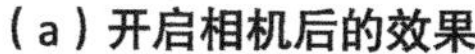

(a) 开启相机后的效果

(b) 照片预览图

图 5.38　<camera>组件的简单应用

四、任务实现

(1) 编写 camera.wxml 文件中的代码。在 camera.wxml 文件中创建一个<camera>组件，用于开启相机，默认采用后置摄像头，并且关闭闪光灯效果。在<camera>组件下方放置一个<button>组件，用于创建一个“拍照”按钮，为其绑定自定义单击事件 takePhoto，用户单击“拍照”按钮，即可实现拍照功能。在<button>组件下方放置一个<image>组件，用于显示拍照完成后的预览照片。

camera.wxml 文件中的代码如下：

```
<!--pages/camera/camera.wxml-->
<view class='container'>
 <view class='page-body'>
  <view class="title1">第 5 章 小程序组件</view>
  <view class='title2'>媒体组件 camera</view>
  <view class='demo-box'>
   <view class='title'>开启相机</view>
   <camera device-position="back" flash="off" style="width: 100%; height: 300px;"></camera>
   <button type="primary" bindtap="takePhoto">拍照</button>
  </view>
  <image wx:if="{{src}}" mode="widthFix" src="{{src}}"></image>
 </view>
</view>
```

(2) 编写 camara.js 文件中的代码。在 camera.js 文件的 data 对象中定义 takePhoto()函数，用于实现拍照功能。

camera.js 文件中的代码如下：

```
// pages/camera/camera.js
Page({
 takePhoto() {
  this.ctx.takePhoto({
   quality: 'high',
   success: (res) => {
    this.setData({
```

```
            src: res.tempImagePath }) }  })},})
```

5.6 地图组件<map>

一、任务描述

地图组件<map>主要用于开发与地图有关的应用，如地图导航、打车软件、京东商城的订单轨迹等都会用到地图组件。在地图上可以标记覆盖物及指定一系列的坐标位置。

本任务要求使用地图组件<map>显示地图，当移动地图时，可以在地图的指定尺寸中任意改变视野。

二、导入知识点

<map>组件是地图组件，根据指定中心的经纬度可以使用腾讯地图显示对应的地段，其常用属性如表 5.46 所示。

表 5.46　<map>组件的常用属性

属　性	类　型	说　明
longitude	Number	中心经度
latitude	Number	中心纬度
scale	Number	缩放级别，取值范围为5～18。默认值为16
markers	Array	标记点
covers	Array	即将移除，建议使用markers属性替代
polyline	Array	坐标点连线
circles	Array	圆
controls	Array	即将废弃，建议使用<cover-view>组件代替
include-points	Array	缩放视野，从而包含所有指定的坐标点
show-location	Boolean	显示带有方向的当前定位点
bindmarkertap	EventHandle	在单击标记点时触发，会返回marker的id
bindcallouttap	EventHandle	在单击标记点对应的气泡时触发，会返回marker的id
bindcontroltap	EventHandle	在单击控件时触发，会返回control的id
bindregionchange	EventHandle	在视野发生变化时触发
bindtap	EventHandle	在单击地图时触发
bindupdated	EventHandle	在地图渲染更新完成时触发

例如，生成一个北京故宫博物院的地图，WXML 代码如下：

```
<map latitude='39.917940' longitude='116.397140'></map>
```

注意：如果不确定经纬度，则可以在腾讯位置服务平台进行查询。

<map>组件的默认尺寸为 300px×150px，该尺寸可以由用户自定义，示例 WXSS 代码如下：

```
map{
width: 100%;
height: 600rpx;
}
```

1．标记点 markers

makers 属性表示标记点，主要用于在地图上显示标记的位置。该属性值会以数组（Array 类型）形式记录全部的标记点信息，每个数组元素都可以显示其中一个标记点。markers 的常用属性如表 5.47 所示。

表 5.47 markers 的常用属性

属 性	说 明	类 型	必 填	备 注
id	标记点id	Number	否	markers单击事件回调会返回此id。建议为每个markers设置Number类型的id，用于保证在更新markers时有更好的性能
latitude	纬度	Number	是	浮点数，取值范围为-90～90
longitude	经度	Number	是	浮点数，取值范围为-180～180
title	标注点名	String	否	—
iconPath	显示的图标	String	是	项目目录下的图片路径，支持相对路径，如果以'/'开头，则表示相对于小程序根目录；也支持临时路径
rotate	旋转角度	Number	否	顺时针旋转的角度，取值范围为0～360，默认值为0
alpha	标注的透明度	Number	否	默认值为1，表示不透明，取值范围为0～1
width	标注图标宽度	Number	否	默认为图片实际宽度
height	标注图标高度	Number	否	默认为图片实际高度
callout	自定义标记点上方的气泡窗口	Object	否	可识别换行符（最低版本：1.2.0）
label	为标记点旁边增加标签	Object	否	可识别换行符（最低版本：1.2.0）
anchor	经纬度在标注图标的锚点，默认底边中点	Object	否	{x, y}，x表示横向（0～1），y表示竖向（0～1）。{x: .5, y: 1} 表示底边中点（最低版本：1.2.0）

1）气泡窗口 callout。

callout 属性主要用于在自定义标记点上方显示气泡窗口，其常用属性如表 5.48 所示。

表 5.48 callout 的常用属性

属 性	说 明	类 型
content	文本	String
color	文本颜色	String
fontSize	文字大小	Number
borderRadius	callout边框圆角	Number
bgColor	背景色	String
padding	文本边缘留白	Number
display	值为'BYCLICK'表示单击显示，值为'ALWAYS'表示常显	String
textAlign	文本对齐方式，有效值有left、right、center	String

2）标签 label。

label 属性主要用于在自定义标记点旁添增加标签，其常用属性如表 5.49 所示。

表 5.49　label 的常用属性

属　　性	说　　明	类　　型
content	文本	String
color	文本颜色	String
fontSize	文字大小	Number
x	label的坐标（废弃）	Number
y	label的坐标（废弃）	Number
anchorX	label的坐标，原点是 marker 对应的经纬度	Number
anchorY	label的坐标，原点是 marker 对应的经纬度	Number
borderWidth	边框宽度	Number
borderColor	边框颜色	String
borderRadius	边框圆角	Number
bgColor	背景色	String
padding	文本边缘留白	Number
textAlign	文本对齐方式，有效值有left、right、center	String

2．坐标点连线 polyline

polyline 属性主要用于指定一系列坐标点，从第一个坐标点连线至最后一个坐标点，其常用属性如表 5.50 所示。

表 5.50　polyline 的常用属性

属　　性	说　　明	类　　型	必　　填	备　　注
points	经纬度数组	Array	是	[{latitude: 0, longitude: 0}]
color	线的颜色	String	否	使用8位十六进制数表示，后两位表示alpha值，如#000000AA
width	线的宽度	Number	否	—
dottedLine	是否虚线	Boolean	否	默认值为false
arrowLine	带箭头的线	Boolean	否	默认值为false，开发者工具暂不支持该属性
arrowIconPath	箭头图标	String	否	在arrowLine的值为true时生效
borderColor	边框线颜色	String	否	—
borderWidth	线的厚度	Number	否	—

3．圆形区域 circles

circles 属性主要用于在地图上显示圆形区域，其常用属性如表 5.51 所示。

表 5.51　circles 的常用属性

属　　性	说　　明	类　　型	必　　填	备　　注
latitude	纬度	Number	是	浮点数，取值范围为-90～90
longitude	经度	Number	是	浮点数，取值范围为-180～180
color	描边的颜色	String	否	使用8位十六进制表示，后两位表示alpha值，如#000000AA
fillColor	填充颜色	String	否	使用8位十六进制表示，后两位表示alpha值，如#000000AA
radius	半径	Number	是	—
strokeWidth	描边的宽度	Number	否	—

三、实现效果

<map>组件的简单应用如图 5.39 所示。图 5.39（a）展示的是<map>组件的效果，图 5.39（b）展示的是在移动地图后 Console 控制台中输出的内容。

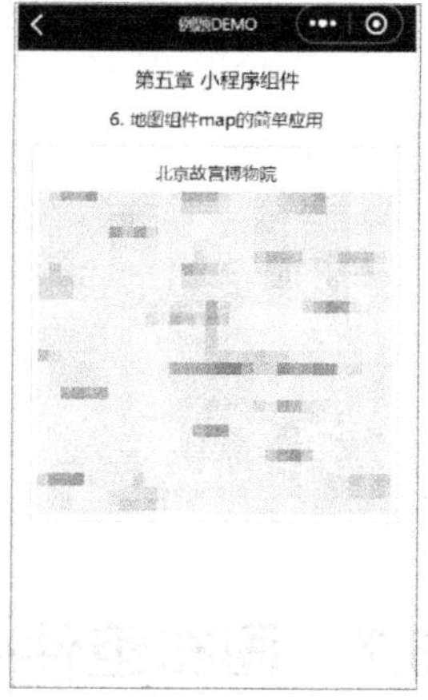

（a）<map>组件的效果

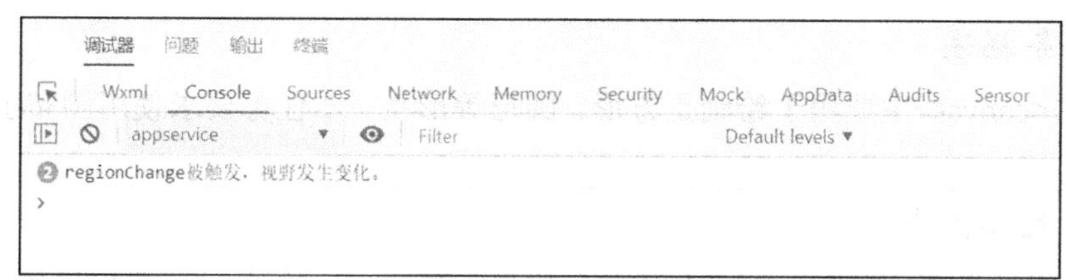

（b）Console 控制台中输出的内容

图 5.39　<map>组件的简单应用

四、任务实现

（1）编写 map.wxml 文件中的代码。在 map.wxml 文件中创建一个<map>组件，用于显示地图。

map.wxml 文件中的代码如下：

```
<!--pages/map/map.wxml-->
<view class='page-body'>
  <view class='title'>6. 地图组件 map 的简单应用</view>
  <view class='demo-box'>
   <view class='title'>北京故宫博物院</view>
   <map latitude='{{latitude}}' longitude='{{longitude}}' markers='{{markers}}' bindregionchange='regionChange'>
   </map>
  </view>
</view>
```

（2）编写 map.wxss 文件中的代码。在 map.wxss 文件中定义样式：宽度为 100%、高度为 600rpx。

（3）编写 map.js 文件中的代码。在 map.js 文件的 data 对象中设置经纬度坐标和标记点信息（标记点 id、图标、标签文本内容）。

map.js 文件中的代码如下：

```
/*pages/map/map.js*/
 data: {
```

```
    latitude: 39.917940,
    longitude: 116.397140,
    markers: [{
      id:'001',
      latitude: 39.917940,
      longitude: 116.397140,
      iconPath:'/images/demo06/location.png',
      label:{
        content:'故宫博物院'
      }
    }]
  },
  regionChange: function (e) {
    console.log('regionChange 被触发，视野发生变化。');
  },
```

5.7 画布组件<canvas>

一、任务描述

画布组件<canvas>主要用于绘制正方形、圆形等形状。本任务要求使用画布组件<canvas>绘制简笔画。

二、导入知识点

<canvas>组件为画布组件，其默认尺寸是300px×225px，该组件的常用属性如表5.52所示。

表 5.52 <canvas>组件的常用属性

属　性	类　型	默 认 值	说　明
canvas-id	String	—	<canvas>组件的唯一标识符
disable-scroll	Boolean	FALSE	当在<canvas>组件中移动且有绑定手势事件时，禁止屏幕滚动及下拉刷新
bindtouchstart	EventHandle	—	手指触摸动作开始
bindtouchmove	EventHandle	—	在手指触摸后移动
bindtouchend	EventHandle	—	手指触摸动作结束
bindtouchcancel	EventHandle	—	手指触摸动作被打断，如来电提醒、弹窗
bindlongtap	EventHandle	—	在手指长按500ms后触发，在触发长按事件后进行移动不会触发屏幕滚动事件
binderror	EventHandle	—	当发生错误时触发error事件，detail = {errMsg: 'something wrong'}

示例代码如下：

```
<canvas canvas-id="myCanvas" style="border:1rpx solid" ></canvas>
```

上述代码表示声明了一个带有宽度为1rpx的黑色实线边框的画布，其canvas-id为myCanvas。需要注意的是，同一个页面中的canvas-id不可以重复。如果使用一个已经出现过的canvas-id，那么该<canvas>组件对应的画布会被隐藏，不再正常工作。

在<canvas>组件声明完毕后，一个简单的画图工作主要分为3个步骤。

（1）创建画布上下文（CanvasContext）对象。

（2）使用画布上下文对象设置绘图样式（如设置画笔颜色）。

（3）绘制图形。

三、实现效果

<canvas>组件的简单应用如图 5.40 所示。

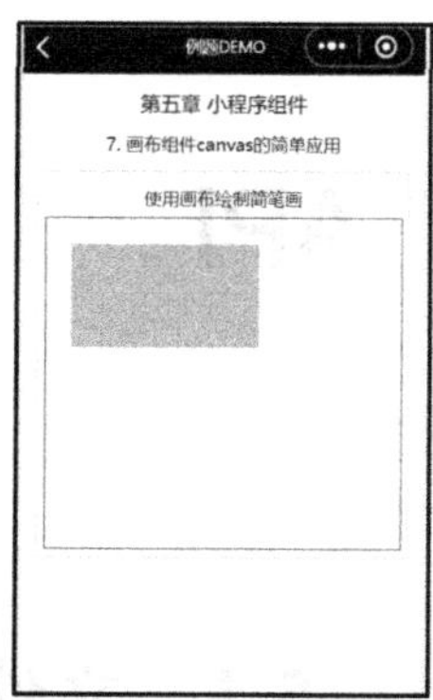

图 5.40　<canvas>组件的简单应用

四、任务实现

（1）编写 canuas.wxml 文件中的代码。在 canvas.wxml 文件中创建一个<canvas>组件，用于绘制图形。

canvas.wxml 文件中的代码如下：

```
<!--pages/canvas/canvas.wxml-->
<view class='page-body'>
  <view class='title'>7. 画布组件 canvas 的简单应用</view>
  <view class='demo-box'>
   <view class='title'>使用画布绘制简笔画</view>
   <canvas canvas-id="myCanvas" style="border:1rpx solid" ></canvas>
  </view>
 </view>
```

（2）编写 canvas.wxss 文件中的代码。在 canvas.wxss 文件中设置<canvas>组件的宽度为 100%、高度为 600rpx。

（3）编写 canvas.js 文件中的代码。在 canvas.js 文件的 data 对象中创建画布上下文对象，设置填充颜色为橙色，设置填充区域为矩形，并且绘制图形。

canvas.js 文件中的代码如下：

```
/*pages/canvas/canvas.js*/
•       Page({
•    onLoad: function (options) {
•           //1.创建画布上下文对象
•           const ctx = wx.createCanvasContext('myCanvas')
•           //2.设置填充颜色为橙色
•           ctx.setFillStyle('orange')
•           //3.设置填充区域为矩形
•           ctx.fillRect(20, 20, 150, 80)
•           //4.绘制图形
•           ctx.draw()
•       }
•     })
```

第6章　API

扫一扫，看微课

6.1　文件传输

本任务主要介绍小程序中文件传输 API 的相关应用，包括文件上传功能和文件下载功能，小程序允许使用相关接口与开发者或第三方服务器进行通信。文件上传功能需要配合开发者服务器使用，文件下载功能需要配合开发者服务器或第三方服务器使用。本节的学习目标如下：

- 熟练掌握服务器域名配置和临时服务器的部署方法。
- 熟练掌握 API 函数 wx.request()的使用方法。
- 熟练掌握 API 函数 wx.uploadFile()和 wx.downloadFile()的使用方法。

下面分别介绍文件上传和文件下载的相关知识。

6.1.1　文件上传

一、任务描述

本任务要求设计一个文件上传小程序，可以选择图片文件，并且将所选图片显示在页面中；单击“开始上传”按钮，如果上传成功，则会提示“上传成功”，并且会在 Console 控制台中显示上传进度、已经上传的数据长度和预期需要上传的数据总长度。

二、导入知识点

1．文件上传请求

在小程序中，使用 API 函数 wx.uploadFile(OBJECT)可以将本地资源上传到开发者服务器端，在上传时会从客户端发起一个 HTTPS POST 请求到服务器端，其中 content-type 为 multipart/form-data。API 函数 wx.uploadFile(OBJECT)的参数说明如表 6.1 所示。

表 6.1　API 函数 wx.uploadFile(OBJECT)的参数说明

参　　数	类　　型	必　　填	说　　明
url	String	是	开发者服务器端url
filePath	String	是	要上传文件资源的路径
name	String	是	文件对应的key，开发者在服务器端通过这个key可以获取文件的二进制内容

续表

参　　数	类　　型	必　　填	说　　明
header	Object	否	HTTP请求header，在header中不能设置Referer
formData	Object	否	HTTP请求中其他的form data
success()	Function	否	API函数调用成功的回调函数
fail()	Function	否	API函数调用失败的回调函数
complete()	Function	否	API函数调用结束的回调函数(调用成功与否都会执行)

success()函数返回的参数如表 6.2 所示。

表 6.2　success( )函数返回的参数

参　　数	类　　型	说　　明
data	String	开发者服务器端返回的数据
status	Number	开发者服务器端返回的HTTP状态码

API 函数 wx.uploadFile()可以配合其他 API 函数一起使用。例如，页面在使用 API 函数 wx.chooseImage()获取一个本地资源的临时文件路径后，可以使用 API 函数 wx.uploadFile()将本地资源上传到指定服务器端。示例代码如下：

```
wx.chooseImage({
success:function(res){
var tempFilePaths=res.tempFilePaths
wx.uploadFile({
url:'https://example.weixin.qq.com/upload',//仅为示例，非真实的接口地址
filePath:tempFilePaths[0],
name:'file',
formData: {
'user':'test'
},
success:function(res){
var data=res.data
}
})
}
})
```

2．上传任务对象

使用 API 函数 wx.uploadFile(OBJECT)可以返回一个 uploadTask 对象，通过该对象可以监听文件上传进度变化事件及中断上传任务。uploadTask 对象的函数如表 6.3 所示。

表 6.3　uploadTask 对象的函数

函　　数	参　　数	说　　明
onProgressUpdate()	callback	监听上传进度变化事件
abort()	—	中断上传任务

onProgressUpdate()函数返回的参数如表 6.4 所示。

表 6.4　onProgressUpdate()函数返回的参数

参　　数	类　　型	说　　明
progress	Number	上传进度百分比
totalBytesSent	Number	已经上传的数据长度，单位为Byte
totalBytesExpectedToSend	Number	预期需要上传的数据总长度，单位为Byte

uploadTask 对象的示例代码如下：

```
const uploadTask=wx.uploadFile({
...
})
uploadTask.onProgressUpdate((res)=>{
console.log('上传进度',res.progress)
console.log('已经上传的数据长度',res.totalBytesSent)
console.log('预期需要上传的数据总长度',res.totalBytesExpectedToSend)
})
uploadTask.abort()   //取消上传任务
```

三、实现效果

文件上传小程序的运行效果如图 6.1 所示，图 6.1（a）展示的是文件上传初始效果，此时尚未选择文件；图 6.1（b）展示的是选择图片文件后的效果，此时指定的图片会显示在页面中；图 6.1（c）展示的是文件上传过程中 Console 控制台中输出的内容，该功能是由 uploadTask 对象的 onProgressUpdate()函数实现的。

（a）文件上传初始效果

（b）选择文件后的效果

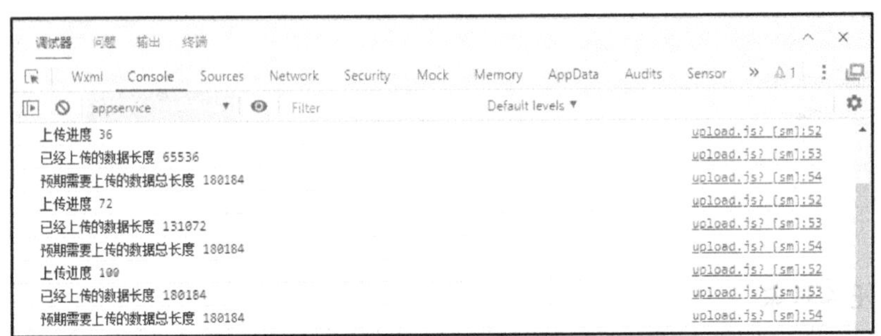

（c）文件上传过程中 Console 控制台中输出的内容

图 6.1　文件上传小程序的运行效果

四、任务实现

1. 软件部署

如果开发者条件有限，则可以将 PC 端临时部署为模拟服务器端，用于进行小程序开发和测试。小程序对服务器端没有软件和语言的限制，用户可以根据自己的实际情况选择一款合适的服务器软件（如 Apache、Ngnix、Tomcat）进行部署，并且选择一种合适的语言（如 PHP）进行后端开发。

以 phpStudy 2016 套装软件（包含 Apache 和 PHP）为例，软件部署步骤如下：

（1）下载安装包，在 PC 端双击安装。

（2）在安装成功后，启动 Apache 服务器，如图 6.2 所示。

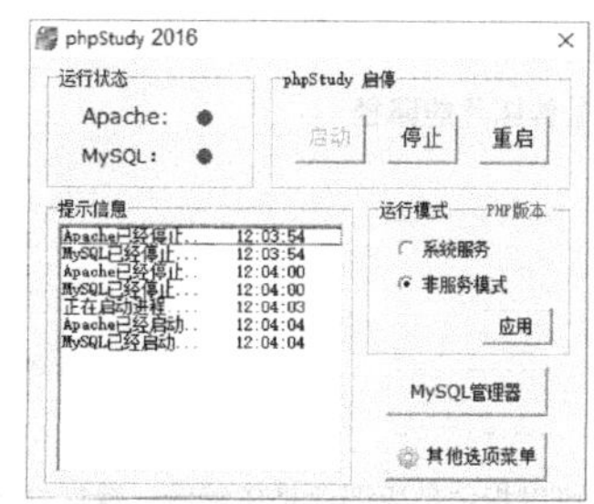

图 6.2　启动 Apache 服务器

（3）在 WWW 目录下创建自定义目录，如 miniDemo。

至此软件临时部署完毕，用户可以随时更改服务器中的目录地址和 PHP 文件中的代码。此时模拟服务器已经启动。

2．网络请求

服务器的 WWW 目录就是根目录，它的网络地址是“http://localhost/”或“http:/127.0.0.1/”。开发者可以在根目录下自行创建目录和文件。例如，如果在 miniDemo 目录下创建了 test.php 文件，那么网络请求地址为“http://localhost/miniDemo/test.php”。

PHP 中的返回语句是 echo，示例代码如下：

```
<?php
echo '网络请求成功！';
?>
```

小程序可以收到 echo 语句中引号内的文字。开发者可以直接用浏览器访问该地址，可以获得同样的文字，因此可以在开发之前直接使用浏览器测试 PHP 文件是否正确。

需要注意的是，本地模拟服务器地址只能用于学习或测试阶段，带有无效域名的小程序是无法正式发布上线的。在正式服务器域名配置成功后，建议开发者更新网络请求地址并在各平台上进行测试，用于确认服务器域名配置正确。

3．编写 upload.wxml 文件中的代码

upload.wxml 文件中包含两个<button>组件，分别用于选择图片和上传图片，对应的自定义函数分别是 chooseImage()和 uploadFile()。

upload.wxml 文件中的代码如下：

```
<view class='title1'>1. 文件上传</view>
 <view class='box'>
  <view class='title2'>wx.uploadFile(OBJECT)</view>
  <image wx:if='{{src}}' src='{{src}}' mode='widthFix'></image>
  <button bindtap="chooseImage">选择文件</button>
  <button type="primary" bindtap="uploadFile">开始上传</button>
 </view>
```

4．编写 upload.wxss 文件中的代码

在 upload.wxss 文件中定义.title（标题）样式、.box（盒子）样式和 button（按钮）样式。

5．编写 upload.js 文件中的代码

如果在上传时尚未选择文件，则会有错误提示。在选择好图片文件后，会在页面的<image>组件中显示所选图片，单击“开始上传”按钮，可以调用 API 函数 wx.uploadFile()上传所选图片文件。

upload.js 文件中的代码如下：

```
Page({
 // 页面的初始数据
```

```
  data: {
    src: ''                                    //上传图片的路径
  },
  //选择文件
  chooseImage: function () {
    var that = this
    wx.chooseImage({
      count: 1, // 默认 9
      sizeType: ['original', 'compressed'],    // 可以指定是原图还是压缩图，默认二者都有
      sourceType: ['album', 'camera'],         // 可以指定来源是相册还是相机，默认二者都有
      success: function (res) {
    // 返回选定照片的本地文件路径列表，tempFilePath 可以作为 img 标签的 src 属性显示图片
        let src = res.tempFilePaths[0]
        that.setData({ src: src })
      }
    })
  },
  //上传文件
  uploadFile: function () {
    var that = this
    //获取图片路径地址
    let src = this.data.src
    //尚未选择图片
    if (src == '') {
      wx.showToast({
        title: '请先选择文件！',
        icon: 'none'
      })
    }
    //准备上传文件
    else {
      //发起文件上传请求
      var uploadTask = wx.uploadFile({
        url: 'http://localhost/miniDemo/upload.php', //可以替换为开发者自己的服务器地址
        filePath: src,
        name: 'file',
        success: function (res) {
          console.log(res)
          wx.showToast({
            title: res.data
          })
        }
      })
      //监听文件上传进度变化事件
      uploadTask.onProgressUpdate((res) => {
        console.log('上传进度', res.progress)
        console.log('已经上传的数据长度', res.totalBytesSent)
        console.log('预期需要上传的数据总长度', res.totalBytesExpectedToSend)
      })
    }
  }
})
```

6. 服务器端 PHP 文件中的代码

（1）在 D:/phpStudy/WWW/miniDemo 目录下创建 image 文件夹和一个 upload.php 文件，

如图 6.3 所示。

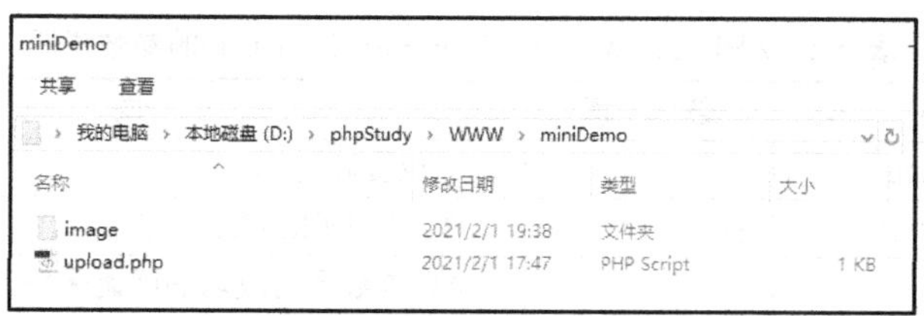

图 6.3　miniDemo 文件夹

（2）打开 upload.php 文件并进行编辑，代码如下：

```
<?php
  if(!empty($_FILES['file'])){
     //获取扩展名
     $pathinfo = pathinfo($_FILES['file']['name']);   //获取文件名
     $exename = strtolower($pathinfo['extension']); //获取后缀名，并强制转换为小写
     //检测扩展名
      if($exename != 'png' && $exename != 'jpg' && $exename != 'gif'){
          echo('非法扩展名！ ');
      }
     //检测通过
      else{
         $imageSavePath = 'image/'.uniqid().'.'.$exename; //创建文件路径
         //移动上传文件到指定位置
         if(move_uploaded_file($_FILES['file']['tmp_name'],$imageSavePath)){
            echo '上传成功！ ';
         }
      }
     }
    else{
        echo  '上传失败！ ';
  }
 ?>
```

服务器端使用 PHP 文件 upload.php 接收文件，首先检测图片文件扩展名是否符合要求，在检测通过后，将文件重命名并存储于服务器端当前目录下的 image 文件夹中。用户可以通过检测服务器指定文件夹中是否有上传的图片文件证明该任务是否完成。

6.1.2　文件下载

一、任务描述

本任务要求设计一个文件下载小程序，在单击“点击此处下载图片”按钮后，将已上传的文件下载下来，同时在 Console 控制台中显示下载进度、已经下载的数据长度和预期需要下载的数据总长度。

二、导入知识点

文件传输主要包括文件上传功能和文件下载功能，其中文件上传功能需要配合开发者服务器使用，文件下载功能需要配合开发者服务器或第三方服务器使用。

1．文件下载请求

在小程序中，使用 API 函数 wx.downloadFile(OBJECT)可以从服务器端下载文件资源到本

地。API 函数 wx.downloadFile(OBJECT)的参数说明如表 6.5 所示。

表 6.5　API 函数 wx.downloadFile(OBJECT)的参数说明

参　　数	类　　型	必　　填	说　　明
url	String	是	下载资源的url
header	Object	否	HTTP请求header，在header中不能设置Referer
success()	Function	否	API函数调用成功的回调函数。在文件下载成功后，将其以tempFilePath的形式传递给页面，res={tempFilePath:'文件的临时路径'}
fail()	Function	否	API函数调用失败的回调函数
complete()	Function	否	API函数调用结束的回调函数（调用成功与否都执行）

success()函数返回的参数如表 6.6 所示。

表 6.6　success()函数返回的参数

参　　数	类　　型	说　　明
tempFilePath	String	临时文件路径，下载的文件会被存储于一个临时文件夹中
statusCode	Number	开发者服务器端返回的HTTP状态码

下载文件的原理是客户端直接发起一个 HTTP GET 请求，返回文件的本地临时路径。需要注意的是，本地临时文件在本次小程序启动期间可以正常使用，如果需要长久保存，则需要主动调用 API 函数 wx.saveFile()进行保存。

API 函数 wx.downloadFile(OBJECT)的示例代码如下：

```
wx.downloadFile({
url:'https://example.com/audio/123',          //仅为示例，并非真实的资源
//只要服务器有响应数据，就会把响应内容写入文件并进入 success()回调，业务需要自行判断是否下载到了想要的内容
success:function(res){
if (res. statusCode===200) {
console.log(res.tempFilePath)                 //文件临时路径
}
}
})
```

2．下载任务对象

使用 API 函数 wx.downloadFile(OBJECT)可以返回一个 downloadTask 对象，通过 downloadTask 对象可以监听下载进度变化事件及中断下载任务。downloadTask 对象的函数如表 6.7 所示。

表 6.7　downloadTask 对象的函数

函　　数	参　　数	说　　明
onProgressUpdate()	callback	监听下载进度变化事件
abort()	无	中断下载任务

onProgressUpdate()函数返回的参数的说明如表 6.8 所示。

表 6.8　onProgressUpdate()函数返回的参数

函　　数	参　　数	说　　明
progress()	Number	下载进度百分比
totalBytesWritten()	Number	已经下载的数据长度，单位为Byte
totalBytesExpectedToWrite()	Number	预期需要下载的数据总长度，单位为Byte

downloadTask 对象的示例代码如下：

```
const downloadTask=wx.downloadFile({
…
})
downloadTask.onProgressUpdate((res) => {
console.log('下载进度',res.progress)
console.log('已经下载的数据长度',res.totalByteswritten)
console.log('预期需要下载的数据总长度',res.totalBytesExpectedToWrite)
})
downloadTask.abort()//取消下载任务
```

三、实现效果

文件下载小程序的运行效果如图 6.4 所示，图 6.4（a）展示的是文件下载初始效果，此时尚未下载文件，单击“点击此处下载图片”按钮，即可下载图片文件；图 6.4（b）展示的是文件下载成功后的效果，此时下载的图片会显示在页面中，单击“重置”按钮，可以返回页面初始状态；图 6.4（c）展示的是文件下载过程中 Console 控制台中输出的内容，该功能是由 downloadTask 对象的 onProgressUpdate()函数实现的，输出内容的次数与文件大小、网速有关，不同设备、文件和网络环境可能存在差异。

（a）文件下载初始效果

（b）文件下载成功后的效果

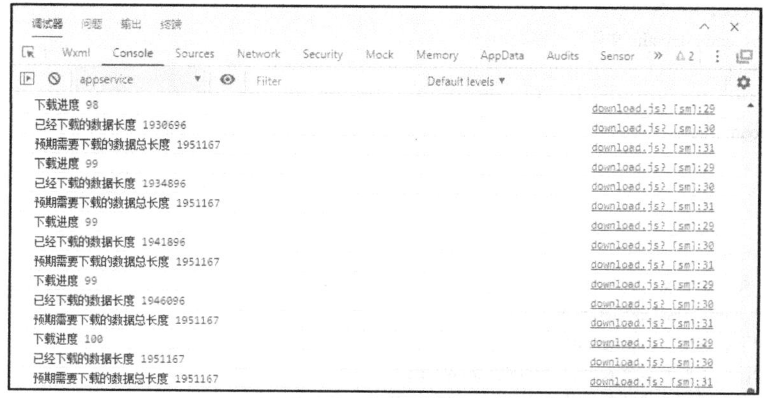

（c）文件下载过程中 Console 控制台中输出的内容

图 6.4　文件下载小程序的运行效果

四、任务实现

（1）编写 download.wxml 文件中的代码。在 download.wxml 文件中，使用 wx:if 和 wx:else 属性切换显示内容。download.wxml 文件中包含两个<button>组件，分别用于实现“点击此处下载图片”按钮和“重置”按钮；还包含一个<image>组件，用于显示下载的图片。“点击此处下载图片”按钮对应的自定义函数为 download()。在文件下载成功后，隐藏“点击此处下载图片”按钮，使用<image>组件显示下载的图片，并且显示“重置”按钮，分别用于显示所下载的图片和返回未下载的状态。

download.wxml 文件中的代码如下：

```
<view class='title1'>2. 文件下载</view>
<view class='box'>
 <view class='title2'>wx.downloadFile(OBJECT)</view>
<block wx:if='{{isDownload}}'>
        <image mode='widthFix' src='{{src}}'></image>
        <button bindtap="reset">重置</button>
    </block>
    <button wx:else type="primary" bindtap="download">点击此处下载图片</button>
</view>
```

（2）编写 download.js 文件中的代码。单击“点击此处下载图片”按钮，即可调用 wx.downloadFile()接口进行下载。

download.js 文件中的代码如下：

```
Page({
  // 页面的初始数据
  data: {
    isDownload: false
  },
  //下载图片文件
  download: function () {
    var that = this
    //开始下载
    var downloadTask = wx.downloadFile({
    url: 'http://img06.tooopen.com/images/20180821/tooopen_sl_135625562533875.jpg',
      //用户可自行更换
      success: function (res) {
       // 只要服务器有响应数据，就会把响应内容写入文件并进入 success 回调，业务需要自行判断是否下载到了想要的内容
        if (res.statusCode === 200) {
          let src = res.tempFilePath//文件临时路径地址
          that.setData({
            src: src,
            isDownload: true
          })
        }
      }
    })
    //任务对象监听下载进度变化事件
    downloadTask.onProgressUpdate((res) => {
      console.log('下载进度', res.progress)
      console.log('已经下载的数据长度', res.totalBytesWritten)
      console.log('预期需要下载的数据总长度', res.totalBytesExpectedToWrite)
    })
  },
  //清空下载图片
  reset: function () {
    this.setData({
      src: '',
      isDownload:false
    })
  }
})
```

6.2　媒体 API

本任务主要介绍小程序媒体 API 的相关应用，包括图片管理、录音管理、音频管理、视频管理、照相和拍摄。本节的学习目标如下：

- 熟练掌握图片的选择、预览、信息获取和保存功能的实现方法。
- 熟练掌握录音管理器功能的实现方法。
- 熟练掌握背景音频管理和音频组件控制功能的实现方法。
- 熟练掌握视频的选择、保存和组件控制功能的实现方法。
- 熟练掌握相机管理器功能的实现方法。

下面分别介绍图片管理、录音管理、音频管理、视频管理、照相和摄像的相关知识。

6.2.1　图片管理

一、任务描述

本任务要求运用媒体 API 设计一个图片管理小程序，用于实现选择图片、预览图片、获取图片信息和保存图片功能。

二、导入知识点

1. 选择图片

小程序使用 API 函数 wx.chooseImage(OBJECT)从本地相册中选择图片或使用相机拍照，并且将获得的图片存储于设备的临时路径下，在小程序本次启动期间可以正常使用。

API 函数 wx.chooseImage(OBJECT)的参数说明如表 6.9 所示。

表 6.9　API 函数 wx.chooseImage(OBJECT)的参数说明

参　数	类　型	必　填	说　明
count	Number	—	最多可以选择的图片张数，默认值为9
sizeType	StringArray	—	值为original表示原图，值为compressed表示压缩图，默认二者都有
sourceType	StringArray	—	值为album表示从相册选择图片，值为camera表示使用相机拍照，默认二者都有
success()	Function	是	API函数调用成功的回调函数。若成功，则返回图片的本地文件路径列表tempFilePaths
fail()	Function	否	API函数调用失败的回调函数
complete()	Function	否	API函数调用结束的回调函数(调用成功与否都执行)

success()函数返回的参数说明如下。

- tempFilePaths：StringArray 类型的数据，表示图片的本地文件路径列表。
- tempFiles：ObjectAray 类型的数据，表示图片的本地文件列表，列表中的每一项都是 File 对象。

File 对象的结构说明如下：

- path：String 类型的数据，表示本地文件路径。
- size：Number 类型的数据，表示本地文件大小，单位为 byte。

需要注意的是，使用 API 函数 wx.chooseImage()获得的图片仅能在小程序启动期间临时使用，如果需要长久保存，则需要主动调用 API 函数 wx.saveFile()进行保存，以便在下次启动小程序时使用该图片。

2．预览图片

小程序使用 API 函数 wx.previewImage(OBJECT)预览图片，该函数的参数说明如表 6.10 所示。

表 6.10　API 函数 wx.previewImage(OBJECT)的参数说明

参　数	类　型	必　填	说　明
current	String	否	当前显示图片的链接，如果不填，则默认为urls列表中的第1个元素值
urls	StringArray	是	需要预览的图片链接列表
success()	Function	否	API函数调用成功的回调函数
fail()	Function	否	API函数调用失败的回调函数
complete()	Function	否	API函数调用结束的回调函数（调用成功与否都执行）

3. 获取图片信息

小程序使用 API 函数 wx.getImageInfo(OBJECT)获取图片信息，该函数的参数说明如表 6.11 所示。

表 6.11　API 函数 wx.getImageInfo(OBJECT)的参数说明

参　数	类　型	必　填	说　明
src	String	是	图片的路径，可以是相对路径、临时文件路径、存储文件路径、网络图片路径
success()	Function	否	API函数调用成功的回调函数
fail()	Function	否	API函数调用失败的回调函数
complete()	Function	否	API函数调用结束的回调函数（调用成功与否都执行）

success()函数返回的参数如表 6.12 所示。

表 6.12　success()函数返回的参数

参　数	类　型	说　明
width	Number	图片的宽度，单位为px
height	Number	图片的高度，单位为px
path	String	返回图片的本地路径
orientation	String	返回图片的方向
type	String	返回图片的格式

orientation 参数的说明如表 6.13 所示。

表 6.13　orientation 参数的说明

枚 举 值	说　明
up	采用默认方向
down	旋转180°
left	逆时针旋转90°
right	顺时针旋转90°
up-mirrored	将默认方向水平翻转
down-mirrored	将值为down的方向水平翻转
left-mirrored	将值为left的方向垂直翻转
right-mirrored	将值为right的方向垂直翻转

4．保存图片

小程序使用 API 函数 wx.saveImageToPhotosAlbum(OBJECT)将图片存储于系统相册中，需要用户授权 scope.writePhotosAlbum。API 函数 wx.saveImageToPhotosAlbum(OBJECT)的参数说明如表 6.14 所示。

表 6.14 API 函数 wx.saveImageToPhotosAlbum(OBJECT)的参数说明

参　数	类　型	必　填	说　明
filePath	String	是	图片文件路径，可以是临时文件路径，也可以是永久文件路径，不支持网络图片路径
success()	Function	否	API函数调用成功的回调函数，返回String类型的参数errMsg，表示调用结果
fail()	Function	否	API函数调用失败的回调函数
complete()	Function	否	API函数调用结束的回调函数（调用成功与否都执行）

三、实现效果

图片管理小程序的运行效果如图 6.5 所示。图片管理页面初始效果如图 6.5（a）所示，此时是尚未选择图片的页面；单击“选择图片”按钮，在下方出现操作菜单，可以从相册中选择图片，也可以进行拍照，选择图片后的效果如图 6.5（b）所示；单击“预览图片”按钮，可以预览图片，效果如图 6.5（c）所示；单击“图片信息”按钮，会弹出消息提示框，用于描述图片的宽度和高度，如图 6.5（d）所示；单击“保存图片”按钮，可以将图片保存到手机中，并且弹出消息提示框，用于提示“保存成功！”，如图 6.5（e）所示。

（a）图片管理页面初始效果

（b）选择图片后的效果

（c）图片预览效果

（d）图片信息

（e）保存图片

图 6.5 图片管理小程序的运行效果

四、任务实现

（1）编写 image.wxml 文件中的代码。image.wxml 文件中包含 4 个<button>组件，其中一个<button>组件为“选择图片”按钮，单击该按钮可以选择图片，对应的自定义函数是 chooseImage()；另外 3 个<button>组件分别为“预览图片”迷你按钮、“图片信息”迷你按钮和“保存图片”迷你按钮，这 3 个迷你按钮对应的自定义函数分别为 previewImage()、getImageInfo() 和 saveImage()，分别用于预览图片、查询图片信息和保存图片。

image.wxml 文件中的代码如下：

```
<!-- image.wxml-->
<view class='container'>
  <view class='title1'>1. 图片管理</view>
  <view class='box'>
    <view class='title2'>图片管理的综合应用</view>
    <button bindtap="chooseImage">选择图片</button>
    <image src='{{src}}' mode='widthFix'></image>
    <button type="primary" size='mini' bindtap="previewImage">预览图片</button>
    <button type="primary" size='mini' bindtap="getImageInfo">图片信息</button>
    <button type="primary" size='mini' bindtap="saveImage">保存图片</button>
  </view>
</view>
```

（2）编写 image.wxss 文件中的代码。在该文件中定义.title（标题）样式和 button（按钮）样式。

（3）编写 image.js 文件中的代码。在该文件中定义 chooseImage()函数、previewImage()函数、wx.getImageInfo()函数和 wx.saveImageToPhotosAlbum()函数，在这 4 个函数中分别会调用 API 函数 wx.chooseImage()、wx.previewImage()、wx.getImageInfo()和 wx.saveImageToPhotosAlbum()，分别用于选择图片、预览图片、查询图片信息和保存图片。

image.js 文件中的代码如下：

```
// image.js
Page({
 //选择图片
 chooseImage:function(){
  var that = this
  wx.chooseImage({
   count: 3, // 默认 9
   sizeType: ['original', 'compressed'],          // 可以指定是原图还是压缩图，默认二者都有
   sourceType: ['album', 'camera'],               // 可以指定来源是相册还是相机，默认二者都有
   success: function (res) {
    // 返回所选照片的路径列表，tempFilePath 可以作为<image>组件的 src 属性，用于显示图片
    var tempFilePaths = res.tempFilePaths
    that.setData({ src: tempFilePaths[0]})
   }
  })
 },
 //预览图片
 previewImage:function(){
  var that = this
  wx.previewImage({
   urls: [this.data.src],
  })
 },
 //获取图片信息
```

```
getImageInfo: function () {
  var that = this
  wx.getImageInfo({
    src: this.data.src,
    success:function(res){
      wx.showToast({
        icon:'none',
        title: '宽:'+res.width+',高:'+res.height,
      })
    }
  })
},
//保存图片
saveImage: function () {
  var that = this
  wx.saveImageToPhotosAlbum({
    filePath: that.data.src,
    success:function(){
      wx.showToast({
        title: '保存成功！',
      })
    }
  })
}
})
```

6.2.2　录音管理

一、任务描述

本任务要求运用媒体 API 设计一个录音管理小程序。在单击“开始录音”按钮后，页面右上角的 3 个点会变成一个话筒，表示开始录音；在单击“停止录音”按钮后，会播放刚才录下的声音。

二、导入知识点

小程序使用 API 函数 wx.getRecorderManager()获取全局、唯一的 recorderManager（录音管理器）对象。recorderManager 对象的函数如表 6.15 所示。

表 6.15　recorderManager 对象的函数

函　　数	参　　数	说　　明
start()	options	开始录音
pause()	—	暂停录音
resume()	—	继续录音
stop()	—	停止录音
onStart()	callback	录音开始事件
onPause()	callback	录音暂停事件
onStop()	callback	监听录音停止事件，返回String类型的参数tempFilePath即录音文件的临时路径
onFrameRecorded()	callback	监听已录制完指定帧大小的文件事件，会回调录音分片结果数据。如果设置了frameSize属性，则会回调此事件
onError()	callback	监听录音错误事件，返回String类型的参数ermsg，即错误信息

其中，start(options)函数的参数说明如表 6.16 所示。

表 6.16 start(options)函数的参数说明

属　性	类　型	必　填	说　明
duration	Number	否	指定录音时长，单位为ms，如果传入的是合法的duration属性值，那么在到达指定的录音时长后会自动停止录音，其最大值为600 000（10分钟），默认值为60 000（1分钟）
sampleRate	Number	否	采样率，有效值为8 000、16 000、44 100
numberOfChannels	Number	否	录音通道数，有效值为1/2
encodeBitRate	Number	否	编码码率
format	String	否	音频格式，有效值为aac/mp3
frameSize	Number	否	指定帧大小，单位为KB。在传入frameSize属性值后，每录制指定帧大小的内容，都会回调录制的文件内容，如果不指定frameSize属性值，则不会回调。暂时仅支持MP3格式
audioSource	String	否	指定音频的输入源，默认值为'auto'

采样率和码率的关系如表 6.17 所示。

表 6.17 采样率和编码码率的关系

采　样　率	编　码　码　率
8 000	16 000～48 000
11 025	16 000～48 000
12 000	24 000～64 000
16 000	24 000～96 000
22 050	32 000～128 000
24 000	32 000～128 000
32 000	48 000～192 000
44 100	64 000～320 000
48 000	64 000～320 000

audioSource 属性的有效值如表 6.18 所示。

表 6.18 audioSource 属性的有效值

值	说　明
auto	自动设置，默认使用手机麦克风，在插上耳麦后，会自动切换为使用耳机麦克风
buildInMic	手机麦克风
headsetMic	耳机麦克风
mic	麦克风（在没插耳麦时使用手机麦克风，在插上耳麦后使用耳机麦克风）
camcorder	摄像头的麦克风

onFrameRecorded(callback)函数的回调结果如表 6.19 所示。

表 6.19 onFrameRecorded()函数的回调结果

属　性	类　型	说　明
frameBuffer	ArrayBuffer	录音分片结果数据
isLastFrame	Boolean	当前帧是否为正常录音结束前的最后一帧

三、实现效果

录音管理小程序的运行效果如图 6.6 所示。图 6.6（a）展示的是录音管理页面初始效果，此时需要手动授权允许用户使用录音功能，在录音过程中，右上角会出现闪烁的话筒图标；图 6.6（b）展示的是停止录音后的效果，此时话筒图标消失，并且自动播放刚才的录音内容。

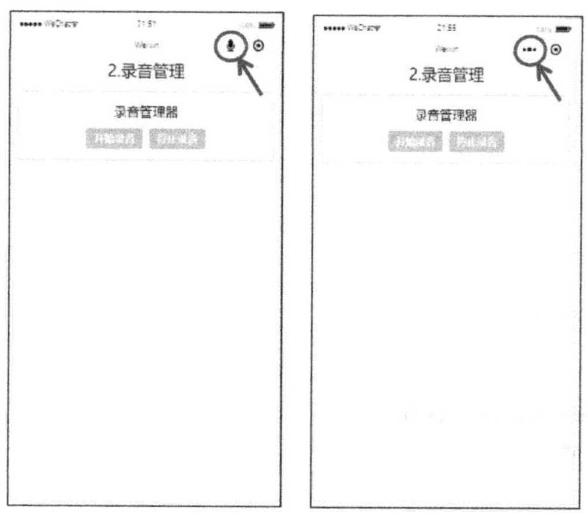

（a）录音管理页面初始效果　（b）停止录音后的效果

图 6.6　录音管理小程序的运行效果

四、任务实现

（1）编写 recorder.wxml 文件中的代码。recorder.wxml 文件中包含两个<button>组件，分别为“开始录音”迷你按钮和“停止录音”迷你按钮，这两个迷你按钮对应的自定义函数分别是 start()和 stop()，分别用于实现开始录音功能和停止录音功能。

recorder.wxml 文件中的代码如下：

```
<!--index.wxml-->
<view class='title1'>2.录音管理</view>
 <view class='box'>
  <view class='title2'>录音管理器</view>
   <button type="primary" size='mini' bindtap="start">开始录音</button>
   <button type="primary" size='mini' bindtap="stop">停止录音</button>
</view>
```

（2）编写 recorder.wxss 文件中的代码。在该文件中定义.title（标题）样式和 button（按钮）样式。

（3）编写 recorder.js 文件中的代码。在 recorder.js 文件的 onLoad()函数中，通过调用 API 函数 wx.getRecorderManager()生成 recorderManager 对象 rm，并且通过调用 onStop()函数获取录音完毕后音频的临时路径，然后进行播放。单击“开始录音”迷你按钮，会调用自定义函数 start()，在该函数中会调用 this.rm.start(options)函数，用于录音；单击“停止录音”迷你按钮，会调用自定义函数 stop()，在该函数中会调用 this.rm.stop()函数，用于停止录音。

recorder.js 文件中的代码如下：

```
// recorder.js
Page({
 //开始录音
 start:function(){
  const options = {
   duration: 10000,
```

```
      sampleRate: 44100,
      numberOfChannels: 1,
      encodeBitRate: 192000,
      format: 'aac',
      frameSize: 50
    }
    this.rm.start(options)
  },
  //停止录音
  stop:function(){
    this.rm.stop()
  },
  /**生命周期函数--监听页面加载**/
  onLoad: function (options) {
    this.rm = wx.getRecorderManager()
    this.rm.onStop((res) => {
      //播放录音内容
      const audioCtx = wx.createInnerAudioContext()
      audioCtx.src=res.tempFilePath
      audioCtx.play()
    })
  }
})
})
```

6.2.3 音频管理

一、任务描述

本任务要求设计一个背景音频管理小程序。该小程序在运行后，单击“播放”按钮，会播放音乐《世界美好与你环环相扣》；单击“暂停”按钮，音乐会停止播放。

二、导入知识点

音频根据播放性质可以分为背景音频和前台音频。背景音频在小程序最小化后可以继续在后台播放。

在小程序中，使用 API 函数 wx.getBackgroundAudioManager()可以获取全局、唯一的 backgroundAudioManager（背景音频管理器）对象。backgroundAudioManager 对象的属性如表 6.20 所示。

表 6.20 backgroundAudioManager 对象的属性

属　性	类　型	只　读	说　明
duration	Number	是	当前音频的长度（单位为s），只在当前有合法的src属性值时返回
currentTime	Number	是	当前音频的播放位置（单位为s），只在当前有合法的src属性值时返回
paused	Boolean	是	当前是否为暂停或停止状态，值为true表示暂停或停止，值为false表示正在播放
src	String	否	音频的数据源，默认为空字符串，在设置了新的src属性值后，会自动播放，目前支持的格式有M4A、AAC、MP3、WAV
startTime	Number	否	音频开始播放的位置（单位为s）

续表

属　性	类　型	只　读	说　明
buffered	Number	是	音频缓冲的时间点，仅保证当前播放时间点在到此时间点时内容已缓冲
title	String	否	音频标题，用作原生音频播放器的音频标题，原生音频播放器中的分享功能分享出去的卡片标题也会使用该值
epname	String	否	专辑名，原生音频播放器中的分享功能分享出去的卡片简介也会使用该值
singer	String	否	歌手名，原生音频播放器中的分享功能分享出去的卡片简介也会使用该值
coverImgUrl	String	否	封面图url，用作原生音频播放器的背景图，原生音频播放器中的分享功能分享出去的卡片配图及背景也会使用该图
webUrl	String	否	页面链接，原生音频播放器中的分享功能分享出去的卡片简介也会使用该值
protocol	String	否	音频协议，默认值为'http'，如果将该值设置为'hls'，则可以支持播放使用HLS协议的直播音频

backgroundAudioManager 对象的函数如表 6.21 所示。

表 6.21　backgroundAudioManager 对象的函数

函　数	参　数	说　明
play()	—	播放
pause()	—	暂停
stop()	—	停止
seek()	position	跳转到指定位置，单位为s
onCanplay()	callback	背景音频进入可以播放状态，但不保证后面可以流畅播放
onPlay()	callback	监听背景音频播放事件
onPause()	callback	监听背景音频暂停事件
onStop()	callback	监听背景音频停止事件
onEnded()	callback	监听背景音频自然播放结束事件
onTimeUpdate()	callback	监听背景音频播放进度更新事件
onPrev()	callback	监听用户在系统音乐播放面板上单击上一曲事件（iOS only）
onNext()	callback	监听用户在系统音乐播放面板上单击下一曲事件（iOS only）
onError()	callback	监听背景音频播放错误事件，返回errCode
onWaiting()	callback	监听音频加载中事件，当音频因为数据不足需要停下来加载时触发

errCode 的值如下。

- 10001：系统错误。
- 10002：网络错误。
- 10003：文件错误。
- 10004：格式错误。
- -1：未知错误。

三、实现效果

背景音频管理小程序的运行效果如图 6.7 所示，图 6.7（a）展示的是页面初始效果，此时音频已经自动播放，用户可以通过单击“暂停”按钮或“播放”按钮控制背景音频暂停或继续播放；图 6.7（b）展示的是小程序进入后台后的效果，此时仍然可以继续播放背景音乐。

（a）页面初始效果　　（b）小程序进入后台后的效果

图 6.7　背景音频管理小程序的运行效果

四、任务实现

（1）编写 bgAudio.wxml 文件中的代码。bgAudio.wxml 文件中包含两个<button>组件，即“播放”按钮和“暂停”按钮，分别用于播放和暂停背景音频，对应的自定义函数分别是 play()和 pause()。

bgAudio.wxml 文件中的代码如下：

```
<!--pages/bgAudio/bgAudio.wxml-->
<view class='title1'>3. 音频管理</view>
<view class='box'>
  <view class='title2'>背景音频管理</view>
    <button type="primary" size='mini' bindtap="play">播放</button>
    <button type="primary" size='mini' bindtap="pause">暂停</button>
</view>
```

（2）编写 bgAudio.wxss 文件中的代码。在该文件中定义.title（标题）样式和 button（按钮）样式。

（3）编写 bgAudio.js 文件中的代码。在 bgAudio.js 文件的 onLoad()函数中，通过调用 API 函数 wx.getbackgroundAudioManager()生成 backgroundAudioManager 对象 bgAudioManager，并且调用自定义函数 initialAudio()初始化音频文件；单击“播放”按钮，会调用自定义函数 play()，在该函数中调用 this.bgAudioManager.play()函数，用于播放背景音频；单击“暂停”按钮，会调用自定义函数 pause()，在该函数中会调用 this.bgAudioManager.pause()函数，用于暂停背景音频。

bgAudio.js 文件中的代码如下：

```
// pages/bgAudio/bgAudio.js
Page({
  //初始化背景音频
  initialAudio:function(){
    let bgAudioManager = this.bgAudioManager
    bgAudioManager.title = '世界美好与你环环相扣'
```

```
        bgAudioManager.epname = '听闻余生'
        bgAudioManager.singer = '柏松'
        bgAudioManager.coverImgUrl = 'http://p1.music.126.net/DK1_4sP_339o5rowMdPXdw==/109951164071024476.jpg?param=13
0y130'
        bgAudioManager.src = 'https://music.163.com/song/media/outer/url?id=1363948882' // 设置了 src 之后会自动播放
    },
    //开始播放
    play: function () {
      this.bgAudioManager.play()
    },
    //暂停播放
    pause: function () {
      this.bgAudioManager.pause()
    },
    // 生命周期函数--监听页面加载
    onLoad: function (options) {
      this.bgAudioManager = wx.getBackgroundAudioManager()
      this.initialAudio()
    }
  })
```

6.2.4 视频管理

一、任务描述

本任务要求设计一个视频管理小程序。单击“选择视频”按钮，可以拍摄视频或从手机相册中选择视频；在选择完视频后，单击“播放”或“暂停”迷你按钮可以控制视频的播放或暂停；在单行输入框中输入内容后，单击“发送弹幕”按钮，可以在屏幕上显示不同颜色的弹幕文字；单击“保存视频”按钮，视频会以随机的名字存储于手机中并提示保存成功。

二、导入知识点

1. 选择视频

小程序使用 API 函数 wx.chooseVideo(OBJECT)拍摄视频或从手机相册中选择视频，并且返回视频的临时文件路径。API 函数 wx.chooseVideo(OBJECT)的参数说明如表 6.22 所示。

表 6.22 API 函数 wx.chooseVideo(OBJECT)的参数说明

参 数	类 型	必 填	说 明
sourceType	StringArray	否	值为album表示从相册中选择视频，值为camera表示使用相机拍摄视频，默认值为['album','camera']
compressed	Boolean	否	是否压缩所选的视频源文件，默认值为true，表示需要压缩
maxDuration	Number	否	拍摄视频的最长拍摄时间，单位为s，最长支持60s
success()	Function	否	API函数调用成功的回调函数，返回视频文件的临时文件路径
fail()	Function	否	API函数调用失败的回调函数
complete()	Function	否	API函数调用结束的回调函数（调用成功与否都执行）

回调函数 success(Object res)的参数说明如下。

- tempFilePath：设置视频的临时文件路径。
- duration：设置视频的时间长度。

- size：设置视频的数据量大小。
- height：返回所选视频的长度。
- width：返回所选视频的宽度。

需要注意的是，使用 API 函数 wx.chooseVideo()获得的视频仅能在小程序启动期间临时使用，如果需要持久保存，则需要主动调用 API 函数 wx.saveFile()进行保存，以便在小程序下次启动时可以访问该视频文件。

2．保存视频

小程序使用 API 函数 wx.saveVideoToPhotosAlbum(OBJECT)保存视频到系统相册中，需要用户授权 scope.writePhotosAlbum。API 函数 wx.saveVideoToPhotosAlbum(OBJECT)的参数说明如表 6.23 所示。

表 6.23　API 函数 wx.saveVideoToPhotosAlbum(OBJECT)的参数说明

参　数	类　型	必　填	说　明
filePath	String	是	视频文件路径，可以是临时文件路径，也可以是永久文件路径
success()	Function	否	API函数调用成功的回调函数，返回String类型的参数errMsg，表示调用结果
fail()	Function	否	API函数调用失败的回调函数
complete()	Function	否	API函数调用结束的回调函数（调用成功与否都执行）

3. 视频组件控制

小程序使用 API 函数 wx.createVideoContext(videoId,this)创建并返回视频上下文对象 videoContext，videoContext 对象通过 videoId 和一个<video>组件绑定，并且通过 videoId 操作绑定的<video>组件。在自定义组件中，第 2 个参数传入组件实例 this，用于操作组件内的<video>组件。videoContext 对象的函数如表 6.24 所示。

表 6.24　videoContext 对象的函数

函　数	参　数	说　明
play()	无	播放
pause()	无	暂停
seek()	position	跳转到指定位置，单位为s
sendDanmu()	danmu	发送弹幕，danmu参数包含两个属性，即text和color
playbackRate()	rate	设置倍速播放，支持的倍率有0.5、0.8、1.0、1.25、1.5
requestFullScreen()	无	进入全屏模式，可传入{direction}参数
exitFullScreen()	无	退出全屏模式

三、实现效果

视频管理小程序的运行效果如图 6.8 所示，图 6.8（a）展示的是页面初始效果，此时单击“选择视频”按钮，可以拍摄视频或选择相册中的视频；图 6.8（b）展示的是视频选择完毕后的效果，此时预览图会出现在视频区域，并且显示时长；图 6.8（c）展示的是单击“发送弹幕”按钮后的效果，此时可以发送随机颜色的多条弹幕；图 6.8（d）展示的是单击“保存视频”按钮后的效果，此时视频已经重新被保存到手机中。

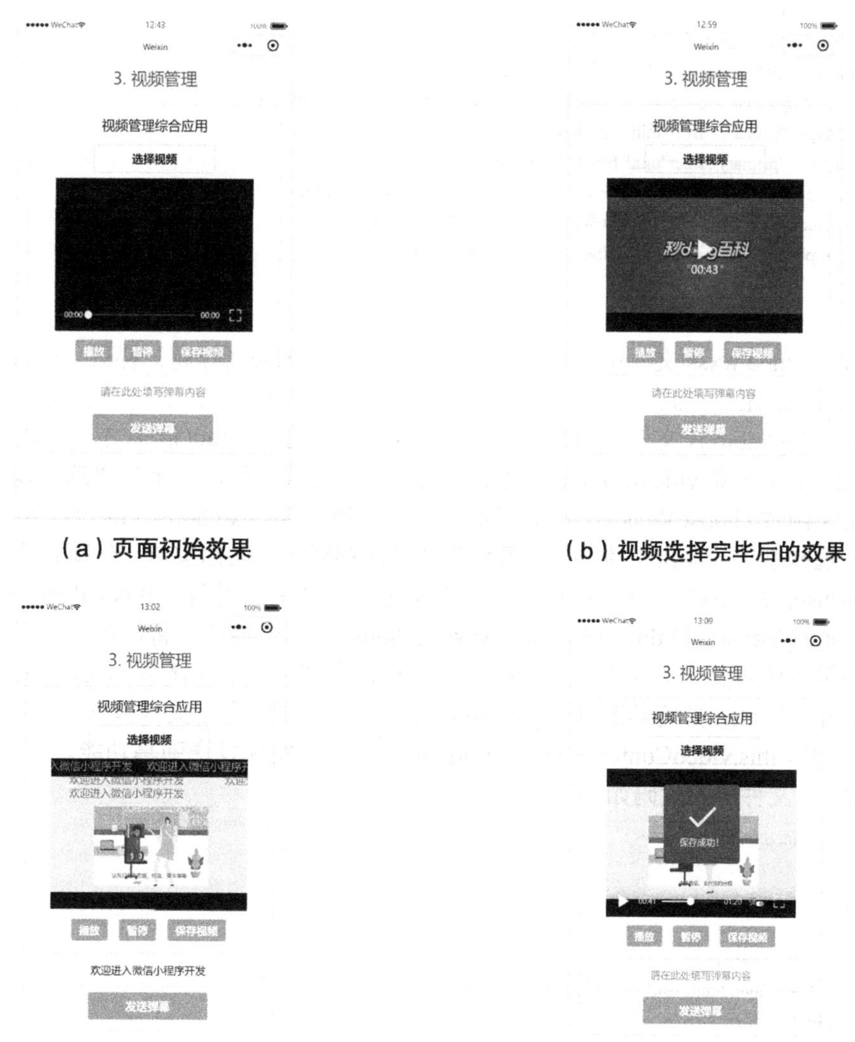

（a）页面初始效果　　（b）视频选择完毕后的效果

（c）单击“发送弹幕”按钮后的效果　　（d）单击“保存视频”按钮后的效果

图 6.8　视频管理小程序的运行效果

四、任务实现

（1）编写 video.wxml 文件中的代码。video.wxml 文件中包含 4 组组件，第 1 组有 1 个<button>组件，即“选择视频”按钮，主要用于拍摄视频或从相册中选择视频，其对应的自定义函数是 chooseVideo()；第 2 组有 1 个<video>组件，主要用于显示视频；第 3 组有 3 个<button>组件，即“播放”、“暂停”和“保存视频”迷你按钮，分别用于播放、暂停和保存视频，对应的自定义函数分别是 play()、pause()和 saveVideo()；第 4 组有 1 个<input>组件和一个<button>组件，分别用于输入弹幕文本和发送弹幕，对应的自定义函数分别是 bindInputBlur()和 bindSendDanmu()。

video.wxml 文件中的代码如下：

```
<!--pages/video/video.wxml-->
<view class="container">
<view class='title1'>3. 视频管理</view>
```

```
<view class='box'>
  <view class='title2'>视频管理综合应用</view>
  <button bindtap="chooseVideo">选择视频</button>
  <video id="myVideo" src="{{src}}" enable-danmu danmu-btn controls></video>
  <button type="primary" size='mini' bindtap="play">播放</button>
  <button type="primary" size='mini' bindtap="pause">暂停</button>
  <button type="primary" size='mini' bindtap="saveVideo">保存视频</button>
  <input placeholder='请在此处填写弹幕内容' bindblur="bindInputBlur" />
  <button type='primary' bindtap="bindSendDanmu">发送弹幕</button>
 </view>
</view>
```

（2）编写 video.wxss 文件中的代码。在该文件中定义.title（标题）样式、input（输入框）样式和 button（按钮）样式。

（3）编写 bgAudio.js 文件中的代码。在 video.js 文件的 onLoad()函数中，通过调用 API 函数生成视频上下文对象 videoContext，用于控制视频的播放和暂停。单击“选择视频”按钮，会调用自定义函数 chooseVideo()，在该函数中调用 API 函数 wx.chooseVideo()，用于拍摄视频或在相册中选择视频；单击“播放”、“暂停”和“保存视频”迷你按钮，分别会调用自定义函数 play()、pause()和 saveVidio()，在这 3 个自定义函数中分别调用函数 this.videoContext.play()、this.videoContext.pause()和 this.videoContext.saveVidio()，用于播放、暂停和保存视频；在下面的输入框中输入弹幕文本并单击“发送弹幕”按钮，会调用自定义函数 bindInputBlur()，主要用于获取 e.detail.value 并将其赋给 inputValue 变量，然后调用自定义函数 bindSendDanmu()，在该函数中调用 this.videoContext.sendDanmu()函数，即可实现发送弹幕功能。

bgAudio.js 文件中的代码如下：

```
// pages/video/video.js
//生成随机颜色
function getRandomColor() {
 let rgb = []
 for (let i = 0; i < 3; ++i) {
  let color = Math.floor(Math.random() * 256).toString(16)
  color = color.length == 1 ? '0' + color : color
  rgb.push(color)
 }
 return '#' + rgb.join('')
}
Page({
 //选择视频
 chooseVideo: function () {
  var that = this
  wx.chooseVideo({
   sourceType: ['album', 'camera'],
   maxDuration: 60,
   camera: 'back',
   success: function (res) {
    that.setData({
     src: res.tempFilePath
    })
   }
  })
 },
 //开始播放
 play: function () {
```

```
          this.videoContext.play()
        },
        //暂停播放
        pause: function () {
          this.videoContext.pause()
        },
      //保存视频
        saveVideo: function () {
         var src = this.data.src
         wx.saveVideoToPhotosAlbum({
           filePath: src,
           success: function (res) {
             wx.showToast({
               title: '保存成功！',
                     })
           }
         })
        },
        inputValue: '',//弹幕文本内容
        //更新弹幕文本
        bindInputBlur: function (e) {
         this.inputValue = e.detail.value
        },
        //发送弹幕
        bindSendDanmu: function () {
         this.videoContext.sendDanmu({
           text: this.inputValue,
           color: getRandomColor()
         })
        },
        // 生命周期函数--监听页面加载
        onLoad: function (options) {
         this.videoContext = wx.createVideoContext('myVideo')
        }
      })
```

6.2.5　照相和摄像

一、任务描述

本任务要求设计一个拍照和摄像小程序，可以实现拍照和摄像功能，并且可以显示拍摄的照片和视频。

二、导入知识点

本任务主要涉及关于照相和摄像的 2 个 API 函数：wx.chooseImage(Object object)和 wx.chooseVideo(Object object)。

1．API 函数 wx.chooseImage(Object object)

API 函数 wx.chooseImage(Object object)主要用于从手机相册中选择图片或使用相机拍照，其参数属性如表 6.25 所示。

表 6.25　API 函数 wx.chooseImage(Object object)的参数属性

属　　性	类　　型	默　认　值	必　　填	说　　明
count	Number	9	否	最多可以选择的图片张数
sizeType	Array.<String>	['original','compressed']	否	所选图片的尺寸
sourceType	Array.<String>	['album', 'camera']	否	所选图片的来源
success	Function	—	否	API函数调用成功的回调函数
fail	Function	—	否	API函数调用失败的回调函数
complete	Function	—	否	API函数调用结束的回调函数（调用成功、失败都会执行）

其中，sizeType 属性和 sourceType 属性的合法值如表 6.26 所示。

表 6.26　sizeType 属性和 sourceType 属性的合法值

sizeType属性的合法值		sourceType属性的合法值	
值	说　　明	值	说　　明
original	原图	album	从相册选图
compressed	压缩图	camera	使用相机

回调函数 success(Object res)的参数说明如表 6.27 所示。

表 6.27　回调函数 success(Object res)的参数说明（一）

属　　性	类　　型	说　　明
tempFilePaths	Array.<String>	所选图片的本地临时文件路径列表
tempFiles	Array.<Object>	所选图片的本地临时文件列表

其中，tempFiles 对象数组的元素属性说明如表 6.28 所示。

表 6.28　tempFiles 对象数组的元素属性说明

属　　性	类　　型	说　　明
path	String	本地临时文件路径
size	Number	本地临时文件大小，单位为byte

2．API 函数 wx.chooseVideo(Object object)

API 函数 wx.chooseVideo(Object object)主要用于拍摄视频或从手机相册中选择视频，其参数属性如表 6.29 所示。

表 6.29　API 函数 wx.chooseVideo(Object object)的参数属性

属　　性	类　　型	默认值	必　　填	说　　明
count	Number	9	否	所选视频的来源
compressed	Boolean	TRUE	否	是否压缩所选视频文件
maxDuration	Number	60	否	拍摄视频的最长拍摄时间，单位为s
camera	String	back	否	默认拉起的是前置摄像头还是后置摄像头。部分Android手机因系统ROM不支持无法生效
success	Function	—	否	API函数调用成功的回调函数
fail	Function	—	否	API函数调用失败的回调函数
complete	Function	—	否	API函数调用结束的回调函数（调用成功、失败都会执行）

其中，sourceType 属性和 camera 属性的合法值如表 6.30 所示。

表 6.30　sourceType 属性和 camera 属性的合法值

sourceType属性的合法值		camera属性的合法值	
值	说　明	值	说　明
album	从相册中选择视频	back	默认拉起后置摄像头
camera	使用相机拍摄视频	front	默认拉起前置摄像头

回调函数 success(Object res)的参数说明如表 6.31 所示。

表 6.31　回调函数 success(Object res)的参数说明（二）

属　性	类　型	说　明
tempFilePath	String	所选视频的本地临时文件路径
duration	Number	所选视频的时间长度
size	Number	所选视频的数据量大小
height	Number	返回所选视频的高度
width	Number	返回所选视频的宽度

三、实现效果

照相和摄像小程序的运行效果如图 6.9 所示，图 6.9（a）展示的是初始页面，页面中包含 2 个<button>组件、1 个<image>组件和 1 个<video>组件，2 个<button>组件分别为“获取图片”按钮和“获取视频”按钮；单击“获取图片”按钮，可以实现如图 6.9（b）所示的效果，图片显示在<image>组件中；单击“获取视频”按钮，可以实现如图 6.9（c）和图 6.9（d）所示的效果，视频显示在<video>组件中，单击<video>组件中的播放按钮可以播放视频。

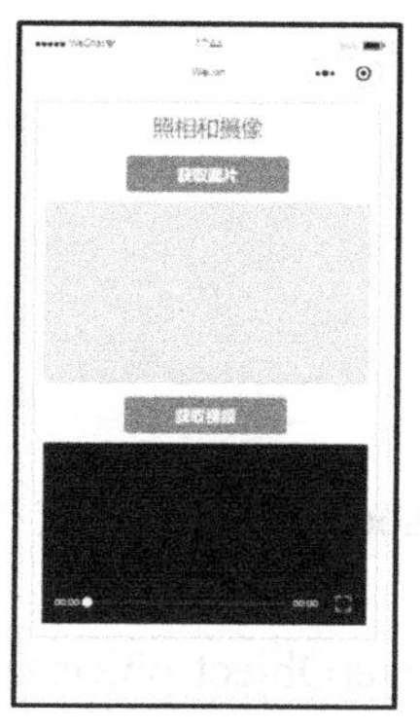

（a）初始页面

（b）获取图片后的效果

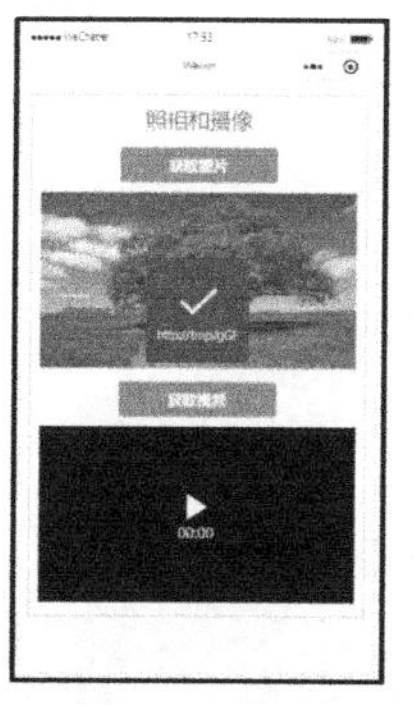

（c）获取视频后的效果（一）

（d）获取视频后的效果（二）

图 6.9　照相和摄像小程序的运行效果

四、任务实现

（1）编写 index.wxml 文件中的代码。index.wxml 文件中包含 2 个<button>组件、1 个<image>组件和 1 个<video>组件。2 个<button>组件分别绑定了选择图片事件函数 chooseImage()和选择视频事事件函数 chooseVideo()，<image>组件和<video>组件的 src 属性都进行了数据绑定。

index.wxml 文件中的代码如下：

```
<!--index.wxml-->
<view class="box">
  <view class="title">照相和摄像</view>
  <view>
    <button type="primary" bindtap="chooseimage">获取图片</button>
    <image mode="scaleToFill" src="{{imgPath}}"></image>
    <button type="primary" bindtap="chooseVideo">获取视频</button>
    <video class="video" src="{{videoPath}}"></video>
  </view>
</view>
```

（2）编写 index.wxss 文件中的代码。在该文件中定义 4 种样式，分别为 page、button、video 和 image。page 样式主要用于设置整个页面样式，button 样式主要用于设置按钮样式，video 样式主要用于设置视频样式，image 样式主要用于设置图片样式。

（3）编写 app.wxss 文件中的代码。

app.wxss 文件中的代码如下：

```
/**app.wxss**/
.container {
  height: 100%;
  display: flex;
  flex-direction: column;
  align-items: center;
  justify-content: space-between;
  padding: 200rpx 0;
  box-sizing: border-box;
}
```

（4）编写 index.js 文件中的代码。在该文件中主要定义 chooseImage()函数和 chooseVideo()函数。

- chooseImage()函数：通过调用 API 函数 wx.chooseImage(Object object)从手机相册中选择图片。
- chooseVideo()函数：通过调用 API 函数 wx.chooseVideo(Object object)从手机相册中选择视频。

index.js 文件中的代码如下：

```
//index.js
Page({
  chooseimage:function(){
    var that=this;
    wx.chooseImage({
      count: 1,
      sizeType:['original','compressed'],
      success:function(res){
        that.setData({
          imgPath:res.tempFilePaths
        })
      }
```

```
      })
    },
    chooseVideo:function(){
      var that=this;
      wx.chooseVideo({
        sourceType: ['album','camera'],
        maxDuration:60,
        camera:['front','back'],
        success: function(res) {
          wx.showToast({
            title: res.tempFilePath,
            icon:'success',
            duration:2000
          })
          that.setData({
            videoPath:res.tempFilePath
          })
        }
      })
    }
})
```

6.3　文件操作

一、任务描述

设计一个文件操作小程序，用于对文件进行操作，包括打开文件、保存文件、删除文件及显示文件信息等操作。

二、导入知识点

文件操作主要涉及 API 函数 wx.saveFile(Object object)、wx.getSavedFileList(Object object) wx.getSavedFileInfo(Object object)和 wx.removeSavedFile(Object object)的使用方法。

1．API 函数 wx.saveFile(Object object)

API 函数 wx.saveFile(Object object)主要用于将文件保存到本地，其参数属性如表 6.32 所示。

表 6.32　API 函数 wx.saveFile(Object object)的参数属性

属　性	类　型	必　填	说　明
tempFilePath	String	是	需要保存的文件临时路径
success	Function	否	API函数调用成功的回调函数
fail	Function	否	API函数调用失败的回调函数
complete	Function	否	API函数调用结束的回调函数（调用成功、失败都会执行）

2．API 函数 wx.getSavedFileList(Object object)

API 函数 wx.getSavedFileList(Object object)主要用于获取该小程序下已保存的本地缓存文件列表，其参数属性包括 success、fail 和 complete，分别为该 API 函数调用成功、失败、结束的回调函数，其中，回调函数 success(Object res)的参数属性 fileList 是文件数组。

3．API 函数 wx.getSavedFileInfo(Object object)

API 函数 wx.getSavedFileInfo(Object object)主要用于获取本地文件的文件信息，该函数只能获取已保存到本地的文件，如果需要获取临时文件信息，则可以使用 API 函数 wx.getFileInfo()。API 函数 wx.getSavedFileList(Object object)的参数属性包括 filePath、success、fail 和 complete，filePath 是文件路径，success、fail 和 complete 分别为该 API 函数调用成功、失败、结束的回调函数，其中，回调函数 success(Object res)的参数属性如表 6.33 所示。

表 6.33　回调函数 success(Object res)的参数属性

属　　性	类　　型	说　　明
size	Number	本地文件大小，单位为Byte
createTime	Number	文件保存时的时间戳，从1970/01/0108:00:00到当前时间的秒数

4．API 函数 wx.removeSavedFile(Object object)

API 函数 wx.removeSavedFile(Object object)主要用于删除本地缓存文件，其参数属性包括 filePath、success、fail 和 complete，filePath 是要删除的文件路径，success、fail 和 complete 分别为该 API 函数调用成功、失败、结束的回调函数。

三、实现效果

文件操作小程序的运行效果如图 6.10 所示。初始页面如图 6.10（a）所示，单击“打开文件”按钮，可以直接拍照，也可以从相册中选择照片，拍摄或选择的照片会在屏幕上显示出来，并且在按钮下方的提示栏中显示“文件打开成功！”的提示，如图 6.10（b）所示；单击“保存文件”按钮，会将图片重新保存到手机中，并且在提示栏中显示“文件保存成功！”的提示，如图 6.10（c）所示；在打开几个文件并保存后，单击“文件信息”按钮，会在提示栏中显示已经保存的文件数量、最后一个文件的大小及最后一个文件的创建时间戳，如图 6.10（d）所示；单击“删除文件”按钮，会将所有文件删除，并且在提示栏中显示“文件被全部删除”的提示，如图 6.10（e）所示；再次单击“文件信息”按钮，会在提示栏中显示“没有文件信息”的提示，如图 6.10（f）所示；整个操作过程会在 Console 控制台中显示出来，如图 6.10（g）所示。

（a）初始页面　（b）文件打开成功　（c）文件保存成功

图 6.10　文件操作小程序的运行效果

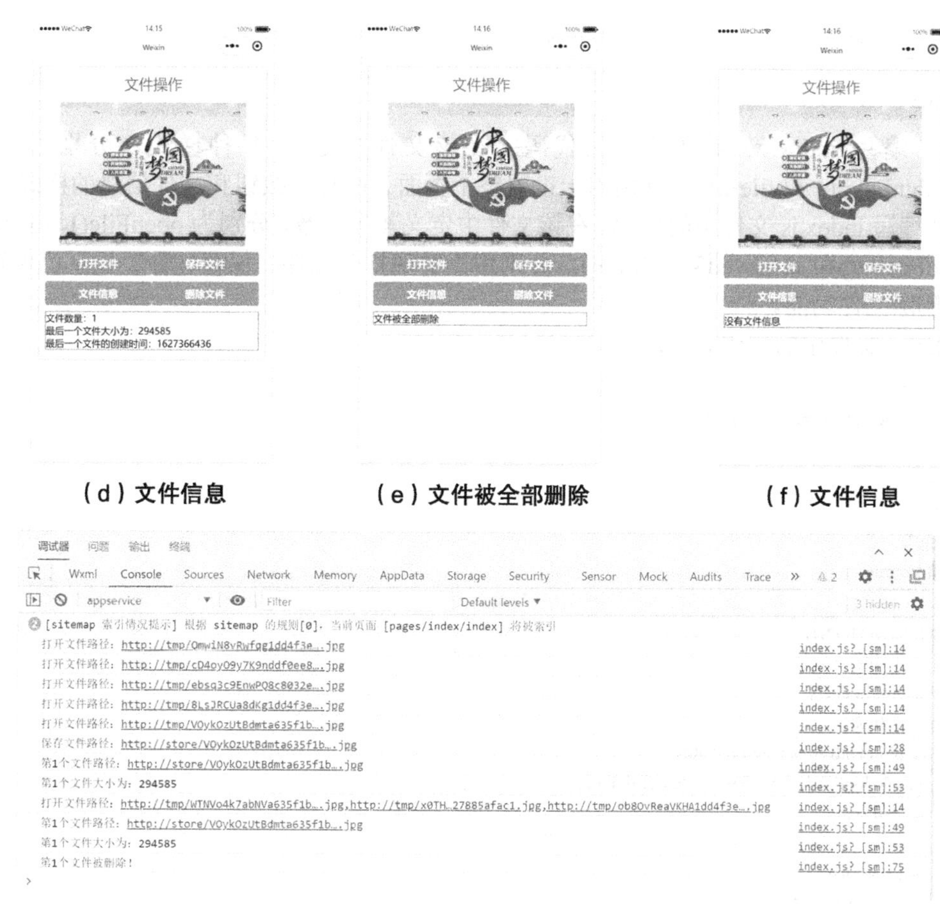

（d）文件信息

（e）文件被全部删除

（f）文件信息

（g）Console 控制台中输出的信息

图 6.10　文件操作小程序的运行效果（续）

四、任务实现

（1）编写 index.wxml 文件中的代码。小程序页面主要由 1 张图片、4 个按钮和 1 个提示栏组成。因此，index.wxml 文件中主要包含 1 个<image>组件、4 个<button>组件和 1 个<text>组件，并且通过 page、image、.btnLayout 和.fileInfo 样式设置组件的样式和布局，通过给 4 个按钮绑定事件函数 openFile()、saveFile()、getSavedFileInfo()和 removedSavedFile()，实现打开文件、保存文件、显示已保存文件信息和删除文件功能。

index.wxml 文件中的代码如下：

```
<!--index.wxml-->
<view class="box">
 <view class="title">文件操作</view>
 <image src="{{imgPath}}"></image>
 <view class="btnLayout">
   <button type="primary" bindtap="openFile">打开文件</button>
   <button type="primary" bindtap="saveFile">保存文件</button>
 </view>
 <view  class="btnLayout">
  <button type="primary" bindtap="getSavedFileInfo">文件信息</button>
  <button type="primary" bindtap="removedSavedFile">删除文件</button>
 </view>
 <view class="fileInfo" hidden="{{hidden}}">
```

```
    <text>{{msg}}</text>
  </view>
</view>
```

（2）编写 index.wxss 文件中的代码。在该文件中定义 4 种样式，分别为 page、image、.btnLayout 和.fileInfo，分别用于设置整个页面、图片、按钮和文件信息的样式。

（3）编写 index.js 文件中的代码。在该文件中定义 4 个函数，分别为 openFile()、saveFile()、getSavedFileInt()和 removedSavedFile()，分别用于实现打开文件、保存文件、显示已保存文件信息和删除文件功能。

index.js 文件中的代码如下：

```
//index.js
var tempFilePaths,tempFilePath;

Page({
  data: {
    msg:'',
    hidden:true
  },
  openFile:function(){
    var that=this;
    wx.chooseImage({
      success(res){
        tempFilePaths=res.tempFilePaths
        console.log('打开文件路径：'+tempFilePaths)
        that.setData({
          imgPath:tempFilePaths[0],
          hidden:false,
          msg:'文件打开成功！'
        })
      }
    })
  },
  saveFile:function(){
    var that=this;
    wx.saveFile({
      tempFilePath: tempFilePaths[0],
      success(res){
        console.log('保存文件路径：'+res.savedFilePath);
        that.setData({
          hidden:false,
          msg:'文件保存成功！'
        })
      }
    })
  },
  getSavedFileInfo:function(){
    var i,file;
    var that=this;
    wx.getSavedFileList({
      success: function(res) {
        if(res.fileList.length==0){
          that.setData({
            hidden:false,
            msg:'没有文件信息'
```

```
          })
        } else {
          for(i=0;i<res.fileList.length;i++){
            file=res.fileList[i];
            console.log('第'+(i+1)+'个文件路径：'+file.filePath)
            wx.getSavedFileInfo({
              filePath: file.filePath,
              success:function(res){
                console.log('第'+i+'个文件大小为：'+res.size)
                that.setData({
                  hidden:false,
                  msg:'文件数量：'+i+'\n 最后一个文件大小为：'+res.size+'\n 最后一个文件的创建时间：'+res.createTime
                })
              }
            })
          }
        }
      }
    })
  },
  removedSavedFile:function(){
    var i,file;
    var that=this;
    wx.getSavedFileList({
      success:function (res){
        for(i=0;i<res.fileList.length;i++){
          file=res.fileList[i];
          wx.removeSavedFile({
            filePath: file.filePath,
          })
          console.log('第'+(i+1)+'个文件被删除！')
        }
        that.setData({
          hidden:false,
          msg:'文件被全部删除'
        })
      }
    })
  }
})
```

6.4　数据缓存

一、任务描述

设计一个数据缓存小程序，利用数据缓存 API 函数实现同步和异步缓存数据、获取缓存数据、获取缓存信息、删除缓存数据等操作。

二、导入知识点

本任务主要介绍对数据缓存的操作，以及构造函数的定义和使用方法。

1．与数据缓存有关的 API 函数

与数据缓存有关的 API 函数如表 6.34 所示。

表 6.34　与数据缓存有关的 API 函数

API函数	说　明
wx.setStorage(Object object)	将数据存储于本地缓存指定的key中
wx.setStorageSync(string key,any data)	API函数wx.setStorage(Object object)的同步版本
wx.getStorage(Object object)	从本地缓存中异步获取指定key中的内容
wx.getStorageSync(string key)	API函数wx.getStorage(Object object)的同步版本
wx.getStorageInfo(Object object)	异步获取当前storage的相关信息
wx.getStorageInfoSync()	API函数wx.getStorageInfo(Object object)的同步版本
wx.removeStorage(Object object)	从本地缓存中移除指定key中对应的数据
wx.removeStorageSync(string key)	API函数wx.removeStorage(Object object)的同步版本
wx.clearStorage(Object object)	清理本地数据缓存
wx.clearStorageSync()	API函数wx.clearStorage(Object object)的同步版本

1）API 函数 wx.setStorage(Object object)。

API 函数 wx.setStorage(Object object)主要用于将数据存储在本地缓存中指定的 key 中，它会覆盖原来该 key 中的内容。数据存储生命周期与小程序的生命周期一致，除非用户主动删除或在一定时间后进行自动清理，否则数据一直可用。单个 key 允许存储的最大数据长度为 1MB，所有数据的存储上限均为 10MB。API 函数 wx.setStorage(Object object)的参数属性如表 6.35 所示。

表 6.35　API 函数 wx.setStorage(Object object)的参数属性

属　性	类　型	必　填	说　明
key	String	是	本地缓存中指定的key
data	Any	是	需要存储的内容。只支持原生类型、Date及能够通过JSON.stringify序列化的对象
success	Function	否	API函数调用成功的回调函数
fail	Function	否	API函数调用失败的回调函数
complete	Function	否	API函数调用结束的回调函数（调用成功、失败都会执行）

2）API 函数 wx.setStorageSync(String key,Any data)。

API 函数 wx.setStorageSync(String key,Any data)是 API 函数 wx.setStorages(Object object)的同步版本，参数 key 为本地缓存中指定的 key，参数 data 为需要存储的内容。

3）API 函数 wx.getStorage(Object object)。

API 函数 wx.getStorage(Object object)主要用于从本地缓存中异步获取指定 key 中的内容，参数 object 的属性包括 key、success、fail 和 complete，其中回调函数 success(Object res)的对象参数 res 的属性包含 data，表示获取的缓存数据。

4）API 函数 wx.getStorageSync(String key)。

API 函数 wx.getStorageSync(String key)是 API 函数 wx.getStorages(Object object)的同步版本，参数 key 表示本地缓存中指定的 key，函数返回值 data 为 key 中的对应内容。

5）API 函数 wx.getStorageInfo(Object object)。

API 函数 wx.getStorageInfo(Object object)主要用于异步获取当前 storage 的相关信息，函数参数 object 的属性包括 success、fail 和 complete，其中回调函数 success(Object res)的参数属性如表 6.36 所示。

表 6.36 回调函数 success(Object res)的参数属性

属 性	类 型	说 明
keys	Array.<string>	当前storage中的所有key
currentSize	Number	当前占用的空间大小，单位为KB
limitSize	Number	限制的空间大小，单位为KB

6）API 函数 Object wx.getStorageInfoSync()。

API 函数 Object wx.getStorageInfoSync()是 API 函数 wx.getStorageInfo(Object object)的同步版本，函数参数 object 的属性与 API 函数 wx.getStorageInfo(Object object)的参数属性相同。

7）API 函数 wx.removeStorage(Object object)。

API 函数 wx.removeStorage(Object object)主要用于从本地缓存中移除指定 key 中对应的数据，函数参数 object 的属性包括 key、success、fail 和 complete，其中 key 表示本地缓存中指定的 key。

8）API 函数 wx.removeStorageSync(String key)。

API 函数 wx.removeStorageSync(String key)是 API 函数 wx.removeStorage(Object object)的同步版本，参数 key 表示本地缓存中指定的 key。

9）API 函数 wx.clearStorage(Object object)。

API 函数 wx.clearStorage(Object object)主要用于清理本地缓存数据，函数参数 object 的属性包括 success、fail 和 complete。

10）API 函数 wx.clearStorageSync()。

API 函数 wx.clearStorageSync()是 API 函数 wx.clearStorage(Object object)的同步版本。

2．构造函数的定义与使用

在 JavaScript 中，构造函数主要用于创建对象。定义构造函数与定义普通函数没有区别，在调用构造函数创建对象时，需要使用 new 关键字。

三、实现效果

数据缓存小程序的运行效果如图 6.11 所示。初始页面如图 6.11（a）所示，此时没有操作信息。

（1）单击“异步存储数据”按钮，在信息栏中显示“异步存储数据成功！”的信息，如图 6.11（b）所示。

（2）单击“同步存储数据”按钮，在信息栏中显示“同步存储数据成功！”的信息，如图 6.11（c）所示。

（3）单击“异步获取数据”按钮，在信息栏中显示第 1 个学生的信息，如图 6.11（d）所示。

（4）单击“同步获取数据”按钮，在信息栏中显示第 2 个学生的信息，如图 6.11（e）所示。

（5）单击“异步缓存信息”按钮，在信息栏中显示异步获取的缓存信息，如图 6.11（f）所示。

（6）单击“同步缓存信息”按钮，在信息栏中显示同步获取的缓存信息，如图 6.11（g）所示。

（7）单击“异步删除数据”按钮，在信息栏中显示“异步删除缓存数据成功！”的信息，如图 6.11（h）所示。

（8）单击“同步删除数据”按钮，在信息栏中显示“同步删除缓存数据成功！”的信息，如图 6.11（i）所示。

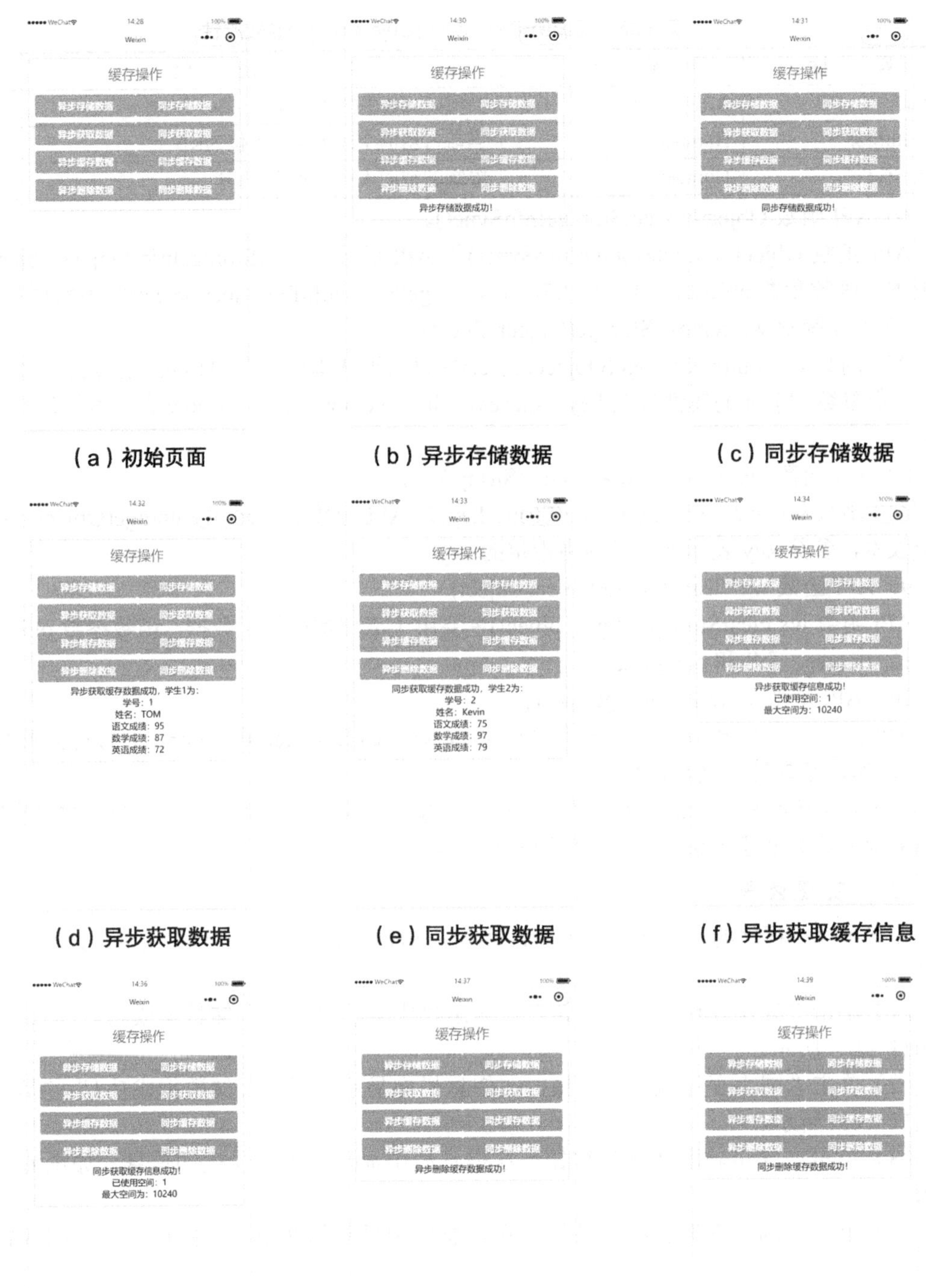

（a）初始页面　（b）异步存储数据　（c）同步存储数据

（d）异步获取数据　（e）同步获取数据　（f）异步获取缓存信息

（g）同步获取缓存数据　（h）异步删除缓存数据　（i）同步删除缓存数据

图 6.11　数据缓存小程序的运行效果

其中，操作（1）～（2）可以在 Storage 面板中显示存储的数据，如图 6.12 所示。操作（3）～（6）可以在 Console 控制台中显示相应的信息，如图 6.13 所示。操作（7）～（8）可以将 Storage 面板中的数据删除。

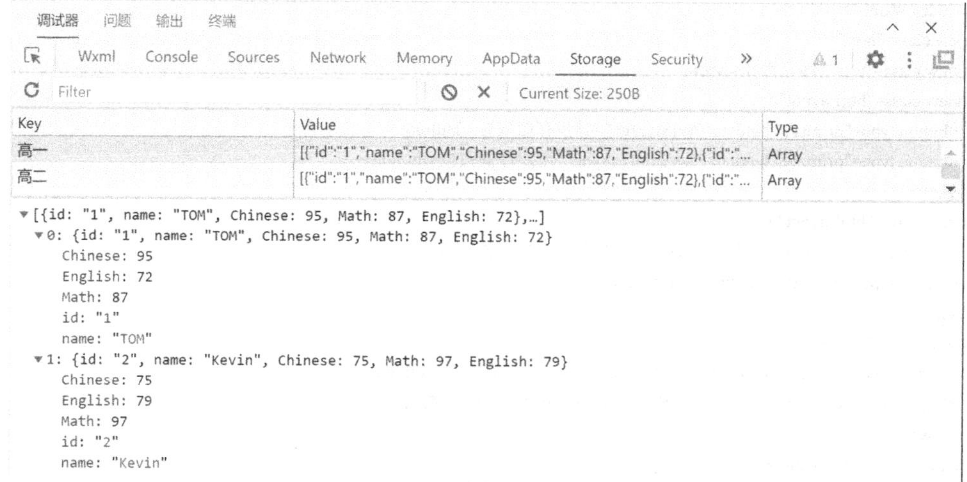

图 6.12 Storage 面板中显示的信息

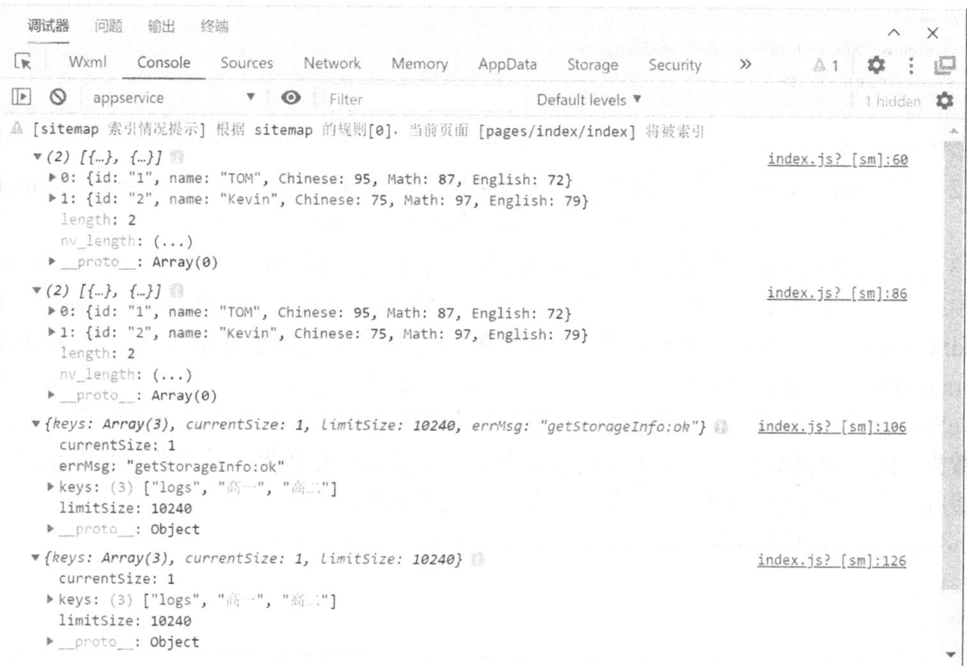

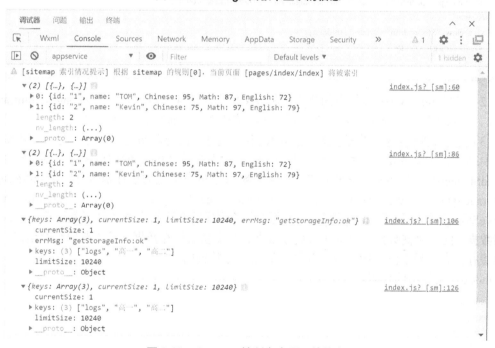

图 6.13 Console 控制台中显示的信息

四、任务实现

（1）编写 index.wxml 文件中的代码。小程序页面中主要包括 8 个<button>组件和 1 个用于显示按钮操作信息的<text>组件。其中，8 个<button>组件两个一行进行排列，共 4 行，<text>组件在最下面，它们都放置在<view>组件中进行布局。使用 page、.btnLayout、button 和.storageInfo 分别设置页面样式、按钮布局、按钮样式和文本布局。给 8 个<button>组件绑定 8 个事件函数，分别是 setStorage()、setStorageSync()、getStorage()、getStorageSync()、getStorageInfo()、getStorageInfoSync()、removeStorage()、removeStorageSync()，分别用于实现异步存储数据、同步存储数据、异步获取缓存数据、同步获取缓存数据、异步获取缓存信息、同步获取缓存信息、异步删除缓存数据和同步删除缓存数据的功能。

index.wxml 文件中的代码：

```
<!--index.wxml-->
<view class="box">
 <view class="title">缓存操作</view>
 <view class="btnLayout">
   <button type="primary" bindtap="setStorage">异步存储数据</button>
   <button type="primary" bindtap="setStorageSync">同步存储数据</button>
 </view>
 <view class="btnLayout">
   <button type="primary" bindtap="getStorage">异步获取数据</button>
   <button type="primary" bindtap="getStorageSync">同步获取数据</button>
 </view>
 <view class="btnLayout">
   <button type="primary" bindtap="getStorageInfo">异步缓存数据</button>
   <button type="primary" bindtap="getStorageInfoSync">同步缓存数据</button>
 </view>
 <view class="btnLayout">
   <button type="primary" bindtap="removeStorage">异步删除数据</button>
   <button type="primary" bindtap="removeStorageSync">同步删除数据</button>
 </view>
 <view class="StorageInfo" hidden="{{hidden}}">
   <text>{{msg}}</text>
 </view>
</view>
```

（2）编写 index.wxss 文件中的代码。在该文件中定义 4 种样式，分别为 page、.btnLayout、button、.storageInfo，分别用于设置页面样式、按钮布局、按钮样式和文本布局。

（3）编写 index.js 文件中的代码。在 index.js 文件中，首先在 data 对象中初始化 index.wxml 文件中绑定的 2 个变量，分别为 msg 和 hidden，然后定义 Student()构造函数、创建学生数组的 loadStudents()函数和 8 个按钮绑定的事件函数。8 个按钮绑定的事件函数分别为 setStorage()、setStorageSync()、getStorage()、getStorageSync()、getStorageInfo()、getStorageInfoSync()、removeStorage()、removeStorageSync()，这 8 个函数分别调用相应的 API 函数，用于实现异步存储数据、同步存储数据、异步获取缓存数据、同步获取缓存数据、异步获取缓存信息、同步获取缓存信息、异步清除缓存数据和同步清除缓存数据的功能。

index.js 文件中的代码片段如下：

```
//index.js
Page({
 // 页面的初始数据
 data: {
   msg:'',
   hidden:true
 },
‘’’‘’’‘’’‘’’’’’’’’’’’’‘’’’’’’’… …
catch(e){
   that.setData({
     hidden:false,
     msg:'同步获取缓存数据失败！'
   })
   console.log(e);
  }
},
getStorageInfo:function(){
```

```
    ...
  },
  getStorageInfo:function(){
    var that=this;
    wx.getStorageInfo({
      success:function(res){
        that.setData({
          hidden:false,
          msg:'异步获取缓存信息成功！'+
            '\n 已使用空间：'+res.currentSize+
            '\n 最大空间为：'+res.limitSize
        })
        console.log(res)
      },
      fail:function(){
        that.setData({
          hidden:false,
          msg:'异步获取缓存信息失败！'
        })
      }
    })
  },
  getStorageInfoSync:function(){
    var that=this;
    try{
      var res=wx.getStorageInfoSync()
      that.setData({
        hidden:false,
        msg:'同步获取缓存信息成功！'+
          '\n 已使用空间：'+res.currentSize+
          '\n 最大空间为：'+res.limitSize
      })
      console.log(res)
    }catch(e){
      that.setData({
        hidden:false,
        msg:'同步获取缓存信息失败！'
      })
      console.log(e)
    }
  },
  removeStorage:function(){
    var that=this;
    wx.removeStorage({
      key: '高一',
      success:function(res){
        that.setData({
          hidden:false,
          msg:'异步删除缓存数据成功！'
        })
        console.log(res.data)
      },
      fail:function(){
        that.setData({
          hidden:false,
```

```
        msg:'异步删除缓存数据失败！'
      })
    }
  })
},
removeStorageSync:function(){
  var that=this;
  try{
    wx.removeStorageSync('高二');
    that.setData({
      hidden:false,
      msg:'同步删除缓存数据成功！'
    })
  }catch(e){
    that.setData({
      hidden:false,
      msg:'同步删除缓存数据失败!'
    })
    console.log(e)
  }
}
})
```

6.5 地图和位置

一、任务描述

本任务要求设计一个地图和位置小程序，利用<map>组件和相应的 API 函数实现选择位置和打开位置的功能。

二、导入知识点

本任务会使用地图组件<map>，相应的 API 函数有 wx.getLocation(Object object)、wx.chooseLocation(Object object)和 wx.openLocation(Object object)。地图中的颜色值（如 borderColor、bgColor）需要使用 6 位（或 8 位）十六进制数表示，如果使用 8 位十六进制数表示，那么后两位表示 alpha 值，如#00000AA。

1．<map>组件

<map>组件的主要属性如表 6.37 所示。

表 6.37　<map>组件的主要属性

属　性	类　型	说　明
longitude	Number	中心经度
latitude	Number	中心纬度
scale	Number	缩放级别，取值范围为5～18，默认值为16
markers	Array	标记点
polyline	Array	路线
polygons	Array	多边形

续表

属　　性	类　　型	说　　明
circles	Array	圆
controls	Array	控件（即将废弃，建议使用<cover-view>组件代替）
include-points	Array	缩放视野以包含所有指定坐标点
show-location	Boolean	显示带有方向的当前定位点

<map>组件的 markers 属性主要用于在地图上显示标记的位置，其值是数组类型的数据，数组中的每个元素都是一个对象，每个对象的主要属性说明如表 6.38 所示。

表 6.38　markers 对象数组中的元素主要属性

属　　性	说　　明	类　　型	必　　填	备　　注
id	标记点id	Number	否	markers单击事件回调会返回此id。建议为每个markers设置Number类型的id，用于保证在更新markers时有更好的性能
latitude	纬度	Number	是	浮点数，取值范围为-90～90
longitude	经度	Number	是	浮点数，取值范围为-180～180
title	标注点名	String	否	—
iconPath	显示的图标	String	是	项目目录下的图片路径
width	标注图标宽度	Number/String	否	默认为图片实际宽度，单位为px
height	标注图标高度	Number/String	否	默认为图片实际高度，单位为px
label	为标记点旁边增加标签	Object	否	可识别换行符

2．API 函数 wx.getLocation(Object object)

API 函数 wx.getLocation(Object object)主要用于获取当前的地理位置、速度，在调用该 API 函数前，需要在 app.json 文件中授权 scope.userLocation。该函数中参数的主要属性如表 6.39 所示。

表 6.39　API 函数 wx.getLocation(Object object)中参数的主要属性

属　　性	类　　型	默 认 值	必　　填	说　　明
type	String	wgs84	否	如果值为wgs84，则返回gps坐标；如果值为gcj02，则返回可用于API函数wx.openLocation()的坐标
altitude	String	FALSE	否	如果值为TRUE，则会返回高度信息，由于获取高度需要较高精确度，因此会减慢接口返回速度
success	Function	—	否	API函数调用成功的回调函数
fail	Function	—	否	API函数调用失败的回调函数
complete	Function	—	否	API函数调用结束的回调函数（调用成功、失败都会执行）

回调函数 success(Object res)的参数属性如表 6.40 所示。

表 6.40　回调函数 success(Object res)的参数属性

属　　性	类　　型	说　　明
latitude	Number	纬度，取值范围为-90～90，负数表示南纬
longitude	Number	经度，取值范围为-180～180，负数表示西经
speed	Number	速度，单位为m/s
accuracy	Number	位置的精确度
altitude	Number	高度，单位为m
verticalAccuracy	Number	垂直精度，单位为m（Android无法获取，返回0）
horizontalAccuracy	Number	水平精度，单位为m

3．API 函数 wx.chooseLocation(Object object)

API 函数 wx.chooseLocation(Object object)主要用于打开地图并选择位置，其主要参数属性如表 6.41 所示。

表 6.41　API 函数 wx.chooseLocation(Object object)的主要参数属性

属　　性	类　　型	必　　填	说　　明
success	Function	否	API函数调用成功的回调函数
fail	Function	否	API函数调用失败的回调函数
complete	Function	否	API函数调用结束的回调函数（调用成功、失败都会执行）

4．API 函数 wx.openLocation(Object object)

API 函数 wx.openLocation(Object object)主要用于使用微信内置地图查看位置，其参数属性如表 6.42 所示。

表 6.42　API 函数 wx.openLocation(0bject object)的参数属性

属　　性	类　　型	必填	说　　明
latitude	Number	是	纬度，取值范围为-90～90，负数表示南纬。使用gcj02国测局坐标系
longitude	Number	是	经度，取值范围为-180～180，负数表示西经。使用gcj02国测局坐标系
scale	Number	否	缩放比例，取值范围为5～18
name	String	否	位置名
address	String	否	地址的详细说明
success	Function	否	API函数调用成功的回调函数
fail	Function	否	API函数调用失败的回调函数
complete	Function	否	API函数调用结束的回调函数（调用成功、失败都会执行）

三、实现效果

初始页面会显示一个以初始的 latitude 和 longitude 属性值为中心坐标的地图，地图中有一个 marker 图标，marker 图标位置有蓝色字体、黄色底纹的标签，字体大小为 20px；单击“选择位置”按钮，显示地图，在地图下方显示地址名称列表，在选择某个地址后，marker 图标会移动到该地址在地图上的位置，单击屏幕右上角的“确定”按钮，返回初始页面；单击“打开位置”按钮，地图的显示比例较大，并且显示手机所在位置。

四、任务实现

（1）编写 index.wxml 文件中的代码。index.wxml 文件中主要包含 1 个<map>组件和 2 个<button>组件。<map>组件主要用于显示地图，2 个<button>组件分别用于选择位置和打开位置，并且分别绑定了相应的事件函数；使用 map 样式设置<map>组件的外边距，使用.btnLayout 样式于设置 2 个<button>组件的布局。

index.wxml 文件中的代码如下：

```
<!--index.wxml-->
<view class="box">
  <view class="title">位置和地图</view>
  <view>
    <map id="myMap" latitude="{{latitude}}" longitude="{{longitude}}" markers="{{markers}}" show-location></map>
  </view>
  <view class="btnLayout">
    <button bindtap="chooseLocation" type="primary">选择位置</button>
    <button bindtap="openLocation" type="primary">打开位置</button>
  </view>
</view>
```

（2）编写 index.wxss 文件中的代码。在该文件中定义 2 个样式，分别为 map 和.btnLayout。

（3）编写 index.js 文件中的代码。首先在 data 对象中初始化<map>组件绑定的属性值，然后定义 chooseLocation()函数和 openLocation()函数。在 chooseLocation()函数中，通过调用 API 函数 wx.chooseLocation()在地图上选择位置；在 openLocation()函数中，首先调用 API 函数 wx.getLocation()获取位置，然后打开获取的位置。

index.js 文件中的代码如下：

```
//index.js
Page({
  // 页面的初始数据
  data: {
    latitude:39.931111,
    longitude:116.199167,
    markers:[{
      id:1,
      latitude:39.931111,
      longitude:116.199167,
      iconPath:'../img/location.png',
      label:{
        content:'我的位置',
        color:'#0000FF',
        bgColor:'#FFFF00',
        fontSize:20
      }
    },{
    latitude:39.92528,
    longitude:116.20111,
    iconPath:'../img/location.png'
    }]
  },
  chooseLocation:function(){
    wx.chooseLocation({
```

```
      success:function(res){
        console.log(res)
      },
    })
  },
  openLocation:function(){
    wx.getLocation({
      type:'gcj02',
      success:function(res){
        wx.openLocation({
          latitude: res.latitude,
          longitude: res.longitude,
          scale:28,
        })
      },
    })
  }
})
```

6.6　设备 API

本任务主要介绍小程序中设备 API 的相关应用，包含设备系统信息、网络状态、传感器、扫码、打电话、屏幕亮度、剪贴板和手机振动等相关用法。本节的学习目标如下：

- 熟练掌握系统信息获取和兼容性判断 API 的使用方法。
- 熟练掌握网络状态和 Wi-Fi 管理 API 的使用方法。
- 熟练掌握罗盘传感器、加速度传感器和陀螺仪传感器的使用方法。
- 熟练掌握用户截屏、扫码和通话 API 的使用方法。
- 熟练掌握手机内存、屏幕亮度和震动管理 API 的使用方法。

6.6.1　设备系统信息

一、任务描述

设计一个设备系统信息小程序，用于同步和异步获取设备系统信息。

二、导入知识点

本任务涉及获取设备系统信息的 2 个 API 函数，如表 6.43 所示。

表 6.43　获取设备系统信息的 API 函数

函 数 类 型	API函数	函 数 功 能
获取设备系统信息	wx.getSystemInfo(Object object)	异步获取设备系统信息
	Object wx.getSystemInfoSync0	同步获取设备系统信息

API 函数 wx.getSystemInfo(Object object)的参数属性只包含 success、fail 和 complete，其中，回调函数 success(Object res)参数的主要属性如表 6.44 所示。

表 6.44 回调函数 success(Object res)参数的主要属性

属 性	类 型	说 明
brand	String	设备品牌
model	String	设备型号
pixelRatio	Number	设备像素比
screenWidth	Number	屏幕宽度，单位为px
screenHeight	Number	屏幕高度，单位为px
windowWidth	Number	可使用窗口的宽度，单位为px
windowHeight	Number	可使用窗口的高度，单位为px
statusBarHeight	Number	状态栏的高度，单位为px
language	String	微信设置的语言
version	String	微信版本号
system	String	操作系统及版本
platform	String	客户端平台
fontSizeSetting	Number	用户字体大小，单位为px
SDKVersion	String	客户端基础库版本

API 函数 wx.getSystemInfoSync()的返回值 Object res 的主要属性如表 6.45 所示。

表 6.45 API 函数 wx.getSystemInfoSync()的返回值 Object res 的主要属性

参 数	类 型	必 填	说 明
success	Function	是	API函数调用成功的回调
fail	Function	否	API函数调用失败的回调函数
complete	Function	否	API函数调用结束的回调函数（调用成功、失败都会执行）

三、实现效果

设备系统信息小程序的运行效果如图 6.14 所示。初始页面如图 6.14（a）所示，单击“同步获取”按钮后的效果如图 6.14（b）所示，单击“异步获取”按钮后的效果如图 6.14（c）所示。根据图 6.14 可知，同步、异步获取的设备系统信息是一样的。

（a）初始页面　（b）同步获取设备系统信息　（c）异步获取设备系统信息

图 6.14 设备系统信息小程序的运行效果

四、任务实现

1．编写 index.wxml 文件中的代码

小程序页面主要由显示设备系统信息的多行文本和 2 个按钮构成，因此该文件主要使用<view>组件和<button>组件。

该文件使用 4 种样式对组件样式和布局进行设置，分别为.border、view、.btnLayout、button

该文件中的 2 个按钮分别绑定事件函数 getSystemInfoSync()和 getSystemInfo()，分别用于实现同步和异步获取设备系统信息。

该文件通过绑定的 msg 变量显示“同步”或“异步”，通过绑定 hide1 和 hide2 变量控制同步显示或异步显示，通过绑定其他的 11 个变量显示设备系统信息。

index.wxml 文件中的代码如下：

```
<!--index.wxml-->
<view class="box">
 <view class="title">{{msg}}获取您的设备信息</view>
 <view class='border' hidden="{{hide1}}">
  <view>手机型号：{{model}}</view>
  <view>设备像素比：{{pixelRatio}}</view>
  <view>屏幕宽度：{{screenWidth}}</view>
  <view>屏幕高度：{{screenHeight}}</view>
  <view>窗口宽度：{{windowWidth}}</view>
  <view>窗口高度：{{windowHeight}}</view>
  <view>微信语言：{{language}}</view>
  <view>微信版本：{{version}}</view>
  <view>操作系统版本：{{system}}</view>
  <view>客户端平台：{{platform}}</view>
  <view>客户端基础库版本：{{SDKVersion}}</view>
 </view>

 <view class='border' hidden="{{hide2}}">
  <view>手机型号：{{model}}</view>
  <view>设备像素比：{{pixelRatio}}</view>
  <view>屏幕宽度：{{screenWidth}}</view>
  <view>屏幕高度：{{screenHeight}}</view>
  <view>窗口宽度：{{windowWidth}}</view>
  <view>窗口高度：{{windowHeight}}</view>
  <view>微信语言：{{language}}</view>
  <view>微信版本：{{version}}</view>
  <view>操作系统版本：{{system}}</view>
  <view>客户端平台：{{platform}}</view>
  <view>客户端基础库版本：{{SDKVersion}}</view>
 </view>
 <view class="btnLayout">
  <button type="primary" bindtap="getSystemInfoSnyc">同步获取</button>
  <button type="primary" bindtap="getSystemInfo">异步获取</button>
 </view>
</view>
```

2．编写 index.wxss 文件中的代码

在该文件中定义 4 种样式：.border、view、.btnLayout、button。其中，border 样式主要用于设置显示设备系统信息部分的边框，view 样式主要用于控制每行的间距，btnLayout 主要用于设置<button>组件的布局，button 主要用于设置<button>组件的样式。

3．编写 index.js 文件中的代码

该文件在 data 对象中初始化绑定变量 hide1 和 hide2，然后定义 2 个按钮事件函数，分别为 getSystemInfo() 和 getSystemInfoSync()。在 getSystemInfo() 函数中调用 API 函数 wx.getSystemInfo()，用于异步获取设备系统信息；在 getSystemInfoSync()函数中调用 API 函数 wx.getSystemInfoSync()，用于同步获取设备系统信息。

index.js 文件中的代码如下：

```
//index.js
Page({
  //页面的初始数据
  data: {
    hide1:false,
    hide2:true
  },
  getSystemInfo:function(){
    var that=this;
    wx.getSystemInfo({
      success: (res) => {
        that.setData({
          msg:'异步',
          hide1:false,
          hide2:true,
          model:res.model,
          pixelRatio:res.pixelRatio,
          screenWidth:res.screenWidth,
          screenHeight:res.screenHeight,
          windowWidth:res.windowWidth,
          windowHeight:res.windowHeight,
          language:res.language,
          version:res.version,
          system:res.system,
          platform:res.platform,
          SDKVersion:res.SDKVersion
        })
      }
    })
  },
  getSystemInfoSnyc:function(){
    var that=this;
    try{
      var res=wx.getSystemInfoSync();
      that.setData({
        msg:'同步',
        hide1:true,
        hide2:false,
        model:res.model,
        pixelRatio:res.pixelRatio,
        screenWidth:res.screenWidth,
        screenHeight:res.screenHeight,
        windowWidth:res.windowWidth,
        windowHeight:res.windowHeight,
        language:res.language,
        version:res.version,
        system:res.system,
        platform:res.platform,
```

```
        SDKVersion:res.SDKVersion
      })
    }catch(e){
      console.log(e)
    }
  }
})
```

6.6.2 网络状态

一、任务描述

设计一个网络状态小程序，显示当前联网状态，当联网状态为 Wi-Fi 状态时，显示 Wi-Fi 的 SSID、BSSID、安全性、信号强度等信息。

二、导入知识点

本任务涉及与网络状态有关的 3 个 API 函数，分别是 wx.getNetworkType(Object object)、wx onNetworkStatusChange(Function callback)和 wx.getConnectedWifi(Object object)。

1．API 函数 wx.getNetworkType(Object object)

API 函数 wx.getNetworkType(Object object)主要用于获取网络类型，参数 object 的属性包括 3 个回调函数，分别为 success、fail 和 complete，其中回调函数 success(Object res)的参数属性为 networkType，其合法值如表 6.46 所示。

表 6.46　res.networkType 属性的合法值

值	说　明	值	说　明
Wifi	Wi-Fi网络	4g	4G网络
2g	2G网络	unknown	Android操作系统中不常见的网络类型
3g	3G网络	none	无网络

2．API 函数 wx.onNetworkStatusChange(Function callback)

API 函数 wx.onNetworkStatusChange(function callback)主要用于监听网络状态变化事件，参数 callback 为网络状态变化事件的回调函数。回调函数 callback(Object res)的参数属性如表 6.47 所示。

表 6.47　回调函数 callback(Object res)的参数属性

属　性	类　型	说　明
isConnected	Boolean	当前是否有网络连接
networkType	String	网络类型

3．API 函数 wx.getConnectedWifi(Object object)

API 函数 wx.getConnectedWifi(Object object)主要用于获取已连接中的 Wi-Fi 信息，其参数 object 的属性包括 3 个回调函数，分别为 success、fail 和 complete。回调函数 success(Object res)的参数属性为 WifiInfo 类型的 wifi，wifi 表示 Wi-Fi 信息，其合法值如表 6.48 所示。

表 6.48　wifi 属性的合法值

属　性	类　型	说　明
SSID	String	Wi-Fi的SSID
BSSID	String	Wi-Fi的BSSID

续表

属　性	类　型	说　明
secure	Boolean	Wi-Fi是否安全
signalStrength	Humber	Wi-Fi信号强度

三、实现效果

网络状态小程序的运行效果如图 6.15 所示。在不联网时，页面如图 6.15（a）所示，此时“在将网络状态”显示为 none；在将网络切换为 4G 状态时，此时“当前网络状态”显示为 4g，页面如图 6.15（b）所示；在将网络切换为 Wi-Fi 状态时，此时“当前网络状态”显示为 wifi，如果单击“Wi-Fi 状态”按钮，则会显示当前手机 Wi-Fi 的相关信息，如图 6.15（c）所示。

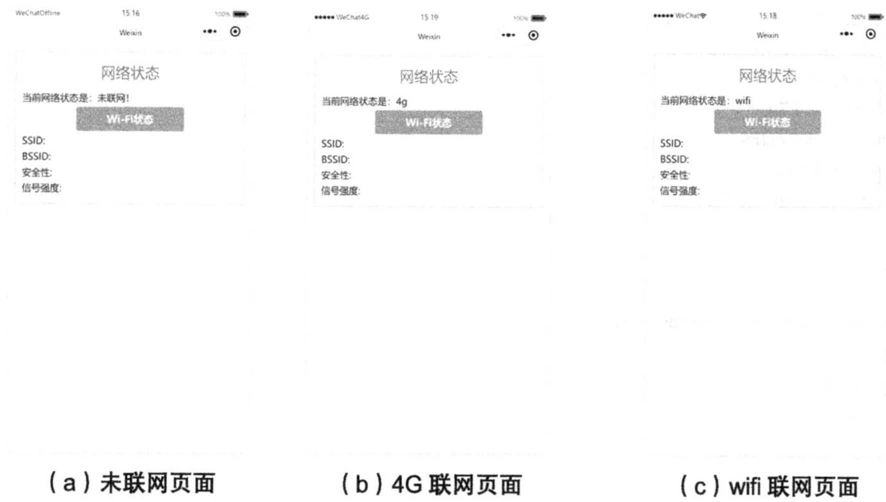

（a）未联网页面　　（b）4G 联网页面　　（c）wifi 联网页面

图 6.15　网络状态小程序的运行效果

四、任务实现

（1）编写 index.wxml 文件中的代码。由于小程序的页面中主要包含一些用于显示网络状态的信息和用于实现 Wi-Fi 信息显示的按钮，因此本文件中主要包含<view>组件和<button>组件，并且未<button>组件绑定事件函数 wifiStatus()。

index.wxml 文件中的代码如下：

```
<!--index.wxml-->
<view class="box">
  <view class="title">网络状态</view>
  <view>当前网络状态是：{{status}}</view>
  <button type="primary" bindtap="wifiStatus">Wi-Fi 状态</button>
  <view>
    <view>SSID:{{res.SSID}}</view>
    <view>BSSID:{{res.BSSID}}</view>
    <view>安全性:{{res.secure}}</view>
    <view>信号强度:{{res.signalStrength}}</view>
  </view>
</view>
```

（2）编写 index.wxss 文件中的代码。为了实现每行显示信息，以及信息与按钮之间的上下间距，在该文件中定义 view 样式，在该样式中设置上间距和下间距为 10rpx、左间距和右间距为 0。

（3）编写 index.js 文件中的代码。在 onLoad()函数中调用 API 函数 wx.getNetworkType()，用于获取网络类型；调用 API 函数 wx.onNetworkStatusChange()，用于监听网络状态的变化。此外，在该文件中定义单击按钮事件函数 wifiStatus()，在该函数中调用 API 函数 wx.getConnectedWifi()，用于获取 Wi-Fi 信息。

index.js 文件中的代码如下：

```
//index.js
Page({
  // 页面的初始数据
  data: {
    status:'获取中......',
  },
  //生命周期函数--监听页面加载
  onLoad: function (options) {
    var that=this
    wx.getNetworkType({
      success:function(res){
        that.setData({
          status:res.networkType
        })
      }
    })
  wx.onNetworkStatusChange(function(res){
    if(res.isConnected){
      that.setData({
        status:res.networkType
      })
    }else{
      that.setData({
        status:'未联网！'
      })
    }
  })
  },
  wifiStatus:function(){
    var that=this
    wx.getConnectedWifi({
      success:function(res){
        that.setData({
          res:res.wifi
        })
      }
    })
  }
})
```

6.6.3 传感器

一、任务描述

设计一个传感器小程序，实现启动、停止和监听罗盘传感器、加速度传感器和陀螺仪传感器的功能。

二、导入知识点

本任务会使用罗盘传感器、加速度传感器和陀螺仪传感器的相关 API 函数，如表 6.49 所示。

表 6.49 罗盘传感器、加速度传感器和陀螺仪传感器的相关 API 函数

函数类型	API函数	函数功能
罗盘传感器	wx.startCompass(Object object)	启动罗盘监听
	wx.stopCompass(Object object)	停止罗盘监听
	wx.onCompassChange(Function callback)	监听罗盘数据变化事件
加速度传感器	wx.startAccelerometer(Object object)	启动加速度监听
	wx.stopAccelerometer(Object object)	停止加速度监听
	wx.onAccelerometerChange(Function callback)	监听加速度变化事件
陀螺仪传感器	wx.startGyroscope(Object object)	启动陀螺仪监听
	wx.stopGyroscope(Object object)	停止陀螺仪监听
	wx.onGyroscopeChange(Function callback)	监听陀螺仪数据变化事件

API 函数 wx.startCompass(Object object)和 wx.stopCompass(Object object)的参数属性都包含 3 个回调函数：success()、fail()、complete()。

API 函数 wx.onCompassChange(Function callback)函数主要用于监听罗盘数据变化事件，频率是 5 次/s。该 API 函数在被调用后会自动开始监听，可使用 API 函数 wx.stopCompass(Object object)停止监听。其参数 callback 为罗盘数据变化事件的回调函数，该回调函数的参数 Object res 的属性如表 6.50 所示。

表 6.50 回调函数 callback(Object object)的参数属性

属性	类型	说明
direction	Number	面对的方向度数
accuracy	Number/string	精度

API 函数 wx.startAccelerometer(Object object)和 wx.stopAccelerometer(Object object)的参数属性都包含 3 个回调函数：succes()、fail()、complete()。API 函数 wx.startAccelerometer(Object object)的参数还包含 interval 属性，用于监听加速度数据变化事件。interval 属性的合法值如表 6.51 所示。

表 6.51 API 函数 wx.startAccelerometer(Object object)的参数属性 object.interval 的合法值

值	说明
game	适合用于更新游戏的回调频率，通常为20ms/次
ui	适合用于更新UI的回调频率，通常为60ms/次
normal	普通的回调频率，通常为200ms/次

API 函数 wx.startAccelerometer(Object object)的参数属性 interval 的值决定了 API 函数 wx.onAccelerometerChange(Function callback)监听加速度变化事件的频率，可以使用 API 函数 wx.stopAccelerometer(Object object)停止监听。API 函数 wx.onAccelerometerChange(Function callback)的回调函数参数 callback 的参属性包括 x、y 和 z，分别表示在 *X* 坐标轴、*Y* 坐标轴、*Z* 坐标轴上的加速度。

API 函数 wx.startGyroscope(Object object)、wx.stopGyroscope(Object object) 和 wx.onGyroscopeChange(Function callback)的参数分别与 API 函数 wx.startAccelerometer(Object object)、wx.stopAccelerometer(Object object)和 wx.onAccelerometerChange(Function callback)的参数类似。

三、实现效果

传感器小程序的运行效果如图 6.16 所示。页面初始效果如图 6.16（a）所示，此时有 6 个按钮，分别用于启动和停止罗盘传感器、加速度传感器和陀螺仪传感器，在各按钮下方的信息区会显示相应传感器实时数据的文本信息。在单击相应的启动按钮后，相应的传感器被启动，在相应按钮下面的信息区会显示相应的传感器信息，在移动手机时，这些信息会发生相应的变化，在单击相应的停止按钮后，传感器的监听功能会被关闭，即使移动手机，按钮下面的传感器信息显示也不再变化，如图 6.16（b）所示。

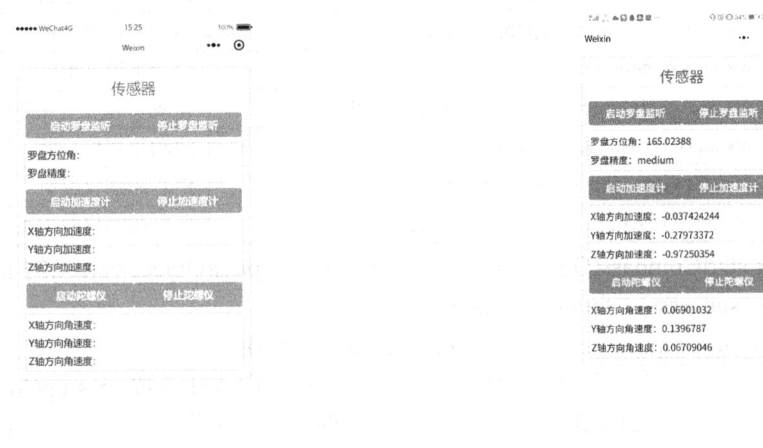

（a）页面初始效果　　（b）启动和停止传感器后的效果

图 6.16　传感器小程序的运行效果

四、任务实现

（1）编写 index.wxml 文件中的代码。该文件中包含 6 个<button>组件，分别为其绑定事件函数 startCompass、stopCompass、startAcc、stopAcc、startGyroscope、stopGyroscope，分别用于启动罗盘传感器、停止罗盘传感器、启动加速度传感器、停止加速传感器、启动陀螺传感器、停止陀螺仪传感器。此外，使用<view>组件显示这 3 种传感器实时数据的文本信息。此外，本文件中的代码会使用 4 种样式：button、view、.btnLayout 和.txtLayout，用于设置按钮和文本的样式和布局。

index.wxml 文件中的代码如下：

```
<!--index.wxml-->
<view class="box">
<view class='title'>传感器</view>
<view class="btnLayout">
  <button type="primary" bindtap="startCompass">启动罗盘监听</button>
  <button type="primary" bindtap='stopCompass'>停止罗盘监听</button>
</view>
<view class="txtLayout">
  <view>罗盘方位角：{{resCompass.direction}}</view>
  <view>罗盘精度：{{resCompass.accuracy}}</view>
</view>
<view class="btnLayout">
  <button type="primary" bindtap="startAcc">启动加速度计</button>
  <button type="primary" bindtap="stopAcc">停止加速度计</button>
</view>
```

```
<view class="txtLayout">
 <view>X 轴方向加速度：{{resAcc.x}}</view>
 <view>Y 轴方向加速度：{{resAcc.y}}</view>
 <view>Z 轴方向加速度：{{resAcc.z}}</view>
</view>
<view class="btnLayout">
 <button type="primary" bindtap="startGyroscope">启动陀螺仪</button>
 <button type="primary" bindtap="stopGyroscope">停止陀螺仪</button>
</view>
<view class="txtLayout">
 <view>X 轴方向角速度：{{resGyroscope.x}}</view>
 <view>Y 轴方向角速度：{{resGyroscope.y}}</view>
 <view>Z 轴方向角速度：{{resGyroscope.z}}</view>
</view>
</view>
```

（2）编写 index.wxss 文件中的代码。在该文件中定义 4 种样式：button、view、.btnLayout 和.txtLayout。

（3）编写 index.js 文件中的代码。在该文件中定义 6 个按钮的事件函数，分别为 startCompass()、stopCompass()、startAcc()、stopAcc()、startGyroscope()、stopGyroscope()，在这些函数中分别调用了相应的 API 函数，用于启动和停止罗盘传感器、加速度传感器和陀螺仪传感器。

index.js 文件中的代码如下：

```
//index.js
Page({
 startCompass:function(){
  var that=this
  wx.startCompass({
   success:function(){
    wx.onCompassChange(function(res){
     that.setData({
      resCompass:res
     })
    })
   }
  })
 },
 stopCompass:function(){
  var that=this;
  wx.stopCompass({
   success:function(res){
    console.log('罗盘已经停止！')
   }
  })
 },
 startAcc:function(){
  var that=this;
  wx.startAccelerometer({
   success:function(){
   wx.onAccelerometerChange(function(res){
    that.setData({
     resAcc:res
    })
   })
```

```
    }
   })
  },
  stopAcc:function(){
   wx.stopAccelerometer({
    success: function(res) {
     console.log('已停止加速度传感器监听！')
    }
   })
  },
  startGyroscope:function(){
   var that=this;
   wx.startGyroscope({
    success:function(res){
     wx.onGyroscopeChange(function(res){
      that.setData({
       resGyroscope:res
      })
     })
    }
   })
  },
  stopGyroscope:function(){
   wx.stopGyroscope({
    success:function (res) {
     console.log('已停止陀螺仪传感器监听！')
    }
   })
  }
})
```

6.6.4　扫码与打电话

一、任务描述

设计一个扫码与打电话小程序，实现扫码、打电话和添加联系人信息的功能。

二、导入知识点

本任务会使用扫码、打电话和添加联系人信息的相关 API 函数，如表 6.52 所示。

表 6.52　扫码、打电话和添加联系人信息的相关 API 函数

API函数	函 数 功 能
wx.scanCode(Object object)	扫码
wx.makePhoneCall(Object object)	打电话
wx.addPhoneContact(Object object)	添加联系人信息

1．API 函数 wx.scanCodect(object)

API 函数 wx.scanCodect(object)主要用于调用客户端扫码页面进行扫码。API 函数 wx.scanCode(Object object)的参数说明如表 6.53 所示。

表 6.53　API 函数 wx.scanCode(Object object)的参数说明

属　　性	类　　型	默 认 值	必　　填	说　　明
onlyFromCamera	Boolean	FALSE	否	是否只能使用相机扫码，不允许从相册选择图片
scanType	Array.<String>	['barCode','qrCode']	否	扫码类型
success	Function	—	否	API函数调用成功的回调函数
fail	Function	—	否	API函数调用失败的回调函数
complete	Function	—	否	API函数调用结束的回调函数（调用成功、失败都会执行）

object.scanType 属性的合法值如表 6.54 所示。

表 6.54　object.scanType 属性的合法值

值	说　　明	值	说　　明
barCode	一维码	datamatrix	Data Matrix码
qrCode	二维码	pdf417	PDF417条码

回调函数 object.success(Object res)的参数属性说明如表 6.55 所示。

表 6.55　回调函数 object.success(Object res)的参数属性说明

属　　性	类　　型	说　　明
result	String	所扫码的内容
scanType	String	所扫码的类型
charSet	String	所扫码的字符集
path	String	当所扫的码为当前小程序二维码时，会返回该字段，内容为二维码携带的path
rawData	String	原始数据，采用base64编码

2．API 函数 wx.makePhoneCall(Object object)

API 函数 wx.makePhoneCall(Object object)主要用于拨打电话，其参数说明如表 6.56 所示。

表 6.56　wx.makePhoneCall(Object object)函数的参数说明

属　　性	类　　型	必　　填	说　　明
phoneNumber	String	是	需要拨打的电话号码
success	Function	否	API函数调用成功的回调函数
fail	Function	否	API函数调用失败的回调函数
complete	Function	否	API函数调用结束的回调函数（调用成功、失败都会执行）

3．API 函数 wx.addPhoneContact(Object object)

API 函数 wx.addPhoneContact(Object object)主要用于添加手机通讯录联系人，用户可以以“新增联系人”或“添加到已有联系人”的方式，将手机通讯录联系人信息写入手机系统通讯录。该 API 函数的参数 object 的主要属性如表 6.57 所示。

表 6.57　API 函数 wx.addPhoneContact(0bject object)的参数的主要属性

属　　性	类　　型	必　　填	说　　明
firstName	String	是	名字
lastName	String	否	姓氏
mobilePhoneNumber	String	否	手机号
weChatNumber	String	否	微信号

三、实现效果

扫码与打电话小程序的运行效果如图 6.17 所示。初始页面如图 6.17（a）所示，此时显示扫码按钮、扫码结果提示信息、输入联系人姓名和电话的提示信息、拨打电话和添加联系人按钮。单击“开始扫码”按钮，弹出扫码页面，此时可以直接扫码，如果单击窗口右上角的“相册”，则可以扫描相册中的二维码图片，扫码后的效果如图 6.17（b）所示，此时显示扫码结果，包括字符集、扫码类型和扫码结果。如果没有输入联系人姓名或电话就单击“添加联系人”按钮，则会出现“姓名和电话不能为空”提示。在输入联系人姓名和电话并单击“拨打电话”按钮后，会出现如图 6.17（c）所示的页面，屏幕下方会出现“呼叫”和“取消”按钮，如果单击“呼叫”按钮，则会直接拨打联系人电话。

（a）初始页面　　（b）扫码后的效果　　（c）添加联系人时页面

图 6.17　扫描与打电话小程序的运行效果

四、任务实现

1. 编写 index.wxml 文件中的代码

小程序页面主要分为两部分，分别是扫码和打电话。

（1）扫码部分由 1 个<button>组件和 3 个<text>组件实现。1 个<button>组件主要用于实现扫码功能，3 个<tcxt>组件主要用于显示扫码结果，它们放置在 1 个<view>组件中进行布局。这部分使用了 2 种样式，分别为.txtLayout 样式和 text 样式；绑定了 3 个数据，分别为 resCode.charSet、resCode.scanType、resCode.result；绑定了 1 个事件函数，即 scanCode()。

（2）打电话部分由 2 个<input>组件和 2 个<button>组件实现。<input>组件主要用于输入联系人姓名和电话，它们放置在 1 个<view>组件中进行布局。<button>组件主要用于实现拨打电话和添加联系人功能，它们放置在 1 个<view>组件中进行布局。这部分使用了 3 种样式，分别为.txtLayout 样式、.btnLayout 样式和 button 样式；绑定了 4 个事件函数，分别为 inputName()、inputPhone()、makeCall()、addPerson()。

index.wxml 文件中的代码如下：

```
<!--index.wxml-->
<view class="box">
  <view class="title">扫码与打电话</view>
  <button type="primary" bindtap="scanCode">开始扫码</button>
  <view class="txtLayout">
    <text>字符集：{{resCode.charSet}}</text>
    <text>扫码类型：{{resCode.scanType}}</text>
    <text>扫码结果：{{resCode.result}}</text>
```

```
  </view>
  <view class="txtLayout">
   <input placeholder="请输入联系人姓名" bindblur="inputName"></input>
   <input placeholder="请输入联系人电话" bindblur="inputPhone" type="number">
</input>
  </view>
  <view class="btnLayout">
   <button type="primary" bindtap="makeCall" style="width:45%">拨打电话</button>
   <button type="primary" bindtap="addPerson" style="width:45%">添加联系人</button>
  </view>
</view>
```

2．编写 index.wxss 文件中的代码

在该文件中定义 4 个样式：.txtLayout、text、.btnLayout、input。.txtLayout 样式主要用于设置<text>组件和<input>组件的布局，text 样式主要用于设置<text>组件的样式，btnLayout 样式主要用于设置<button>组件的布局，input 样式主要用于设置<input>组件的样式。

3．编写 indexjs 文件中的代码

在该文件中主要定义 5 个函数：scanCode()、inputName()、inputPhone()、makeCall()、addPerson()。scanCode()函数主要用于进行扫码，inputName()函数主要用于获取在<input>组件中输入的联系人姓名，inputPhone()函数主要用于获取在<input>组件中输入的联系人电话号码，makeCall()函数主要用于拨打电话，addPerson()函数主要用于添加联系人信息。

index.js 文件中的代码如下：

```
//index.js
Page({
 name:'',
 phone:'',
 scanCode:function(){
  var that=this;
  wx.scanCode({
   onlyFromCamera: false,
   scanType:[],
   success:function(res){
    that.setData({
     resCode:res
    })
   },
  })
 },
 inputName:function(e){
  this.name=e.detail.value;
 },
 inputPhone:function(e){
  this.phone=e.detail.value;
 },
 makeCall:function(){
  let phone=this.phone;
  wx.makePhoneCall({
   phoneNumber: phone,
  })
 },
 addPerson:function(){
  let name=this.name;
  let phone=this.phone;
```

```
if(name==''||phone==''){
  wx.showToast({
    title: '姓名和电话不能为空',
    icon:'none',
    duration:2000
  })
}else{
  wx.addPhoneContact({
    firstName: name,
    mobilePhoneNumber:phone
  })
}
}
})
```

6.6.5 屏幕亮度、剪贴板和手机振动

一、任务描述

设计一个可调节屏幕亮度、剪贴板和手机振动的小程序。使用屏幕亮度、剪贴板和手机振动的API函数，实现设备屏幕亮度的设置、复制和查询、屏幕亮度的保持设置等，当选中“保持亮度”switch组件时，手机会发生振动。

二、导入知识点

本任务涉及屏幕亮度、剪贴板和手机振动的相关API函数，如表6.58所示。

表6.58 屏幕亮度、剪贴板和手机振动的相关API函数

函数类型	API函数	函数功能
屏幕亮度	wx.setScreenBrightness(Object object)	设置屏幕亮度
	wx.getScreenBrightness(Object object)	获取屏幕亮度
	wx.setKeepScreenOn(Object object)	设置是否保持常亮状态
剪贴板	wx.setClipboardData(Object object)	设置系统剪贴板中的内容
	wx.getClipboardData(Object object)	获取系统剪贴板中的内容
手机振动	wx.vibrateShort(Object object)	使手机发生较短时间的振动（15ms）
	wx.vibrateLong(Object object)	使手机发生较长时间的振动（400ms）

1）API函数wx.setScreenBrightness(Object object)的参数属性除了包含回调函数success、fail和complete，还包含number类型的value属性，该属性是必填项，表示屏幕的亮度，其取值范围为0～1，值为0最暗，值为1最亮。

2）API函数wx.getScreenBrightness(Object object)的参数属性只包含回调函数success、fail和complete，回调函数object.success(Object object)参数回调函数属性value表示屏幕的亮度，其取值范围为0～1，值为0最暗，值为1最亮。

3）API函数wx.setKeepScreenOn(Object object)主要用于设置是否保持常亮状态，仅在当前小程序中生效，在离开小程序后设置失效。参数object的属性除了包含回调函数success、fail和complete，还包含boolean类型的属性keepScreenOn，该属性是必填项，表示是否保持屏幕常亮。

4）API函数wx.setClipboardData(Object object)的参数的属性除了包含回调函数success、fail和complete，还包含string类型的属性data，该属性是必填项，表示剪贴板中的内容。

5）API 函数 wx.getClipboardData(Object object)的参数属性只包含 success、fail 和 complete，回调函数 success(Object object)参数的 String 类型的属性表示剪贴板中的内容。

6）API 函数 wx.vibrateShort(Object object)主要用于使手机发生较短时间的振动（15ms），仅在 Phone7/7Plus 及更高版本，以及 Android 机型生效。参数 object 的属性只包含回调函数 success、fail 和 complete。

7）API 函数 wx.vibrateLong(Object object)主要用于使手机发生较短时间的振动（400ms）。参数 object 的属性只包含回调函数 success()、fail()和 complete()。

三、实现效果

可调节屏幕亮度、剪贴板和手机振动小程序的运行效果如图 6.18 所示。初始页面如图 6.18（a）所示。通过调整<slider>组件的位置设置屏幕的亮度；在单击“查询亮度”按钮后，亮度值会显示在按钮下方，如图 6.18（b）所示；在开启“保持亮度”开关选择器后，手机发生振动，屏幕亮度始终保持不变；在单击“复制亮度”按钮后，会出现“复制成功”信息框，同时亮度值被复制到按钮下方，如图 6.18（c）所示。

（a）初始页面　　（b）设置和查询亮度　　（c）保持和复制亮度

图 6.18　可调节屏幕亮度、剪贴板和手机振动小程序的运行效果

四、任务实现

1．编写 index.wxml 文件中的代码

index.wxml 文件中主要包括设置屏幕亮度的<slider>组件、查询亮度和复制亮度的<button>组件、设置保持亮度的<switch>组件。

（1）为了设置<view>、<slider>、<button>和<switch>组件之间的间距，该文件对这些组件的样式进行了统一定义。

（2）该文件中的代码绑定了 2 个数据：brightness 和 copyBrightnes，分别表示当前亮度值和复制的亮度值。

（3）该文件中的代码绑定了 4 个事件函数：setScreenBrightness()、getScreenBrightness()、setKeepScreenOn()、copyBrightness()，分别表示设置亮度、获取亮度、保持亮度和复制亮度。

index.wxml 文件中的代码如下：

```
<!--index.wxml-->
<view class="box">
  <view class="title">屏幕亮度、剪贴板和振动</view>
  <view>设置屏幕亮度</view>
  <slider min="0" max="1" value="0.5" step="0.1" show-value="true" bindchange="setScreenBrightness">查询亮度</slider>
```

```
    <view>当前亮度为：{{brightness}}</view>
    <switch bindchange="setKeepScreenOn">保持亮度</switch>
    <button type="primary" bindtap="copyBrightness">复制亮度</button>
    <view>复制的亮度为：{{copyBrightness}}</view>
</view>
```

2．编写 index.wxss 文件中的代码

在该文件中定义<view>、<slider>、<button>和<switch>组件的间距为 20rpx。

3．编写 index.js 文件中的代码

在该文件中定义 4 个事件函数：setScreenBrightness()、getScreen-Brightness()、setKeepScreenOn()、copyBrightness()，分别用于实现设置亮度、获取亮度、保持亮度和复制亮度的功能。

index.js 文件中的代码如下：

```
//index.js
Page({
  // 页面的初始数据
  data: {
   brightness:'待查询',
   copyBrightness:''
  },
  setScreenBrightness:function(e){
   wx.setScreenBrightness({
    value: e.detail.value,
   })
  },
  getScreenBrightness:function(){
   var that=this;
   wx.getScreenBrightness({
    success: function(res) {
     that.setData({
      brightness:res.value.toFixed(1)
     })
    },
   })
  },
  setKeepScreenOn:function(e){
   let isKeeping=e.detail.value
   if(isKeeping){
    wx.setKeepScreenOn({
     keepScreenOn: true,
    })
    wx.vibrateShort( )
   }
  },
  copyBrightness:function(){
   var that=this
   let brightness=this.data.brightness
   wx.setClipboardData({
    data: brightness,
    success:function(res){
     wx.showToast({
      title:'复制成功！'
     })
    }
```

```
    })
    wx.getClipboardData({
      success: function(res) {
        that.setData({
          copyBrightness:res.data
        })
      }
    })
  }
})
```

6.7　界面 API

本任务主要介绍小程序界面 API 的相关知识，包含交互反馈、消息提示、页面导航栏设置、tabBar 设置、动画、页面位置和下拉刷新等内容。本节的学习目标如下：

- 熟练掌握信息交互反馈 API 的使用方法。
- 熟练掌握加载提示框、模态弹窗和操作菜单 API 的使用方法。
- 熟练掌握导航栏的标题、动画和颜色的设置方法。
- 熟练掌握 tabBar 的标记、红点、监听、样式、显示与隐藏的设置方法。
- 熟练掌握动画的声明、描述和导出方法。

下面分别介绍界面交互反馈、消息提示、页面导航栏设置、tabBar 设置等的相关知识。

6.7.1　变脸谱游戏

一、任务描述

设计一个变脸谱游戏小程序。小程序在运行后，出现一张脸谱画面，在单击这张脸谱时，会随机产生另一张脸谱，在摇晃手机时，显示一个消息框，同时画面随机产生一张脸谱，从而实现变脸功能。

二、导入知识点

本任务用到了监听加速度变化事件的 API 函数 wx.onAccelerometerChange(Function callback)和消息提示框 API 函数 wx.showToast(Object object)。

1．API 函数 wx.onAccelerometerChange(Function callback)

API 函数 wx.onAccelerometerChange(Function callback)主要用于监听加速度变化事件，其参数 callback 为加速度变化事件的回调函数，该回调函数的 Object 类型的参数 res 的属性如表 6.59 所示。监听频率由 API 函数 wx.startAccelerometer(Object object)的参数属性 object.interval 的值决定。可以使用 API 函数 wx.stopAccelerometer()停止监听。

表 6.59　API 函数 wx.onAccelerometerChange(Function callback)的回调函数的参数属性

属　性	类　型	说　明
x	Number	X轴
y	Number	Y轴
Z	Number	Z轴

2．API 函数 wx.startAccelerometer(Object object)

API 函数 wx.startAccelerometer(Object object)主要用于开始监听加速度数据，参数 object 的属性如表 6.60 所示。

表 6.60　API 函数 wx.startAccelerometer(Object object)的参数属性

属　性	类　型	默 认 值	必　填	说　明
interval	String	normal	否	监听加速度数据的频率
success	Function	—	否	API函数调用成功的回调函数
fail	Function	—	否	API函数调用失败的回调函数
complete	Function	—	否	API函数调用结束的回调函数（调用成功、失败都会执行）

object.interval 属性的合法值如表 6.61 所示。

表 6.61　object.interval 属性的合法值

值	说　明
game	适合用于更新游戏的回调频率，通常为20ms/次
ui	适合用于更新UI的回调频率，通常为60ms/次
normal	普通的回调频率，通常为200ms/次

3．API 函数 wx.stopAccelerometer(Object object)

API 函数 wx.stopAccelerometer(Object object)主要用于停止监听加速度数据，参数 object 的属性只包括 success()、fail()和 complete()共 3 个回调函数。

三、实现效果

变脸谱游戏的运行效果效果如图 6.19 所示。初始页面如图 6.19（a）所示；当单击图片时，会随机产生一张脸谱图片，如图 6.19（b）所示，当晃动手机时；屏幕上会显示一个消息框，同时随机产生另一张脸谱图片，如图 6.19（c）所示。

（a）初始页面

（b）单击图片后的变脸效果

（c）手机摇一摇的变脸效果

图 6.19　变脸谱游戏的运行效果

四、任务实现

1．任务素材准备

将任务中用到的所有图片存储于 images 文件夹中，然后将 images 文件夹复制到项目文件夹中，如图 6.20 所示。

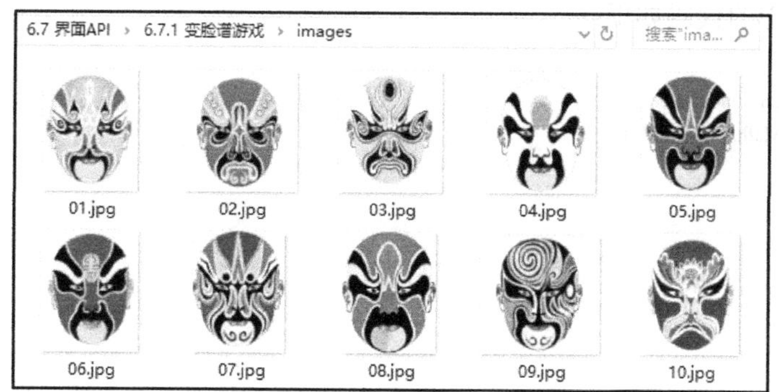

图 6.20 京剧脸谱素材

2．编写 index.wxml 文件中的代码

在 index.wxml 文件中，主要通过<image>组件呈现一个脸谱，其 src 属性通过{{imgArr[index]}}绑定图片数组，其 bindtap 属性绑定单击脸谱图片事件函数 changeFace()，其 mode 属性为 widthFix，采用缩放模式，宽度不变，高度自动变化，保持原图宽高比不变。该文件使用 image 样式设置图片的边距。

index.wxml 文件中的代码如下：

```
<!--index.wxml-->
<view class="box">
 <view class="title">变脸游戏</view>
 <view>
  <image src="{{imgArr[index]}}" bindtap="changeFace" mode="widthFix"></image>
 </view>
 <audio src="/images/kaka.mp3" id="aud1"></audio>
</view>
```

3．编写 index.wxss 文件中的代码

在该文件中定义 image 样式。

4．编写 index.js 文件中的代码

定义全局函数 createRandomindex()，在 data 对象中初始化图片数组下标 index 和图片数组 imgArr，定义 changFace()函数和 onShow()函数。

（1）自定义全局函数 createRandomIndex()。利用 Math.floor(Math.random()*10)生成一个取值范围为 0～9 的随机数，并且将其作为图片数组的下标。

（2）在 data 对象中初始化 index.wxml 文件中绑定的数组下标 index 和图片数组 imgArr。index 的初始值为 0，表示小程序在运行后首先显示第一张图片，之后根据产生的随机数下标值确定显示哪张图片。

（3）在单击脸谱图片时，调用单击图片事件函数 changFace()，该函数直接调用 createRandomIndex()函数，将产生的随机数赋值给视图层绑定的数组下标 index，从而显示该下标图片。

（4）当页面显示时调用生命周期函数 onShow()，在该函数中调用 API 函数 wx.onAccelerometerChange()和 wx.showToast()。API 函数 wx.onAccelerometerChange()主要用于监听手机加速度的变化事件（手机晃动），由于该 API 函数监听手机加速度变化事件非常灵敏，为了让手机加速度变化达到一定程度时才让脸谱发生变化，这里使用条件语句 if(res.x>0.5||res.y>0.5||res.z>0.5)进行控制，一旦条件满足，就调用 API 函数 wx.showToast()，从

而显示消息框，并且调用 changFace()函数实现变脸。

index.js 文件中的代码如下：

```
//index.js
function createRandomIndex(){
  return Math.floor(Math.random()*10);
}

Page({
  //页面的初始数据
  data: {
    index:0,
    imgArr:[
      '/images/01.jpg',
      '/images/02.jpg',
      '/images/03.jpg',
      '/images/04.jpg',
      '/images/05.jpg',
      '/images/06.jpg',
      '/images/07.jpg',
      '/images/08.jpg',
      '/images/09.jpg',
      '/images/10.jpg'
    ],
  },
  changeFace:function(){
    this.audioCtx.play();
    this.setData({
      index:createRandomIndex()
    })
  },
  onShow:function(){
    this.audioCtx = wx.createAudioContext("aud1");
    var that=this;
    wx.onAccelerometerChange(function(res){
      if(res.x>0.5||res.y>0.5||res.z>0.5){
        wx.showToast({
          title: '摇一摇成功',
          icon:'success',
          duration:2000
        })
        that.changeFace()
      }
    })
  }
})
```

6.7.2　阶乘计算器

一、任务描述

设计一个阶乘计算器小程序，在输入框中输入一个数值并摇晃手机，如果摇晃成功，那么显示摇晃手机成功的消息提示框，并且显示该数值阶乘的结果。

二、导入知识点

本任务涉及阶乘的算法、监听加速度变化事件的 API 函数 wx.onAccelerometerChange (Function callback)、显示消息提示框的 API 函数 wx.showToast(Object object)。监听加速度变化事件的 API 函数 wx.onAccelerometerChange(Function callback)在 6.7.1 节的变脸谱游戏中应用过。

API 函数 wx.showToast(Object object)主要用于显示消息提示框，其参数说明如表 6.62 所示。

表 6.62　API 函数 wx.showToas(Object object)的参数说明

参　数	类　型	必　填	说　明
title	String	是	提示的内容
icon	String	否	图标，有效值为"success"和"loading"
image	String	否	自定义图标的本地路径，image的优先级高于icon的优先级
duration	Number	否	提示的延迟时间，单位为ms，默认值为1500
mask	Boolean	否	表示是否显示透明蒙层，防止触摸穿透，默认值为false
success	Function	否	API函数调用成功的回调函数
fail	Function	否	API函数调用失败的回调函数
complete	Function	否	API函数调用结束的回调函数（调用成功、失败都会执行）

API 函数 wx.showToast(Object object)的示例代码如下：

```
wx.showToast({
  title: '成功',
  icon: 'success',
  duration: 2000
})
wx.showLoading(OBJECT)
```

三、实现效果

阶乘计算器小程序的运行效果如图 6.21 所示。初始页面如图 6.21（a）所示，在输入框中输入数据时，屏幕下方会弹出数字键盘，在输入数据并摇晃手机后，屏幕中会弹出消息框，并且显示输入数据的阶乘，如图 6.21（b）所示。

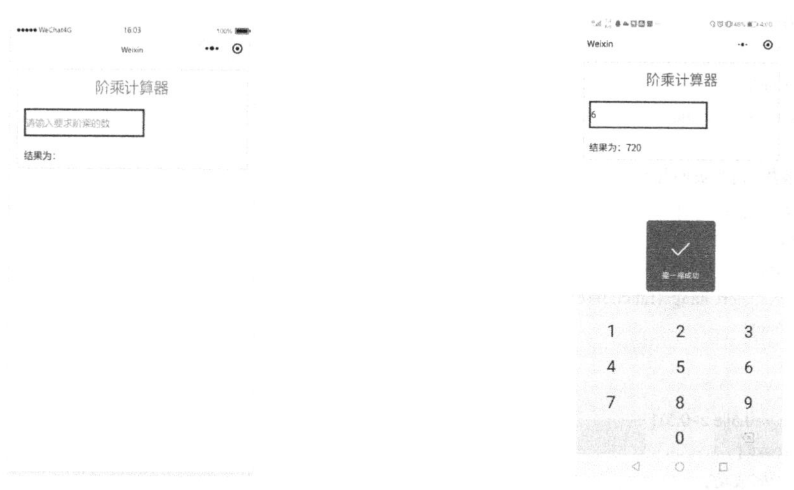

（a）初始页面　　（b）手机摇一摇后的效果

图 6.21　阶乘计算器小程序的运行效果

四、任务实现

1．编写 index.wxml 文件中的代码

该文件中主要包括一个<input>组件和一个显示阶乘计算结果的<text>组件。设置<input>组件的 type 属性值为"number"，表示在输入数据时弹出数字键盘，并且为<imput>组件绑定输入事件处理函数 getInput()；为<text>组件绑定阶乘结果数据{{result}}，用于显示阶乘计算结果：使用 input 样式设置<input>组件的样式。

index.wxml 文件中的代码如下：

```
<!--index.wxml-->
<view class="box">
 <view class="title">阶乘计算器</view>
 <input type="number" bindinput="getInput" placeholder="请输入要求阶乘的数"></input>
 <text>结果为：{{result}}</text>
</view>
```

2．编写 index.wxss 文件中的代码

在该文件中定义 input 样式类。

3．编写 index.js 文件中的代码

首先定义<input>组件的输入事件处理函数 getInput()，用于获取在输入框中输入的数据，然后定义生命周期函数 onShow()和 onHide()。

getInput()函数主要用于获取<input>组件的 value 值，并且将其赋值给对象属性 inputVal，该属性可以在 Page()函数中的其他函数中使用。

onShow()函数会调用监听加速度变化事件的 API 函数 wx.onAccelerometerChange()，该 API 函数能够监听加速度在 X 轴、Y 轴和 Z 轴 3 个方向上很小的变化，为了保证能够看清阶乘计算在某个时刻的值，这里通过代码 if(e.x>0.5||e.y>0.5||e.z>0.5)控制只有在摇晃手机达到一定程度时才进行阶乘计算。在进行阶乘计算前，首先调用 API 函数 wx.showToast()显示一个消息框，表示摇晃手机成功，然后通过 for 循环进行阶乘计算，并且使用 setData()函数将计算结果渲染到视图层。

onHide()函数会在页面隐藏时调用，主要用于给对象属性 isShow 赋值。

index.js 文件中的代码如下：

```
//index.js
//获取应用实例
Page({
 getInput:function(e){
  this.inputVal=e.detail.value
 },
 // 生命周期函数--监听页面显示
 onShow: function () {
  var that=this;
  that.isShow=true;
  wx.onAccelerometerChange(function(e){
   if(!that.isShow){
    return
   }
   if(e.x>0.5||e.y>0.5||e.z>0.5){
    wx.showToast({
     title: '摇一摇成功',
     icon:'success',
     duration:2000
    })
```

```
        var result=1;
        for(var i=1;i<=that.inputVal;i++)
          result=result*i
      }
      that.setData({
        result:result
      })
    })
  },

  // 生命周期函数--监听页面隐藏
  onHide: function () {
    this.isShow=false;
  },
})
```

6.7.3　操作菜单

一、任务描述

设计一个操作菜单小程序，在单击按钮时显示操作菜单，当单击操作菜单的某一个菜单项时，显示该菜单项的名称和序号。

二、导入知识点

本任务涉及显示操作菜单的 API 函数 wx.showActionSheet(Object object)，该 API 函数的参数属性除了包含回调函数 success()、fail()和 complete()，还包含如表 6.63 所示的属性。

表 6.63　API 函数 wx.showActionSheet(Object object)的参数属性

属　性	类　型	默 认 值	必　填	说　明
itemList	Array.<String>		是	按钮的文字数组，数组长度最大为6
itemColor	String	#000000	否	按钮的文字颜色

回调函数 object.success(Object res)参数的 number 类型属性 tapIndex 表示用户单击的按钮序号，该序号从上到下排序，从 0 开始。

三、实现效果

操作菜单小程序的运行效果如图 6.22 所示。初始页面如图 6.22（a）所示，当单击“显示 ActionSheet”按钮时，会在屏幕下方弹出操作菜单，如图 6.22（b）所示。当选择某个菜单项时，该菜单项的下标及文本会显示在按钮下方，如图 6.22（c）所示。

四、任务实现

（1）编写 index.wxml 文件中的代码。页面中只有 1 个按钮和 2 行显示信息的文本，因此文件中的代码中主要由<button>组件和<view>组件构成，并且为<button>组件绑定了 showActionSheet()事件函数。该文件中绑定了 2 个数据：tapIndex 和 tapItem，分别用于显示操作菜单项的下标和文本。

（a）初始页面

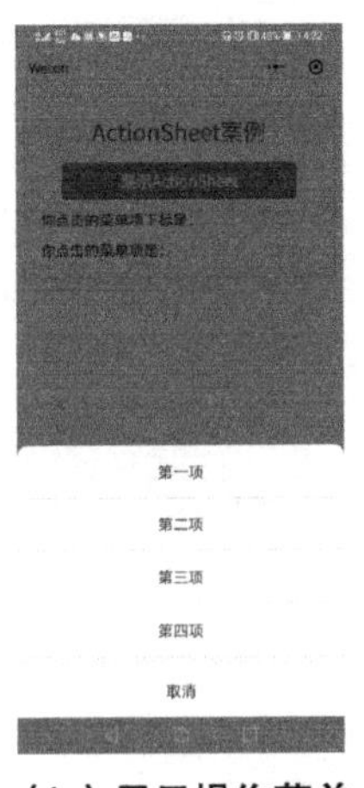

（b）显示操作菜单

（c）选择操作菜单项

图 6.22　操作菜单小程序的运行效果

index.wxml 文件中的代码如下：

```
<!--index.wxml-->
<view class="box">
 <view class="title">ActionSheet 案例</view>
 <button style="width: 80%" type="primary" bindtap="showActionSheet">显示 ActionSheet</button>
 <view>你点击的菜单项下标是：{{tapIndex}}</view>
 <view>你点击的菜单项是：{{tapItem}}</view>
</view>
```

（2）编写 index.wxss 文件中的代码。在该文件中定义 button 样式和 view 样式，分别用于设置这 2 种组件的外边距。

（3）编写 index.js 文件中的代码。在该文件中主要定义 showActionSheet()事件函数，用于显示操作菜单，在单击菜单项后显示被单击菜单项的下标和文本。

index.js 文件中的代码如下：

```
//index.js
var myItemList=['第一项','第二项','第三项','第四项']
Page({
 showActionSheet:function(){
  var that=this;
  wx.showActionSheet({
   itemList: myItemList,
   itemColor:'#0000FF',
   success:function(res){
    console.log(myItemList)
    that.setData({
     tapIndex:res.tapIndex,
     tapItem:myItemList[res.tapIndex]
    })
   },
   fail:function(res){
    that.setData({
     tapIndex:-1,
     tapItem:'取消'
    })
   },
   complete:function(res){ },
```

```
    })
  }
})
```

6.7.4　导航栏

一、任务描述

设计一个导航栏小程序，利用 API 函数设置导航栏的标题和颜色，显示和隐藏导航栏加载动画。

二、导入知识点

本任务涉及设置导航栏（NavigationBar）的 4 个 API 函数，如表 6.64 所示。

表 6.64　设置导航栏的 API 函数

API函数	函 数 功 能
wx.setNavigationBarTitle(Object object)	动态设置当前导航栏的标题
wx.setNavigationBarColor(Object object)	设置页面导航栏的颜色
wx.showNaviganonBarLoading(Object object)	在当前页面显示导航栏加载动画
wx.hideNavigationBarLoading(Object object)	在当前页面隐藏导航栏加载动画

API 函数 wx.setNavigationBarTitle(Object)的参数除了包含回调函数 success()、fail()和 complete()，还包含 string()类型的页面标题参数 title。

API 函数 wx.setNavigationBarColor(Object object)的参数除了包含回调函数 success()、fail()和 complete()，还包含其他属性，如表 6.65 所示，。

表 6.65　API 函数 wx.setNavigationBarTitle(Object object)的其他参数属性

属　性	类　型	必　填	说　明
frontColor	String	是	前景颜色值，包括按钮、标题、状态栏的颜色，仅支持#ffffff和#000000
backgroundColor	String	是	背景颜色值，有效值为十六进制数
animation	Object	是	动画效果

object.animation 的属性如表 6.66 所示。

表 6.66　object.animation 的属性

属　性	类　型	默 认 值	必　填	说　明
duration	Number	0	否	动画变化时间，单位为ms
timingFunc	String	linear	否	动画变化方式

object.animation.timingFunc 的合法值如表 6.67 所示。

表 6.67　object.animation.timingFunc 的合法值

值	说　明	值	说　明
linear	动画从头到尾的速度是相同的	easeOut	动画以低速结束
easeln	动画以低速开始	easelnOut	动画以低速开始和结束

API 函数 wx.showNavigationBarLoading(Object object)的参数属性只包含回调函数 success()、fail()和 complete()。

API 函数 wx.hideNavigationBarLoading(Object object)的参数属性只包含回调函数 success()、fail()和 complete()。

三、实现效果

导航栏小程序的运行效果如图 6.23 所示。初始页面如图 6.23（a）所示；在输入框中输入导航栏的新标题后，单击"设置标题"按钮，此时标题栏的新标题会被设置，在单击"设置颜色"按钮后，导航栏的颜色会由白色以动画方式逐渐变为红色，如图 6.23（b）所示；单击"加载动画"按钮，导航栏会出现加载的动画效果，如图 6.23（c）所示；单击"停止动画"按钮，加载动画效果会消失。

（a）初始页面

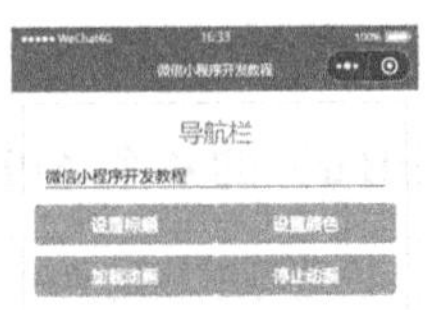

（b）设置导航栏标题和颜色

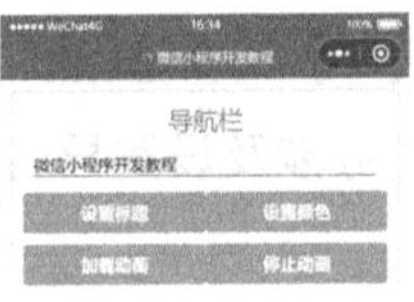

（c）加载动画效果

图 6.23　导航栏小程序的运行效果

四、任务实现

1．编写 index.wxml 文件中的代码

index.wxml 文件中主要包含 1 个<input>组件和 4 个<button>组件。

（1）为<input>组件绑定了 inputTitle()事件函数，并且采用 input 样式设置布局。

（2）分别为 4 个<button>组件绑定事件函数 setNavigationBarTitle()、setNavigationBarColor()、show-NavigationBarLoading()、hideNavigationBarLoding()，并且采用.btnLayout 和 button 样式设置布局和样式。

index.wxml 文件中的代码如下：

```
<!--index.wxml-->
<view class="box">
 <view class="title">导航栏</view>
 <input placeholder="请输入导航栏新标题" bindblur="inputTitle"></input>
 <view class="btnLayout">
  <button type="primary" bindtap="setNavigationBarTitle">设置标题</button>
  <button type="primary" bindtap="setNavigationBarColor">设置颜色</button>
 </view>
 <view class="btnLayout">
  <button type="primary" bindtap="showLoading">加载动画</button>
  <button type="primary" bindtap="hideLoading">停止动画</button>
 </view>
</view>
```

2．编写 index.wxss 文件中的代码

在该文件中定义 3 个样式：input、.btnLayout、button。

3．编写 index.js 文件中的代码

在该文件中主要定义 5 个事件函数：inputTitle()、setNavigationBarTitle()、setNavigationBarColor()、showNavigationBarLoading()、hideNavigationBarLoding()。inputTitle()函数主要用于获取<input>组件中输入的导航栏标题文本，setNavigationBarTitle()函数主要用于设置导航栏标题，setNavigationBarColor()函数主要用于设置导航栏颜色，showNavigationBarLoading()函数主要用于设置导航栏加载动画效果，hideNavigationBarLoding()函数主要用于隐藏导航栏加载动画效果。

index.js 文件中的代码如下：

```
//index.js
Page({
  data: {
    title:''
  },
  inputTitle:function(e){
    this.setData({
      title:e.detail.value
    })
  },
  setNavigationBarTitle:function(){
    let title=this.data.title;
    wx.setNavigationBarTitle({
      title: title,
    })
  },
  setNavigationBarColor:function(){
    wx.setNavigationBarColor({
      backgroundColor: '#ff0000',
      frontColor: '#ffffff',
      animation:{
        duration:4000,
        timingFunc:'easeInOut'
      }
    })
  },
  showLoading:function(){
    wx.showNavigationBarLoading()
  },
  hideLoading:function(){
    wx.hideNavigationBarLoading()
  }
})
```

6.7.5 tabBar

一、任务描述

设计一个利用 API 函数操作标签栏小程序，包括显示与隐藏标签栏、添加与删除标记、显示与隐藏红点、设置标签栏整体样式和单项样式、还原标签样式等。

二、导入知识点

本任务主要涉及与 tabBar（标签栏）有关的 8 个 API 函数，如表 6.68 所示。

表 6.68　与 tabBar 有关的 API 函数

函　　数	说　　明
wx.showTabBar(Object object)	显示tabBar
wx.hideTabBar(Object object)	隐藏tabBar
wx.setTabBarBadge(Object object)	为tabBar中某一项的右上角添加标记文本
wx.removeTabBarBadge(Object object)	删除tabBar中某一项右上角的标记文本
wx.showTabBarRedDot(Object object)	显示tabBar中某一项的右上角的红点
wx.hideTabBarRedDot(Object object)	隐藏tabBar中某一项的右上角的红点
wx.setTabBarStyle(Object object)	动态设置tabBar的整体样式
wx.setTabBarItem(Object object)	动态设置tabBar中某一项标签的内容

API 函数 wx.showTabBar(Object object)和 wx.hideTabBar(Object object)的参数属性除了包含回调函数 success()、fail()和 complete()，还包含 boolean 类型的属性 animation，该属性主要用于表示“是否需要动画效果”。

API 函数 wx.setTabBarBadge(Object object)的参数属性如表 6.69 所示。

表 6.69　API 函数 wx.setTabBarBadge(Object object)的参数属性

属　　性	类　　型	必　　填	说　　明
index	Number	是	tabBar中的哪一项，从左边算起
text	String	是	显示的文本，超过4个字符的部分会显示“...”
success	Function	否	API函数调用成功的回调函数
fail	Function	否	API函数调用失败的回调函数
complete	Function	否	API函数调用结束的回调函数（调用成功、失败都会执行）

wx.removeTabBarBadge(Object object)函数的参数属性如表 6.70 所示，只是缺少 text 属性。

表 6.70　wx.removeTabBarBadge()函数的参数属性

属　　性	类　　型	必　　填	说　　明
index	Number	是	tabBar中的哪一项，从左边算起
success	Function	否	API函数调用成功的回调函数
fail	Function	否	API函数调用失败的回调函数
complete	Function	否	API函数调用结束的回调函数（调用成功、失败都会执行）

API 函数 wx.showTabBarRedDot(Object object)和 wx.hideTabBarRedDot(Object object)的参数属性如表 6.71 所示。

表 6.71　API 函数 wx.showTabBarRedDot(Object object)和 wx.hideTabBarRedDot(Object object)的参数属性

属　　性	类　　型	必　　填	说　　明
index	Number	是	tabBar中的哪一项，从左边算起
success	Function	否	API函数调用成功的回调函数
fail	Function	否	API函数调用失败的回调函数
complete	Function	否	API函数调用结束的回调函数（调用成功、失败都会执行）

API 函数 wx.setTabBarStyle(Object object)的参数属性除了回调函数 success、fail 和 complete，还包括如表 6.72 所示的属性。

表 6.72　API 函数 wx.setTabBarStyle(Object object)的其他参数属性

属　性	类　型	默 认 值	必　填	说　明
color	String	—	是	tab中的文字默认颜色，采用HexColor
selectedColor	String	—	是	tab中的文字被选中时的颜色，HexColor
backgroundColor	String	—	是	tab的背景颜色，HexColor
borderStyle	String	—	是	tabBar上边框的颜色，仅支持black/white

API 函数 wx.setTabBarItem(Object object)的参数属性除了回调函数 success、fail 和 complete，还包括如表 6.73 所示的属性。

表 6.73　API 函数 wx.setTabBarItem(Object object)的其他参数属性

属　性	类　型	必　填	说　明
index	Number	是	tabBar中的哪一项，从左边算起
text	String	否	tab中的按钮文字
iconPath	String	否	图片路径，icon大小限制为40KB，建议尺寸为81px×81px，当postion的值为top时，此参数无效，不支持网络图片
selectedIconPath	String	否	标签被选中时的图片路径，icon大小限制为40KB，建议尺寸为81px×81px，当postion的值为top时，此参数无效

三、实现效果

标签栏小程序的运行效果如图 6.24 所示。

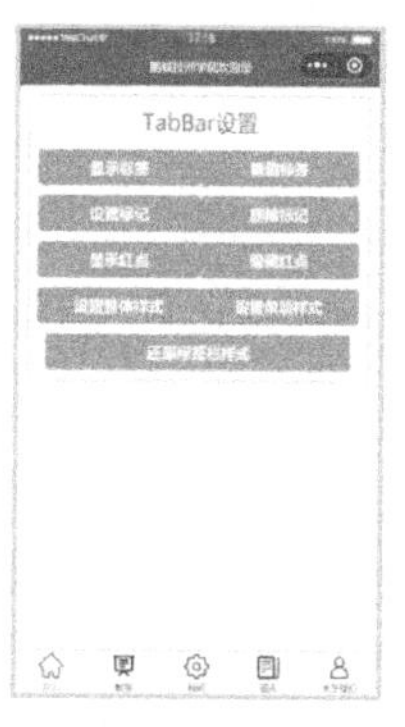

（a）初始页面

（b）隐藏标签

（c）设置标记

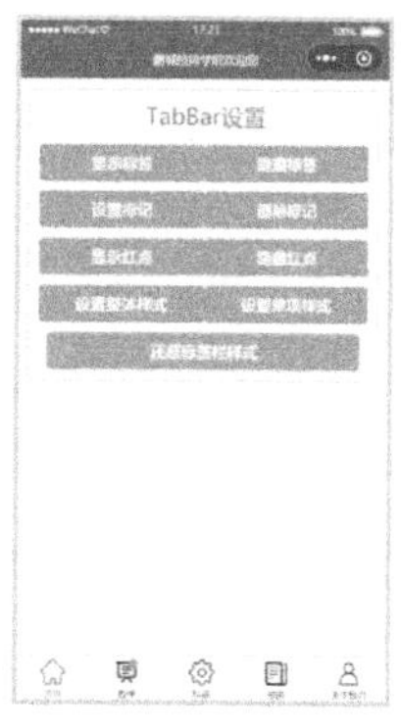

（d）显示红点

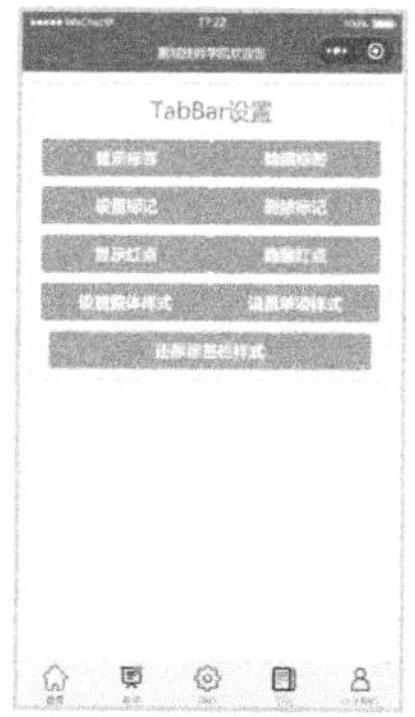

（e）设置整体样式

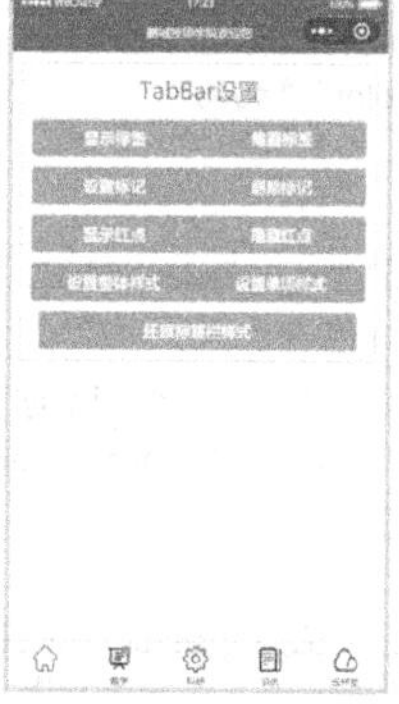

（f）设置单项样式

图 6.24　标签栏小程序的运行效果

初始页面如图 6.24（a）所示，小程序的标签栏中包含 5 个标签：首页、教学、科研、资讯和关于我们，首页标签中包含 9 个按钮。

在单击“隐藏标签”按钮后，所有标签将被隐藏，如图 6.24（b）所示；在单击“显示标签”按钮后，所有标签显示。

在单击“设置标记”按钮后，在“资讯”标签的右上角会显示标记“10”，如图 6.24（c）所示；在单击“删除标记”按钮后，该标记不再显示。

在单击“显示红点”按钮后，会在“教学”标签右上角显示一个红点，如图 6.24（d）所示；在单击“隐藏红点”按钮后，该红点会被隐藏。

在单击“设置整体样式”按钮后，整个标签栏的背景颜色变为黄色，未选中字体的颜色变为蓝色，选中字体的颜色变为红色，如图 6.24（e）所示。

在单击“设置单项样式”按钮后，最后一个标签“关于我们”的图标和文字都会发生变化，如图 6.24（f）所示。

在单击“还原标签栏样式”按钮后，标签栏的单项样式和整体样式都会恢复为初始页面的标签栏样式。

四、任务实现

（1）编写 app.json 文件中的代码。该文件生成了 5 个标签和 5 个页面。

app.json 文件中的代码如下：

```
{
 "pages": [
  "pages/index/index",
  "pages/jiaoxue/jiaoxue",
  "pages/keyan/keyan",
  "pages/zixun/zixun",
  "pages/guanyu/guanyu"
 ],

 "window": {
  "navigationBarBackgroundColor": "#f00",
  "navigationBarTitleText": "鹏城技师学院欢迎您",
  "navigationBarTextStyle": "white",
  "backgroundColor": "#f00"
 },
 "tabBar": {
  "color": "#000",
  "selectedColor": " #000",
  "list":[
   {
    "pagePath": "pages/index/index",
    "text":"首页",
    "iconPath": "/images/home-1.png",
    "selectedIconPath": "/images/home-2.png"
   },
   {
    "pagePath": "pages/jiaoxue/jiaoxue",
    "text":"教学",
    "iconPath": "/images/jiaoxue-1.png",
    "selectedIconPath": "/images/jiaoxue-2.png"
   },
   {
    "pagePath": "pages/keyan/keyan",
```

```
        "text":"科研",
        "iconPath": "/images/keyan-1.png",
        "selectedIconPath": "/images/keyan-2.png"
      },
      {
        "pagePath": "pages/zixun/zixun",
        "text":"资讯",
        "iconPath": "/images/zixun-1.png",
        "selectedIconPath": "/images/zixun-2.png"
      },
      {
        "pagePath": "pages/guanyu/guanyu",
        "text":"关于我们",
        "iconPath": "/images/our-1.png",
        "selectedIconPath": "/images/our-2.png"
      }
    ]
  },
  "style": "v2",
  "sitemapLocation": "sitemap.json"
}
```

（2）编写 index.wxml 文件中的代码。小程序的页面中包含 9 个按钮，使用.btnLayout 样式设置按钮的布局，使用 button 样式设置按钮的宽度，每个按钮都绑定了相应的事件函数。

index.wxml 文件中的代码如下：

```
<!--index.wxml-->
<view class="box">
  <view class="title">TabBar 设置</view>
  <view class="btnLayout">
    <button type="primary" bindtap="showTabBar">显示标签</button>
    <button type="primary" bindtap="hideTabBar">隐藏标签</button>
  </view>
  <view class="btnLayout">
    <button type="primary" bindtap="setTabBarBadge">设置标记</button>
    <button type="primary" bindtap="removeTabBarBadge">删除标记</button>
  </view>
  <view class="btnLayout">
    <button type="primary" bindtap="showTabBarRedDot">显示红点</button>
    <button type="primary" bindtap="hideTabBarRedDot">隐藏红点</button>
  </view>
  <view class="btnLayout">
    <button type="primary" bindtap="setTabBarStyle">设置整体样式</button>
    <button type="primary" bindtap="setTabBarItem">设置单项样式</button>
  </view>
  <button type="primary" bindtap="reset" style="width:95%">还原标签栏样式</button>
</view>
```

（3）编写 index.wxss 文件中的代码。在该文件中定义 2 种样式：.btnLayout 和 button。

（4）编写 index.js 文件中的代码。在该文件中定义为 9 个按钮绑定的 9 个事件函数：showTabBar()、hideTabBar()、setTabBarBadge()、removeTabBarBadge()、showTabBarRedDot()、hideTabBarRedDot()、setTabBarStyle()、setTabBarItem()、reset()，这些函数通过调用相应的 API 函数对标签进行操作，这些操作分别为显示标签、隐藏标签、设置标签标记、删除标签标记、显示标签红点、隐藏标签红点、设置标签栏整体样式、设置标签栏单项样式、还原标签栏样式。

index.js 文件中的代码如下：

```
//index.js
Page({
  showTabBar:function(){
    wx.showTabBar({
      animation: true,
    })
  },
  hideTabBar:function(){
    wx.hideTabBar({
      animation: true,
    })
  },
  setTabBarBadge:function(){
    wx.setTabBarBadge({
      index: 3,
      text: '10',
    })
  },
  removeTabBarBadge:function(){
    wx.removeTabBarBadge({
      index: 3,
    })
  },
  showTabBarRedDot:function(){
    wx.showTabBarRedDot({
      index: 1,
    })
  },
  hideTabBarRedDot:function(){
    wx.hideTabBarRedDot({
      index: 1,
    })
  },
  setTabBarStyle:function(){
    wx.setTabBarStyle({
      color:'#ff0000',
      selectedColor:'#0000ff',
      backgroundColor: '#ffff00',
      borderStyle:'',
    })
  },
  setTabBarItem:function(){
    wx.setTabBarItem({
      index:4,
      text:'云开发',
      iconPath:'/images/cloud-1.png',
      selectedIconPath:'/images/cloud-2.png',
    })
  },
  reset:function(){
    wx.setTabBarStyle({
      color:'#000000',
      selectedColor:"#00ff00",
      backgroundColor: '#fff',
```

```
        borderStyle:'',
      })
      wx.setTabBarItem({
        index:4,
        text:'关于我们',
        iconPath:'/images/our-1.png',
        selectedIconPath:'/images/our-2.png'
      })
    }
  })
```

6.7.6　动画

一、任务描述

设计一个动画小程序，实现各种动画效果，包括旋转、缩放、移动、倾斜、动画展示顺序等。

二、导入知识点

本任务主要使用 API 函数 wx.createAnimation(Object object)创建 Animation（动画）对象，并且利用 Animation（动画）对象的相关函数实现动画效果。

API 函数 wx.createAnimation(Object object)主要用于创建一个动画对象 animation，通过调用动画对象的函数设置动画效果，最后通过动画对象的 export()函数导出动画数据并将其传递给组件的 animation 属性。该函数参数的属性如表 6.74 所示。

表 6.74　API 函数 wx.createAnimation(Object object)的参数属性

属　性	类　型	默 认 值	必　填	说　明
duration	Number	400	否	动画持续时间，单位为ms
timingFunction	String	linear	否	动画的效果
delay	Number	0	否	动画延迟时间，单位为ms
transformOrigin	String	'50%50%0'	否	设置旋转元素的基点位置

timingFunction 属性的合法值如表 6.75 所示。

表 6.75　timingFunction 属性的合法值

值	说　明
linear	动画从头到尾的速度是相同的
ease	动画以低速开始，然后加快，在结束前变慢
ease-in	动画以低速开始
ease-in-out	动画以低速开始和结束
ease-out	动画以低速结束
step-start	动画第一帧就跳至结束状态直到结束
step-end	动画一直保持开始状态，最后一帧跳到结束状态

Animation（动画）对象的函数如表 6.76 所示。

表 6.76　Animation（动画）对象的函数

函　　数	说　　明
export()	导出动画队列。在调用export()函数后会清除之前的动画操作
step(Object object)	表示一组动画完成。可以在一组动画中调用任意多个动画方法，一组动画中的所有动画会同时开始，在一组动画完成后才会进行下一组动画
matrix()	同transform-function matrix()
matrix3d()	同transform-function matrix3d()
rotate(number angle)	从原点顺时针旋转一个角度
rotate3d(number x, number y, number z,number angle)	在3D空间沿一条由***X***、***Y***和***Z***三个向量确定的固定轴旋转指定角度
rotateX(number angle)	沿*X*轴顺时针旋转指定角度
rotateY (number angle)	沿*Y*轴顺时针旋转指定角度
rotateZ(number angle)	沿Z轴顺时针旋转指定角度
scale(number sx, number sy)	沿*X*轴和Y轴方向缩放
scale3d(number sx, number sy, number sz)	沿3个方向缩放
scaleX(number scale)	沿*X*轴方向缩放
scaleY(number scale)	沿*Y*轴方向缩放
scaleZ(number scale)	沿*Z*轴方向缩放
skew(number ax, number ay)	对*X*、*Y*坐标进行倾斜
skewX(number angle)	对*X*坐标进行倾斜
skewY(number angle)	对*Y*轴坐标进行倾斜
translate(number tx, number ty)	平移变换
translate3d(number tx, number ty, number tz)	对*X*、*Y*、*Z*坐标进行平移变换
translateX(number translation)	沿*X*轴平移
translateY(Number translation)	沿*Y*轴平移
translateZ(Number translation)	沿*Z*轴平移
opacity(Number value)	设置透明度
backgroundColor(String value)	设置背景色
width(Number|String value)	设置宽度
height(Number|String value)	设置高度
left(Number|String value)	设置left属性的值
right(Number|String value)	设置right属性的值
top(Number|String value)	设置top属性的值
bottom(Number|String value)	设置bottom属性的值

三、实现效果

动画小程序的运行效果如图 6.25 所示。初始页面如图 6.25（a）所示；单击“旋转”按钮，效果如图 6.25（b）所示，此时图形发生旋转；单击“缩放”按钮，效果如图 6.25（c）所示，此时图形被放大；单击“移动”按钮，效果如图 6.25（d）所示，此时图形被平移；单击“倾斜”按钮，效果如图 6.25（e）所示，此时图形发生倾斜；单击“旋转并缩放”按钮，效果如图 6.25（f）所示，此时的动画效果是图形旋转和缩放同时进行；单击“旋转后缩放”按钮，效果如图 6.25（g）所示，此时的动画效果是图形首先被旋转，然后被缩放；单击“同时展示全部”按钮，效果如图 6.25（h）所示，此时的动画效果是旋转、缩放、平移、倾斜几个动画效果同时进行；单击“顺序展示全部”按钮，效果如图 6.25（i）所示，此时的动画效果是旋转、缩放、平移、倾斜几个动画效果依次进行；单击“还原”按钮，恢复初始页面。

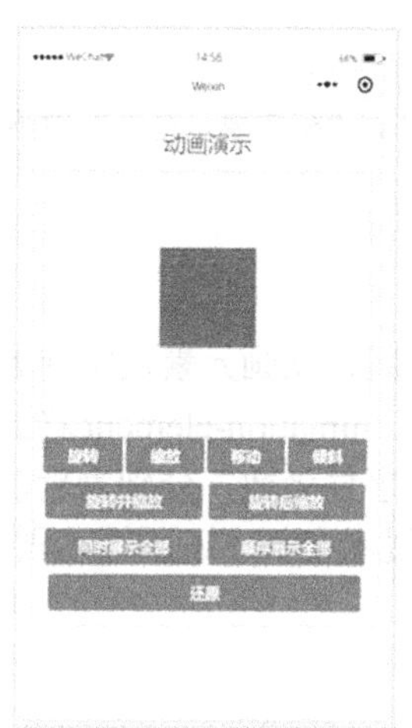

（a）初始页面

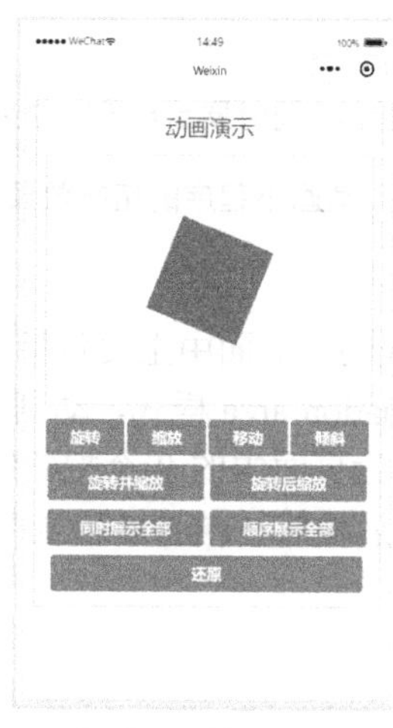

（b）“旋转”效果

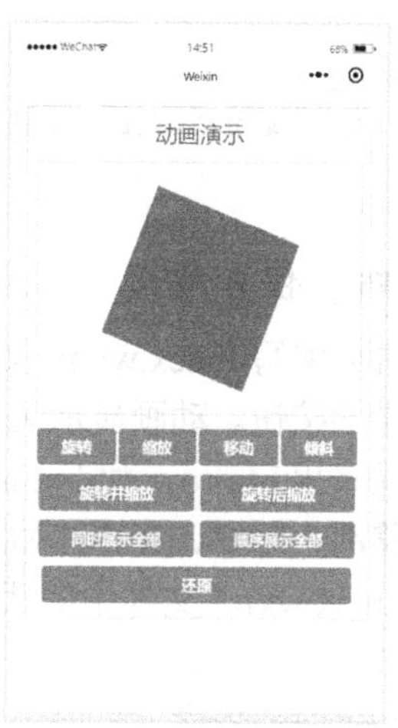

（c）“缩放”效果

（d）“移动”效果

（e）“倾斜”效果

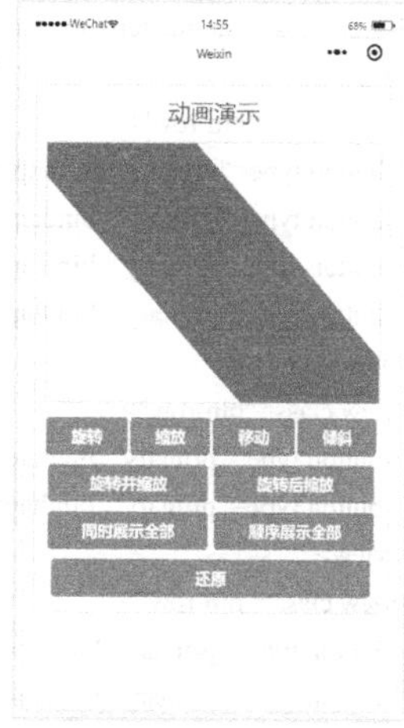

（f）“旋转并缩放”效果

图 6.25　动画小程序的运行效果

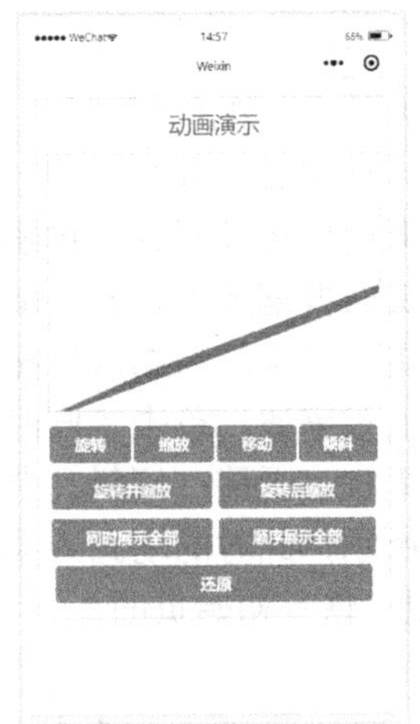

（g）“旋转后缩放”效果

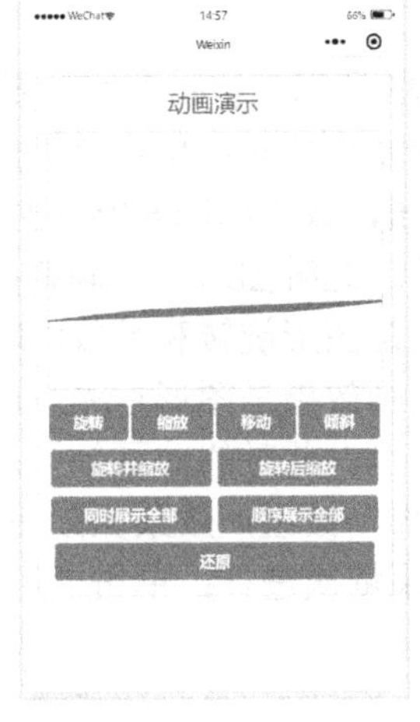

（h）“同时展示全部”效果

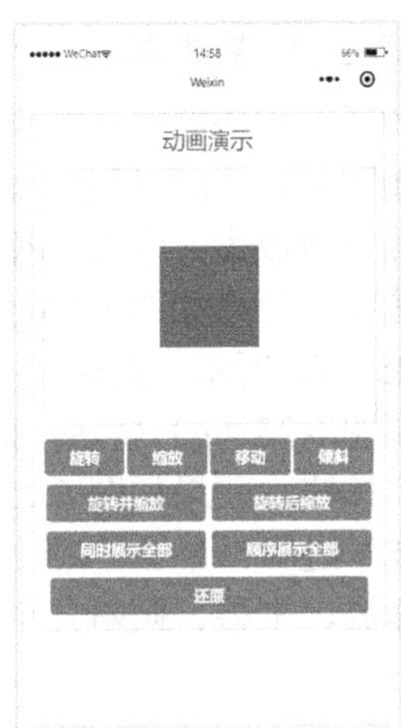

（i）“顺序展示全部”效果

图 6.25　动画小程序的运行效果（续）

四、任务实现

（1）编写 index.wxml 文件中的代码。页面中主要包括动画显示区、动画元素及实现各种动画效果的按钮。动画显示区采用.animation-area 样式，动画元素采用.animation-element 样式，按钮布局采用.btn-row 和 button 样式。为页面中的 9 个按钮绑定 9 个事件函数，分别为旋转、缩放、移动、倾斜、旋转并缩放、旋转后缩放、同时展示全部、顺序展示全部、还原等动画效果。

index.wxml 文件中的代码如下：

```
<!--index.wxml-->
<view class="box">
 <view class="title">动画演示</view>
 <view class="animation-area">
  <view class="animation-element" animation="{{animation}}"></view>
 </view>
 <view class="btn-row">
  <button type="primary" bindtap="rotate" style="width:24%;">旋转</button>
  <button type="primary"  bindtap="scale" style="width:24%;">缩放</button>
  <button type="primary"  bindtap="translate" style="width:24%;">移动</button>
  <button type="primary"  bindtap="skew" style="width:24%;">倾斜</button>
 </view>
 <view class="btn-row">
  <button type="primary"  bindtap="rotateAndScale" style="width:48%;">旋转并缩放</button>
  <button type="primary"  bindtap="rotateThenScale" style="width:48%;">旋转后缩放</button>
 </view>
 <view class="btn-row">
  <button type="primary" bindtap="all" style="width:48%;">同时展示全部</button>
  <button type="primary" bindtap="allInQueue" style="width:48%;">顺序展示全部</button>
 </view>
 <view>
  <button type="primary" bindtap="reset" style="width:96%;">还原</button>
 </view>
</view>
```

（2）编写 index.wxss 文件中的代码。在该文件中定义 4 种样式：.animation-area、.animation-element、.btn-row 和 button。

（3）编写 index.js 文件中的代码。首先在生命周期函数 onReady()中创建动画对象，然后利用动画对象实现为 9 个按钮绑定的事件函数：rotate()、scale()、translate()、skew()、rotateAndScale()、rotate ThenScale()、all()、allInQueue()、reset()。

index.js 文件中的代码如下：

```
//index.js
Page({
  //生命周期函数--监听页面初次渲染完成
  onReady: function () {
    this.animation = wx.createAnimation({
      duration: 3000
    })
  },
  rotate:function(){
    this.animation.rotate(Math.random()*720-360).step()
    this.setData({
      animation:this.animation.export()
    })
  },
  scale:function(){
    this.animation.scale(Math.random()*2).step()
    this.setData({
      animation:this.animation.export()
    })
  },
  translate:function(){
    this.animation.translate(Math.random()*100-50,Math.random()*100-50).step()
    this.setData({
      animation:this.animation.export()
    })
  },
  skew:function(){
    this.animation.skew(Math.random()*90,Math.random()*90).step()
    this.setData({
      animation:this.animation.export()
    })
  },
  rotateAndScale:function(){
    this.animation.rotate(Math.random()*720-360).scale(Math.random()*2).step()
    this.setData({
      animation:this.animation.export()
    })
  },
  rotateThenScale:function(){
  this.animation.rotate(Math.random()*720-360).scale(Math.random()*2).step()
  this.setData({
    animation:this.animation.export()
  })
  },
  all:function(){
    this.animation.rotate(Math.random()*720-360)
    .scale(Math.random()*2)
    .translate(Math.random()*100-50,Math.random()*100-50)
    .skew(Math.random()*90,Math.random()*90)
    .step()
    this.setData({
```

```
      animation:this.animation.export()
    })
  },
  allInQueue:function(){
    this.animation.rotate(Math.random()*720-360).step()
      .scale(Math.random()*2).step()
      .translate(Math.random()*100-50,Math.random()*100-50).step()
      .skew(Math.random()*90,Math.random()*90).step()
    this.setData({
      animation:this.animation.export()
    })
  },
  reset:function(){
    this.animation.rotate(0,0)
      .scale(1)
      .translate(0,0)
      .skew(0,0)
      .step({
        duration:0
      })
    this.setData({
      animation:this.animation.export()
    })
  },
})
```

6.7.7 页面位置

一、任务描述

设计一个页面位置小程序，用于在页面很长时，将位置定位到页面顶部。小程序在运行后，在页面的底端单击“回到顶部”按钮，页面会用 3 秒的时间从底部滚动到顶部。

二、导入知识点

本任务涉及页面滚动到目标位置 API 函数，小程序会使用 API 函数 wx.pageScrollTo(OBJECT)将页面滚动到目标位置，该函数的参数说明如表 6.77 所示。

表 6.77 API 函数 wx.pageScrollTo(OBJECT)的参数说明

参数名	类型	必填	说明
scrollTop	Number	是	滚动到页面的目标位置（单位为px）
duration	Number	否	滚动动画的时长，默认值为300ms，单位为ms

API 函数 wx.pageScrollTo(OBJECT)的示例代码如下：

```
1. wx.pageScrollTo({
2. scrollTop:0,
3. duration:3000
4. })
```

上述代码表示将页面滚动到页面顶部，动画时长为 3 秒。

三、实现效果

页面位置小程序的运行效果如图 6.26 所示，页面拖到底部的效果如图 6.26（a）所示，此时只能看到<view>组件的下半部分和底部的“回到顶部”按钮；单击“回到顶部”按钮，会返回页面顶部，如图 6.26（b）所示，此时可以看到页面顶部的标题和<view>组件的上半部分。

（a）页面拖动底部效果

（b）单击按钮自动返回顶部

图 6.26　页面位置小程序的运行效果

四、任务实现

（1）编写 index.wxml 文件中的代码。index.wxml 文件中包含一个高 1200rpx、浅黄色背景的<view>组件，该组件可以使页面滚动到底部；在<view>组件的下方是一个<button>组件，即"回到顶部"按钮，单击该按钮，可以回到页面顶部，对应的自定义函数是 backToTop()。

index.wxml 文件中的代码如下：

```
<!--index.wxml-->
<view class='title1'>页面位置</view>
  <view class='box'>
   <view class='title2'>wx.pageScrollTo(OBJECT)的用法</view>
   <view class='test'>这是一个高度超过手机屏幕的组件</view>
   <button type="primary" bindtap="backToTop">回到顶部</button>
   </view>
```

（2）编写 index.wxss 文件中的代码。在该文件中定义.title（标题）样式、view>（组件）样式和 button（组件）样式。

（3）编写 index.js 文件中的代码。在该文件中定义 backToTop()函数，用于回到页面顶部，并且带有持续两秒的向上滚动动画效果。

index.js 文件中的代码如下：

```
// pages/demo06/scroll.js
Page({
 //回到顶部
 backToTop:function(){
   wx.pageScrollTo({
    scrollTop: 0,
    duration:2000
   })
 }
})
```

6.7.8 下拉刷新

一、任务描述

设计一个下拉刷新小程序。小程序在运行后，页面中有两个按钮，分别是“开始下拉”按钮和“停止下拉”按钮，在单击“开始下拉”按钮后，页面整体向下移动，上面有 3 个不断刷新的点；在单击“停止下拉”按钮后，页面恢复到初始页面。

二、导入知识点

本任务会用到监听下拉刷新动作事件的函数 onPullDownRefresh()、开始下拉刷新动作事件的 API 函数 wx.startPullDownRefresh(Object object)、停止下拉刷新动作事件的 API 函数 wx.startPullDownRefresh(Object object)。

1．监听下拉刷新

小程序在 Page()函数中定义了 onPullDownRefresh()函数，用于监听当前页面的用户下拉刷新事件。

onPullDownRefresh()函数的示例代码如下：

```
Page({
onPullDownRefresh:function() {
console.log('正在下拉刷新')
}
})
```

在测试时，可以在微信开发者工具的 JSON 文件中对该函数进行配置，相关代码如下：

```
{
"enablePullDownRefresh": true,
...
}
```

上述代码可以放在 app.json 文件中，表示所有页面都允许下拉刷新；也可以单独放在当前页面的 JSON 文件中，表示只有该页面允许下拉刷新。

2．开始下拉刷新

小程序使用 API 函数 wx.startPullDownRefresh(Object object)触发下拉刷新动画，效果与用户手动下拉刷新的效果相同。API 函数 wx.startPullDownRefresh(Object object)的参数说明如表 6.78 所示。

表 6.78 API 函数 wx.startPullDownRefresh(OBJECT)的参数说明

参　数	类　型	必　填	说　明
success()	Function	否	API 函数调用成功的回调函数，返回 String 类型的参数 errMsg，用于表示调用结果
fail()	Function	否	API函数调用失败的回调函数
complete()	Function	否	API函数调用结束的回调函数（调用成功、失败都会执行）

API 函数 wx.startPullDownRefresh(OBJECT)的示例代码如下：

```
wx.startPullDownRefresh ({
success: function(res){
console. log(res. errMsg)
}
})
```

3. 停止下拉刷新

小程序使用 API 函数 wx.stopPullDownRefresh(Object object)停止当前页面的下拉刷新。

API 函数 wx.stopPullDownRefresh(Object object)的示例代码如下：

```
Page ({
onPullDownRefresh: function(){
wx.stopPullDownRefresh()
}
})
```

在上述代码中，在 onPullDownRefresh()函数监听并处理完数据后，可以使用 API 函数.wx.stopPullDownRefresh(Object object)停止下拉刷新动作。

三、实现效果

下拉刷新小程序的运行效果如图 6.27 所示中，图 6.27（a）展示的是页面初始效果；图 6.27（b）展示的是单击“开始下拉”按钮或手动下拉页面的效果，由于当前没有在下拉后进行网络请求等事务处理动作，因此会在较短时间内自动弹回。开发者可以根据实际需要自行追加数据获取等功能。

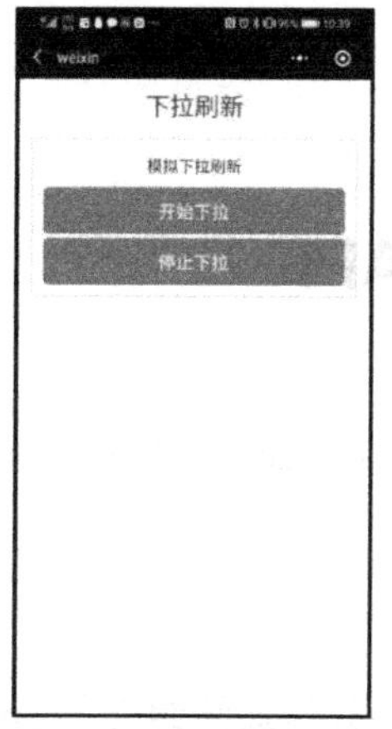

（a）页面初始效果

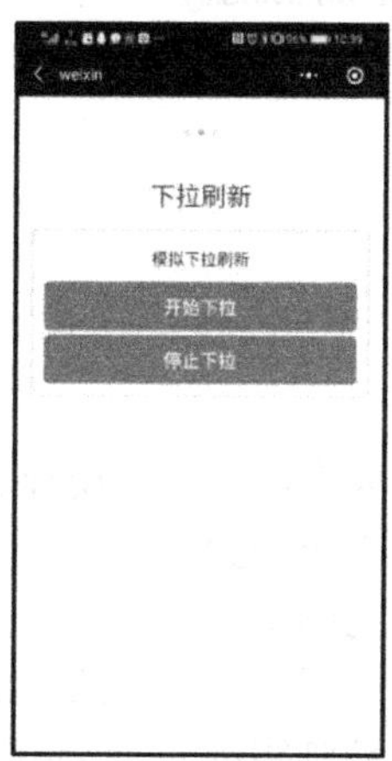

（b）下拉状态

图 6.27 下拉刷新小程序的运行效果

四、任务实现

（1）编写 index.wxml 文件中的代码。pullDown.wxml 文件中包含两个<button>组件，分别为“开始下拉”按钮和“停止下拉”按钮，分别用于开始和停止下拉刷新动作，对应的自定义函数分别是 startPullDown()和 stopPullDown()。

index.wxml 文件中的代码如下：

```
<!--index.wxml-->
<view class='title1'>下拉刷新</view>
<view class='box'>
<view class='title2'>模拟下拉刷新</view>
 <button type='primary' bindtap='startPullDown'>开始下拉</button>
 <button type='primary' bindtap='stopPullDown'>停止下拉</button>
</view>
```

（2）编写 index.wxss 文件中的代码。在该文件中定义.title（标题）样式和 button（按钮）样式。

（3）编写 index.js 文件中的代码。在该文件中定义 startPullDown()函数和 stopPullDown()函数，在 startPullDown()函数中调用 API 函数 wx.startPullDownRefresh(Object object)，用于实现下拉刷新效果；在 stopPullDown()函数调用 API 函数 wx.stopPullDownRefresh(Object object)，用于实现停止刷新效果。

index.js 文件中的代码如下：

```
// index.js
Page({
 //开始下拉刷新
 startPullDown:function(){
  wx.startPullDownRefresh({
   success: function (res) {
    console.log(res.errMsg)
   }
  })
 },
 //停止下拉刷新
 stopPullDown: function () {
  wx.stopPullDownRefresh()
 }
})
```

6.8 绘画 API

本任务主要介绍小程序绘画 API 的相关知识，通过设置 animation 属性显示动画。动画效果的实现需要 3 个步骤。

（1）创建动画实例。

（2）通过调用动画实例的方法描述动画。

（3）使用动画实例的 export()函数导出动画数据，并且将其传递给组件的 animation 属性。

本节的学习目标如下。

- 熟练掌握在画布中绘制图像的方法。
- 熟练掌握在画布中设置图像样式的方法。
- 熟练掌握在画布中设置图像变形及裁剪图像的方法。
- 熟练掌握在画布中导出图片的方法。

下面分别介绍在画布中绘制图像、设置图像样式、设置图像变形、裁剪图像及导出图片的相关知识。

6.8.1 绘制矩形

一、任务描述

设计一个绘制矩形小程序。小程序在运行后，会在页面中出现 3 个按钮，分别是“填充矩形”按钮、“描边矩形”按钮和“清空画布”按钮，分别用于绘制填充实心矩形、描边空心矩形和清空画布大小的矩形区域。

二、导入知识点

本任务涉及画布坐标系的相关知识，以及画布组件<canvas>和创建画布上下文对象函数 wx.createCanvasContext(canvasId)。

1. 画布坐标系

画布坐标系中原点的位置在画布矩形框的左上角，即坐标点(0,0)的位置。画布坐标系与数学坐标系在水平方向上一致，在垂直方向上镜像对称。也就是说，画布坐标系的水平方向为 *X* 轴，其正方向为向右；垂直方向为 *Y* 轴，其正方向为向下。画布坐标系示例如图 6.28 所示。

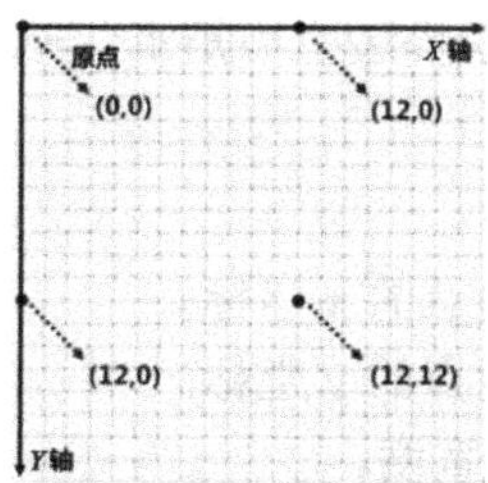

图 6.28 画布坐标系示例

2. 创建空白画布

小程序使用<canvas>组件呈现画布区域，因此首先需要在 WXML 文件中使用该组件创建空白画布，并且必须带有自定义的 canvas-id。示例代码如下：

```
<canvas canvas-id='myCanvas' style='border:1rpx solid'></canvas>
```

上述代码定义了一个带有 1rpx 宽、黑色实线边框的画布，其 canvas-id 为 myCanvas，画布的默认尺寸为 300px×225px，用户可以根据实际情况重新定义画布尺寸。例如，设置画布的宽度、高度均为 600rpx，居中显示，WXSS 代码如下：

```
canvas{
width:600rpx;
height:600rpx;
margin:0 auto;
}
```

运行效果如图 6.29 所示。

图 6.29 创建空白画布

开发者可以自行在 WXSS 文件中重新设置画布的尺寸、背景颜色等样式。

3. 创建画布上下文对象

小程序使用 API 函数 wx.createCanvasContext(canvasld)创建画布上下文对象，然后使用该对象的函数进行画笔设置和绘图工作。

用户可以在 JS 文件的 onLoad()函数中使用 API 函数 wx.createCanvasContext(canvasld)创建画布上下文对象，示例代码如下：

```
Page({
```

```
onLoad: function(options) {
const ctx=wx.createCanvasContext('myCanvas')    //创建画布上下文对象
}
})
```

上述代码中的 ctx 为自定义的画布上下文对象名称，通常使用 ctx 作为画布上下文对象的名称，开发者可以自行更改。

4．绘制矩形

（1）创建矩形。小程序使用画布上下文对象的 rect()函数创建矩形，然后使用 fill()或 stroke()函数在画布中填充实心矩形或描边空心矩形。rect()函数的语法格式如下：

```
ctx.rect(x,y,width,height)
```

参数说明如下。

- x：Number 类型，矩形左上角点的 x 坐标。
- y：Number 类型，矩形左上角点的 y 坐标。
- width：Number 类型，矩形的宽度。
- height：Number 类型，矩形的高度。

示例代码如下：

```
Page({
onLoad:function(options){
const ctx=wx.createCanvasContext('myCanvas')    //创建画布上下文对象
ctx.rect(50,50,200,200)
//设置矩形左上角点坐标为(50,50)、宽度和高度均为 200px
ctx.setFillstyle('orange")                      //设置填充颜色为橙色
ctx.fill()                                      //设置填充矩形动作
ctx.draw()                                      //在画布中绘制实心矩形
}
})
```

运行效果如图 6.30 所示。

图 6.30　在画布中绘制实心矩形

注意：画笔默认是黑色效果（无论是填充还是描边），setFillStyle()函数主要用于设置画笔填充颜色。

（2）填充矩形。小程序使用画布上下文对象的 fillRect()函数在画布中填充实心矩形，其语法格式如下:

```
ctx.fillRect(x,y,width,height)
```

其参数与 rect()函数的参数完全相同。

（3）描边矩形。小程序使用画布上下文对象的 strokeRect()函数在画布中描边空心矩形，其语法格式如下：

```
ctx.strokeRect(x,y,width,height)
```

其参数与 rect()函数的参数完全相同。

（4）清空矩形区域。小程序使用画布上下文对象的 clearRect()函数清空矩形区域，其语法格式如下：

```
ctx.clearRect(x,y,width,height)
```

其参数与 rect()函数的参数完全相同。

三、实现效果

绘制矩形小程序的运行效果如图 6.31 所示，图 6.31（a）展示的是填充矩形，此时是实心矩形的效果；图 6.31（b）展示的是描边矩形，此时是空心矩形的效果；图 6.31（c）展示的是清空画布区域效果，此时画布内容会被完全清除。

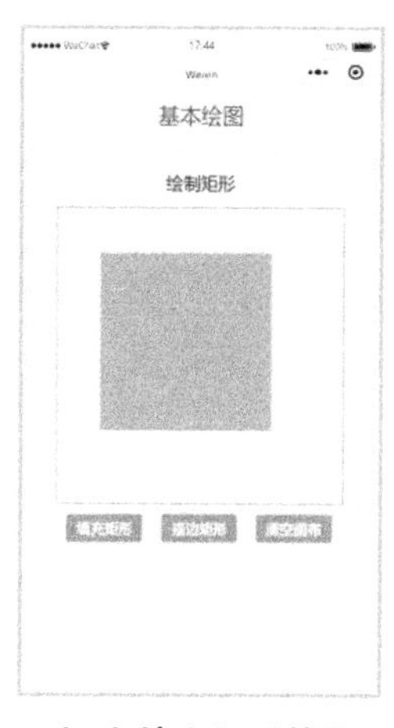

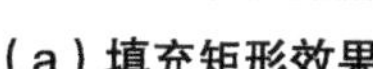
（a）填充矩形效果

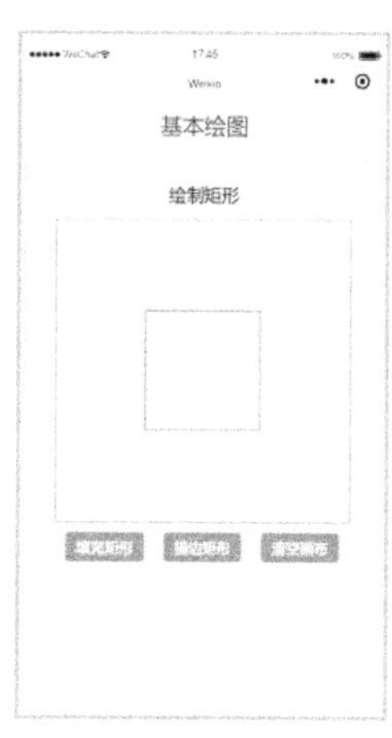

（b）描边矩形效果

（c）清空画布区域效果

图 6.31　绘制矩形小程序的运行效果

四、任务实现

（1）编写 index.wxml 文件中的代码。index.wxml 文件中包了 3 个<button>组件，分别为“填充矩形”按钮、“描边矩形”按钮和“清空画布”按钮，分别用于显示填充矩形、描边矩形和清空面布效果，对应的自定义函数分别是 fillRect()、strokeRect()和 clearRect()。

index.wxml 文件中的代码如下：

```
<!--index.wxml-->
<view class="container">
  <view class='title1'>基本绘图</view>
   <view class='box'>
     <view class='title2'>绘制矩形</view>
     <canvas canvas-id='myCanvas' style='border:1rpx solid'></canvas>
     <button type='primary' size='mini' bindtap='fillRect'>填充矩形</button>
     <button type='primary' size='mini' bindtap='strokeRect'>描边矩形</button>
     <button type='primary' size='mini' bindtap='clearRect'>清空画布</button>
  </view>
</view>
```

（2）编写 index.wxss 文件中的代码。在该文件中定义.title（标题）样式和 canvas（画布）样式。

（3）编写 index.js 文件中的代码。在 index.js 文件中定义 fillRect()函数，用于绘制一个左上角点坐标为(50,50)、宽度和高度均为 200px 的橙色实心矩形；定义 strokeRect()函数，用于绘制一个左上角点坐标为(100,100)、宽度和高度均为 100px、紫色边框的空心矩形；定义 clearRect()函数，用于清空画布区域。

index.js 文件中的代码如下：

```
// index.js
Page({
  fillRect:function(){
    let ctx = this.ctx;
    ctx.rect(50, 50, 200, 200)
    ctx.setFillStyle('orange')
    ctx.fill()
    ctx.draw()
  },
  strokeRect: function () {
    let ctx = this.ctx;
    ctx.rect(100, 100, 130, 130)
    ctx.setStrokeStyle('purple')
    ctx.stroke()
    ctx.draw()
  },
  clearRect: function () {
    let ctx = this.ctx;
    ctx.clearRect(0, 0, 300, 300)
    ctx.draw()
  },
  // 生命周期函数--监听页面加载
  onLoad: function (options) {
    //创建画布上下文
    this.ctx = wx.createCanvasContext('myCanvas')
  },
})
```

6.8.2 绘制五角星

一、任务描述

设计一个绘制五角星小程序。小程序在运行后，会在页面中出现两个按钮，分别是“描边路径”按钮和“填充路径”按钮，分别用于绘制描边路径的五角星图案和填充路径的五角星图案。

二、导入知识点

路径（Path）是绘制图形轮廓时画笔留下的轨迹，也可以理解为画笔画出的像素点组成的线条。多个点形成线段或曲线，不同的线段或曲线相连，即可形成各种形状。绘制路径主要有以下 4 种函数。

- beginPath()：主要用于新建一条路径，是图形绘制的起点。每次调用该函数，都会清空之前的绘图轨迹记录，重新开始绘制新的图形。
- closePath()：主要用于闭合路径。在执行该函数时，会从画笔的当前坐标位置绘制一条线段，最后回到初始坐标位置，从而闭合图形。该函数不是必需的，如果画笔的当前坐标位置就是初始坐标位置，则该函数可以省略不写。
- stroke()：在图形轮廓勾勒完毕后，需要执行该函数，从而正式将路径渲染到画布上。
- fill()：主要用于为图形填充颜色，生成实心图形。如果并未执行 closePath()函数闭合图形，那么该函数在被调用时会自动生成线段连接画笔当前坐标位置和初始坐标位置，从而形成闭合图形，然后进行填充颜色。

本任务涉及绘制线段的相关知识，使用 ctx.beginPath()函数开始描述路径；使用 ctx.moveTo(x,x)函数将画笔放到坐标点(x,x)上，准备绘制路径；使用 ctx.lineTo(x,x)函数绘制一条到坐标点(x,x)上的线段；使用 ctx.stroke()函数设置描边效果；使用 ctx.draw()将图形绘制到画布上。利用这些创建绘制线段，形成不同的图形效果。绘制线段主要有以下两种函数。

- moveTo(x,y)：主要用于将当前的画笔沿直线移动到指定的坐标点(x,y)上，并且不留下移动痕迹。使用该函数可以定义线段的初始位置。
- lineTo(x,y)：主要用于将当前的画笔沿直线移动到指定的坐标点(x,y)上，并且画出移动痕迹。使用该函数可以绘制线段。

最后使用 stroke()函数绘制线段，在使用该函数之前的所有绘制动作均为路径绘制，可以将其理解为透明轨迹，该轨迹不会显示在画布上。

示例代码如下：

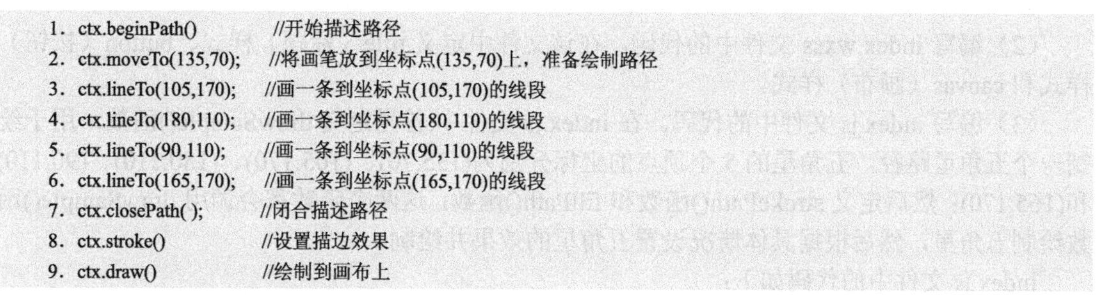

```
ctx.beginPath()              //开始描述路径
ctx.moveTo(135,70);          //将画笔放到坐标点(135,70)上，准备绘制路径
ctx.lineTo(105,170);         //画一条到坐标点(105,170)的线段
ctx.lineTo(180,110);         //画一条到坐标点(180,110)的线段
ctx.lineTo(90,110);          //画一条到坐标点(90,110)的线段
ctx.lineTo(165,170);         //画一条到坐标点(165,170)的线段
ctx.closePath( );            //闭合描述路径
ctx.stroke()                 //设置描边效果
ctx.draw()                   //绘制到画布上
```

注意：在绘制线段时，beginPath()函数可以省略不写，在所有轨迹绘制完成后，直接使用 stroke()函数可以实现一样的效果。

三、实现效果

绘制五角星小程序的运行效果如图 6.32 所示。在图 6.32 中，图 6.32（a）展示的是描边路径效果，此时绘制的是红色边框的空心五角星；图 6.32（b）展示的是填充路径效果，此时绘制的是填充蓝色的实心五角星。

（a）描边路径

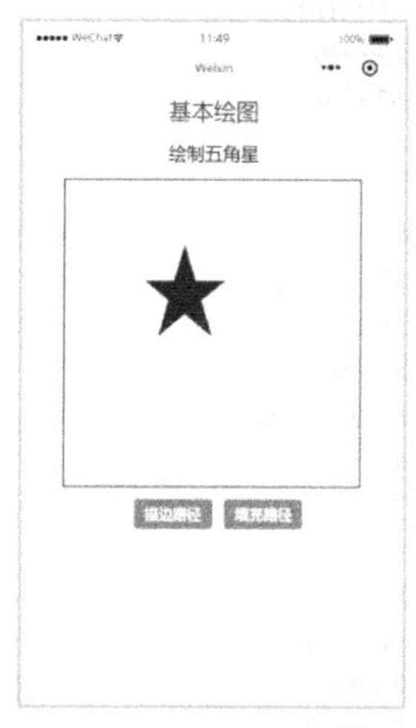

（b）填充路径

图 6.32 绘制五角星小程序的运行效果

四、任务实现

（1）编写 index.wxml 文件中的代码。index.wxml 文件中包含两个<button>组件，分别为“描边路径”按钮和“填充路径”按钮，对应的自定义函数分别为 strokePath()和 fillPath()。单击“描边路径”按钮，绘制描边路径的五角星；单击“填充路径”按钮,绘制填充路径的五角星。

index.wxml 文件中的代码如下：

```
<!--index.wxml-->
<view class="container">
  <view class='title1'>基本绘图</view>
  <view class='box'>
    <view class='title2'>绘制三角形</view>
    <canvas canvas-id='myCanvas' style='border:1rpx solid'></canvas>
    <button type='primary' size='mini' bindtap='strokePath'>描边路径</button>
    <button type='primary' size='mini' bindtap='fillPath'>填充路径</button>
  </view>
</view>
```

（2）编写 index.wxss 文件中的代码。在该文件中定义.title（标题）样式、button（按钮）样式和 canvas（画布）样式。

（3）编写 index.js 文件中的代码。在 index.js 文件中,首先定义 drawSample()函数，用于绘制一个五角星路径，五角星的 5 个顶点的坐标分别为(135,70)、(105,170)、(180,110)、(90,110)和(165,170)；然后定义 strokePath()函数和 fillPath()函数，这两个函数都会调用 drawSample()函数绘制五角星，然后根据具体情况设置五角星的效果并绘制。

index.js 文件中的代码如下：

```
// index.js
Page({
  //绘制基本图形
  drawSample: function () {
    let ctx = this.ctx
    //绘制五角星
    ctx.moveTo(135,70);
    ctx.lineTo(105,170);
    ctx.lineTo(180,110);
    ctx.lineTo(90,110);
ctx.lineTo(165,170);
ctx.closePath();
  },
  //描边路径
  strokePath:function(){
    let ctx = this.ctx
    this.drawSample()
    ctx.setStrokeStyle('red')
    ctx.stroke()
    ctx.draw()
  },
  //填充路径
  fillPath: function () {
    let ctx = this.ctx
    this.drawSample()
    ctx.setFillStyle('blue')
    ctx.fill()
    ctx.draw()
  },
```

```
//生命周期函数--监听页面加载
onLoad: function (options) {
  //创建画布上下文
  this.ctx = wx.createCanvasContext('myCanvas')
 }
})
```

6.8.3 绘制渐变弧形

一、任务描述

设计一个绘制渐变弧形小程序。小程序在运行后，会在页面中展示一个由蓝色到紫色渐变的 270°的顺时针弧形。

二、导入知识点

上一个任务是利用线段路径绘制五角星。除了线段路径，小程序还可以使用画布对象的 arc()函数绘制圆弧路径。arc()函数的基本语法格式如下：

```
ctx.arc(x,y,radius,startAngle,endAngle,anticlockwise)
```

参数说明如下：

- x 和 y 表示圆心的横、纵坐标。
- radius 为圆弧的半径，默认单位为 px。
- startAngle 为开始的角度，endAngle 为结束的角度。
- anticlockwise 表示绘制方向，值为布尔值，值为 true 表示逆时针绘制，值为 false 表示顺时针绘制。

注意：arc()函数中的角度单位是弧度，在使用时，不可以直接输入度数，需要进行转换，转换公式如下：

```
弧度=π/180×度数
```

在 JavaScript 中，转换公式如下：

```
radians=Math.PI/180*degrees
```

其中特殊弧度半圆（180°）在转换后的弧度为 π，圆（360°）转换后的弧度为 2π。在开发过程中遇到这两种情况可以不用进行转换，直接使用转换结果。

绘制圆弧时的旋转方向和对应的弧度如图 6.33 所示。

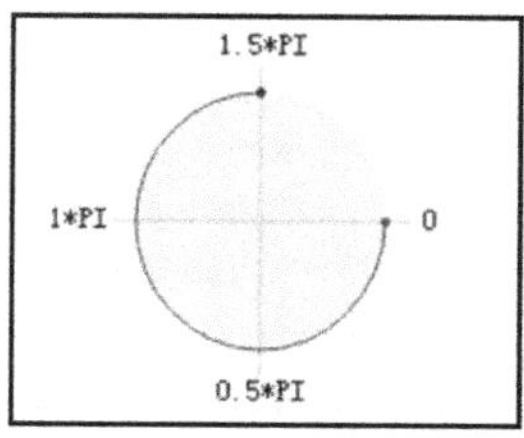

图 6.33 绘制圆弧时的旋转方向和弧度

根据图 6.34 可知，3 点钟方向是起始位置，顺时针旋转 90° 相当于增加 π/2 的弧度。例如，绘制一个圆心坐标为(100,100)、半径为 50px 的圆形，代码如下：

```
ctx.arc(100,100,50,0,Math.PI*2,true);
```

由于圆形是旋转 360° 的特殊圆弧，看不出顺时针和逆时针的区别，因此将 anticlockwise 参数的值设置为 true 或 false 均可。

三、实现效果

绘制渐变弧形小程序的运行效果如图 6.34 所示。

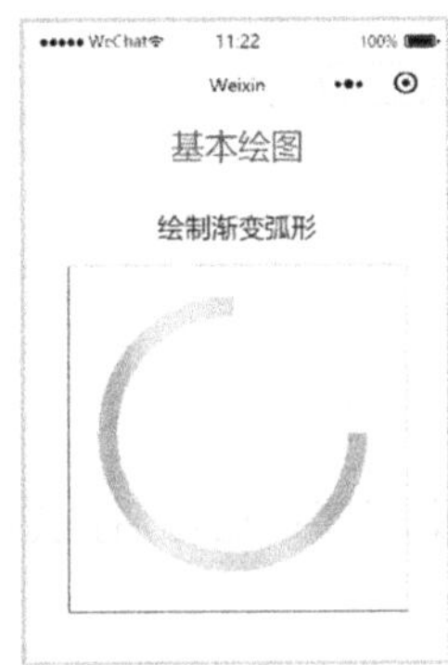

图 6.34　绘制渐变弧形小程序的运行效果

四、任务实现

（1）编写 index.wxml 文件中的代码。在该文件中使用<canvas>组件创建一个空白画布。

index.wxml 文件中的代码如下：

```
<!--index.wxml-->
<view class="container">
 <view class="title1">基本绘图</view>
  <view class="title2">绘制渐变弧形</view>
    <canvas canvas-id="secondCanvas" style="border:1rpx solid"></canvas>
</view>
```

（2）编写 index.wxss 文件中的代码。在该文件中定义.title（标题）样式和 canvas（画布）样式。

（3）编写 index.js 文件中的代码。在该文件的 onLoad()函数中，使用 arc()函数绘制一个 270°的顺时针弧度，并且给其填充渐变颜色（先从蓝色渐变为红色，再从红色渐变为紫色），从而形成一个漂亮的图案。需要注意的是，需要使用 setLineWidth()函数设置弧形的宽度，然后使用 addColorStop()函数设置产生渐变颜色的端点，最后使用 strokeStyle()函数以形成弧度颜色的渐变。

index.js 文件中的代码如下：

```
// index.js
Page({
 //生命周期 渐变加载
 onLoad: function (options) {
  var that=this;
  setInterval(function(){
   var context=wx.createCanvasContext('secondCanvas');
   var deg=that.data.deg;
   deg -=5;
   that.setData({
    deg:deg
   })
   console.log(deg)
   var gr=context.createLinearGradient(0,100,200,100);
   //添加颜色端点
   gr.addColorStop(0, '#e2ebf0');
   gr.addColorStop(0.16, '#fa709a');
```

```
        gr.addColorStop(0.33, '#fee140');
        gr.addColorStop(0.5, '#fbc2eb');
        gr.addColorStop(0.66, '#a1c4fd');
        gr.addColorStop(0.83, '#84fab0');
        gr.addColorStop(1, '#00f2fe');
        //应用 fillStyle 生产渐变
        context.strokeStyle=gr;
        context.setLineWidth(15)
        //270 到-90 度
        context.arc(125,125,95,0,1.5 * Math.PI,that.getRads(deg),true)
        context.stroke()
        context.draw()
      },1000)
    },
    getRads:function(degrees){
      return (Math.PI*degrees)/180;
    }
  })
```

6.8.4 绘制爱心

一、任务描述

设计一个绘制爱心小程序。小程序在运行后，会在页面中绘制一个红色的实心爱心。

二、导入知识点

小程序中绘制曲线的原理来自贝塞尔曲线（Bezier Curve）。

贝塞尔曲线又称为贝兹曲线或者贝济埃曲线，由法国数学家 Pierre Bezier 发明，是计算机图形学中非常重要的参数曲线，也是应用于 2D 图形应用程序的数学曲线。贝塞尔曲线由曲线与节点组成，节点上有可以拖动的控制线和控制点，曲线在节点的控制下可以伸缩，如图 6.35 所示。在一些矢量图形软件（如 Adobe Photoshop、Adobe Illustrator 等）中，会使用贝塞尔曲线精确地绘制曲线。

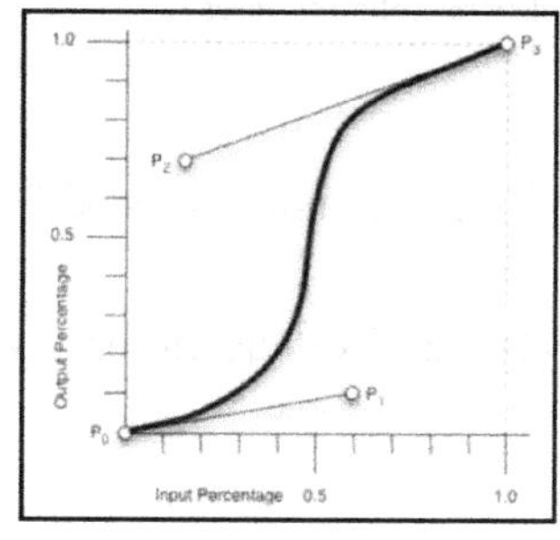

图 6.35 贝塞尔曲线（Bezier Curve）

通常使用贝塞尔曲线绘制较复杂的规律图形。根据控制点的数量，可以将贝塞尔曲线分为二次方贝塞尔曲线和三次方贝塞尔曲线。

二次方贝塞尔曲线的语法格式如下：

```
ctx.quadraticCurveTo(cp1x,cp1y,x,y)
```

其中(cp1x,cply)为控制点的坐标，(x,y)为结束点的坐标。

三次方贝塞尔曲线的语法格式如下：

```
ctx.quadraticCurveTo(cp1x,cp1y,x,y)
```

其中(cp1x,cply)为控制点 1 的坐标，(cp2x,cp2y)为控制点 2 的坐标，(x,y)为结束点的坐标。

三、实现效果

绘制爱心小程序的运行效果如图 6.36 所示。

图 6.36　绘制爱心小程序的运行效果

四、任务实现

（1）编写 index.wxml 文件中的代码。在 index.wxml 文件中，先创建一个空白画布，然后在画布中综合应用三次方贝塞尔曲线绘制一个红色爱心图案。与矢量软件不同的是，在小程序编程过程中没有贝塞尔曲线预览图。该任务需要有一定的数学基础。在没有直接视觉反馈的前提下，绘制复杂的曲线图形较为困难，需要花费更多的时间进行绘制。

index.wxml 文件中的代码如下：

```
<!--index.wxml-->
<view class='container'>
  <view class='title1'>基本绘图</view>
  <view class='box'>
    <view class='title2'>使用三次贝塞尔曲线绘制爱心</view>
    <canvas canvas-id='myCanvas' style='border:1rpx solid'></canvas>
  </view>
</view>
```

（2）编写 index.wxss 文件中的代码。在 index.wxss 文件中定义.title（标题）样式和 canvas（画布）样式。

（3）编写 index.js 文件中的代码。在该文件的 onLoad()函数中，综合应用三次方贝塞尔曲线绘制一个红色爱心图案。

index.js 文件中的代码如下：

```
// index.js
Page({
 // 生命周期函数--监听页面加载
 onLoad: function (options) {
  //创建画布上下文
  const ctx = wx.createCanvasContext('myCanvas')
  //设置填充颜色为红色
  ctx.setFillStyle('red');

  //三次曲线
```

```
    ctx.beginPath();
    ctx.moveTo(90, 55);
    ctx.bezierCurveTo(90, 52, 85, 40, 65, 40);
    ctx.bezierCurveTo(35, 40, 35, 77.5, 35, 77.5);
    ctx.bezierCurveTo(35, 95, 55, 117, 90, 135);
    ctx.bezierCurveTo(125, 117, 145, 95, 145, 77.5);
    ctx.bezierCurveTo(145, 77.5, 145, 40, 115, 40);
    ctx.bezierCurveTo(100, 40, 90, 52, 90, 55);
    ctx.fill();

    //绘制到画布上
    ctx.draw()
  }
})
```

6.8.5　绘制文本

一、任务描述

设计一个绘制文本小程序。小程序在运行后，会在页面中出现在水平基准线上方的文本“你好”和在水平基准线下方的文本“移动互联网”，这两个文本的颜色分别是黑色和绿色。

二、导入知识点

1．填充文本

小程序提供的 fillText()函数主要用于在画布中绘制实心文本内容，其语法格式如下：

```
ctx.fillText(text,x,y,maxWidth)
```

参数说明如下：

- text 为 String 类型的数据，表示文本内容，在实际填写时需要使用英文引号将文本内容引起来。
- x 和 y 均为 Number 类型的数据，表示文本左上角在画布中的坐标坐标。
- maxWidth 为 Number 类型的数据，是可选参数，表示绘制文本的最大宽度。

示例代码如下：

```
ctx.fillText('你好',20,30)
```

上述代码表示在画布中，将坐标为(20,30)的位置作为文本的左上角绘制文本“你好”。

2．设置字体大小

小程序提供的 setFontSize()函数主要用于设置字体大小，其语法格式如下：

```
ctx.setFontSize(fontSize)
```

其中参数 fontSize 是 Number 类型的数据，表示文本的字号，如 ctx.setFontSize(20)表示设置文本的字号为 20 号。

3．设置文本基准线

小程序提供的 setTextBaseline()函数主要用于设置文本的水平方向基准线，其语法格式如下：

```
ctx.setTextBaseline(textBaseline)
```

或者

```
ctx.textBaseline=textBaseline      //从基础库 1.9.90 开始支持
```

其中参数 textBaseline 是 String 类型的数据，可选值为'top' 'bottom' 'middle' 'normal'，分别

表示水平基准线在文字的上方、下方、中间和常规，参照效果如图 6.37 所示，如 ctx.setBaseline('top')表示水平基准线在文字的上方。

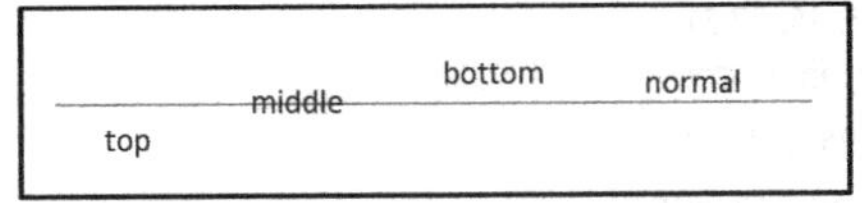

图 6.37　文本基准的线参照效果

4．设置文本对齐方式

小程序提供的 setTextAlign()函数主要用于设置文本的对齐方式，其语法格式如下：

```
ctx.setTextAlign(align)
```

或者：

```
ctx.textAlign=align        //从基础库 1.9.90 开始支持
```

其中参数 align 是 String 类型的数据，可选值为'left'、'center'、'right'，分别表示左对齐、居中和右对齐，参照效果如图 6.38 所示，如 ctx.setTextAlign('center')表示设置文本居中显示。

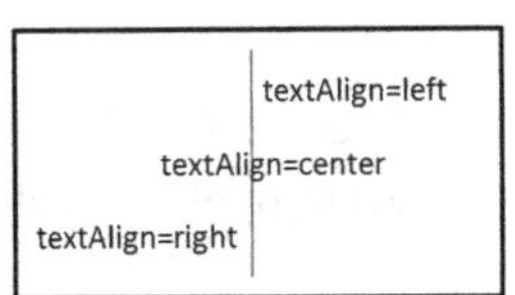

图 6.38　文本对齐方式参照效果

5．设置字体风格

在绘制文本前，可以使用画布上下文对象的 font 属性设置字体风格，其语法格式如下：

```
ctx.font=value
```

参数 value 的默认值为 10px sans-serif，表示字体大小为 10px、字体族为 sans-serif。

value 支持的属性如下。

- style：字体样式，仅支持 italic、oblique、normal。
- weight：字体粗细，仅支持 normal、bold。
- size：字体大小。
- family：字体族名。注意确认各平台所支持的字体。

上述属性均为可选内容，并且顺序不分先后。例如，ctx.font="bold 20px sans-serif" 表示设置字体为加粗、大小为 20 像素、sans-serif 字体样式。

三、实现效果

绘制文本小程序的运行效果如图 6.39 所示。

图 6.39　绘制文本小程序的运行效果

四、任务实现

（1）编写 index.wxml 文件中的代码。在 index.wxml 文件中，先创建一个空白画布，然后在画布中绘制文本。

index.wxml 文件中的代码如下：

```
<!--index.wxml-->
<view class='container'>
  <view class='title1'>基本绘图</view>
  <view class='box'>
   <view class='title2'>绘制文本</view>
   <canvas canvas-id='myCanvas' style='border:1rpx solid'></canvas>
  </view>
</view>
```

（2）编写 index.wxss 文件中的代码。在 index.wxss 文件中定义.title（标题）样式和 canvas（画布）样式。

（3）编写 index.js 文件中的代码。在 index.js 文件的 onLoad()函数中绘制文本，使用 setFontSize()函数统一设置字号为 40。使用 fillText()函数设置文本内容及其左上角坐标，第一段文本内容为“你好”，从左上角坐标(30,150)开始绘制；第二段文字内容为“移动互联网”，从左上角坐标(80,150)开始绘制，并且设置其填充颜色为绿色。使用 setTextBaseline()函数设置水平基准线，设置水平基准线在文本“你好”下方，设置水平基准线在文本“移动互联网”上方。

index.js 文件中的代码如下：

```
// index.js
Page({
 //生命周期函数--监听页面加载
 onLoad: function (options) {
  const ctx = wx.createCanvasContext('myCanvas')
  //设置字号
  ctx.setFontSize(40)
  //设置文本水平基准线
  ctx.setTextBaseline('bottom')
  //填充文字
  ctx.fillText('你好', 30, 150)
  //设置填充颜色
  ctx.setFillStyle('green')
  //设置文本水平基准线
  ctx.setTextBaseline('top')
  //填充文字
  ctx.fillText('移动互联网', 80, 150)
  ctx.draw()
 }
})
```

6.8.6　颜色透明度

一、任务描述

设计一个颜色透明度小程序。小程序在运行后，会在页面中出现 3 个按钮，分别是“不透明”按钮、“半透明”按钮和“全透明”按钮。当分别单击这 3 个按钮时，分别会出现绿色不透明的矩形、绿色半透明的矩形和全透明的矩形。

二、导入知识点

本任务涉及设置颜色透明度的 setGlobalAlpha()函数和<canvas>组件。小程序可以使用setGlobalAlpha()函数生成半透明色，并且将其作为画布中的图形轮廓或填充颜色，其语法格式如下：

```
ctx.setGlobalAlpha(alpha)
```

或者：

```
ctx.globalAlpha=alpha        //从基础库 1.9.90 起支持
```

画布中指定的图形会被 alpha 的值影响透明度，有效值的取值范围为 0.0～1.0，其中 0.0 表示完全透明，1.0 表示完全不透明。

例如，设置透明度为半透明（0.5），代码如下：

```
ctx.setGlobalAlpha(0.5)
```

globalAlpha()适合批量设置图形颜色。

三、实现效果

颜色透明度小程序的运行效果如图 6.40 所示。单击“不透明”按钮，会在页面中出现一个不透明矩形，如图 6.40（a）所示；单击“半透明”按钮，会在页面中出现一个半透明矩形，如图 6.40（b）所示；单击“全透明”按钮，会在页面中出现一个全透明矩形（因为是透明的，所有看不见），如图 6.40（c）所示。

（a）不透明效果

（b）半透明效果

（c）全透明效果

图 6.40　颜色透明度小程序的运行效果

四、任务实现

（1）编写 index.wxml 文件中的代码。index.wxml 文件中包含 3 个<button>组件，分别为“不透明”按钮、“半透明”按钮和“全透明”按钮，分别用于显示绿色不透明、绿色半透明和全透明的矩形，对应的自定义函数分别是 setAlpha01()、setAlpha02()和 setAlpha03()。

index.wxml 文件中的代码如下：

```
<!--index.wxml-->
<view class='container'>
  <view class='title1'>绘图-颜色与样式</view>
  <view class='box'>
    <view class='title2'>颜色透明度</view>
    <canvas canvas-id='myCanvas' style='border:1rpx solid'></canvas>
    <button type='primary' size='mini' bindtap='setAlpha01'>不透明</button>
    <button type='primary' size='mini' bindtap='setAlpha02'>半透明</button>
```

```
        <button type='primary' size='mini' bindtap='setAlpha03'>全透明</button>
    </view>
</view>
```

（2）编写 index.wxss 文件中的代码。在 index.wxss 文件中定义.title（标题）样式、canvas（画布）样式和 button（按钮）样式。

（3）编写 index.js 中的文件中的代码。在 index.js 文件的 onLoad()函数中，使用 API 函数 wx.createCanvasContext()创建画布上下文对象，然后定义绘制绿色矩形的函数 drawBox()，以及设置矩形不透明度的函数 setAlpha01()、setAlpha02()和 setAlpha03()。在 drawBox()函数中，使用 setFillStyle()函数设置矩形颜色，使用 fillRect()函数设置矩形的位置、宽度和高度，使用 draw()函数绘制矩形。在 setAlpha01()、setAlpha02()和 setAlpha03()函数中，分别使用 setGlobalAlpha()函数设置图形不透明度，然后调用 drawBox()函数绘制相应不透明度的矩形。

index.js 文件中的代码如下：

```
// index.js
Page({
  //绘制基本图形
  drawBox: function () {
    let ctx = this.ctx
    ctx.setFillStyle('green')
    ctx.fillRect(75, 75, 150, 150)
    ctx.draw()
  },
  //不透明
  setAlpha01: function () {
    let ctx = this.ctx
    ctx.setGlobalAlpha(1)
    this.drawBox()
  },
  //半透明
  setAlpha02: function () {
    let ctx = this.ctx
    ctx.setGlobalAlpha(0.5)
    this.drawBox()
  },
  //全透明
  setAlpha03: function () {
    let ctx = this.ctx
    ctx.setGlobalAlpha(0)
    this.drawBox()
  },
  // 生命周期函数--监听页面加载
  onLoad: function (options) {
    this.ctx = wx.createCanvasContext('myCanvas') //创建画布上下文对象
    this.drawBox()
  }
})
```

6.8.7 绘制不同的线条

一、任务描述

设计一个绘制不同线条的小程序。小程序在运行后，会在页面中出现 4 个按钮，分别是

"线条加粗"按钮、"图形交点"按钮、"虚线效果"按钮和"还原"按钮。在单击"线条加粗"按钮后，会绘制加粗三角形；在单击"图形交点"按钮后，会绘制圆形角三角形；在单击"虚线效果"按钮后，会绘制虚线三角形；在单击"还原"按钮后，会清楚绘制的图形，恢复初始状态。

二、导入知识点

本任务涉及设置线条宽度的 setLineWidth()函数、设置线条端点样式的 setLineCap()函数、设置线条端点样式的 setLineJoin()函数和设置线条为虚线效果的 setLineDash()函数。

1. 设置线条宽度

小程序使用 setLineWidth()函数设置线条的宽度，其语法格式如下：

```
ctx.setLineWidth(lineWidth)
```

或者：

```
ctx.lineWidth=linewidth    //从基础库 1.9.90 起支持
```

其参数 lineWidth 是 Number 类型的数据，默认单位为 px，如 ctx.setLinewidth(10)表示设置线条宽度为 10px。

2. 设置线条端点样式

小程序使用 setLineCap()函数设置线条端点样式，其语法格式如下：

```
ctx.setLineCap(lineCap)
```

或者

```
ctx.lineCap=lineCap    //从基础库 1.9.90 起支持
```

其中参数 lineCap 表示线条两边端点的样式，有效值有以下 3 种。

- butt：线条的端点为方形，该值为默认值。
- round：线条的端点为弧形。
- square：在线条的端点处添加一个矩形，该矩形的宽度与线段同宽，高度为宽度的一半。

具体的显示效果如图 6.41 所示。

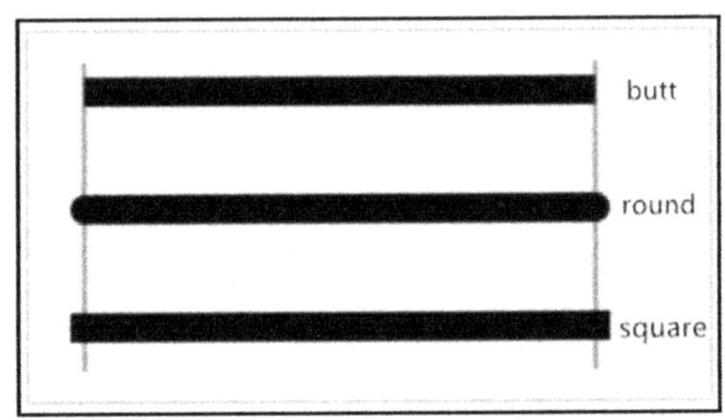

图 6.41　设置 lineCap 为不同值的效果

3. 设置线条连接处的拐角样式

小程序使用 setLineJoin()函数设置线条端点样式，其语法格式如下：

```
ctx.setLineJoin(lineJoin)
```

或者：

```
ctx.lineJoin=lineJoin    //从基础库 1.9.90 起支持
```

其中参数 lineJoin 表示线条连接处的拐角样式，有效值有以下 3 种。

- miter：线条连接处的拐角为尖角，该值为默认值。
- round：线条连接处的拐角为圆形。

- bevel：线条连接处的拐角为平角。

具体的显示效果如图 6.42 所示。

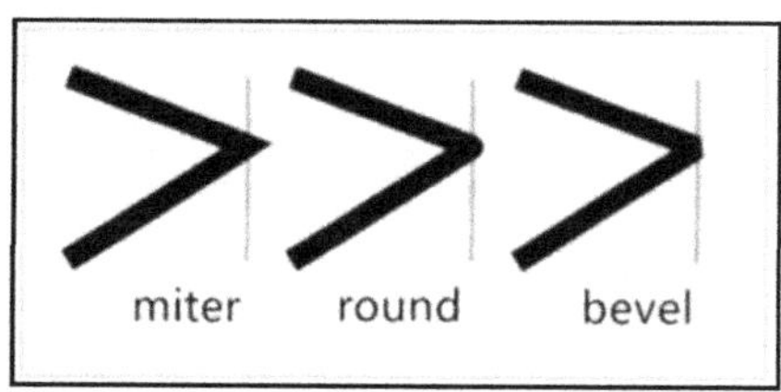

图 6.42　设置 lineJoin 为不同值的效果

4．设置虚线效果

小程序使用 setLineDash()函数设置线条为虚线效果，其语法格式如下：

```
ctx.setLineDash(pattern,offset)
```

参数说明如下。

- pattern：Array 数组，表示一组描述交替绘制线段和间距（坐标空间单位）长度的数字。
- offset：Number 类型，表示虚线偏移量。

例如，ctx.setLineDash([10,5],0)表示设置线条样式为 10 像素的线段与 5 像素的线段交替出现，从而形成虚线。

注意：当数组元素数量为奇数时，所有数组元素会自动重复一次。例如，使用 setLineDash([5,10,5])设置线条样式，实际上系统会认为是[5,10,5,5,10,5]的形式。

5．设置最大倾斜长度

小程序使用 setMiterLimit()函数设置最大斜接长度。斜接长度是指在两条线交汇处，内角与外角之间的距离。只有当 setLineJoin()参数值为 miter 时，setMiterLimit()函数才有效。

setMiterLimit()函数的语法格式如下：

```
ctx.setMiterLimit(miterLimit)
```

或者：

```
ctx.miterLimit=miterLimit        //从基础库 1.9.90 起支持
```

其中参数 miterLimit 为 Number 类型的数据，表示最大斜接长度，如 ctx.setMiterLimit(4)表示设置最大斜接长度为 4。

将 miterLimit 参数值分别设置为 1、2、3、4，显示效果如图 6.43 所示。

图 6.43　设置 miterLimit 为不同值的效果

如果设置超过最大斜接长度，连接处将以 lineJoin 为 bevel 显示。

三、实现效果

绘制不同线条小程序的运行效果如图 6.44 所示，图 6.44（a）展示的是页面初始效果，此时页面中有一个线条宽度为 10px 的三角形；图 6.44（b）展示的是三角形线条的加粗效果；图 6.44（c）展示的是三角形圆形交点效果；图 6.44（d）展示的是三角形虚线边框效果。

（a）页面初始效果

（b）线条加粗效果

（c）圆形交点效果

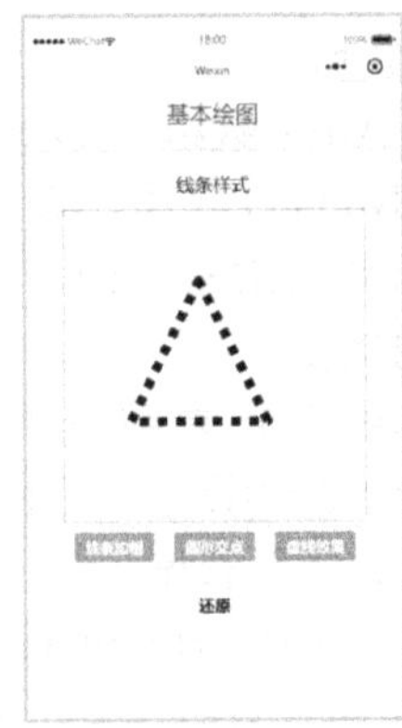

（d）虚线效果

图 6.44　绘制不同线条小程序的运行效果

四、任务实现

（1）编写 index.wxml 文件中的代码。index.wxml 文件中包含 4 个<button>组件，分别是“线条加粗”按钮、“图形交点”按钮、“虚线效果”按钮和“还原”按钮。其中，“线条加粗”按钮、“图形交点”按钮、“虚线效果”按钮分别用于显示加粗、圆形交点和虚线的线条样式，对应的自定义函数分别是 setLineWidth()、setLineJoin()和 setLineDash()；“还原”按钮主要用于还原初始绘图效果，对应的自定义函数是 reset()。

index.wxml 文件中的代码如下：

```
<!--index.wxml-->
<view class='container'>
  <view class='title1'>基本绘图</view>
  <view class='box'>
   <view class='title2'>线条样式</view>
   <canvas canvas-id='myCanvas' style='border:1rpx solid'></canvas>
   <button type='primary' size='mini' bindtap='setLineWidth'>线条加粗</button>
   <button type='primary' size='mini' bindtap='setLineJoin'>圆形交点</button>
   <button type='primary' size='mini' bindtap='setLineDash'>虚线效果</button>
   <button bindtap='reset'>还原</button>
  </view>
</view>
```

（2）编写 index.wxss 文件中的代码。在该文件中定义.title（标题）样式、canvas（画布）样式和 button（按钮）样式。

（3）编写 index.js 文件中的代码。在 index.js 文件中首先定义 drawSample()函数，用于绘制一个三角形，并且在 onLoad()函数中设置其初始线条宽度为 10px；然后定义 setLineWidth()函数，用于更改线条宽度为 20px；定义 setLineJoin()函数，用于将三角形的 3 个端点设置为弧形；定义 setLineDash()函数，用于设置三角形边框为虚线效果，每条线段长度均为 10px。

index.js 文件中的代码如下：

```
// index.js
Page({
  //绘制基本图形
  drawSample: function () {
    let ctx = this.ctx
  //绘制三角形
    ctx.beginPath()
    ctx.moveTo(150,75)
    ctx.lineTo(225,225)
    ctx.lineTo(75,225)
    ctx.closePath()
    ctx.stroke()
    ctx.draw()
  },
  //线条加粗
  setLineWidth: function () {
    this.ctx.setLineWidth(20)
    this.drawSample()
  },
  //圆形交点
  setLineJoin: function () {
    this.ctx.setLineJoin('round')
    this.drawSample()
  },
  //虚线效果
  setLineDash: function () {
    this.ctx.setLineDash([10,10],2)
    this.drawSample()
  },
  //还原
  reset:function(){
    let ctx = this.ctx
    ctx.lineWidth = 10
    ctx.lineJoin = 'miter'
    ctx.setLineDash([10,10],0)
    this.drawSample()
  },
  //生命周期函数--监听页面加载
  onLoad: function (options) {
    this.ctx = wx.createCanvasContext('myCanvas') //创建画布上下文对象
    this.ctx.lineWidth = 10
    this.drawSample()
  }
})
```

6.8.8 绘制渐变图形

一、任务描述

设计一个绘制渐变图形小程序。小程序在运行后，会在页面中出现两个按钮，分别是“线性渐变”按钮。当分别单击这两个按钮时和“图形渐变”按钮，分别用于绘制矩形的颜色渐变效果和圆形的颜色渐变效果。

二、导入知识点

在小程序中，可以使用颜色渐变效果来设置图形的轮廓或填充颜色，分为线性渐变与圆形渐变两种。首先创建具有指定渐变区域的 canvasGradient 对象。

创建线性渐变 canvasGradient 对象的语法格式如下：

```
const grd=ctx.createLinearGradient(x0,y0,x1,y1)
```

其中，(x0,y0)表示渐变的初始位置坐标，(x1,y1)表示渐变的结束位置坐标。

创建圆形渐变 canvasGradient 对象的语法格式如下：

```
const grd=ctx.createCircularGradient(x,y,r)
```

其中，(x,y)为圆形渐变的圆心坐标，r 为圆形渐变的半径。圆形渐变的起点为圆心，终点为外围圆环。

在使用这两种渐变方法创建 canvasGradient 对象后，可以使用 addColorStop()函数为渐变效果定义颜色与渐变点，其语法格式如下：

```
grd.addColorStop(position,color)
```

其中 position 参数需要填写一个 0～1 的数值，表示渐变点的相对位置，如 0.5 表示在渐变区域的正中间；color 参数需要填写一个有效的颜色值。以上两种方法所创建的颜色渐变效果均可作为一种特殊的颜色值赋予画笔。

三、实现效果

绘制渐变图形小程序的运行效果如图 6.45 所示。单击“线性渐变”按钮，会在页面中显示线性渐变效果，矩形的宽度和高度均为 200px，如图 6.45（a）所示；单击“圆形渐变”按钮，会在页面中显示圆形渐变效果，圆形的半径为 100px，如图 6.45（b）所示。

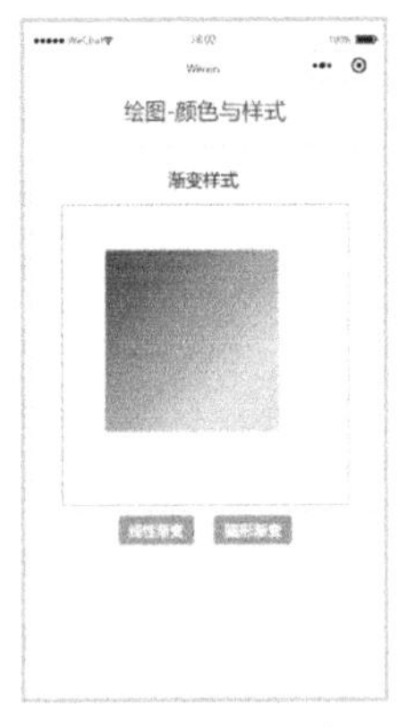

（a）线性渐变效果

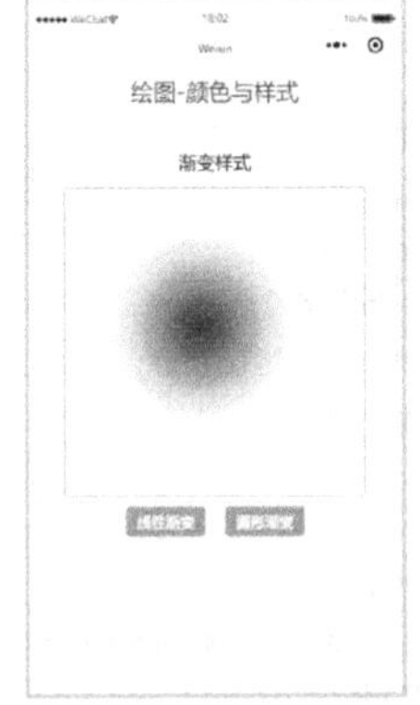

（b）圆形渐变效果

图 6.45　绘制渐变图形小程序的运行效果

四、任务实现

（1）编写 index.wxml 文件中的代码。index.wxml 中包含两个<button>按钮，分别为“线性渐变”按钮和“圆形渐变”按钮，分别用于显示线性渐变效果和圆形渐变效果，对应的自定义函数分别是 linear()和 circular()。

index.wxml 文件中的代码如下：

```
<!--index.wxml-->
<view class='container'>
  <view class='title1'>绘图-颜色与样式</view>
  <view class='box'>
   <view class='title2'>渐变样式</view>
   <canvas canvas-id='myCanvas' style='border:1rpx solid'></canvas>
   <button type='primary' size='mini' bindtap='linear'>线性渐变</button>
   <button type='primary' size='mini' bindtap='circular'>圆形渐变</button>
  </view>
</view>
```

（2）编写 index.wxss 文件中的代码。在该文件中定义.title（标题）样式、button（按钮）样式和 canvas（画布）样式。

（3）编写 index.js 文件中的代码。在 index.js 文件中定义 linear()函数，用于显示一个实心矩形，该矩形具有从左上角蓝色到右下角浅蓝的渐变效果；定义 circular()函数，用于显示一个实心圆形，该圆形具有从圆心紫色向外逐渐变淡至白色的渐变效果。

index.js 文件中的代码如下：

```
// index.js
Page({
 //线性渐变
 linear: function () {
  let ctx = this.ctx
  // 创建渐变
  var grd = ctx.createLinearGradient(0, 0, 200, 200)
  grd.addColorStop(0, 'blue')
  grd.addColorStop(1, 'lightblue')
  // 画图形
  ctx.setFillStyle(grd)
  ctx.fillRect(50, 50, 200, 200)
  ctx.draw()
 },
 //圆形渐变
 circular: function () {
  let ctx = this.ctx
  // 创建渐变
  var grd = ctx.createCircularGradient(150, 150, 100)
  grd.addColorStop(0, 'purple')
  grd.addColorStop(1, 'white')
  // 画图形
  ctx.setFillStyle(grd)
  ctx.fillRect(50, 50, 200, 200)
  ctx.draw()
 },
 // 生命周期函数--监听页面加载
 onLoad: function (options) {
  this.ctx = wx.createCanvasContext('myCanvas')
 }
```

```
})
```

6.8.9 绘制图形阴影效果

一、任务描述

设计一个绘制图形阴影效果小程序。小程序在运行后，会在页面画布中显示一个浅绿色矩形的阴影效果。

二、导入知识点

小程序使用 setShadow()函数为画布中的图形或文本设置阴影效果，其语法格式如下：

```
ctx.setShadow(offsetx,offsetY,blur,color)
```

参数说明如下。

- offsetX：Number 类型的数据，表示阴影相对于图形在水平方向上的偏移量。
- offsetY：Number 类型的数据，表示阴影相对于图形在垂直方向上的偏移量。
- blur：Number 类型的数据，表示阴影的模糊程度，该值越大越模糊，取值范围为 0～100。
- color：Color 类型的数据，表示阴影的颜色。

注意：上述参数均为可选参数，offsetX、offsetY、blur 的默认值为 0，color 的默认值为 black。例如，ctx.setShadow(10,10,20,'silver')表示设置一个模糊程度为 20 的银色阴影效果，阴影相对于图形向右和向下均偏移 20px。

画布上下文对象还具有 4 个用于设置阴影单项样式的属性，如表 6.79 所示。

表 6.79 用于设置阴影单项样式画布上下文对象属性

属 性 名 称	类　　型	说　　明
shadowOffsetX	Number	用于设置阴影在X轴上方向的延伸距离，默认值为0
shadowOffsetY	Number	用于设置阴影在Y轴上方向的延伸距离，默认值为0
shadowBlur	Number	用于设置阴影的模糊程度，默认值为0
shadowColor	Color	用于设置阴影的颜色，默认为透明度为0的黑色

可以将 ctx.setShadow(10,10,20,'silver')用如下代码表示。

```
ctx.shadowOffsetX=10
ctx.shadowOffsetY=10
ctx.shadowBlur=20
ctx.shadowColor='silver'
```

三、实现效果

绘制图形阴影效果小程序的运行效果如图 6.46 所示。

图 6.46 绘制图形阴影效果小程序的运行效果

四、任务实现

（1）编写 index.wxml 文件中的代码。在该文件中，使用<canvas>组件实现图形阴影效果。

index.wxml 文件中的代码如下：

```
<!--index.wxml-->
<view class='container'>
  <view class='title1'>绘图-颜色与样式</view>
  <view class='box'>
    <view class='title2'>阴影样式</view>
    <canvas canvas-id='myCanvas' style='border:1rpx solid'></canvas>
```

```
    </view>
</view>
```

（2）编写 index.wxss 文件中的代码。在该文件中定义.title（标题）样式和 canvas（画布）样式。

（3）编写 index.js 文件中的代码。在该文件的 onLoad()函数中绘制一个左上角点的坐标为(75,75)、宽度和高度均为 150px 的浅绿色实心矩形，使用 setShadow()函数为其设置一个模糊程度为 50 的灰色阴影效果，该阴影相对于原矩形向右和向下均偏移 10px。

index.js 文件中的代码如下：

```
// index.js
Page({
 // 生命周期函数--监听页面加载
 onLoad: function (options) {
  const ctx = wx.createCanvasContext('myCanvas')//创建画布上下文对象
  ctx.setFillStyle('lightgreen')//设置填充颜色
  ctx.setShadow(10, 10, 50, 'gray')//设置阴影
  ctx.fillRect(75,75,150,150)//设置填充矩形
  ctx.draw()//绘图
 }
})
```

6.8.10 自由绘图

一、任务描述

设计一个自由绘图小程序。小程序在运行后，会在页面中出现 6 个按钮，分别是“钢笔”按钮、“毛笔”按钮、“红色”按钮、“蓝色”按钮、“擦除”按钮和“清屏”按钮，通过这 6 个按钮，可以在画布中自由绘图。在绘图时，可以设置笔的粗细和颜色，还可以擦除图形和清空屏幕。

二、导入知识点

本任务主要涉及 TouchEvent.changedTouches 属性和<canvas>组件。

1. TouchEvent.changedTouches 属性

TouchEvent.changedTouches 属性是一个 TouchList 对象，包含所有从上一次触摸事件到此次事件过程中状态发生改变的触点的 Touch 对象。与 TouchEvent.changedTouches 属性有关的属性有 touches 属性和 targetTouches 属性。

- touches：当前屏幕中所有触摸点的列表。
- targetTouches：当前对象中所有触摸点的列表。
- changedTouches：涉及当前（引发）事件的触摸点的列表。

可以通过以下例子区分触摸事件中的这 3 个属性。

（1）用一根手指接触屏幕，从而触发事件，此时这 3 个属性有相同的值。

（2）用两根手指接触屏幕，touches 属性中有两个元素，每根手指触摸点为一个值。如果两根手指触摸的元素相同，那么 targetTouches 属性和 touches 属性的值相同，否则 changedTouches 属性只有一个值，为第二根手指的触摸点，因为第二根手指是引发事件的原因。

（3）用两根手指同时接触屏幕，此时 changedTouches 属性有两个值，每一根手指的触摸点都有一个值。

（4）滑动手指，3 个属性的值都会发生变化。

（5）一根手指离开屏幕，touches 属性和 targetTouches 属性中对应的元素会同时移除，而 changedTouches 属性中仍然会存在元素。

（6）在手指都离开屏幕后，touches 属性和 targetTouches 属性中不再有值，changedTouches 属性中还会有一个值，此值为最后一个离开屏幕的手指的接触点。

2．画布组件<canvas>

<canvas>组件的属性说明如表 6.80 所示。

表 6.80 <canvas>组件的属性说明

属　　性	类　　型	必　　填	说　　明
type	String	否	指定<canvas>组件的类型，当前仅支持webgl
canvas-id	String	否	<canvas>组件的唯一标识符，若指定了type属性的值则无须再指定该属性的值
disable-scroll	Boolean	否	当在<canvas>组件中移动且有绑定手势事件时，禁止屏幕滚动及下拉刷新
bindtouchstart	EventHandle	否	在手指触摸后开始
bindtouchmove	EventHandle	否	在手指触摸后移动
bindtouchend	EventHandle	否	手指触摸动作结束
bindtouchcancel	EventHandle	否	手指触摸动作被打断，如来电提醒、弹窗
bindlongtap	EventHandle	否	在手指长按500ms后触发，在触发长按事件后进行移动不会触发屏幕的滚动事件
binderror	EventHandle	否	当发生错误时触发error事件，detail={errMsg}

三、实现效果

自由绘图小程序的运行效果如图 6.47 所示。初始页面如图 6.47（a）所示，此时，页面中有 6 个按钮，分别为“钢笔”按钮、“毛笔”按钮、“红色”按钮、“蓝色”按钮、“擦除”按钮和“清屏”按钮，单击不同的按钮，可以实现相应的功能；单击“钢笔”按钮，绘制的线条比较细，如图 6.47（b）所示；单击“毛笔”按钮，绘制的线条比较粗，单击“红色”按钮，绘制的线条颜色为红色，单击“蓝色”按钮，绘制的线条颜色为蓝色，如图 6.47（c）所示；单击“擦除”按钮，可以以线条的形式擦除绘制的图形，如图 6.47（d）所示；单击“清屏”按钮，将画布清空，画笔粗细和颜色恢复为初始状态。

（a）初始页面

（b）使用钢笔页面

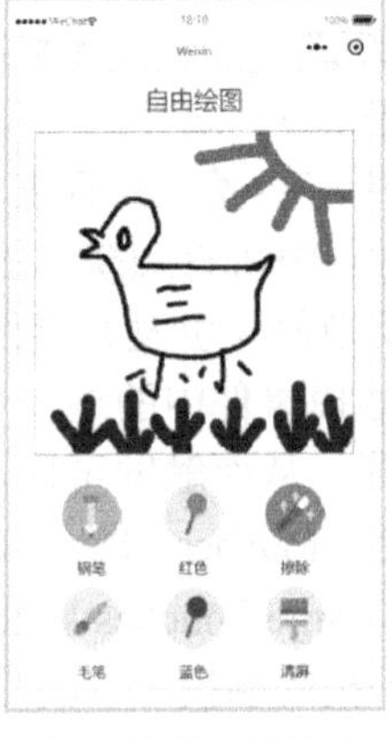

（c）使用毛笔页面

（d）擦除页面

图 6.47 自由绘图小程序的运行效果

四、任务实现

（1）编写 index.wxml 文件中的代码。index.wxml 中包含 1 个<canvas>组件和 6 个<button>按钮，<canvas>组件主要用于绘制图形，6 个<button>按钮分别为“钢笔”按钮、“毛笔”按钮、“红色”按钮、“蓝色”按钮、“擦除”按钮和“清屏”按钮，分别用于实现相应的功能。其中，为“钢笔”按钮和“毛笔”按钮绑定自定义函数 penSelect()；为“红色”按钮和“蓝色”按钮绑定自定义函数 colorSelect()；为“擦除”按钮绑定自定义函数 clear()；为“清屏”按钮绑定自定义函数 clearAll()

index.wxml 文件中的代码如下：

```
<!--index.wxml-->
<view class='box'>
  <view class="title1">
  <view class='title'>自由绘图</view>
  <!--画布区域-->
  <view>
    <canvas canvas-id='myCanvas' disable-
scroll='true' bindtouchstart='touchStart' bindtouchmove='touchMove' bindtouchend='touchEnd'>
    </canvas>
  </view>
 </view>
  <!--绘图工具区域-->
  <view class='toolStyle01'>
   <view class='toolStyle02'>
    <view class='toolStyle' hover-class='changeBc' bindtap='penSelect' data-param='5' style=" background-
image: url(../images/pencil.jpg);">
      <view class='text'>钢笔</view>
    </view>
    <view class='toolStyle' hover-class='changeBc' bindtap='penSelect' data-param='15' style="margin-top:75rpx;background-
image: url(../images/paintbrush2.jpg);" >
      <view class='text'>毛笔</view>
    </view>
   </view>
   <view class='toolStyle02'>
    <view class='toolStyle' hover-class='changeBc' bindtap='colorSelect' data-param='red' style="background-
image: url(../images/red.jpg);">
      <view class='text'>红色</view>
    </view>
    <view class='toolStyle' hover-class='changeBc' bindtap='colorSelect' data-param='blue' style="margin-top:75rpx;background-
image: url(../images/blue.jpg);">
      <view class='text'>蓝色</view>
    </view>
   </view>
   <view class='toolStyle02'>
    <view class='toolStyle' hover-class='changeBc' bindtap='clear' style="background-image: url(../images/magicwand.jpg);">
      <view class='text'>擦除</view>
    </view>
    <view class='toolStyle' hover-class='changeBc' bindtap='clearAll' style="margin-top:75rpx;background-
image: url(../images/paintbrush.jpg);">
      <view class='text'>清屏</view>
    </view>
   </view>
  </view>
</view>
```

（2）编写 index.wxss 文件中的代码。在该文件中定义 5 种样式，分别为.canvas、.toolStyle01、

.toolStyle02、.toolStyle、.changeBc。

（3）编写 index.js 文件中的代码。在该文件的 onLoad()函数中创建画布上下文对象。在该文件中定义 6 个函数，分别为 touchStart()函数、touchMove()函数、penSelect()函数、colorSelect()函数、clear()函数和 clearAll()函数。其中，touchStart()函数主要用于实现手指触碰画布的事件过程，touchMove()函数主要用于实现手指在画布上移动的事件过程，penSelect()函数主要用于实现选择画笔的事件过程，colorSelect()函数主要用于实现选择画笔颜色的事件过程，clear()函数主要用于实现单击“擦除”按钮的事件过程，clearAll()函数主要用于实现单击“清屏”按钮的事件过程。

index.js 文件中的代码如下：

```
//index.js
Page({
 isClear: false,
 data: {
  pen: 1,
  color: '#000000'
 },
onLoad: function() {
  this.ctx = wx.createCanvasContext('myCanvas', this);
 },

 touchStart: function(e) {
  this.x1 = e.changedTouches[0].x;
  this.y1 = e.changedTouches[0].y;
  if (this.isClear) {
   this.ctx.setStrokeStyle('#FFFFFF');
   this.ctx.setLineCap('round');
   this.ctx.setLineJoin('round');
   this.ctx.setLineWidth(20);
   this.ctx.beginPath();
  } else {
   this.ctx.setStrokeStyle(this.data.color);
   this.ctx.setLineWidth(this.data.pen);
   this.ctx.setLineCap('round');
   this.ctx.beginPath();
  }
 },

 touchMove: function(e) {
  var x2 = e.changedTouches[0].x;
  var y2 = e.changedTouches[0].y;
  if (this.isClear) {
   this.ctx.moveTo(this.x1, this.y1);
   this.ctx.lineTo(x2, y2);
   this.ctx.stroke();
   this.x1 = x2;
   this.y1 = y2;
  } else {
   this.ctx.moveTo(this.x1, this.y1);
   this.ctx.lineTo(x2, y2);
   this.ctx.stroke();
   this.x1 = x2;
   this.y1 = y2;
  }
```

```
    this.ctx.draw(true);
  },

  touchEnd: function() {},
  penSelect: function(e) {
    this.setData({
      pen: parseInt(e.currentTarget.dataset.param)
    })
    this.isClear = false;
  },

  colorSelect: function(e) {
    this.setData({
      color: e.currentTarget.dataset.param
    });
    this.isClear = false;
  },

  clear: function() {
    this.isClear = true;
  },

  clearAll: function() {
    this.setData({
      pen: 1,
      color: '#000000'
    })
    this.ctx.draw();
  }
})
```

第 7 章 综合应用案例——中国国旅微信小程序

一、学习目标

- 能使用 tabBar 属性配置底部标签导航。
- 能使用<swiper>组件实现景点轮播效果。
- 能通过 wx:for 列表渲染的方式实现宫格导航页面。
- 能定义宫格导航页面的 navBtn 事件，用于实现导航链接跳转。
- 能使用<dl>、<dt>和<dd>标签进行筛选条件布局。
- 能定义菜单切换单击事件 tapMainMenu。
- 能使用表单组件制作表单页面。

二、项目需求分析

1. 项目描述

参加文博会需要使用中国国旅 App 订机票、领签到礼、兑换礼品等，下面我们做一个具有中国国旅 App 功能的微信小程序，它的主要页面如图 7.1 所示。

（a）首页

（b）“更多”页面

图 7.1 中国国旅微信小程序

（c）“景点”页面

（d）“购票”页面

图 7.1　中国国旅微信小程序（续）

2. 项目分析

中国国旅微信小程序需要实现以下主要功能。

- 在小程序首页实现底部标签导航功能、景点轮播功能和宫格导航功能，如图 7.2 所示。
- 在首页单击“更多”图标，打开“更多”页面，显示所有分类，如图 7.3 所示。

图 7.2　小程序首页

图 7.3　“更多”页面

- 在“景点”页面中，将各个景点以列表的形式展现出来，提供“全部”和“默认”两种展示方式，如图 7.4 所示。
- 在“购票”页面中填写个人信息并购票，如图 7.5 所示。

图 7.4 “景点”页面

图 7.5 “购票”页面

- 在“购票”页面设置“获知渠道”时，以弹出层的形式提供单选按钮列表，如图 7.6 所示。

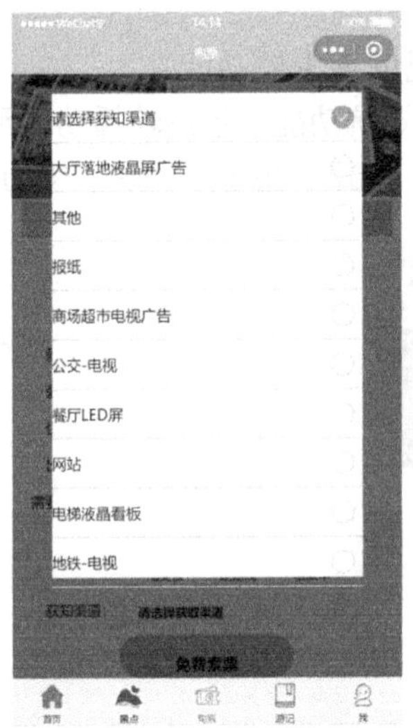

图 7.6 “获知渠道”弹出层

三、项目准备

1. 设计思路

- 在设计底部标签导航时，准备好底部标签导航中的图标，并且创建 5 个相应的页面；设置默认的底部标签图标和选中状态的底部标签图标，标签名称采用两种颜色，灰色为默认颜色，绿色为选中状态的颜色。
- 在设计首页景点轮播功能时，准备好首页中需要轮播的图片。
- 在设计宫格导航时，先将宫格导航中的图标和导航名称存储于 JavaScript 后台，然后动态循环展示宫格导航。
- 在设计“更多”页面时，有 3 个区域：玩转旅游、特色游玩、我的旅游。由于这 3 个区域的布局方式一样，因此可以先设计一个区域，另外两个区域直接复制使用即可。
- “景点”页面的设计难点在于对“筛选条件”下拉列表的设计，需要将筛选条件置于页面顶层（在样式中设置 z-index:999，即可将其置于顶层）。

- “购票”页面是常规的表单页面，需要将表单数据提交给后台并保存到本地。

2. 相关知识点

- 在设计页面布局时，会用到微信小程序的组件，包括基础视图容器组件<view>、图片组件<image>、滑块视图容器组件<swiper>、图标组件<icon>、表单组件<form>、单选按钮组件<radio>、复选框组件<checkbox>等。
- 在设计页面样式时，需要使用 WXSS 设置一些样式，用于对页面进行美化和渲染。
- 将数据缓存到本地，需要调用 API 函数 wx.setStorageSync()。
- 页面跳转需要调用 API 函数 wx.navigateTo()。

四、项目实施

1. 准备工作

（1）首先需要准备一个 AppID，如果没有 AppID，就不能在手机上对项目进行预览，但是在开发工具上开发是没有任何问题的。

（2）底部标签导航图标包含默认图标和选中状态图标，将其存储于 images/bar 文件夹中，如图 7.7 所示。

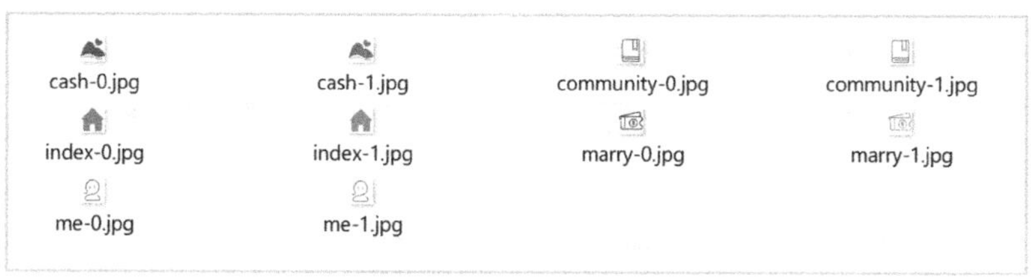

图 7.7　底部标签导航图标

（3）准备景点轮播图片，将其存储于 images/lunbo 文件夹中，如图 7.8 所示。

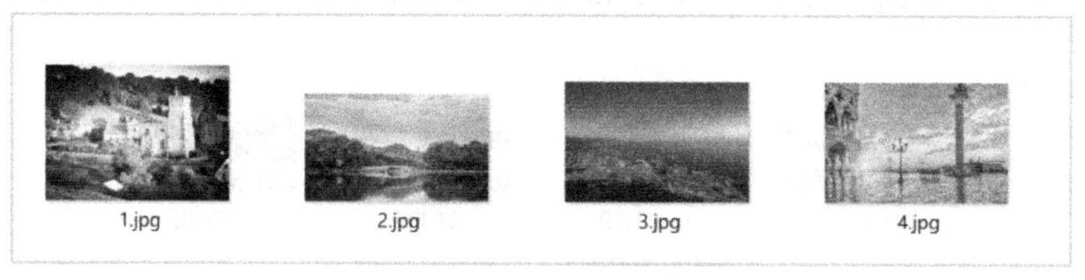

图 7.8　景点轮播图片

（4）在设计宫格导航首页时，需要用到一些图标，将其存储于 images/nav 文件夹中，如图 7.9 所示。

图 7.9　宫格导航首页图标

（5）将“更多”页面中的“玩转旅游”区域需要用到的图标存储于 images/more/wzly 文件夹中，如图 7.10 所示。

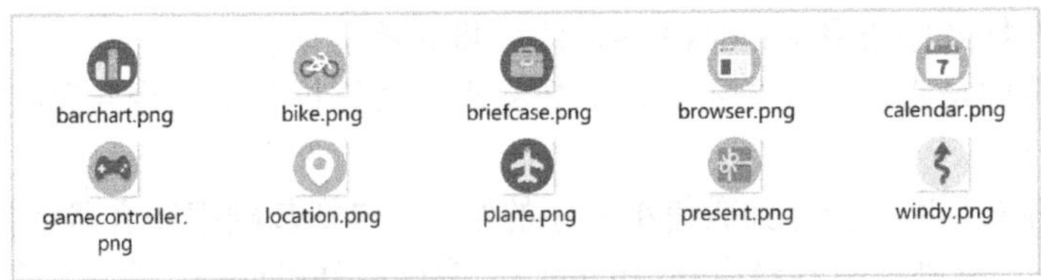

图 7.10 “玩转旅游”区域中的图标

（6）将“更多”页面中的“特色游玩”区域需要用到的图标存储于 images/more/tsyw 文件夹中，如图 7.11 所示。

图 7.11 “特色游玩”区域中的图标

（7）将“更多”页面中的“我的旅游”区域需要用到的图标存储于 images/more/wdly 文件夹中，如图 7.12 所示。

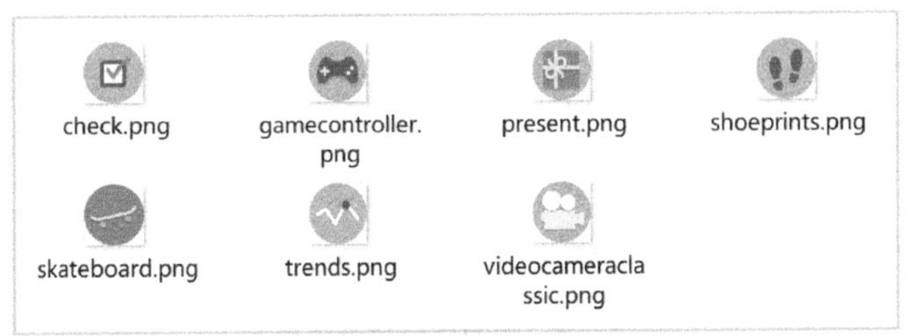

图 7.12 “我的旅游”区域中的图标

（8）将“景点”页面中的图片存储于 images/scenicspot 文件夹中，如图 7.13 所示。

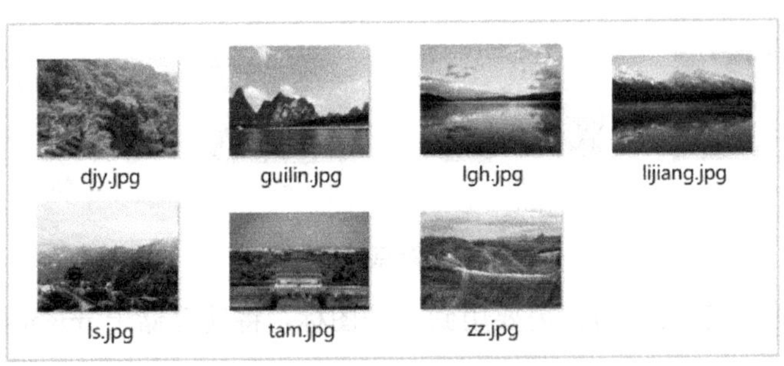

图 7.13 “景点”页面中的图片

（9）将“购票”页面中的图标存储于 images/buyingtickets 文件夹中。

2．任务实现

首先设计中国国旅微信小程序的底部标签导航、景点轮播效果和宫格导航；然后设计“更多”页面；再设计“景点”页面，包括“筛选条件”下拉列表及景点列表；最后设计“购票”页面，并且设计“获知渠道”弹出层。

1）底部标签导航设计。

中国国旅微信小程序一共有 5 个底部标签，分别为“首页”“景点”“购票”“游记”“我”。在选中某个底部标签后，该底部标签的图标颜色和文字颜色都会变为绿色，如图 7.14 所示。

图 7.14　选中底部标签后的效果

（1）新建一个 chinatravel 项目，将准备好的底部标签导航图标、景点轮播图片、宫格导航首页图标、“更多”页面中的图标、“景点”页面中的图标、“购票”页面中的图标存储于 chinatravel 项目目录下。

（2）打开 app.json 配置文件，在 pages 数组中添加 6 个页面路径，分别为"pages/ index/index" "pages/scenicspot/scenicspot" "pages/buyingtickets/buyingtickets" "pages/travels/ travels" "pages/ me/me" 和 "pages/more/more"，在保存后会自动生成相应的页面文件夹；删除页面路径 "pages/logs/logs"及相应的文件夹，具体代码如下：

```
{
 "pages": [
  "pages/index/index",
  "pages/scenicspot/scenicspot",
  "pages/buyingtickets/buyingtickets",
  "pages/travels/travels",
  "pages/me/me",
  "pages/more/more"
 ],
}
```

（3）在 window 数组中，设置窗口导航的背景颜色为绿色（值为#A3CF62）、导航栏文字为“中国国旅”、字体颜色为白色，具体代码如下：

```
{
 "window": {
  "backgroundTextStyle": "light",
  "navigationBarBackgroundColor": "#a3cf62",
  "navigationBarTitleText": "中国国旅",
  "navigationBarTextStyle": "white"
 },
}
```

（4）在 tabBar 属性中，设置底部标签导航的背景颜色为灰色（值为#F3F1EF）、文字默认颜色为黑色、文字被选中时颜色为绿色（值为#1d953f），在 list 数组中配置底部标签导航对应的页面、导航名称、默认图标、选中状态图标。

这样就完成了中国国旅微信小程序的底部标签导航配置，单击不同的标签，可以切换不同的页面，同时导航图标和导航文字会转换为选中状态，具体代码如下：

```
{
 "tabBar": {
  "selectedColor": "#1d953f",
  "backgroundColor": "#F3F1EF",
  "borderStyle": "white",
  "list": [
   {
    "pagePath": "pages/index/index",
    "text": "首页",
```

```
            "iconPath": "images/bar/index-0.jpg",
            "selectedIconPath": "images/bar/index-1.jpg"
          },
          {
            "pagePath": "pages/scenicspot/scenicspot",
            "text": "景点",
            "iconPath": "images/bar/scenicSpot-0.jpg",
            "selectedIconPath": "images/bar/scenicSpot-1.jpg"
          },
          {
            "pagePath": "pages/buyingtickets/buyingtickets",
            "text": "购票",
            "iconPath": "images/bar/ticket-0.jpg",
            "selectedIconPath": "images/bar/ticket-1.jpg"
          },
          {
            "pagePath": "pages/travels/travels",
            "text": "游记",
            "iconPath": "images/bar/travels-0.jpg",
            "selectedIconPath": "images/bar/travels-1.jpg"
          },
          {
            "pagePath": "pages/me/me",
            "text": "我",
            "iconPath": "images/bar/me-0.jpg",
            "selectedIconPath": "images/bar/me-1.jpg"
          }]
      }
    }
```

2）首页景点轮播功能设计。

首页景点轮播功能可以在有限的区域内动态地显示不同的景点图片，是很多网站或 App 都会采用的一种展示方式，在中国国旅微信小程序的首页，采用景点轮播的方式展示各地风景图片，如图 7.15 所示。

图 7.15　首页景点轮播效果

（1）打开 pages/index/index.wxml 文件，采用 view、swiper、image 样式进行布局，设置图片宽度为 100%、高度为 176px，具体代码如下：

```
  <view class="lunbo">
   <swiper indicator-dots="{{indicatorDots}}" autoplay="{{autoplay}}" interval="{{interval}}" duration="{{duration}}"  indicator-dots>
    <block wx:for="{{imgUrls}}">
     <swiper-item>
      <image src="{{item}}" class="silde-image" style="width:100%;height:176px;"></image>
```

```
      </swiper-item>
    </block>
  </swiper>
</view>
```

在<swiper>组件中，设置播放方式为自动播放（autoplay="true"）、自动切换时间间隔为 5s（interval="5000"）、滑动动画时长为 1s（duration="1000"）、显示轮播小圆点（indicator-dots="false"），采用 wx:for 循环显示要展示的图片，从 index.js 文件中获取 imgUrls 图片的路径。

（2）打开 pages/index/index.js 文件，在 data 对象中定义一个 imgUrls 数组，用于存储首页景点轮播图片的路径，具体代码如下：

```
Page({
  data: {
    indicatorDots: false,
    autoplay: true,
    interval: 5000,
    duration: 1000,
    imgUrls: [
      "../../images/lunbo/1.jpg",
      "../../images/lunbo/2.jpg",
      "../../images/lunbo/3.jpg",
      "../../images/lunbo/4.jpg"
    ]
  },
  onLoad: function (options) {
  //页面初始化 options 为页面跳转所带来的参数
  }
})
```

（3）首页景点轮播效果展示如图 7.16 和图 7.17 所示。

图 7.16　首页景点轮播效果展示一

图 7.17　首页景点轮播效果展示二

3）宫格导航设计。

宫格导航设计是很多 App 软件都会采用的一种设计方式，通过宫格导航设计，在首页中给用户提供各页面的入口，用户可以根据自己的需要进入相应的页面。这就是宫格导航的一个好处，即根据导航名称进入相应的页面，如图 7.18 所示。

图 7.18　宫格导航设计

（1）打开 pages/index/index.js 文件，首先准备好要显示的图标和导航名称的数据值，然后定义变量 navs，将数据值赋给 navs 变量，具体代码如下：

```
Page({
  data: {
    indicatorDots: false,
    autoplay: true,
    interval: 5000,
    duration: 1000,
    imgUrls: [
      "../../images/lunbo/1.jpg",
      "../../images/lunbo/2.jpg",
      "../../images/lunbo/3.jpg",
      "../../images/lunbo/4.jpg"
],
navs: []
  },
... ...
    var nav9 = new Object();
    nav9.img = '../../images/nav/star.png';
    nav9.name = '更多';
    navs[9] = nav9;
    return navs;
  }
```

（2）打开 pages/index/index.wxml 文件，设计宫格导航的布局，采用 wx:for 列表渲染的方式将变量 navs 值循环显示出来，定义绑定事件 navBtn，具体代码如下：

```
<view class="nav">
 <block wx:for="{{navs}}">
  <view class="item" bindtap="navBtn" id="{{index}}">
    <view>
     <image src="{{item.img}}" style="width:58px;height:56px;"></image>
    </view>
    <view>
```

```
        {{item.name}}
      </view>
    </view>
  </block>
</view>
<view class="hr"></view>
```

（3）打开 pages/index/index.wxss 文件，给宫格导航和间隔线添加相应的样式。

（4）在 app.json 文件中新配置一个“更多”页面文件路径，然后打开 pages/index/ index.js 文件，添加 navBtn 事件，用于在单击“更多”宫格导航图标时，跳转到“更多”页面，具体代码如下：

```
Page(
  navBtn: function (e) {
    console.log(e);
    var id = e.currentTarget.id;
    if (id == "9") {
      wx.navigateTo({
        url: '../more/more'
      })
    }
  },
})
```

这样就可以实现宫格导航功能，在单击“更多”宫格导航图标时会跳转到“更多”页面，如果需要单击其他宫格导航图标进行页面跳转，则需要配置相应的跳转页面。

4）“更多”页面设计。

“更多”页面集合了中国国旅微信小程序的所有导航入口，它可以分为 3 类导航：“玩转旅游”导航，包含“订机票”“找景点”“去签证”等服务；“特色游玩”导航，包含“热气球”“坐游艇”等服务；“我的旅游”导航，包含“玩滑板”“徒游旅”“签到礼”等服务。这 3 类导航布局方式相同，可以先设计一类导航，然后直接进行复用，如图 7.19 所示。

图 7.19　“更多”页面中的 3 类导航

（1）打开 pages/more/more.wxml 文件，先设计“玩转旅游”导航，具体代码如下：

```
<view class="content">
```

```
    <view class="line"></view>
    <view class="item">
      <view class="title">玩转旅游</view>
      <view class="hr"></view>
      <view class="navs_one">
        <view class="nav">
          <view><image src="../../images/more/wzly/plane.png" style="width:38px;height:38px;"></image></view>
          <view>订机票</view>
        </view>
        <view class="nav">
          <view><image src="../../images/more/wzly/location.png" style="width:38px;height:38px;"></image></view>
          <view>找景点</view>
        </view>
        <view class="nav">
          <view><image src="../../images/more/wzly/browser.png" style="width:38px;height:38px;"></image></view>
          <view>去签证</view>
        </view>
        <view class="nav">
          <view><image src="../../images/more/wzly/barchart.png" style="width:38px;height:38px;"></image></view>
          <view>订住宿</view>
        </view>
      </view>
       <view class="navs">
        <view class="nav">
          <view><image src="../../images/more/wzly/calendar.png" style="width:38px;height:38px;"></image></view>
          <view>选日期</view>
        </view>
        <view class="nav">
          <view><image src="../../images/more/wzly/briefcase.png" style="width:38px;height:38px;"></image></view>
          <view>备行李</view>
        </view>
        <view class="nav">
          <view><image src="../../images/more/wzly/present.png" style="width:38px;height:38px;"></image></view>
          <view>淘美食</view>
        </view>
        <view class="nav">
          <view><image src="../../images/more/wzly/bike.png" style="width:38px;height:38px;"></image></view>
          <view>去骑行</view>
        </view>
       <view class="nav">
          <view><image src="../../images/more/wzly/ganmecontroller.png" style="width:38px;height:38px;"></image></view>
          <view>去玩乐</view>
        </view>
       <view class="nav">
          <view><image src="../../images/more/wzly/windy.png" style="width:38px;height:38px;"></image></view>
          <view>定路线</view>
        </view>
       </view>
    </view>
```

（2）打开 pages/more/more.wxss 文件，给“玩转旅游”导航添加样式，让它以两行 4 列的方式展现出来。

“玩转旅游”导航效果如图 7.20 所示。

图 7.20　“玩转旅游”导航效果

（3）在“玩转旅游”导航设计完成后，“特色游玩”导航可以直接复制其内容，然后在这个基础上进行修改，打开 pages/ more/more.wxml 文件，复制“玩转旅游”导航中的相关代码，修改成“特色游玩”导航中的内容，具体代码如下：

```
<view class="line"></view>
<view class="item">
  <view class="title">特色游玩</view>
  <view class="hr"></view>
  <view class="navs">
    <view class="nav">
      <view><image src="../../images/more/tsyw/blimp.png" style="width:38px;height:38px;"></image></view>
      <view>热气球</view>
    </view>
    <view class="nav">
      <view><image src="../../images/more/tsyw/cruise.png" style="width:38px;height:38px;"></image></view>
      <view>坐游艇</view>
    </view>
    <view class="nav">
      <view><image src="../../images/more/tsyw/motorcycle.png" style="width:38px;height:38px;"></image></view>
      <view>开机车</view>
    </view>
    <view class="nav">
      <view><image src="../../images/more/tsyw/helicopter.png" style="width:38px;height:38px;"></image></view>
      <view>直升机</view>
    </view>
  </view>
```

“特色游玩”导航效果如图 7.21 所示。

图 7.21　“特色游玩”导航效果

（4）“我的旅游”导航也用此方法进行设计。打开 pages/more/more.wxml 文件，复制“玩转旅游”导航中的相关代码，修改成“我的旅游”导航中的内容，具体代码如下：

```
<view class="line"></view>
<view class="item">
  <view class="title">特色游玩</view>
```

```
    <view class="hr"></view>
    <view class="navs">
      <view class="nav">
        <view><image src="../../images/more/tsyw/blimp.png" style="width:38px;height:38px;"></image></view>
        <view>热气球</view>
      </view>
      <view class="nav">
        <view><image src="../../images/more/tsyw/cruise.png" style="width:38px;height:38px;"></image></view>
        <view>坐游艇</view>
      </view>
      <view class="nav">
        <view><image src="../../images/more/tsyw/motorcycle.png" style="width:38px;height:38px;"></image></view>
        <view>开机车</view>
      </view>
      <view class="nav">
        <view><image src="../../images/more/tsyw/helicopter.png" style="width:38px;height:38px;"></image></view>
        <view>直升机</view>
      </view>
    </view>
  </view>
  <view class="line"></view>
```

"我的旅游"导航效果如图 7.22 所示。

图 7.22 "我的旅游"导航效果

（5）打开 pages/more/more.json 文件，修改窗口标题，具体代码如下：

```
{
"navigationBarTitleText":"更多分类"
}
```

微信小程序在开发过程中总会遇到相同或者类似布局的区域，这时就要新设计一个区域，如果能将其提炼成模板，可以提炼成模板使用；不能的话，可以直接复制这个区域，在这个基础上进行修改，从而可以提高开发效率。

5）"景点"页面设计——"筛选条件"下拉列表。

很多 App 都会使用下拉列表展示筛选条件，"景点"页面也是使用下拉列表展示条件筛选的，它分为两种展示方式，分别为"全部"和"默认"，如图 7.23 和图 7.24 所示。

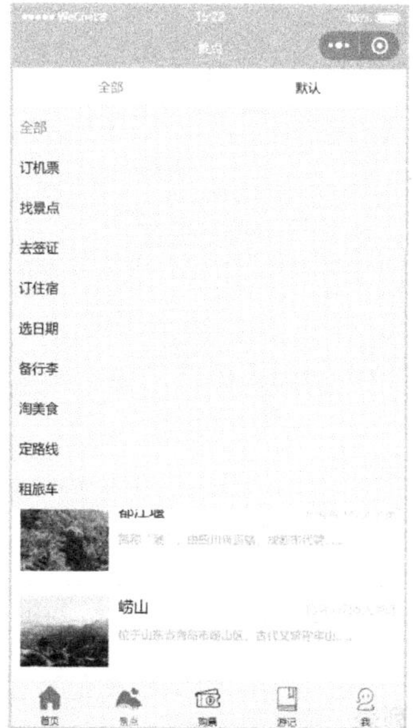

图 7.23 “全部”展示方式

图 7.24 “默认”展示方式

（1）打开 pages/scenicspot/scenicspot.wxml 文件，使用<dl>、<dt>和<dd>标签设计“筛选条件”下拉列表的布局，绑定菜单切换事件 tapMainMenu，具体代码如下：

```
<dl class="menu">
  <dt data-index="0" bindtap="tapMainMenu" class="{{currentTab==0?'select':'defalut'}}">全部</dt>
  <dd class="{{subMenuDispaly[0]}}">
    <ul>
      <li class="select">全部</li>
      <li>订机票</li>
      <li>找景点</li>
      <li>去签证</li>
      <li>订住宿</li>
      <li>选日期</li>
      <li>备行李</li>
      <li>淘美食</li>
      <li>定路线</li>
      <li>租旅车</li>
    </ul>
  </dd>
  <dt data-index="1" bindtap="tapMainMenu" class="{{currentTab==1?'select':'defalut'}}">默认</dt>
  <dd class="{{subMenuDispaly[1]}}">
    <ul>
      <li class="select">默认</li>
      <li>最新</li>
      <li>最热</li>
    </ul>
  </dd>
</dl>
```

（2）打开 pages/scenicspot/scenicspot.wxss 文件，给“筛选条件”下拉列表添加样式。“筛选条件”下拉列表如图 7.25 所示。

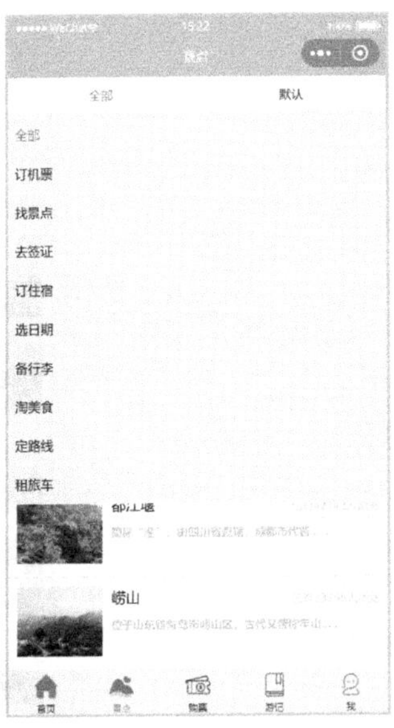

图 7.25 “筛选条件”下拉列表

（3）打开 pages/scenicspot/scenicspot.js 文件，定义两个变量，分别为 subMenuDisplay 和 currentTab。subMenuDispaly 变量主要用于控制筛选条件的显示与隐藏；currentTab 变量主要用于控制筛选菜单被选中的效果，并且定义菜单切换事件 tapMainMenu，具体代码如下。

```
function initSubMenuDisplay(){
 return ['hidden','hidden'];
}
Page({
 data:{
  subMenuDispaly:initSubMenuDisplay(),
  currentTab:-1
 },
 tapMainMenu:function(e){
  console.log(e);
  var index = parseInt(e.currentTarget.dataset.index);
  console.log(index);
  var newSubMenuDisplay = initSubMenuDisplay();
  if(this.data.subMenuDispaly[index] == 'hidden'){
     newSubMenuDisplay[index] = 'show';
     this.setData({currentTab:index});
  }else{
     newSubMenuDisplay[index] = 'hidden';
     this.setData({currentTab:-1});
  }
  this.setData({subMenuDispaly:newSubMenuDisplay});
 }
})
```

这样就完成了“筛选条件”下拉列表的设计，单击“筛选条件”下拉列表展示方式的名称，相应的名称会呈现为红色选中效果，同时显示相应的下拉选项；单击“筛选条件”下拉列表的另一种展示方式的名称，会动态切换下拉列表。

6）“景点”页面设计——景点列表。

景点列表主要用于展示景点的风景图，包括景点图片、景点名称、景点介绍及浏览情况，如图 7.26 所示。

图 7.26　景点列表

（1）打开 pages/scenicspot/scenicspot.wxml 文件，先设计景点的一条详细信息，包括景点图片、景点名称、景点介绍及浏览情况，具体代码如下：

```
<view class="items">
 <view class="item">
   <view><image src="../../images/scenicspot/lijiang.jpg" style="width:93px;height:73px;"></image></view>
   <view class="des">
     <view class="title">
       丽江玉龙雪山<text class="people">已有 23244 人浏览</text>
     </view>
     <view class="hr"></view>
     <view class="jingdian">玉龙雪山为云南省丽江市境内雪山群......</view>
   </view>
 </view>
 <view class="line"></view>
```

（2）打开 pages/scenicspot/scenicspot.wxss 文件，给第一条景点信息添加样式，将其分为左右两列，左侧展示景点图片，右侧展示景点的相关信息。

景点列表中一条景点信息的布局效果如图 7.27 所示。

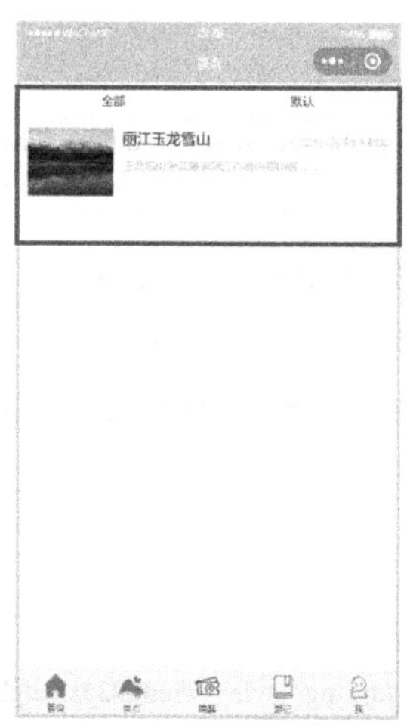

图 7.27　景点列表中一条景点信息的布局效果

（3）打开 pages/scenicspot/scenicspot.wxml 文件，复制设计好的第一条景点信息，在其基础上进行修改，具体代码如下：

```
<view class="items">
  <view class="item">
    <view><image src="../../images/scenicspot/lijiang.jpg" style="width:93px;height:73px;"></image></view>
    <view class="des">
      <view class="title">
        丽江玉龙雪山<text class="people">已有 23244 人浏览</text>
      </view>
      <view class="hr"></view>
      <view class="jingdian">玉龙雪山为云南省丽江市境内雪山群......</view>
    </view>
  </view>
  <view class="line"></view>

  <view class="item">
    <view><image src="../../images/scenicspot/lgh.jpg" style="width:93px;height:73px;"></image></view>
    <view class="des">
      <view class="title">
        泸沽湖<text class="people">已有 23755 人浏览</text>
      </view>
      <view class="hr"></view>
      <view class="jingdian">古称鲁窟海子，又名左所海，俗称亮海......</view>
    </view>
  </view>
  <view class="line"></view>

  <view class="item">
    <view><image src="../../images/scenicspot/tam.jpg" style="width:93px;height:73px;"></image></view>
    <view class="des">
      <view class="title">
      北京故宫<text class="people">已有 13755 人浏览</text>
      </view>
      <view class="hr"></view>
      <view class="jingdian">北京故宫是中国明清两代的皇家宫殿，旧......</view>
    </view>
  </view>
  <view class="line"></view>

  <view class="item">
    <view><image src="../../images/scenicspot/guilin.jpg" style="width:93px;height:73px;"></image></view>
    <view class="des">
      <view class="title">
        桂林阳朔漓江<text class="people">已有 52155 人浏览</text>
      </view>
      <view class="hr"></view>
      <view class="jingdian">漓江发源于“华南第一峰”桂北越城岭猫......</view>
    </view>
  </view>
  <view class="line"></view>

  <view class="item">
    <view><image src="../../images/scenicspot/djy.jpg" style="width:93px;height:73px;"></image></view>
    <view class="des">
      <view class="title">
```

```
        都江堰<text class="people">已有 42142 人浏览</text>
      </view>
      <view class="hr"></view>
      <view class="jingdian">简称"灌"，由四川省直辖，成都市代管......</view>
    </view>
  </view>
  <view class="line"></view>

  <view class="item">
    <view><image src="../../images/scenicspot/ls.jpg" style="width:93px;height:73px;"></image></view>
    <view class="des">
      <view class="title">
        崂山<text class="people">已有 33755 人浏览</text>
      </view>
      <view class="hr"></view>
      <view class="jingdian">位于山东省青岛市崂山区，古代又曾称牢山.....</view>
    </view>
  </view>
  <view class="line"></view>

  <view class="item">
    <view><image src="../../images/scenicspot/zz.jpg" style="width:93px;height:73px;"></image></view>
    <view class="des">
      <view class="title">
        郴州<text class="people">已有 26245 人浏览</text>
      </view>
      <view class="hr"></view>
      <view class="jingdian">是湖南省下辖的地级市。"郴"字，意为林......</view>
    </view>
  </view>
  <view class="line"></view>
</view>
```

景点列表效果如图 7.28 所示。

图 7.28　景点列表效果

（4）打开 pages/scenicspot/scenicspot.json 文件，修改页面标题。

```
{
    "navigationBarTitleText":"景点"
}
```

7）“购票”页面设计。

“购票”页面主要用于购买去景点的机票或门票，门票是进入景点的入门凭证，而购买门票需要填写自己和亲人的相关信息，以及快递地址和出行日期，如图 7.29 所示。

图 7.29 “购票”页面表单

（1）打开 pages/buyingtickets/buyingtickets.wxml 文件，设计中国国旅宣传海报和购票按钮的布局，具体代码如下：

```
<view class="content">
  <view>
    <image src="../../images/buyingtickets/xuanchuan.jpg" style="width:100%;height:220px;"></image>
  </view>
  <view class="ticket">
    <view class="first"><icon type="success"></icon>我第一次购票</view>
    <view class="second"><icon type="success"></icon>我以前购过的票</view>
  </view>
```

（2）打开 pages/buyingtickets/buyingtickets.wxss 文件，给“购票”页面中的按钮添加样式。

（3）打开 pages/buyingtickets/buyingtickets.wxml 文件，设计购票需要填写的表单，需要用到<input>组件、<checkbox>组件、<button>组件、<radio>组件、<form>组件，具体代码如下：

```
<form bindsubmit="formSubmit">
    <view class="item">
      <view class="name">姓名：</view>
      <view class="val"><input name="name" type="text"/></view>
    </view>
    <view class="item">
      <view class="name">手机号：</view>
      <view class="val"><input name="mobile" type="text"/></view>
    </view>
    <view class="item">
      <view class="name">亲人姓名：</view>
      <view class="val"><input name="lovename" type="text"/></view>
    </view>
    <view class="item">
      <view class="name">亲人手机：</view>
      <view class="val"><input name="lovemobile" type="text"/></view>
    </view>
    <view class="item">
      <view class="name">快递地址：</view>
```

```
<view class="val"><input name="address" type="text" placeholder="  机 票 免 费 快 递 到 家 " placeholder-class="holder"/></view>
</view>
<view class="item">
  <view class="name">出现日期：</view>
  <view class="val"><input name="date" type="text" placeholder="请输入日期" placeholder-class="holder"/></view>
</view>
<view class="item">
  <view class="name">需要筹备：</view>
  <view class="box">
   <checkbox-group name="box">
     <checkbox value="订机票">订机票</checkbox>
     <checkbox value="找景点">找景点</checkbox>
     <checkbox value="去签证">去签证</checkbox>
     <checkbox value="订住宿">订住宿</checkbox>
     <checkbox value="选日期">选日期</checkbox>
     <checkbox value="备行李">备行李</checkbox>
     <checkbox value="淘美食">淘美食</checkbox>
     <checkbox value="定路线">定路线</checkbox>
     <checkbox value="租旅车">租旅车</checkbox>
   </checkbox-group>
  </view>
</view>
 <view class="item">
  <view class="name">获知渠道：</view>
  <view><button class="way" bindtap="selectWay">{{way}}</button></view>
</view>
<button class="btn" form-type="submit">购票</button>
 </form>
</view>
```

（4）打开 pages/buyingtickets/buyingtickets.wxss 文件，给“购票”页面表单添加样式。

（5）给<form>组件绑定 bindsubmit="formSubmit"事件，给表单项添加 name 属性，然后给<button>组件绑定 form-type="submit"属性，即可提交表单。

8）“获知渠道”弹出层设计。

在“获知渠道”弹出层中只能选择一种获知渠道，如图 7.30 所示。

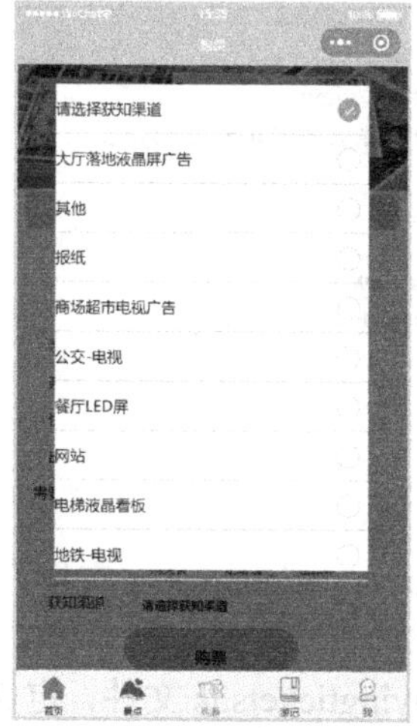

图 7.30　“获取渠道”弹出层

（1）打开 pages/buyingtickets/buyingtickets.wxml 文件，设计“获知渠道”弹出层的布局，并且使用<radio>组件进行列表布局，通过 flag 变量控制是否显示弹出层，具体代码如下：

```
<view class="{{flag=='0'?'bg':'hideBg'}}">
  <view class="radioBg">
    <radio-group bindchange="radioChange">
      <view class="radioItem">
        <view class="radioName">请选择获知渠道</view>
        <view class="radioVal"><radio value="请选择获知渠道" checked/></view>
      </view>
      <view class="radioItem">
        <view class="radioName">大厅落地液晶屏广告</view>
        <view class="radioVal"><radio value="大厅落地液晶屏广告"/></view>
      </view>
      <view class="radioItem">
        <view class="radioName">其他</view>
        <view class="radioVal"><radio value="其他"/></view>
      </view>
      <view class="radioItem">
        <view class="radioName">报纸</view>
        <view class="radioVal"><radio value="报纸"/></view>
      </view>
      <view class="radioItem">
        <view class="radioName">商场超市电视广告</view>
        <view class="radioVal"><radio value="商场超市电视广告"/></view>
      </view>
      <view class="radioItem">
        <view class="radioName">公交-电视</view>
        <view class="radioVal"><radio value="公交-电视"/></view>
      </view>
      <view class="radioItem">
        <view class="radioName">餐厅 LED 屏</view>
        <view class="radioVal"><radio value="餐厅 LED 屏"/></view>
      </view>
      <view class="radioItem">
        <view class="radioName">网站</view>
        <view class="radioVal"><radio value="网站"/></view>
      </view>
      <view class="radioItem">
        <view class="radioName">电梯液晶看板</view>
        <view class="radioVal"><radio value="电梯液晶看板"/></view>
      </view>
      <view class="radioItem">
        <view class="radioName">地铁-电视</view>
        <view class="radioVal"><radio value="地铁-电视"/></view>
      </view>
    </radio-group>
  </view>
</view>
```

（2）打开 pages/buyingtickets/buyingtickets.wxss 文件，给“获知渠道”弹出层添加样式，置于页面顶层需要使用 z-index 属性。

（3）打开 pages/buyingtickets/buyingtickets.js 文件，定义两个变量，分别为 flag 和 way。如果 flag 变量的值为 0，则表示显示弹出层；如果 flag 变量的值为 1，则表示不显示弹出层。变量 way 是获知渠道单选按钮的名称。定义绑定事件函数 selectWay()，在单击“获知渠道”按钮时，会弹出“获知渠道”弹出层，具体代码如下：

```
Page({
  data:{
    flag:'1',
    way:'请选择获知渠道'
  },
  selectWay:function(){
    this.setData({flag:'0'});
  }
})
```

（4）在单击“获知渠道”按钮后，弹出“获知渠道”弹出层，用于显示“获知渠道”列表，如图 7.31 所示。

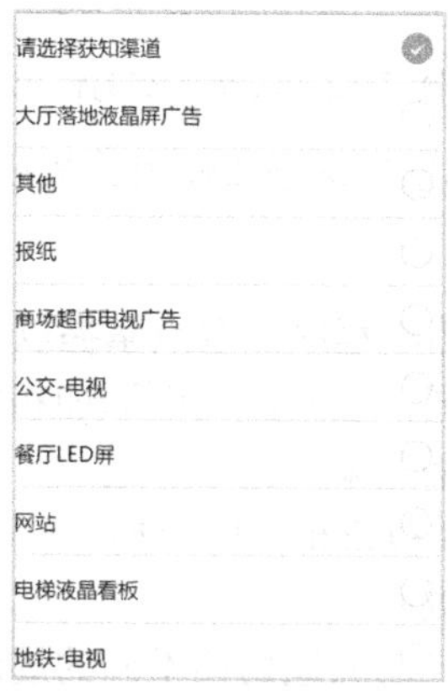

图 7.31　“获知渠道”弹出层

（5）打开 pages/buyingtickets/buyingtickets.js 文件，为<radio>组件添加 radioChange 绑定事件，同时设置“获知渠道”弹出层中各单选按钮的名称，具体代码如下：

```
Page({
  radioChange:function(e){
    console.log(e);
    var way = e.detail.value;
    this.setData({flag:'1'});
    this.setData({way:way});
  }
})
```

（6）打开 pages/buyingtickets/buyingtickets.js 文件，添加<form>组件，并且为其绑定 formSubmit 事件，用于获取表单提交的信息，将表单提交的信息保存到本地，具体代码如下：

```
  formSubmit:function(e){
    console.log(e);
    var ticket = e.detail.value;
     ticket.way = this.data.way;
     wx.setStorageSync('ticket', ticket);
  }
})
```

表单提交的信息，如图 7.32 所示。

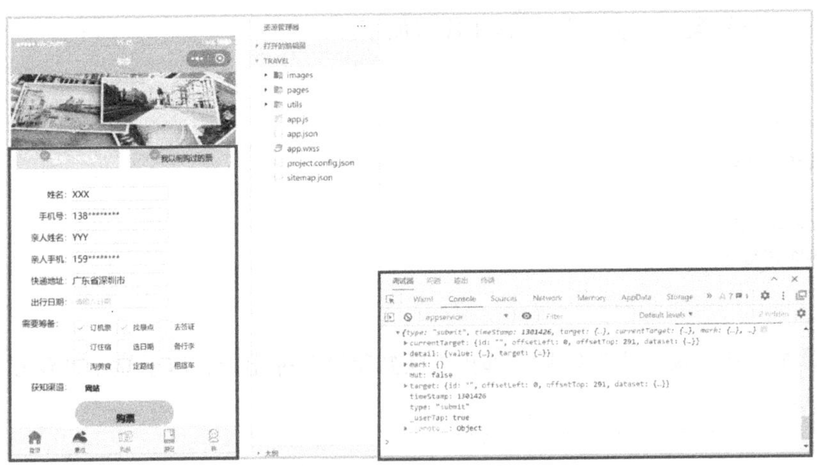

图 7.32 表单提交的信息

这样就完成了弹出层设计，将弹出层选项值赋值给按钮，然后将表单数据提交到后台保存。

五、项目总结

本项目主要设计了中国国旅微信小程序，重点掌握以下内容。

- 利用微信小程序设计页面布局，以及给页面添加相关的布局样式。
- 设计底部标签导航、景点轮播效果、宫格导航。
- 在设计页面布局时，如果有类似或相同的布局，先设计一种布局和样式，然后复用这个布局和样式，可以提高开发效率。
- 制作“筛选条件”下拉列表，动态地切换不同的展示方式。
- 制作表单，设计表单样式，掌握表单组件的使用方法。
- 设计弹出层，动态地控制弹出层的显示与隐藏。

华信SPOC官方公众号

欢迎广大院校师生 **免费**注册应用

www.hxspoc.cn

华信SPOC在线学习平台

专注教学

数百门精品课
数万种教学资源

教学课件
师生实时同步

多种在线工具
轻松翻转课堂

电脑端和手机端（微信）使用

测试、讨论、
投票、弹幕……
互动手段多样

一键引用，快捷开课
自主上传，个性建课

教学数据全记录
专业分析，便捷导出

登录 www.hxspoc.cn 检索 华信SPOC 使用教程 获取更多

华信SPOC宣传片

教学服务QQ群： 1042940196
教学服务电话：010-88254578/010-88254481
教学服务邮箱：hxspoc@phei.com.cn

华信教育研究所